“十三五”国家重 目

电力电子新技术系列图书

能源革命与绿色发展丛书

开关稳压电源的设计和应用

第2版

裴云庆 杨 旭 王兆安 编著

机械工业出版社

本书主要介绍开关稳压电源的基本原理、设计方法及应用。全书共11章。第1章介绍了开关电源技术的一些基本概念及发展史和发展趋势。第2、3章分别介绍了在开关电源中常用的电力电子变换电路的拓扑及工作原理，包括PWM变换电路、软开关电路及谐振变换电路。第4章介绍了PWM变换器的数学模型。第5、6章分别介绍了开关电源中常用的电力电子器件和变压器、电感、电容器等无源元件。第7、8章介绍了开关电源中主电路及控制系统的设计方法。第9章介绍了开关电源中常用的功率因数校正技术的基本原理。第10章介绍了开关电源的电磁兼容问题。第11章为开关电源的应用，介绍了两种小功率开关电源和两种大功率开关电源的设计过程。

本书可供从事开关电源开发、设计和生产的工程技术人员阅读，也可为高校电力电子技术、电气自动化技术等专业师生提供参考。

图书在版编目（CIP）数据

开关稳压电源的设计和应用/裴云庆，杨旭，王兆安编著．—2版．—北京：机械工业出版社，2020.8（2025.1重印）

（电力电子新技术系列图书．能源革命与绿色发展丛书）

“十三五”国家重点出版物出版规划项目

ISBN 978-7-111-66199-3

Ⅰ.①开…　Ⅱ.①裴…　②杨…　③王…　Ⅲ.①开关电源-稳压电源　Ⅳ.①TN86

中国版本图书馆CIP数据核字（2020）第135464号

机械工业出版社（北京市百万庄大街22号　邮政编码100037）

策划编辑：罗　莉　责任编辑：罗　莉

责任校对：闫玥红　封面设计：马精明

责任印制：单爱军

北京虎彩文化传播有限公司印刷

2025年1月第2版第5次印刷

169mm×239mm · 18.5印张 · 360千字

标准书号：ISBN 978-7-111-66199-3

定价：79.00元

电话服务	网络服务
客服电话：010-88361066	机　工　官　网：www.cmpbook.com
010-88379833	机　工　官　博：weibo.com/cmp1952
010-68326294	金　　书　　网：www.golden-book.com
封底无防伪标均为盗版	机工教育服务网：www.cmpedu.com

第3届

电力电子新技术系列图书

编辑委员会

电力电子新技术系列图书
序　　言

1974 年美国学者 W. Newell 提出了电力电子技术学科的定义，电力电子技术是由电气工程、电子科学与技术和控制理论三个学科交叉而形成的。电力电子技术是依靠电力半导体器件实现电能的高效率利用，以及对电机运动进行控制的一门学科。电力电子技术是现代社会的支撑科学技术，几乎应用于科技、生产、生活各个领域：电气化、汽车、飞机、自来水供水系统、电子技术、无线电与电视、农业机械化、计算机、电话、空调与制冷、高速公路、航天、互联网、成像技术、家电、保健科技、石化、激光与光纤、核能利用、新材料制造等。电力电子技术在推动科学技术和经济的发展中发挥着越来越重要的作用。进入 21 世纪，电力电子技术在节能减排方面发挥着重要的作用，它在新能源和智能电网、直流输电、电动汽车、高速铁路中发挥核心的作用。电力电子技术的应用从用电，已扩展到发电、输电、配电等领域。电力电子技术诞生近半个世纪以来，也给人们的生活带来了巨大的影响。

目前，电力电子技术仍以迅猛的速度发展着，电力半导体器件性能不断提高，并出现了碳化硅、氮化镓等宽禁带电力半导体器件，新的技术和应用不断涌现，其应用范围也在不断扩展。不论在全世界还是在我国，电力电子技术都已造就了一个很大的产业群。与之相应，从事电力电子技术领域的工程技术和科研人员的数量与日俱增。因此，组织出版有关电力电子新技术及其应用的系列图书，以供广大从事电力电子技术的工程师和高等学校教师和研究生在工程实践中使用和参考，促进电力电子技术及应用知识的普及。

在 20 世纪 80 年代，电力电子学会曾和机械工业出版社合作，出版过一套“电力电子技术丛书”，那套丛书对推动电力电子技术的发展起过积极的作用。最近，电力电子学会经过认真考虑，认为有必要以“电力电子新技术系列图书”的名义出版一系列著作。为此，成立了专门的编辑委员会，负责确定书目、组稿和审稿，向机械工业出版社推荐，仍由机械工业出版社出版。

本系列图书有如下特色：

本系列图书属专题论著性质，选题新颖，力求反映电力电子技术的新成就和新经验，以适应我国经济迅速发展的需要。

理论联系实际，以应用技术为主。

本系列图书组稿和评审过程严格，作者都是在电力电子技术第一线工作的专家，且有丰富的写作经验。内容力求深入浅出，条理清晰，语言通俗，文笔流畅，便于阅读学习。

本系列图书编委会中，既有一大批国内资深的电力电子专家，也有不少已崭露头角的青年学者，其组成人员在国内具有较强的代表性。

希望广大读者对本系列图书的编辑、出版和发行给予支持和帮助，并欢迎对其中的问题和错误给予批评指正。

电力电子新技术系列图书

编辑委员会

前　言

本书是“电力电子新技术系列图书”中的一册，主要介绍开关稳压电源的基本原理、设计方法及应用。

开关稳压电源是在电子、通信、电气、能源、航空航天、军事以及家电等领域应用非常广泛的一种电力电子装置，其输出为直流，以其内部的电力电子器件工作于高频开关状态而得名，输出电压被控制为恒定或可调值，是目前直流电源的主要类型。通过改变其控制方式也可实现稳流输出。这两类电源通常简称为开关电源，它具有电能变换效率高、体积小、重量轻、控制精度高和快速性等多方面的优点，在小功率范围内基本取代了线性调整电源，并迅速向中大功率范围推进，在很大程度上取代了晶闸管相控整流电源。可以说，开关电源技术是目前中小功率直流电能变换装置的主流技术。

根据应用领域和功率等级的不同，开关电源的电路结构种类繁多，控制方法灵活多样，新器件、新拓扑不断推出。在其工程设计中包括主电路、控制电路、传热、结构、电磁兼容等多方面的内容，因此开关电源的拓扑选型及设计工作较为繁琐，难度大。在设计过程中如果不从电路及控制系统的基础理论出发，不能根据具体的应用实现最合理的设计，往往造成设计裕量过大或不足，设计过程中对产品工作状况和实际性能的预见性较差，经常出现样机试制不成功而反复修改设计的情况，造成时间和经费的浪费。

究其原因，设计工作不是设计实例的简单模仿和设计资料的拼凑，而是在理解基本原理基础之上的再创造，因此，应该在深入理解开关电源的电路、控制等问题的基本原理的基础之上，在设计原则的指导下，利用设计公式并遵循一定的设计方法进行设计。本书正是按照这一思路安排内容，并试图引导读者遵循这一步骤进行设计。希望能够借此提高开关电源设计工作的正确性、合理性和规范性，提高设计的水平和质量，从而最终提高产品的质量。

全书共11章，第1章介绍了开关电源技术的一些基本概念及其发展史和发展趋势。第2、3章分别介绍了在开关电源中常用的电力电子变换电路拓扑及其工作原理，包括PWM变换电路、软开关电路及谐振变换电路。第4章介绍了PWM变换器的数学模型。第5、6章分别介绍了开关电源中常用的电力电子器件和变压器、电感、电容器等无源元件。第7、8章介绍了开关电源中主电路及控制系统的设计方法。第9章介绍了开关电源中常用的功率因数校正技术的基本原理。第10章介绍了开关电源的电磁兼容问题。第11章为开关电源的应用，介绍了两种小功率开关电源和两种大功率开关电源的设计过程。

本书第1章由王兆安撰写，第2、3、5~7章和第11章中11.3节~11.5节由裴云庆撰写，第4、8~10章和第11章中11.1节、11.2节由杨旭撰写。本书作者虽长期从事电力电子技术的教学和研究，但由于知识、经验和水平所限，书中一定存在不少疏漏和不足之处，有些观点也值得商榷，希望读者提出宝贵的批评和意见。（联系方式：邮编710049，西安交通大学电气工程学院　裴云庆、杨旭　电话029-82665223）

作者

2020年1月

于西安交通大学

目　　录

第1章 绪　　论

1.1 关于开关稳压电源

在说明“开关稳压电源”（简称为开关电源）之前，首先对“电源”作一说明。

通常所说的电源可以分为直接电源和间接电源两大类。电源所输出的当然是电能。但是，自然界并没有可以直接利用的电源。雷电等自然现象虽然会产生出一定的电能，却难以作为电源来利用。因此，人类所使用的电源都是通过机械能、热能、化学能等转换而来的。本书把通过其他能源经过转换而得到的电源称为直接电源，比如发电机、电池等就是直接电源。在很多情况下，直接电源并不符合使用的要求，需要进行再一次变换。这次变换是把一种形态的电能变换为另一种形态的电能。这种电能形态的变换可以是交流电和直流电之间的变换，也可以是电压或电流幅值的变换，或者是交流电的频率、相数等的变换。在有些场合下，这种电能形态的变换可能仅仅是稳定精度的提高或对其他性能的改进。由于这种电源的输入也是电能，因此，本书把这种输入和输出都是电能的电源称之为间接电源。

人们接触最多的直接电源就是公用电力网所提供的电源。无论是企事业单位还是家庭，所使用的电能几乎都是直接或间接由电力网所提供的。电力网电源来自发电厂，目前发电厂的发电方式主要有火力发电、水力发电、核能发电等几种形式。火力发电是把热能转变为电能，水力发电是把机械能（水的位能）转换为电能，核能发电是把核能转换为热能再转换为电能。除水、火、核三大主要发电方式外，还有风力发电、太阳能发电等可再生能源发电方式。由公用电力网所提供的电源都是工频交流电源。

人们日常接触的另一种直接电源是电化学电源。干电池、蓄电池就是其中的典型代表。这种电源所提供的电能虽然占的比例极小，但却与人们的关系越来越密切。虽然蓄电池和某些可充电干电池所贮存的化学能是靠电源的充电得到的，但因其在利用（放电）时的电能是由化学能直接转变而来，因此这些电源仍然属于直接电源。

除公用电力网和电池所提供的电源外，对于从柴油发电机、风力发电机，以及从太阳能电池得到的电源，这里也归为直接电源。

本书讲述的开关电源的输入和输出都是电能，因此它属于间接电源，是本书的主要研究对象，而直接电源不属于本书研究的范畴。

开关电源电路是电力电子电路的一种。通常把电力分为交流（AC）、直流（DC）两大类。因此，基本的电力电子电路就可分为四大类型，即 AC－DC 电路，DC－AC 电路，AC－AC 电路，DC－DC 电路，见表 1-1。AC－DC 和 DC－AC 一般比较容易理解。对于 AC－AC 电路，可以变换的对象有频率、相数、电压和电流等。对于 DC－DC 电路，可以变换的主要对象是电压和电流。电力电子电路中的核心元器件是电力电子器件，它们一般都是工作在开关状态，这样可以使损耗很小，这是电力电子电路的一个显著特点。

顾名思义，开关电源就是电路中的电力电子器件工作在开关状态的电源。这样一来，如果把由表 1-1 的四大类基本电力电子电路都看成电源电路，则所有的电力电子电路也都可以看成开关电源电路。而实际中，开关电源所涵盖的范围远比表中的范围要小得多，如整流电路中的相控电路就不属于开关电源的范畴。

表 1-1　电力电子电路的基本类型

输入	输出	
	直流（DC）	交流（AC）
交流（AC）	整流	交流电力控制、变频、变相
直流（DC）	直流斩波	逆变

1.2　开关电源的发展史

在开关电源出现之前，线性稳压电源（简称线性电源）已经应用了很长一段时间。而后，开关电源是作为线性电源的一种替代物出现的，开关电源这一称谓也是相对于线性电源而产生的。图 1-1 是线性电源的结构简图。图中的关键元器件是调整管 V。工作时检测输出电压得到 u_o，将其和参考电压 U_{ref}进行比较，用其误差对调整管 V 的基极电流进行负反馈控制。这样，当输入电压 u_i发生变化，或负载变化引起电源的输出电压 u_o 变化时，就可以通过改变调整管 V 的管压降 u_v 来使输出电压 u_o 稳定。为了使调整管 V 可以发挥足够的调节作用，V 必须工作在线性放大状态，且保持一定的管压降。因此，这种电源被称为线性电源。线性电源的直流输入电路通常是由工作在工频下的整流变压器 T 和二极管整流加电容滤波组成。由于交流电源电压变化范围有时较大，因此 u_i 的变化范围也较大。此外，二极管整流电路所接的滤波电容 C 不可能很大，这样 u_i 就有一定的脉动。但这些都可以通过调整管 V 的压降来进行调整，使输出电压 u_o 的精度和纹波都满足较高的要求。

图 1-1 中整流变压器 T 的作用有两个：一是通过对其电压比的合理设计，使 u_i 比 u_o 高出一个合适的值，确保调整管 V 可工作在放大状态。二是使输出电压和交流输入电源实现电气隔离，这一点也很重要。

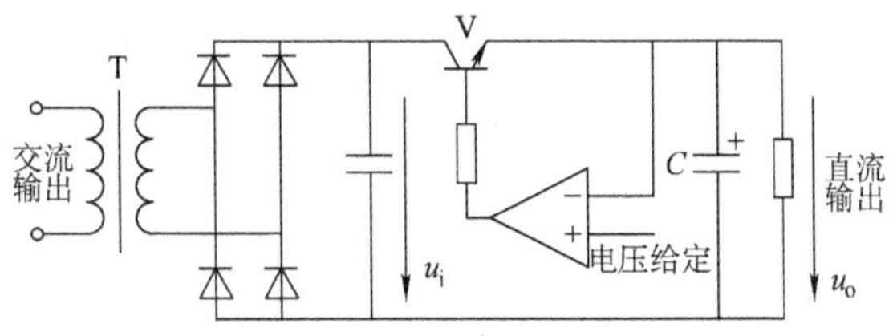

图 1-1　线性电源电路

图 1-1 的线性电源虽然可以满足所需直流电压的幅值和供电质量（精度、纹波等）的要求，但有两个严重的缺点：一是调整管 V 工作在线性放大状态，损耗很大，因而使整个电源效率很低；二是需要一个工频变压器 T，使得电源体积大、重量重。

开关电源就是为了克服线性电源的缺点而出现的，其典型结构见图 1-2。图 1-2中的整流电路是把交流电源直接经过二极管整流电路和电容 C 滤波后得到直流电压 u_i，再由逆变器逆变成高频交流方波脉冲电压。由于人耳可听到的音频的范围大体为 20Hz ~ 20kHz，因此逆变器的开关频率大多选在 20kHz 以上，这样就避免了令人烦躁的噪声污染。逆变器输出经高频变压器 T 隔离并变换成适当的交流电压，再经过整流和滤波变成所需要的直流输出电压 u_o。

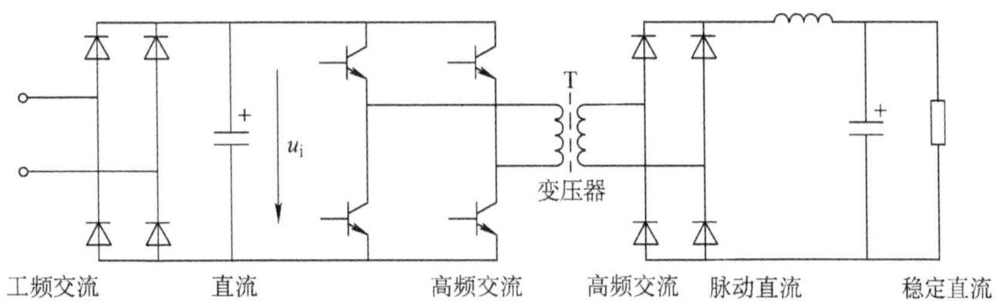

图 1-2　开关电源的典型结构

当交流输入电压、负载等变化时，直流输出电压 u_o 也会变化。这时可以调节逆变器输出的方波脉冲电压的宽度，使直流输出电压 u_o 保持稳定。从图 1-2 及开关电源的工作原理可以看出，逆变电路较为复杂，它是开关电源的核心部分。

上述电路结构看起来相当复杂，但比起图 1-1 的线性电源来，却有几个突出的特点。首先，该电路中起调节输出电压作用的逆变电路中的电力电子器件都工作在开关状态，损耗很小，使得电源的效率可达到90%甚至95%以上。其次，电路中起隔离和电压变换作用的变压器T是高频变压器，其工作频率多为20kHz以上。因为高频变压器体积可以做得很小，从而使整个电源的体积大为缩小，重量也大大减轻。同时，由于工作频率高，滤波器的体积也大为减小。由于图1-2的电源中的电力电子器件总是工作在开关状态，因此相对于线性电源而言，称之为开关电源。

上述开关电源由于有高频变压器隔离，因而属于隔离型开关电源。还有一种没有变压器的电源，它是非隔离型的，也属于开关电源的范畴。图1-3就是一种典型的非隔离型开关电源电路。图中电路实际上是一个降压斩波电路，通过调整输出脉冲电压的宽度（即调节开关器件V的导通占空比D）来调节输出电压。除图中的降压型电路外，还有升压型电路等多种非隔离型开关电源电路，相关内容将在2.2节详述。

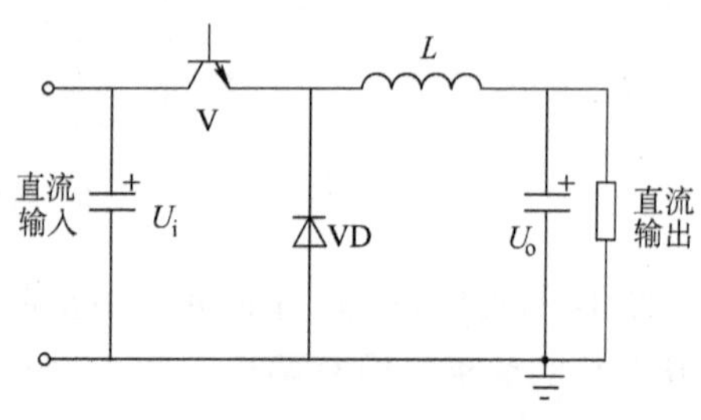

图1-3　降压型非隔离开关电源电路

还有一大类常见的直流电源，就是图1-4所示的晶闸管相位控制电源，简称相控电源。图中所示的是单相全控桥式整流电路，它是最常用的相控电源电路之一。有关这类电路，电力电子技术的教材[1]中有详细的介绍，这里不再赘述。就图1-4的单相全控桥式整流电路而言，其输出的直流电压中包含100Hz的纹波，如果改为三相全控桥式整流电路，直流输出电压中的纹波频率就变为300Hz。但不论哪一种形式的相控整流电路，其中的电力电子器件（晶闸管）的开关频率都是以工频为基础的，在我国即为50Hz（单相桥的100Hz是50Hz的2倍，三相桥的300Hz是50Hz的6倍）。

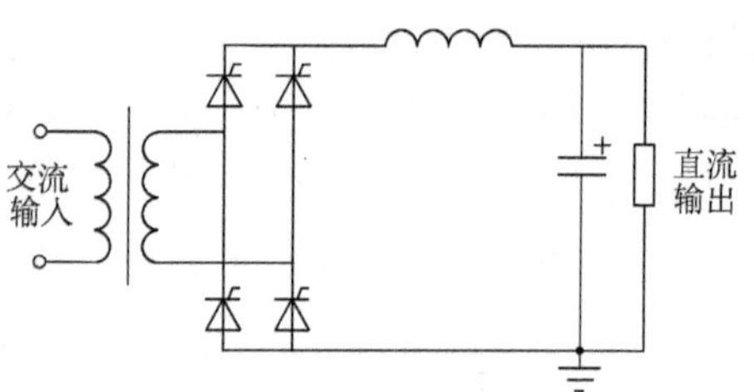

图1-4　晶闸管相控整流电路

和开关电源相同，相控电源中的电力电子器件也是工作在开关状态，只是其工作频率是工频，而不是高频。相比之下，相控电源的一个显著优点是电路简单，控制方便。它的主要缺点是也要使用一个工频变压器，使得整个电源的体积大，重量重，这一点和线性电源类似。另外，相控电源的直流输出电压纹波频率仅是工频的几倍（单相全控桥为2倍，三相全控桥为6倍），需要较大的滤波器才有较好的滤波效果。而开关电源直流输出电压的纹波频率很高，常在20kHz以上，因此只需要很小的滤波器就可以了。由于相控电源的开关频率低，其对控制的响应速度也比开关电源要慢。

按照目前的习惯，开关电源专指电力电子器件工作在高频开关状态下的直流电源，因此，开关电源也常被称为高频开关电源，而相控电源则不包括在开关电源之内。因此，可以说开关电源是高频直流开关电源的简称，其中“高频”排除了相控电源，而“直流”排除了交流电源（如 UPS 等电力电子器件处于高频开关状态，但它是交流电源）。

上面简单介绍了线性电源、开关电源和相控电源三种直流电源，表 1-2 比较了它们的主要特点和适用范围。

表 1-2　三种直流电源的比较

种类	器件工作状态	工作频率	体积	重量	效率	响应速度	输出纹波	应用范围
线性电源	线性放大	零	大	重	低	快	极小	对输出纹波和电磁干扰要求极严时
开关电源	开关状态	高	小	轻	高	快	小	中小功率
相控电源	开关状态	低	大	重	高	慢	大	大功率

综上所述，同时具备三个条件的电源可称之为开关电源。这三个条件就是：开关（电路中的电力电子器件工作在开关状态而不是线性状态）、高频（电路中的电力电子器件工作在高频而不是接近工频的低频）和直流（电源输出是直流而不是交流）。

随着各种电气设备、电子装置特别是以计算机为代表的信息电子设备的快速发展，迫切需要体积小、重量轻、效率高、性能好的新型电源，这就成了开关电源技术发展的强大动力。

新型电力电子器件的发展给开关电源的发展提供了物质条件。20 世纪 60 年代末，垂直导电的高耐压、大电流的双极型电力晶体管［BJT，亦称巨型晶体管（GTR）］的出现，使得采用高工作频率的开关电源得以问世，那时确定的开关电源的基本结构一直沿用至今。

开关频率的提高有助于开关电源体积减小、重量减轻。早期的开关电源的开关频率仅为数 kHz，随着开关器件以及磁性材料性能的不断改进，开关频率也逐步提高。但当频率达到 10kHz 左右时，变压器、电感等磁性元件发出的噪声就变得很刺耳。为了减小噪声并进一步减小体积，在 20 世纪 70 年代开关频率终于突破了人耳听觉极限的 20kHz。这一变化甚至被称为“20kHz 革命”。后来，随着电力 MOSFET 以及近年来新型宽禁带半导体器件的应用，开关电源的开关频率进一步提高，使得电源体积更小，重量更轻，功率密度更进一步提高。

由于和线性电源相比，开关电源在绝大多数性能指标上都具有很大的优势。因此，目前除了对直流输出电压的纹波要求极高的场合以外，开关电源已经全面取代了线性电源。计算机、电视机、各种电子仪器的电源几乎都已是开关电源的一统天下。

作为电子装置的供电电源，线性电源主要用于小功率范围。因此，在 20 世纪 80 年代以前，作为线性电源的更新换代产品，开关电源也主要用于小功率场合。那时，中大功率直流电源仍以晶闸管相控整流电源为主。但是，20 世纪 80 年代起由于绝缘栅双极型晶体管（IGBT）的出现打破了这一格局。

IGBT 可以看成是 MOSFET 和 BJT 复合而成的器件。和 BJT 相同，它们都主要应用于中等功率场合。但是和 BJT 相比，IGBT 工作频率更高，且属于电压驱动型器件，易于驱动，具有突出的优点而没有明显的缺点。因此，IGBT 迅速取代了昙花一现的 BJT，而成为中等功率范围的主流器件，并且不断向大功率方向拓展其生存空间。

IGBT 的出现使得开关电源的容量不断增大，在许多中等容量范围内迅速取代了相控电源。在通信领域，早期的 48V 基础电源几乎都是采用的晶闸管相控电源，现在已逐步被开关电源所取代。电力系统的操作用直流电源以前也是采用晶闸管相控电源，目前开关电源已经成为其主流。此外，电焊机、电镀装置和电解装置等传统的晶闸管相控电源的应用范围，也逐步在被开关电源所蚕食。

如前所述，开关频率的提高可以使电源体积减小、重量减轻，但却使得开关损耗增大，电源效率降低。另外，开关频率的提高也使得电源的电磁干扰问题变得突出起来。为了解决这一问题，20 世纪 80 年代出现了采用准谐波技术的零电压开关电路和零电流开关电路，这种技术被称为软开关技术。采用软开关技术在理想情况下可使开关损耗大大降低，提高效率，同时也使电磁干扰大大减小，因而也有助于进一步提高开关频率，使得电源进一步向体积小、重量轻、效率高、功率密度大的方向发展。经过近 30 年的发展，对于软开关技术的研究至今仍十分活跃，它也已经成为应用于各种电力电子电路的一项基础性技术。但是，迄今为止，软开关技术应用最为成功的领域仍然是在开关电源领域。

如图 1-2 所示，开关电源和交流电网连接的电路通常都是二极管整流电路，这种电路的输入电流已不再是正弦波，而含有大量的谐波，这也使得电源的功率因数很低。当公用电网上接有大量的开关电源负载时，就会对电网产生严重的谐波污染。最近几年经常听到“绿色电源”这个名词。这里所说的“绿色”，其标志主要就是对电网不产生谐波污染，对环境不产生电磁干扰，当然也包括不产生噪声。为了降低开关电源对电网的谐波污染，提高开关电源的功率因数，在 20 世纪 90 年代出现了功率因数校正（Power Factor Correction，PFC）技术，并在各种开关电源中大量应用。目前，单相 PFC 技术已十分成熟，并广泛用于各种开关电源中，而三相 PFC 技术也得到了快速的发展。

1.3 开关电源的应用

以上简述了开关电源的发展史。应用即社会需求，社会需求是技术发展的原动力，开关电源的发展过程清楚地表明了这一点。目前，计算机的发展十分迅速，因此，开关电源最主要的市场还是在小功率领域，而且，正是由于在小功率领域的成功应用，使得软开关技术在小功率领域发展得最为成熟。除计算机外，在各种电子设备中，开关电源应用也十分广泛。可以说，凡是电子设备，总是离不开电源，大凡电源，就用开关电源，这几乎成了定律。

另外，在工业领域，所用的电动机非常多，而且大量使用伺服电动机。一般来说，伺服电动机可分为直流和交流两大类，从长远看，伺服电动机当然是交流的天下，这一点不容怀疑。但当前，直流伺服电动机还有重要位置，而直流伺服电动机的供电系统绝大部分都用开关电源。

在中等功率以至较大功率领域，传统相控电源使用较多。但现在，使用开关电源已逐渐成为一种趋势。由于开关电源的优势十分明显，其在电力操作电源、通信电源的应用也很成功，由于 IGBT 和电力 MOSFET 技术的发展，使它们在焊接电源及电镀、电解电源中发展也很成功，并已为市场所逐步接受。

开关电源技术属于电力电子技术的范畴，而且在电力电子技术中占有十分重要的地位。对于这一观点，现在谁都不会否认。但开关电源技术却是在模拟电子学领域孕育而生的。20 世纪 60 年代，当从事整流器行业的技术人员正热衷于晶闸管相控整流装置研究的时候，用于各种电子装置的线性电源的缺点已充分显示出来，需要一种采用新技术的替代产品。于是，从事电子技术研究开发的工程技术员顺应这一市场需求，开发了开关电源技术，并且迅速取得了成功，使其成为一项主流技术。正是由于这一原因，早期及中期有关开关电源的书籍大多是由从事模拟电子技术的学者和技术人员撰写的[2-4]。

电力电子技术可以用图 1-5 的倒三角形来描述，它是由电力学、电子学和控制理论三个学科交叉而形成的，这一观点已被全世界普遍接受。这说明电力电子技术的产生和电子技术有十分密切的关系，开关电源技术的产生过程也清楚地说明了这一点。

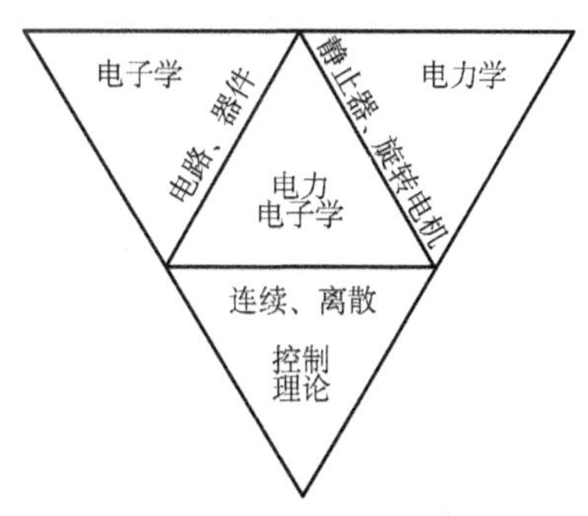

图 1-5 描述电力电子技术的倒三角形

随着人们对开关电源技术研究的不断深化，不但使小功率开关电源的性能进一步提高，并且在中等功率及以上的范围内使这一技术大放异彩。目前，开关电源的应用范围越来越广。可以说，除了很大功率范围以外，凡是用到直流电源的地方，人们都会想到采用开关电源。作为一项基础技术，开关电源技术必将占据更加重要的地位。

1.4 本书的基本结构

除本章的绪论外，本书还有 10 章，第 2 章是最基本的内容。这一章主要介绍了开关电源中使用的各种电力电子电路的工作原理，主要包括非隔离型的各种斩波电路，隔离型的逆变电路及输出部分的整流电路，以及双向 DC – DC 变换电路。

第 3 章所介绍的软开关技术是 20 世纪 90 年代发展起来的一项新技术，它可广泛用于各种电力电子电路，但在开关电源中的应用最为成功，并且应用日益广泛。因此，本书专门设立一章来介绍这一技术。

开关电源主电路拓扑已相对成熟和稳定，但新的控制方法和控制电路却层出不穷，且种类繁多，并且控制方法的优劣对开关电源的性能有决定性的影响。第 4 章对开关电路的模型、传递函数、分析方法、控制原理等方面作了介绍，为后续第 8 章的控制电路设计打下基础。

第 5 章及第 6 章介绍开关电源中所用的主要元器件特性及设计方法，其中第 5 章主要介绍各种电力电子器件，这是构成开关电源的核心。目前，在开关电源中采用的电力半导体器件主要是电力 MOSFET 和 IGBT，以及虽然是辅助器件但应用很广的二极管，因此，第 5 章主要介绍这些器件。作为电力 MOSFET 和 IGBT的应用基础，该章还介绍了其驱动和保护电路。此外，对于发展前景非常好的功率模块和功率集成电路以及新型宽禁带半导体器件也作了介绍。第 6 章介绍了在开关电源中广泛应用的无源器件，主要包括电容、电感及变压器。由于应用条件的特殊性，往往不能简单地把它们看成理想的电容、电感和变压器。正确理解并用好这些无源器件，对于设计及应用好开关电源是十分重要的。

第 7 章主要介绍了功率电路的设计乃至热设计，它是第 2 章的补充和实用化。

第 8 章在第 4 章控制系统数学模型的基础上介绍了控制电路的设计方法，包括不同控制模式的特征与选择，调节器结构与参数设计。

第 9 章主要介绍了功率因数校正技术。对于开关电源而言，要求其输出特性良好是理所当然的。不然，它就不是一个好的“电源”。但是，现在对其输入特性的要求也很高。如前所述，开关电源是一种电能变换电源，其电能来自公用电力网。开关电源和电网连接的电路一般是二极管整流电路加电容滤波。这种电路的输入电流不是正弦电流，而是脉冲电流，其中含有很多谐波成分，对电网造成谐波污染，同时也导致功率因数很低。针对这一问题，近年有关功率因数校正技术的研究十分活跃，第 9 章就是对这一技术的介绍。

第 10 章主要介绍了开关电源的电磁兼容问题。

本书的第 11 章主要介绍了开关电源的应用，介绍了两种小功率开关电源及两种大功率开关电源的详细设计过程。

参考文献

[1] 王兆安，刘进军．电力电子技术［M］.5 版．北京：机械工业出版社，2009.

[2] 叶治政，叶靖国．开关稳压电源［M］. 北京：高等教育出版社，1989.

[3] 叶慧贞，杨兴洲．开关稳压电源［M］. 北京：国防工业出版社，1990.

[4] 张占松，蔡宣三．开关电源的原理与设计［M］. 北京：电子工业出版社，1998.

第 2 章　PWM 开关电路拓扑

开关电源中的电力电子电路，也就是常说的主电路，是开关电源的核心电路。对各种开关电源主电路的工作原理的深入理解，是进行开关电源电路选型的基础，也是主电路和控制电路参数设计的基础。本章将主要介绍基于 PWM 工作方式的各种开关电路拓扑的结构和基本工作原理，将在第 3 章中介绍的各种软开关电路及谐振变换电路绝大多数均是以这些基本电路拓扑为基础的。因此，本章所阐述的基本原理是进行开关电源设计工作的依据和重要的基础。

2.1　开关电源中电力电子电路的分类

根据电路是否具备双向电能传输能力、输出端与输入端是否电气隔离以及电路的结构形式等三个原则，可以将开关电源中的电力电子电路按图 2-1 分类。

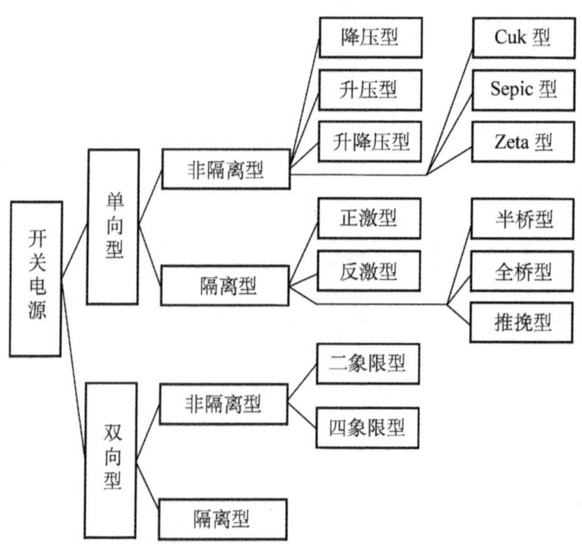

图 2-1　开关电源中电力电子电路的分类

各种不同的电路有各自不同的特点和应用场合。总的来说，单向型电路比双向型电路结构简单、成本低，而绝大多数应用不需要开关电源具备双向传输能力，因此，单向型电路应用远比双向型电路广泛。近年来，随着储能应用的扩大，双向型电路的应用有快速增长的趋势。非隔离型电路比隔离型电路结构简单、成本低，但多数应用需要开关电源的输出端与输入端隔离，或需要多组相互隔离的输出，所以隔离型电路的应用较广泛。而非隔离型电路也有不少应用，如开关型稳压器、直流斩波器等。

由于双向型电路应用较少，依照惯例，本书以后所提到的电力电子电路，除非特别说明，均指非双向型电路，而对于双向型电路，将在2.5节中专门介绍。

2.2 非隔离型 DC - DC 变换电路

非隔离型 DC - DC 变换电路即各种直流斩波电路，根据电路形式的不同可以分为降压型电路、升压型电路、升降压型电路、丘克（Cuk）型电路、Sepic 型电路和 Zeta 型电路，下面分别进行介绍[1-3]。

在阐述各种电路并推导其电压比之前，首先介绍推导过程中用到的两个基本原理：

1）稳态条件下，电感两端电压在一个开关周期内的平均值为零。

电路处于稳态时，电路中的电压、电流等变量都是按开关周期严格重复的，因此每一开关周期开始时的电感电流值必然都相等。而电感电流通常是不会突变的，故开关周期开始时的电感电流值等于上一个开关周期结束时的电感电流值，由此就可以得知在稳态一个开关周期开始时的电感电流值一定等于开关周期结束时的电感电流值。如果电感两端电压平均值不等于零，则开关周期结束时电感电流将增加或减少，从而说明电路不处于稳态，而处于过渡过程中，见图2-2。

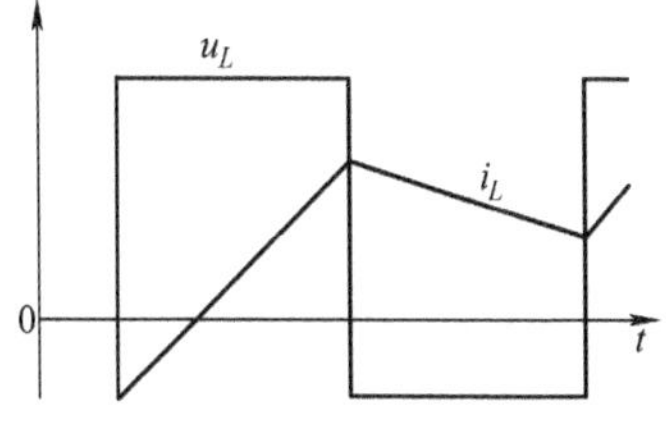

图2-2 一个开关周期中电感的电压和电流

为了能够证明这一原理，根据平均值的定义，计算电感两端电压在一个开关周期内的平均值为

$$U_L = \frac{1}{T_S}\int_0^{T_S} u_L(t)\,\mathrm{d}t$$

式中 U_L——电感两端电压在一个开关周期内平均值；

T_S——开关周期；

$u_L(t)$——电感电压随时间变化的表达式。

根据电感两端电压和电流间的关系：

$$u_L(t) = L\frac{\mathrm{d}i_L(t)}{\mathrm{d}t}$$

可得

$$\begin{aligned} U_L &= \frac{1}{T_S}\int_0^{T_S} L\frac{\mathrm{d}i_L(t)}{\mathrm{d}t}\mathrm{d}t \\ &= \frac{1}{T_S}\int_0^{T_S} L\mathrm{d}i_L(t) \\ &= \frac{L}{T_S}[i_L(T_S) - i_L(0)] \end{aligned} \tag{2-1}$$

在稳态条件下，电感电流在每一个开关周期内重复相同的波形，因此相邻开关周期中相同相位的电感电流值相等，由此可以知道，相邻开关周期开始时刻的电流值相等。故式（2-1）中 $i_L(T_S)=i_L(0)$，所以电感两端电压在一个开关周期内的平均值 $U_L=0$。

2）稳态条件下，电容电流在一个开关周期内的平均值为零。

这一原理与前一个原理互为对偶。也可以采用类似的方法证明。

电容电流在一个开关周期内的平均值可以按下式计算：

$$I_C = \frac{1}{T_S}\int_0^{T_S} i_C(t)\mathrm{d}t$$

式中 I_C——电容电流在一个开关周期内的平均值；

T_S——开关周期；

$i_C(t)$——电容电流随时间变化的表达式。

根据电容两端电压和电流间的关系

$$i_C(t) = C\frac{\mathrm{d}u_C(t)}{\mathrm{d}t}$$

可得

$$\begin{aligned} I_C &= \frac{1}{T_S}\int_0^{T_S} C\frac{\mathrm{d}u_C(t)}{\mathrm{d}t}\mathrm{d}t \\ &= \frac{1}{T_S}\int_0^{T_S} C\mathrm{d}u_C(t) \\ &= \frac{C}{T_S}[u_C(T_S) - u_C(0)] \end{aligned} \tag{2-2}$$

在稳态条件下，电容电压在每一个开关周期内重复相同的波形，因此相邻开关周期中相同相位的电容电压值相等，由此可以知道，相邻开关周期开始时刻的电压值相等。故式（2-2）中 $u_C(T_S)=u_C(0)$，所以电容电流在一个开关周期内的平均值 $I_C=0$。

2.2.1 降压（Buck）型电路

降压型电路的结构见图 2-3。

该电路存在电感电流连续和电感电流断续两种工作模式，下面分别介绍。

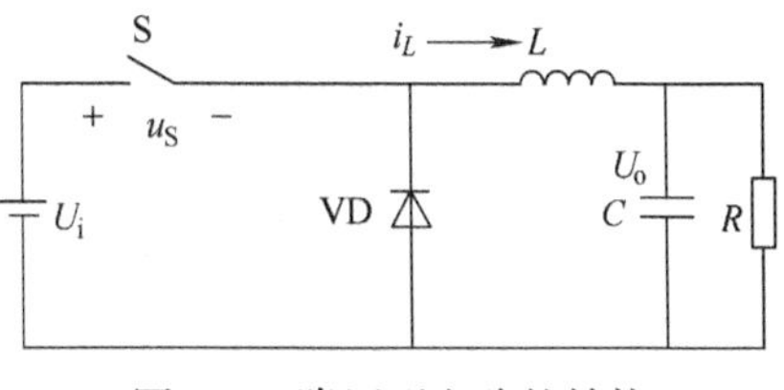

图 2-3　降压型电路的结构

1. 电感电流连续工作模式

当电感电流连续时，电路在一个开关周期内相继经历 2 个开关状态，见图 2-4。

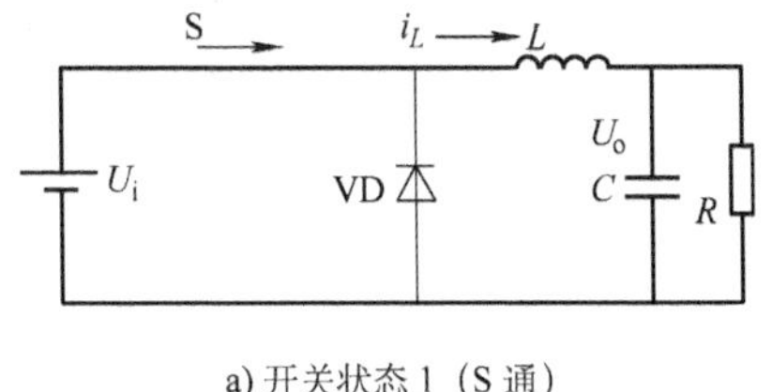

a) 开关状态 1（S 通）

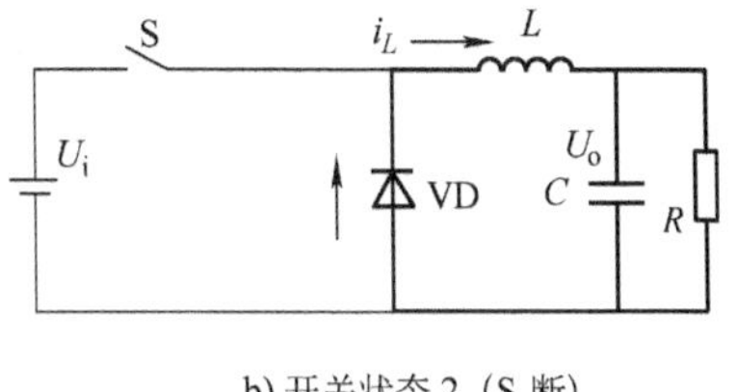

b) 开关状态 2（S 断）

图 2-4　降压型电路电流连续时的开关状态

这时电路中的波形见图 2-5。

$t_0 \sim t_1$时段：电路处于开关状态 1，开关 S 于 t_0时刻开通，并保持通态直到 t_1时刻，在这一阶段，由于 $U_i > U_o$，故电感 L 的电流不断增长。二极管 VD 处于截止状态。

$t_1 \sim t_2$时段：电路处于开关状态 2，开关 S 于 t_1时刻关断，二极管 VD 导通，电感通过 VD 续流，电感电流不断减小。直到 t_2时刻，开关 S 再次开通，下一个开关周期开始。

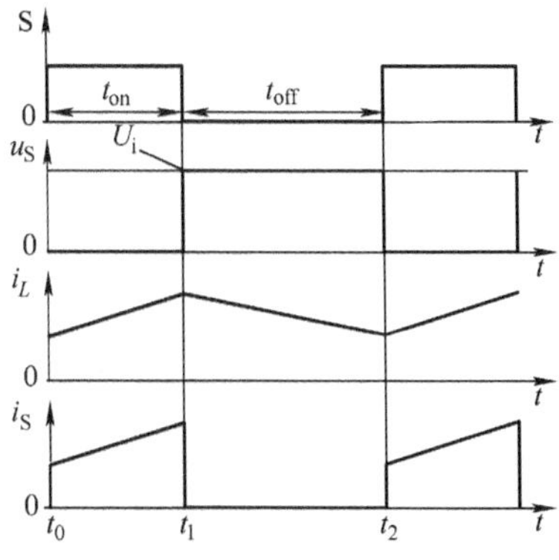

图 2-5　电流连续模式下的电路波形

电路的输出电压 U_o与输入电压 U_i的比值是开关电路重要的数学关系，推导这一比值通常需要利用上述两条基本原理。根据第一条基本原理，在电感电流连续的条件下，可以推导出降压型电路输出、输入电压比与开关通断时间的占空比间的关系，推导过程如下：

$$U_L = \frac{(U_i - U_o)t_{on} - U_o t_{off}}{T_S} \tag{2-3}$$

式中　U_L——电感两端电压在一个开关周期内的平均值；

T_S——开关周期，$T_S = t_{on} + t_{off}$；

t_{on}——开关处于通态的时间；

t_{off}——开关处于断态的时间。

令 $U_L=0$，有

$$\frac{U_o}{U_i}=D \tag{2-4}$$

式中　D——占空比，定义为开关导通时间与开关周期的比，即 $D=t_{on}/T_S$。由于 $0\leqslant D\leqslant 1$，因此降压型电路的输出电压不会高于其输入电压，且与输入电压极性相同。

2. 电感电流断续工作模式

当电路处于电流断续工作模式时，该电路在1个开关周期内相继经历3个开关状态，如图2-6所示。电路在电流断续时的波形如图2-7所示。

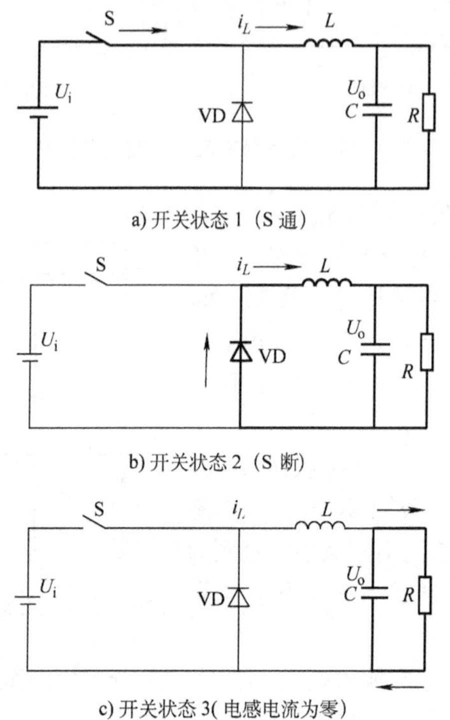

图2-6　降压型电路在电流断续时的开关状态

$t_0\sim t_1$时段：电路处于开关状态1，开关S于t_0时刻开通，并保持通态直到t_1时刻，在这一阶段，由于$U_i>U_o$，故电感L的电流不断增长。二极管VD处于断态。

$t_1\sim t_2$时段：电路处于开关状态2，开关S于t_1时刻关断，二极管VD导通，电感通过VD续流，电感电流不断减小。

$t_2\sim t_3$时段：电路处于开关状态3，t_2时刻电感电流减小到零，二极管VD关断，电感电流保持零值，并且电感两端的电压也为零，直到t_3时刻开关S再次开通，下一个开关周期开始。

在有关电流断续工作模式的数学关系中，首先需要推导的是电感电流连续与断续的临界条件，其推导过程如下。

降压型电路电感电流处于连续与断续的临界状态时在每个开关周期开始和结束的时刻，电感电流正好为零，见图 2-8。

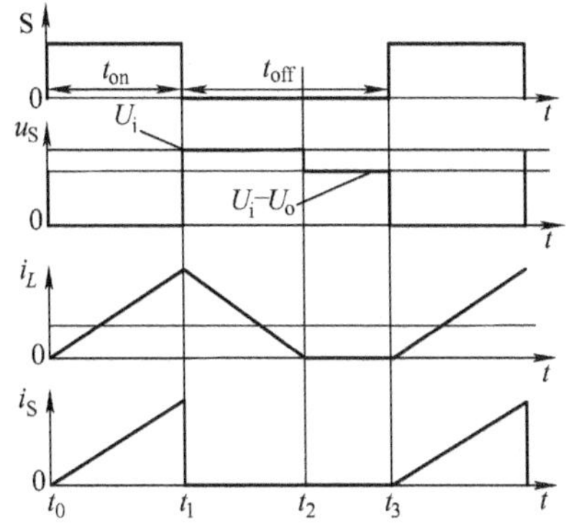

图 2-7　降压型电路在电流断续时的波形

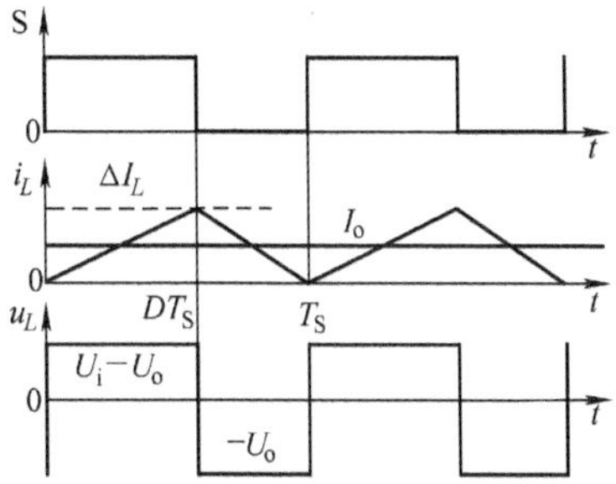

图 2-8　降压型电路在电流临界连续时的波形

稳态条件下，由于电容 C 的开关周期平均电流为零，因此电感电流 i_L的在一个开关周期内的平均值等于负载电流 I_o。负载电流为

$$I_o = \frac{U_o}{R} \tag{2-5}$$

而电感电流 i_L的开关周期平均值可以按下式计算：

$$I_L = \frac{1}{T_S}\int_0^{T_S} i_L(t)\,\mathrm{d}t \tag{2-6}$$

$I_o \geqslant I_L$，即得到电感电流连续的临界条件。

这种计算方法需要导出 $i_L(t)$的表达式，还要计算定积分，比较繁琐。这里采用一种简单的方法。

根据图 2-8，在忽略电容电压纹波时，电感电流在一个开关周期中的波形正好是一个三角形，它的高是 ΔI_L，底边长为 T_S，面积为

$$S_I = \frac{1}{2}\Delta I_L T_S$$

在几何意义上，电感电流的开关周期平均值等于和该三角形同底的矩形的高，因此电感电流开关周期平均值等于三角形面积除以 T_S，即

$$I_L = \frac{1}{2}\Delta I_L \tag{2-7}$$

ΔI_L的计算方法如下：电感电流在零时刻从零开始线性上升，在 DT_S时刻达

到 ΔI_L，上升的斜率为

$$L\frac{\mathrm{d}i_L}{\mathrm{d}t}=U_i-U_o$$

有

$$\Delta I_L=\frac{U_i-U_o}{L}DT_S \tag{2-8}$$

此时电感电流仍为连续，故有

$$\frac{U_o}{U_i}=D$$

将其代入式（2-8），有

$$\Delta I_L=\frac{1-D}{L}U_oT_S \tag{2-9}$$

则可得电感电流开关平均值的表达式为

$$I_L=\frac{1-D}{2L}U_oT_S \tag{2-10}$$

电感电流连续的临界条件为

$$I_o\geqslant I_L$$

将式（2-5）和式（2-10）代入，有

$$\frac{U_o}{R}\geqslant\frac{1-D}{2L}U_oT_S$$

整理得

$$\frac{L}{RT_S}\geqslant\frac{1-D}{2} \tag{2-11}$$

这就是用于判断降压型电路电感电流连续与否的临界条件。

随后需要推导的是电流断续条件下输出与输入电压间的比例。

首先设开关 S 关断后电感的续流时间为 αT_S，见图 2-9，其中 $0\leqslant\alpha\leqslant(1-D)$。

根据稳态条件下电感电压开关周期平均值为零的原理有

$$(U_i-U_o)DT_S=U_o\alpha T_S \tag{2-12}$$

电感电流开关周期平均值为

$$I_L=\frac{1}{2}\Delta I_L(D+\alpha)$$

而负载电流为

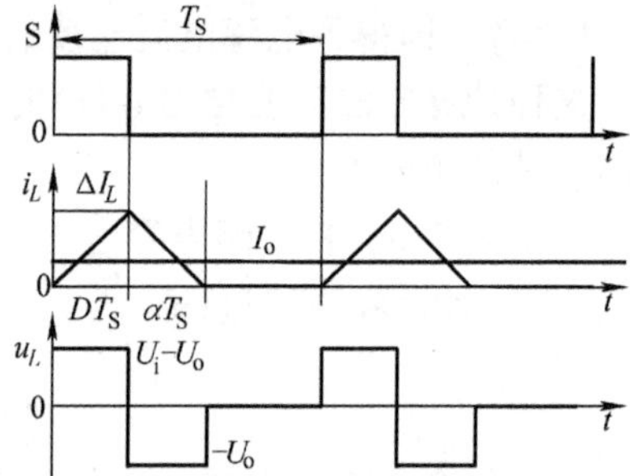

图 2-9　电感电流断续时的波形

$$I_o=\frac{U_o}{R}$$

稳态条件下，电容 C 的开关周期平均电流为零，故电感电流开关周期平均

值等于负载电流，有

$$\frac{1}{2}\Delta I_L(D+\alpha)=\frac{U_o}{R} \tag{2-13}$$

从式（2-12）中解出 α 的表达式，与式（2-8）一起代入式（2-13）得

$$\frac{1}{2}\frac{(U_i-U_o)}{L}DT_S\frac{U_i}{U_o}D=\frac{U_o}{R}$$

整理得

$$\left(\frac{U_i}{U_o}\right)^2-\frac{U_i}{U_o}-\frac{2L}{D^2T_SR}=0$$

令 $K=2L/(D^2T_SR)$，解方程，并略去负根，得

$$\frac{U_o}{U_i}=\frac{\sqrt{1+4K}-1}{2K} \tag{2-14}$$

值得注意的是，式（2-14）在电感电流断续条件下成立，而电路工作在电流连续状态时，该式不成立。

从式（2-14）可以看出，电流断续时电压比与占空比 D 和负载 R 相关，也与电路参数 L 和 T_S 有关。为了得到降压型电路在电感电流连续和断续条件下电压比的较为直观的印象，图 2-10 给出了 D 取不同值时，电压比 U_o/U_i 与负载 R

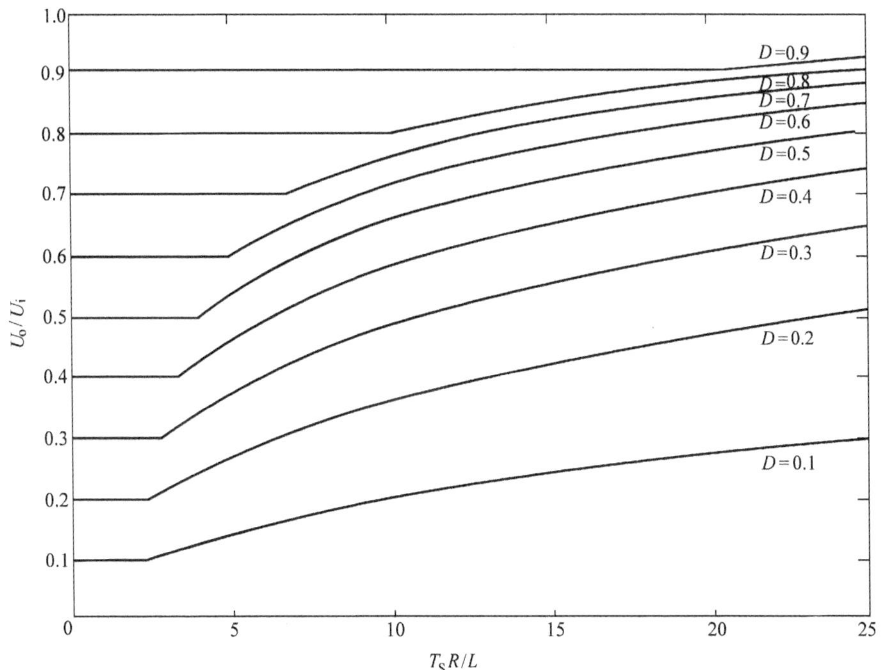

图 2-10　降压型电路 D 取不同值时电压比 U_o/U_i 与 T_SR/L 之间的关系

之间的关系，其中，$T_S R/L$ 是将负载 R 按照 L/T_S 进行归一化后得到的归一值。采用归一化的好处是该曲线具有普适性，可以适用于具有任何滤波电感 L 和开关周期 T_S 的降压型电路。

从图中可以看出，电感电流连续时，电压比为 $U_o/U_i = D$。电流断续时，总是有 $U_o > DU_i$，且负载电流越小，U_o越高。输出空载时，$U_o = U_i$。

2.2.2 升压（Boost）型电路

升压型电路的结构和工作波形如图 2-11 所示。

该电路也存在电感电流连续和电感电流断续两种工作过程。

1. 电感电流连续工作模式

当电路工作于电感电流连续工作模式时，该电路在一个开关周期内相继经历 2 个开关状态，见图 2-12。

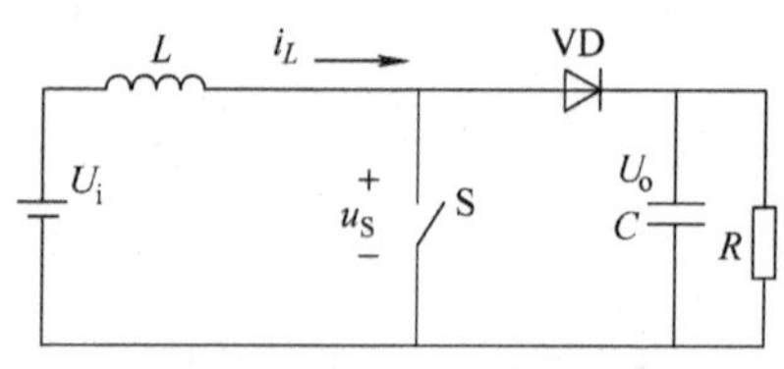

图 2-11　升压型电路的结构

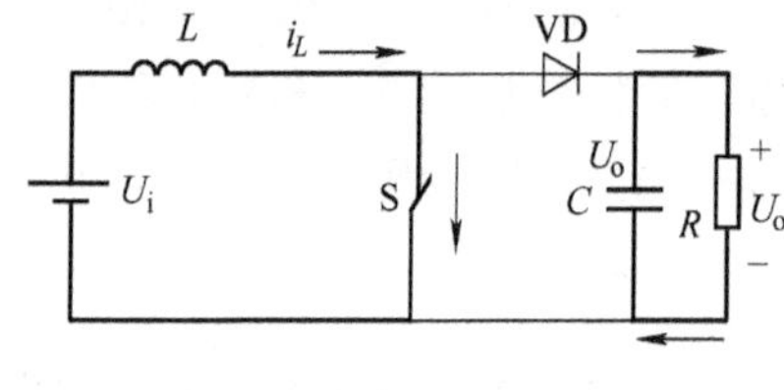

a) 开关状态 1（S 通）

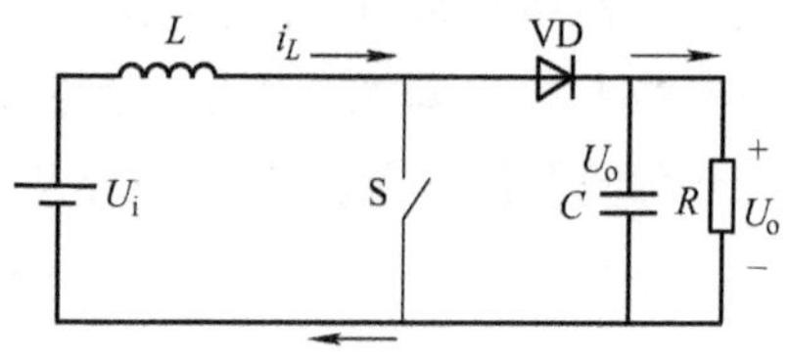

b) 开关状态 2（S 断）

图 2-12　升压型电路在电感电流连续时的开关状态

电路在电感电流连续时的波形见图 2-13。

$t_0 \sim t_1$时段：电路处于开关状态 1，开关 S 于 t_0时刻开通，并保持通态直到 t_1时刻，在这一阶段，电感 L 两端的电压为 U_i，电感电流不断增长。二极管 VD 处于截止状态。

$t_1 \sim t_2$时段：电路处于开关状态 2，开关 S 于 t_1 时刻关断，二极管 VD 导通，电感通过 VD 向电容 C 放电，电感电流不断减小。直到 t_2时刻开关 S 再次开通，下一个开关周期开始。

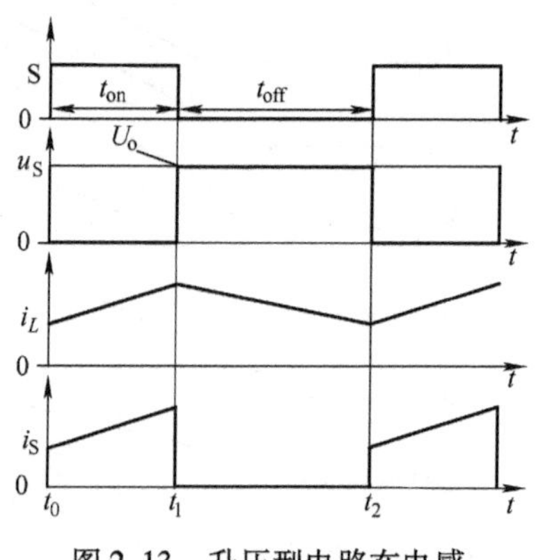

图 2-13　升压型电路在电感电流连续时的波形

电感电流连续时升压电路输出、输入电压比同开关通断的占空比间的关系为

$$U_L=\frac{U_i t_{on}-(U_o-U_i)t_{off}}{T_S}$$

式中　U_L——电感两端电压在一个开关周期内的平均值；

T_S——开关周期；

t_{on}——开关处于通态的时间；

t_{off}——开关处于断态的时间。

令 $U_L=0$，有

$$\frac{U_o}{U_i}=\frac{1}{1-D} \tag{2-15}$$

由于$0\leqslant D\leqslant 1$，因此升压型电路的输出电压高于其输入电压，且与输入电压极性相同。

应注意，$D\to 1$ 时，$U_o\to\infty$，故应避免 D 过于接近 1，以免造成电路损坏。

2. 电感电流断续工作模式

当电路工作于电感电流断续工作模式时，升压型电路在一个开关周期内相继经历 3 个开关状态，见图 2-14。电路在电感电流断续时的波形见图 2-15。

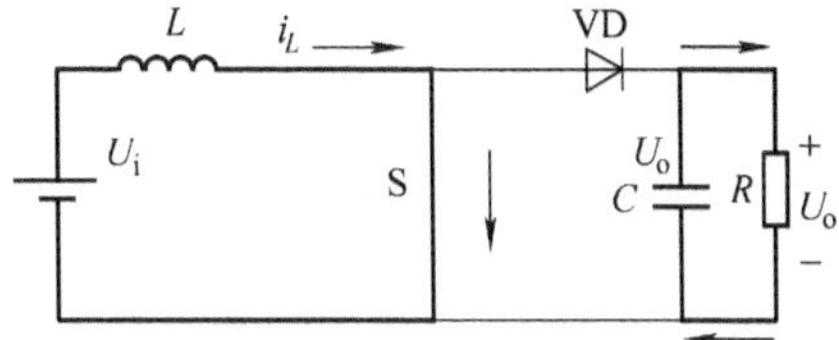

a) 开关状态 1（S 通）

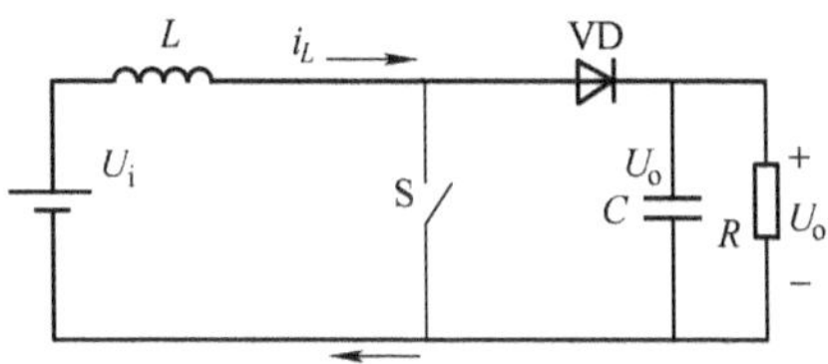

b) 开关状态 2（S 断）

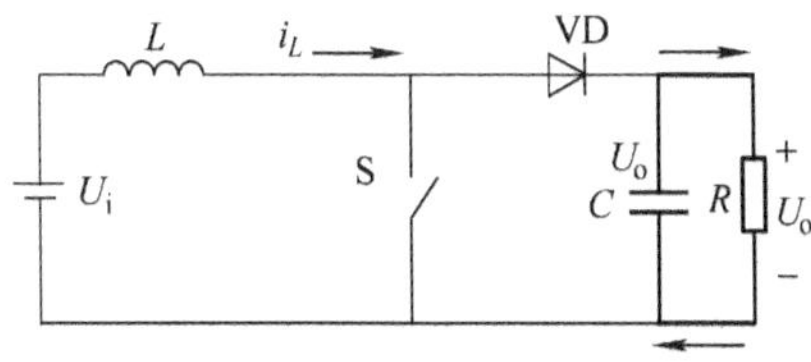

c) 开关状态 3（电感电流为零）

图 2-14　升压型电路在电感电流断续工作时的开关状态

$t_0 \sim t_1$时段：电路处于开关状态 1，开关 S 于 t_0时刻开通，并保持通态直到 t_1时刻，在这一阶段，电感 L 两端的电压为 U_i，电感电流不断增长。二极管 VD 处于截止状态。

$t_1 \sim t_2$时段：电路处于开关状态 2，开关 S 于 t_1时刻关断，二极管 VD 导通，电感通过 VD 向电容 C 放电，电感电流不断减小。

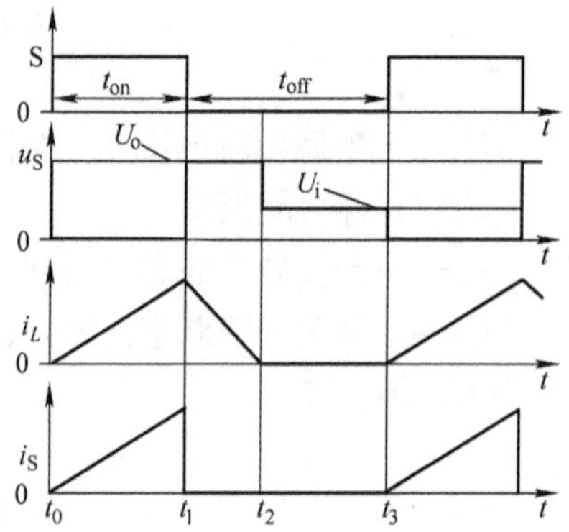

图 2-15　升压型电路在电感电流断续时的波形

$t_2 \sim t_3$时段：电路处于开关状态 3，t_2时刻电感电流减小到零，二极管 VD 关断，电感电流保持零值，并且电感两端的电压也为零，直到 t_3时刻开关 S 再次开通，下一个开关周期开始。

升压型电路电感电流连续的临界条件推导如下：电路处于连续与断续的临界状态时，每个开关周期的开始或结束的时刻电感电流正好为零，电路中的波形如图 2-16 所示。

与降压型电路有所不同，稳态条件下，升压型电路二极管 VD 电流的开关周期平均值等于负载电流 I_o。

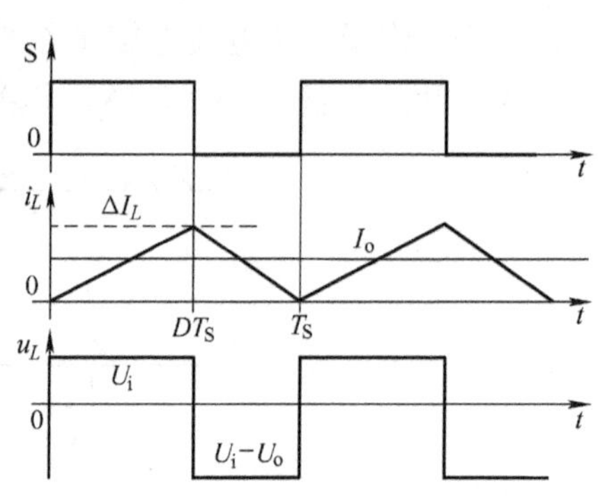

图 2-16　升压型电路电感电流临界连续时的波形

负载电流为

$$I_o = \frac{U_o}{R} \qquad (2\text{-}16)$$

图 2-16 中电感电流峰值为

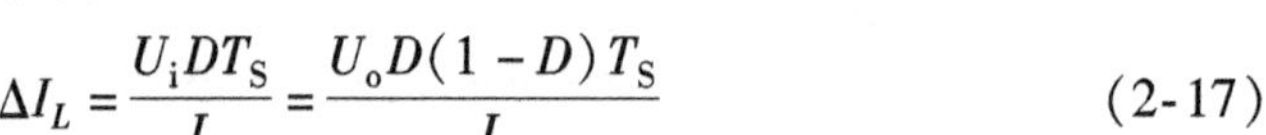

$$\Delta I_L = \frac{U_i D T_S}{L} = \frac{U_o D(1-D) T_S}{L} \qquad (2\text{-}17)$$

而 VD 的电流开关周期平均值为

$$I_{VD} = \frac{1}{2}\Delta I_L(1-D) = \frac{U_o D(1-D)^2 T_S}{2L} \qquad (2\text{-}18)$$

电感电流连续的临界条件为

$$I_o \geqslant I_{VD}$$

将式（2-16）和式（2-18）代入，有

$$\frac{U_o}{R} \geqslant \frac{U_o D(1-D)^2 T_S}{2L}$$

整理得

$$\frac{L}{RT_S} \geqslant \frac{D(1-D)^2}{2} \tag{2-19}$$

这就是用于判断升压型电路电感电流连续与否的临界条件。

升压型电路电感电流断续条件下输出与输入电压比的推导过程如下，参见图 2-17。

首先设开关 S 关断后电感的续流时间为 αT_S，见图 2-17，其中 $0 \leqslant a \leqslant (1-D)$。

根据稳态条件下电感电压开关周期平均值为零的原理有

$$U_i DT_S = (U_o - U_i)\alpha T_S \tag{2-20}$$

二极管电流开关周期平均值为

$$I_{VD} = \frac{1}{2}\Delta I_L \alpha$$

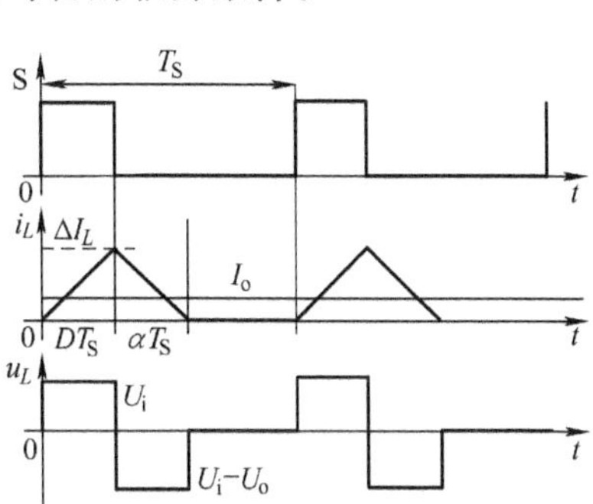

图 2-17　升压型电路电感电流断续工作时的波形

而负载电流为

$$I_o = \frac{U_o}{R}$$

稳态条件下，电容 C 的开关周期平均电流为零，故二极管电流开关周期平均值等于负载电流，有

$$\frac{1}{2}\Delta I_L \alpha = \frac{U_o}{R} \tag{2-21}$$

由式（2-20）解出 α，并与式（2-17）一起代入式（2-21）得

$$\frac{1}{2}\frac{U_i DT_S}{L}\frac{U_i}{U_o - U_i}D = \frac{U_o}{R}$$

整理得

$$\frac{U_i^2}{U_o^2 - U_i U_o} = \frac{2L}{D^2 T_S R}$$

令 $K = \dfrac{2L}{D^2 T_S R}$

解方程，并略去负根，得

$$\frac{U_o}{U_i} = \frac{1 + \sqrt{1 + \dfrac{4}{K}}}{2} \tag{2-22}$$

为了得到升压型电路在电感电流连续和断续条件下电压比的较为直观的印象，图 2-18 给出了 D 取不同值时，电压比 U_o/U_i 与负载 R 之间的关系，其中 $T_S R/L$ 是将负载 R 按照 L/T_S 进行归一化后得到的归一值。

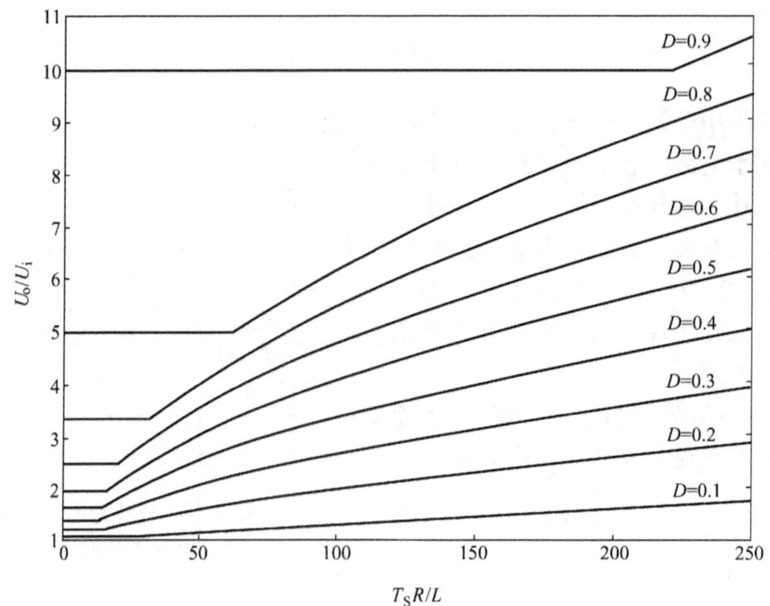

图 2-18　升压型电路电压比 U_o/U_i 与 T_SR/L 之间的关系

值得注意的是，式（2-22）在电感电流断续条件下成立，而电路工作在电流连续状态时该式不成立，电流连续状态下的电压比为$\frac{U_o}{U_i}=\frac{1}{1-D}$。

电感电流断续时，总是有 $U_o>U_i/(1-D)$，且负载电流越小，U_o越高。输出空载时，$U_o\to\infty$，故升压电路不应空载，否则会产生很高的电压造成电路中元器件的损坏。

升压型电路常用于将较低的直流电压变换成为较高的直流电压，如电池供电设备中的升压电路、液晶背光电源等。该电路的另一个用途是作为单相功率因数校正电路，这一部分内容将在第 9 章中专门绍。

2.2.3　升降压（Buck－Boost）型电路

升降压型电路的结构和工作波形如图 2-19 所示。

该电路同样存在电感电流连续和电感电流断续两种工作模式。

1. 电感电流连续工作模式

升降压电路工作于电感电流连续模式时，电路在一个开关周期内相继经历 2 个开关状态，见图 2-20。

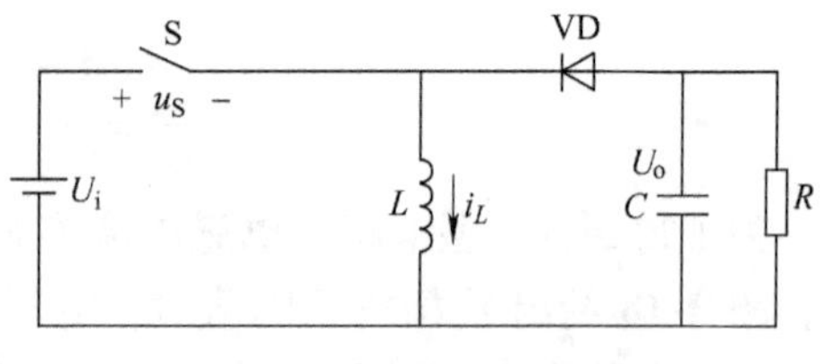

图 2-19　升降压型电路的结构

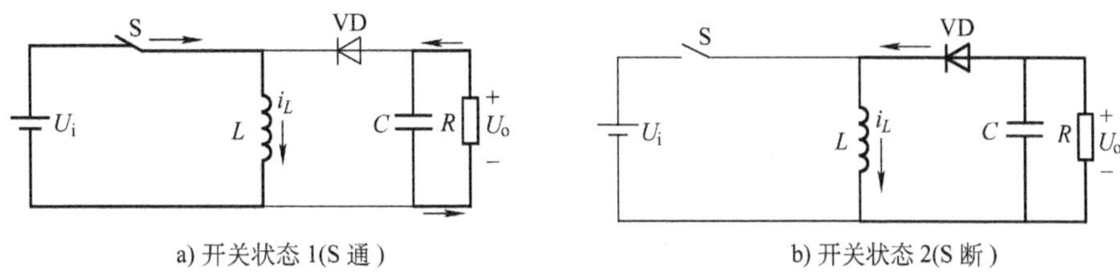

图 2-20　升降压型电路电感电流连续时的开关状态

此时电路中的波形如图 2-21 所示。

$t_0\sim t_1$时段：电路处于开关状态 1，开关 S 于t_0时刻开通，并保持通态直到t_1时刻，在这一阶段，电感 L 两端的电压为 U_i，电感电流不断增长。二极管 VD 处于断态。

$t_1\sim t_2$时段：电路处于开关状态 2，开关 S 于t_1时刻关断，二极管 VD 导通，电感通过 VD 向电容 C 放电，电感电流不断减小。直到t_2时刻开关 S 再次开通，下一个开关周期开始。

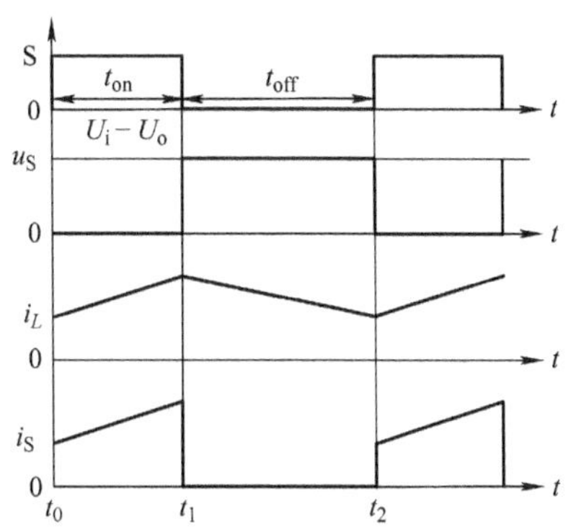

图 2-21　电感电流连续时的波形

电感电流连续时，升降压电路输出、输入电压比同开关通断的占空比间的关系为

$$U_L=\frac{U_i t_{on}+U_o t_{off}}{T_S}$$

式中　U_L——电感两端电压在一个开关周期内的平均值；

T_S——开关周期；

t_{on}——开关处于通态的时间；

t_{off}——开关处于断态的时间。

令 $U_L=0$，有

$$\frac{U_o}{U_i}=-\frac{D}{1-D} \tag{2-23}$$

式（2-23）中等式右边的负号表示升降压电路的输出电压与输入电压极性相反（实际应用中常忽略其极性，采用其绝对值表示），其数值既可以高于其输入电压，也可以低于输入电压。

2. 电感电流断续工作模式

当处于电感电流断续工作模式时，升降压电路在一个开关周期内相继经历 3 个开关状态，见图 2-22。

电路的原理性波形图见图 2-23。

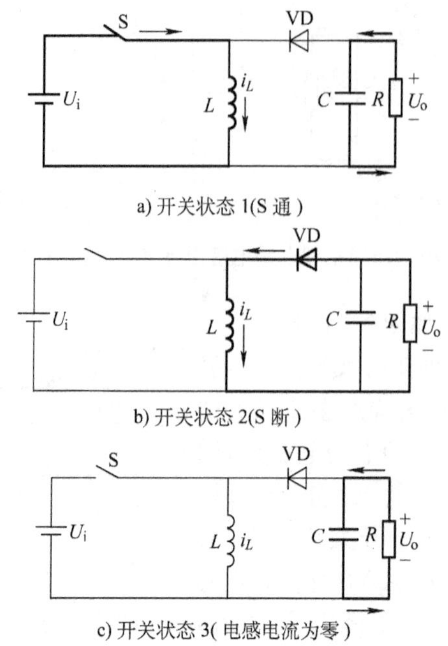

图 2-22　升降压型电路电流断续工作时的开关状态

$t_0 \sim t_1$时段：电路处于开关状态 1，开关 S 于 t_0时刻开通，并保持通态直到 t_1时刻，在这一阶段，电感 L 两端的电压为 U_i，电感电流不断增长。二极管 VD 处于断态。

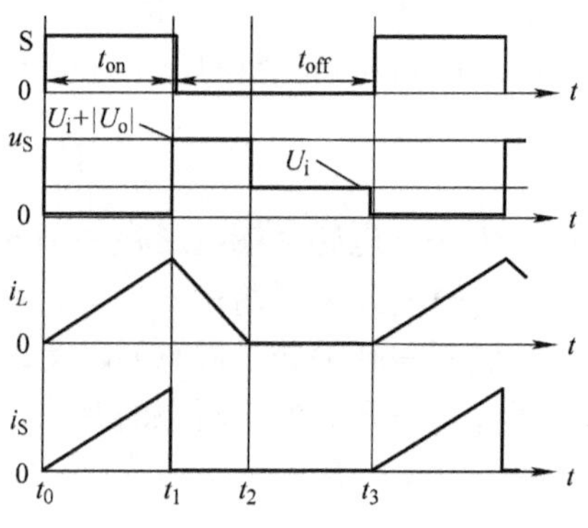

图 2-23　电流断续时的波形

$t_1 \sim t_2$时段：电路处于开关状态 2，开关 S 于 t_1时刻关断，二极管 VD 导通，电感通过 VD 向电容 C 放电，电感电流不断减小。

$t_2 \sim t_3$时段：电路处于开关状态 3，t_2时刻电感电流减小到零，二极管 VD 关断，电感电流保持零值，并且电感两端的电压也为零，直到 t_3时刻开关 S 再次开通，下一个开关周期开始。

电感电流连续的临界条件的推导如下。

升降压型电路电感电流处于连续与断续的临界状态时，电感电流的波形见图 2-24。

稳态条件下，升降压型电路二极管 VD 电流的开关周期平均值等于负载电流

I_o的绝对值。

负载电流为

$$I_o = \frac{U_o}{R} \tag{2-24}$$

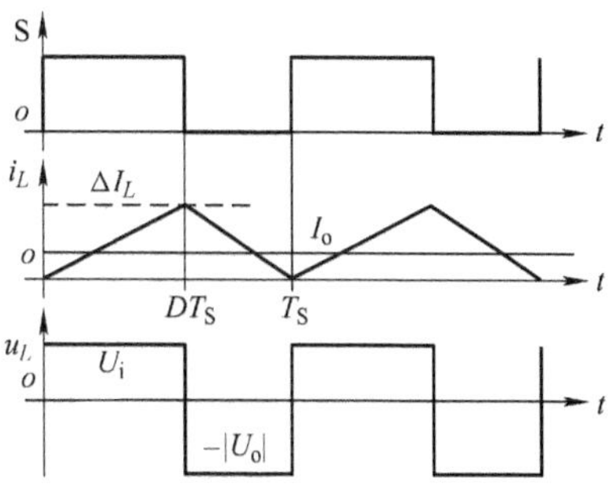

图 2-24 升降压型电路电感电流临界连续时的波形

图 2-24 中电感电流峰值为

$$\Delta I_L = \frac{U_i DT_S}{L} = \frac{|U_o|(1-D)T_S}{L}$$

而 VD 的电流在一个开关周期内的平均值为

$$\begin{aligned} I_{VD} &= \frac{1}{2}\Delta I_L(1-D) \\ &= \frac{|U_o|(1-D)^2 T_S}{2L} \end{aligned} \tag{2-25}$$

电感电流连续的临界条件为

$$|I_o| \geqslant I_{VD}$$

将式（2-24）和式（2-25）代入，有

$$\frac{|U_o|}{R} \geqslant \frac{|U_o|(1-D)^2 T_S}{2L}$$

整理得

$$\frac{L}{RT_S} \geqslant \frac{(1-D)^2}{2} \tag{2-26}$$

这就是用于判断升降压型电路电感电流连续与否的临界条件。

电流断续条件下输出与输入电压比的推导如下。

首先设开关 S 关断后电感的续流时间为 αT_S，见图 2-25，其中 $0 \leqslant a \leqslant (1-D)$。

根据稳态条件下电感电压在一个开关周期内的平均值为零的原理有

$$U_i DT_S = |U_o| \alpha T_S \tag{2-27}$$

二极管电流在一个开关周期内的平均值为

$$I_{VD} = \frac{1}{2}\Delta I_L \alpha \qquad \Delta I_L = \frac{U_i DT_S}{L}$$

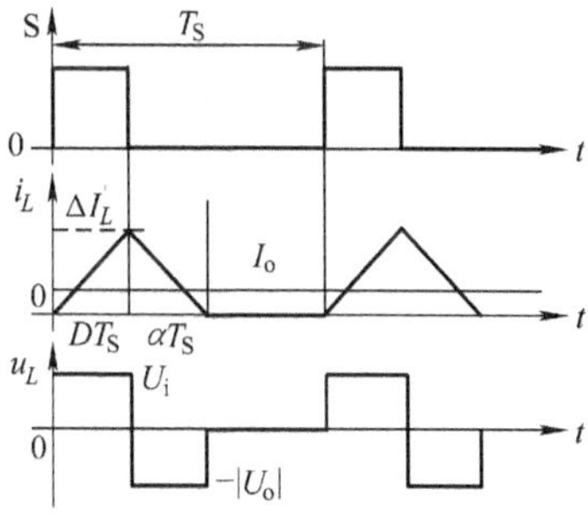

图 2-25 电感电流断续时的波形

而负载电流为

$$I_o = \frac{U_o}{R}$$

稳态条件下，电容 C 的开关周期平均电流为零，故二极管电流在一个开关周期内的平均值等于负载电流的绝对值，有

$$\frac{1}{2}\Delta I_L\alpha = \frac{|U_o|}{R} \tag{2-28}$$

由式（2-27）解出 α，并与 ΔI_L表达式一起代入（2-28）得

$$\frac{1}{2}\frac{U_iDT_S}{L}\frac{U_i}{|U_o|}D = \frac{|U_o|}{R}$$

整理得

$$\left(\frac{U_i}{|U_o|}\right)^2 = \frac{2L}{D^2T_SR}$$

令 $K = 2L/(D^2T_SR)$，解方程，并略去负根，得

$$\frac{|U_o|}{U_i} = \sqrt{\frac{1}{K}} \tag{2-29}$$

为了得到升降压型电路在电感电流连续和断续条件下电压比的较为直观的印象，图 2-26 给出了 D 取不同值时电压比与负载 R 之间的关系，其中 T_SR/L 是将负载 R 按照 L/T_S进行归一化后得到的归一值。

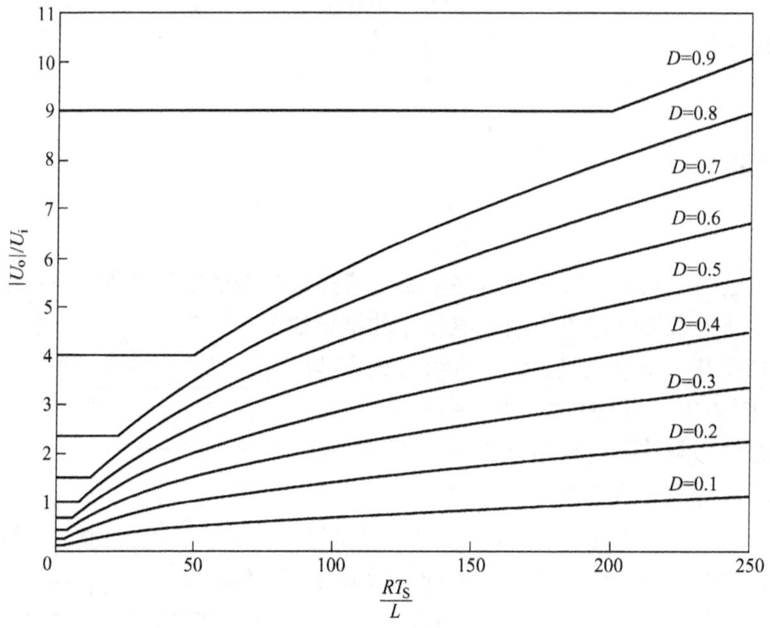

图 2-26　电压比与 T_SR/L 之间的关系

当 $D\to1$ 时，$|U_o|\to\infty$，故应避免 D 过于接近 1，以免造成电路损坏。

负载电流很小时，电感电流将不连续，电压比的公式不再满足式（2-23），此时输出电压 $|U_o| > DU_i/(1-D)$，且负载电流越小，U_o越高。输出空载时，$|U_o|\to\infty$，故升降压电路也不应空载，否则会产生很高的电压，造成电路中元

器件的损坏。

升降压型电路可以灵活地改变电压的高低，还能改变电压极性，因此常用于电池供电设备中产生负电源的电路，还用于各种开关稳压器中。

2.2.4 丘克（Cuk）型电路

Cuk 型电路的结构和工作波形见图 2-27。

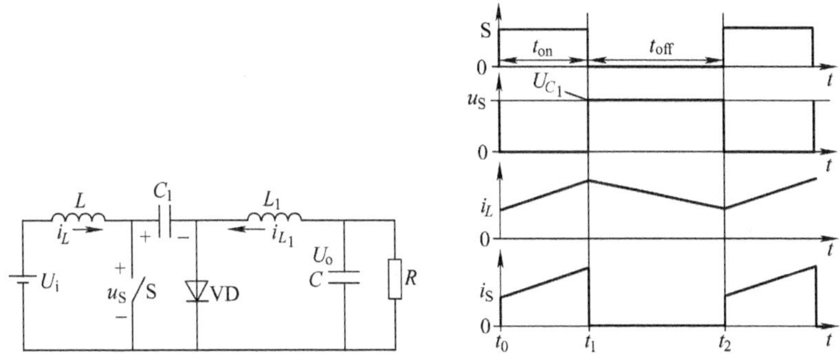

图 2-27　丘克（Cuk）型电路的结构和工作波形

从图 2-27 可以看出，丘克型电路可以看成是由升压型电路和降压型电路前后级联而成的。在电感 L 和 L_1 的电流都连续的情况下，电路在一个开关周期内相继经历 2 个开关状态，见图 2-28。

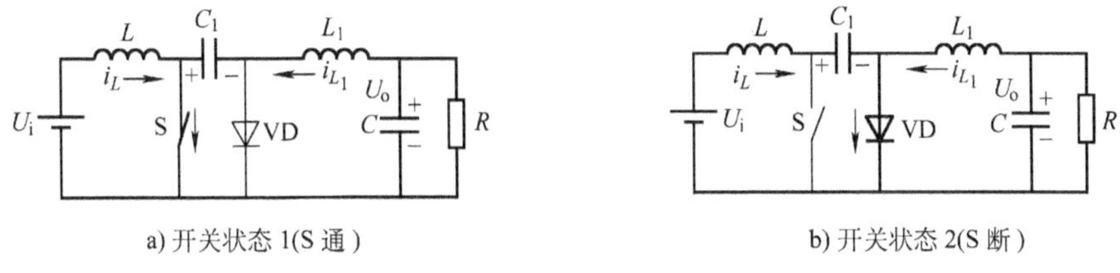

图 2-28　丘克型电路电流连续工作时的开关状态

图 2-27 中电容 C_1 的电压极性为左正右负。

电路的工作过程为

$t_0 \sim t_1$时段：电路处于开关状态 1，S 为通态，VD 断，L 和 L_1 的电流均增加。

$t_1 \sim t_2$时段：电路处于开关状态 2，S 为断态，VD 通，L 经 U_i、VD、C_1 回路续流，L_1 经 VD 和 C 续流。

设两个电感电流都连续，分别计算电感 L 和 L_1 两端电压在一个开关周期内的平均值：

$$U_L = U_i D + (U_i - U_{C_1})(1 - D)$$

$$U_{L_1}=(U_{C_1}+U_o)D+U_o(1-D) \tag{2-30}$$

令 $U_L=0$，$U_{L_1}=0$，然后联立方程，消去 U_{C_1}，可得丘克型电路输出、输入电压比与开关通断的占空比间的关系为

$$\frac{U_o}{U_i}=-\frac{D}{1-D} \tag{2-31}$$

同样，式（2-31）中等式右边的负号表示输出电压与输入电压极性相反，其数值既可以高于其输入电压，也可以低于输入电压。

同样，$D\to1$ 时，$|U_o|\to\infty$，故应避免 D 过于接近 1，以免造成电路损坏。

负载电流很小时，电路中的电感电流将不连续，电压比的公式不再满足式（2-31），输出电压 $|U_o|>DU_i/(1-D)$，且负载电流越小，$|U_o|$ 越高。输出空载时，$|U_o|\to\infty$，故 Cuk 型电路也不应空载，否则会产生很高的电压造成电路中元器件的损坏。

Cuk 型电路的特点与升降压电路相似，因此也常用于相同的用途，但 Cuk 型电路较为复杂，因此使用不甚广泛。该电路一个突出的优点是输入和输出回路中都有电感，因此输出电压纹波较小、从输入电源吸取的电流纹波也较小，在某些对这些问题有特殊要求的场合使用比较合适。

2.2.5 Sepic 型电路

Sepic 型电路的结构和工作波形见 2-29。

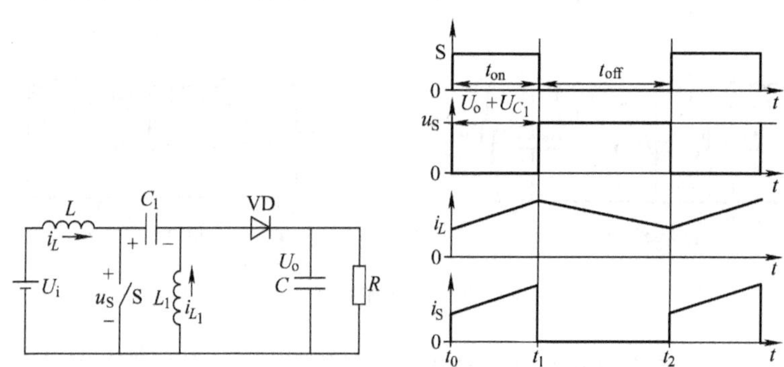

图 2-29　Sepic 型电路的结构和原理

从图 2-29 可以看出，Sepic 型电路可以看成是由升压型电路和升降压型电路前后级联而成的。在电感 L 和 L_1 的电流都连续的情况下，电路在一个开关周期内相继经历 2 个开关状态，见图 2-30。

图 2-30 中电容 C_1 的电压极性为左正右负。

电路的工作过程为

$t_0\sim t_1$ 时段：电路处于开关状态 1，S 为通态，VD 断，L 和 L_1 的电流均增加。

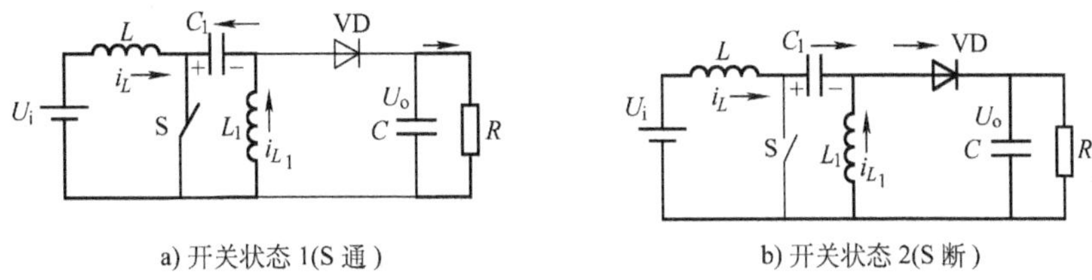

图 2-30　Sepic 型电路电流连续工作时的开关状态

$t_1 \sim t_2$时段：电路处于开关状态 2，S 为断态，VD 通，L 经 C_1、VD、C、U_i 回路续流，L_1经 VD 和 C 续流。

按照与丘克型电路相同的方法，可得 Sepic 型电路输出、输入电压比同开关通断的占空比间的关系为

$$\frac{U_o}{U_i}=\frac{D}{1-D} \tag{2-32}$$

其电压比同丘克型电路相同，差别仅在于 Sepic 型电路输出电压与输入电压极性相同，因此式（2-32）中没有负号。

同样，$D \to 1$ 时，$U_o \to \infty$，故应避免 D 过于接近 1，以免造成电路损坏。

负载电流很小时，电路中的电感电流将不连续，电压比的公式不再满足式(2-32)，输出电压 $U_o > DU_i/(1-D)$，且负载电流越小，U_o越高。输出空载时，$U_o \to \infty$，故 Sepic 型电路也不应空载，否则会产生很高的电压造成电路中元器件的损坏。

Sepic 型电路也较复杂，限制了其使用的范围。由于其输出电压比输入电压可高可低的特点，可以用于要求输出电压较低的单相功率因数校正电路。

2.2.6　Zeta 型电路

Zeta 型电路的结构和工作波形见图 2-31。

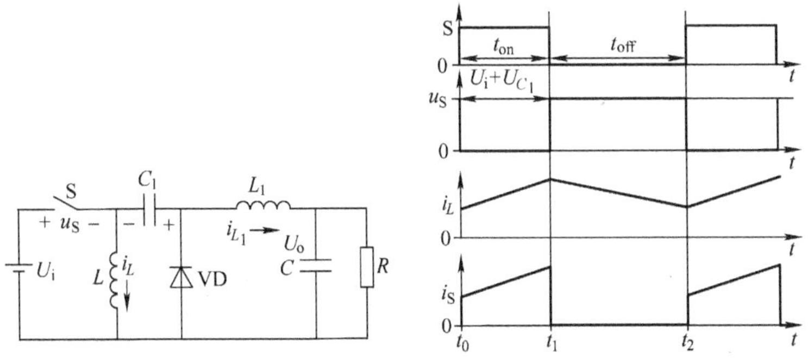

图 2-31　Zeta 型电路的结构和工作波形

从图 2-31 可以看出，Zeta 型电路可以看成是由升降压型电路和降压型电路前后级联而成的。在电感 L 和 L_1 的电流都连续的情况下，电路在一个开关周期内相继经历 2 个开关状态，见图 2-32。

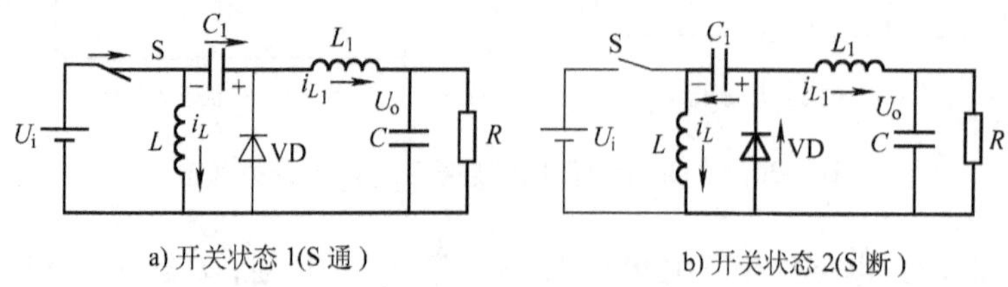

a) 开关状态 1(S 通)　　b) 开关状态 2(S 断)

图 2-32　Zeta 型电路电流连续工作时的开关状态

图 2-32 中电容 C_1 的电压极性为左负右正。

电路的工作过程为

$t_0 \sim t_1$ 时段：电路处于开关状态 1，S 通，VD 断，L 和 L_1 的电流均增加。

$t_1 \sim t_2$ 时段：电路处于开关状态 2，S 断，VD 通，L 经 VD、C_1 回路续流，L_1 经 VD 和 C 续流。

按照相同的方法，可得 Zeta 型电路输出、输入电压比同开关通断的占空比间的关系为

$$\frac{U_o}{U_i} = \frac{D}{1-D} \tag{2-33}$$

同 Sepic 型电路完全一样。

同样，$D \to 1$ 时，$U_o \to \infty$，故应避免 D 过于接近 1，以免造成电路损坏。

负载电流很小时，电路中的电感电流将不连续，电压比的公式不再满足式 (2-33)，输出电压 $U_o > DU_i/(1-D)$，且负载电流越小，U_o 越高。输出空载时，$U_o \to \infty$，故 Zeta 型电路也不应空载，否则会产生很高的电压造成电路中元器件的损坏。

Zeta 型电路也较复杂，限制了其使用的范围。

各种不同的非隔离型电路有各自不同的特点和应用场合，表 2-1 对它们进行了比较。

表 2-1　各种不同的非隔离型电路的比较

电路	特　点	电压比公式	开关和二极管承受的最高电压	应用领域
降压型	只能降压不能升压，输出与输入同极性，输入电流脉动大，输出电流脉动小，结构简单	$\frac{U_o}{U_i} = D$	$U_{MS} = U_i$ $U_{MD} = U_i$	各种降压型开关稳压器

（续）

电路	特　　点	电压比公式	开关和二极管承受的最高电压	应用领域
升压型	只能升压不能降压，输出与输入同极性，输入电流脉动小，输出电流脉动大，不能空载工作，结构简单	$\frac{U_o}{U_i}=\frac{1}{1-D}$	$U_{MS}=U_o$ $U_{MD}=U_o$	升压型开关稳压器、升压型功率因数校正电路（PFC）
升降压型	能降压能升压，输出与输入极性相反，输入输出电流脉动大，不能空载工作，结构简单	$\frac{U_o}{U_i}=-\frac{D}{1-D}$	$U_{MS}=U_i+\|U_o\|$ $U_{MD}=U_i+\|U_o\|$	反向型开关稳压器
Cuk 型	能降压能升压，输出与输入极性相反，输入、输出电流脉动小，不能空载工作，结构复杂	$\frac{U_o}{U_i}=-\frac{D}{1-D}$	$U_{MS}=U_{C_1}$ $U_{MD}=U_{C_1}$	对输入、输出纹波要求高的反相型开关稳压器
Sepic 型	能降压能升压，输出与输入同极性，输入电流脉动小，输出电流脉动大，不能空载工作，结构复杂	$\frac{U_o}{U_i}=\frac{D}{1-D}$	$U_{MS}=U_{C_1}+U_o$ $U_{MD}=U_{C_1}+U_o$	升降压型功率因数校正电路（PFC）
Zeta 型	能降压能升压，输出与输入同极性，输入电流脉动大，输出电流脉动小，不能空载工作，结构复杂	$\frac{U_o}{U_i}=\frac{D}{1-D}$	$U_{MS}=U_{C_1}+U_i$ $U_{MD}=U_{C_1}+U_i$	对输出纹波要求高的升降压型开关稳压器

2.3 隔离型电路

2.3.1 正激型电路

典型单管正激型电路的结构原理见图 2-33。

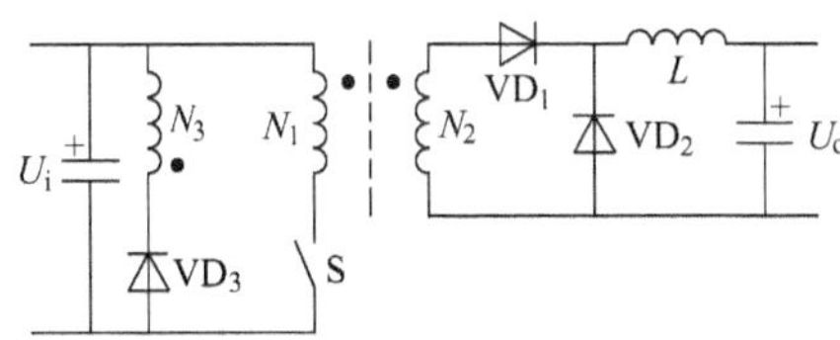

图 2-33　单管正激型电路的结构原理图

与前面介绍的各种斩波电路一样，该电路也有电感电流连续和电流断续两种工作模式。

1. 电流连续工作状态

单管正激型电路工作于电感电流连续状态时，电路中的波形见图 2-34。

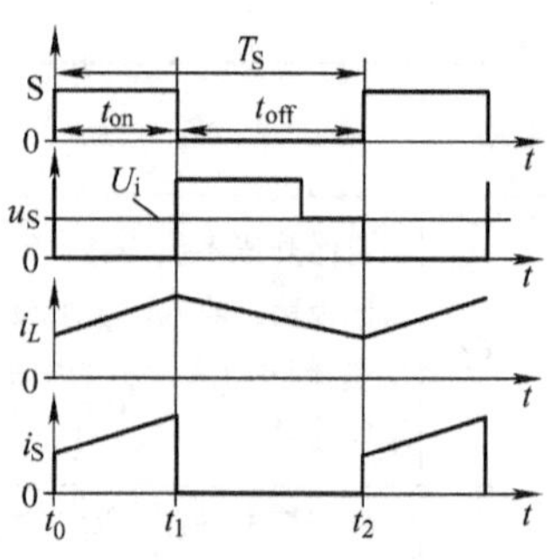

图 2-34　单管正激型电路电流连续状态时的波形

正激型电路工作于电感电流连续状态时 1 个开关周期内会经历 2 个开关状态，见图 2-35。

工作过程为

$t_0 \sim t_1$时段：电路处于开关状态 1，t_0时刻开关 S 开通，变压器绕组 N_1 两端的电压为上正下负，与其耦合的 N_2绕组两端的电压也是上正下负。因此 VD_1处于通态，VD_2为断态，电感 L 的电流逐渐增长，直到 t_1时刻 S 关断。

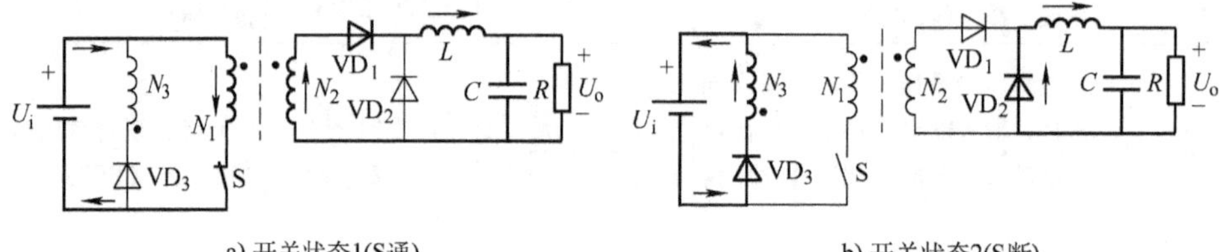

图 2-35　单管正激型电路电流连续状态时的开关状态

$t_1 \sim t_2$时段：电路处于开关状态 2，t_1时刻 S 关断后，电感 L 通过 VD_2续流，VD_1关断，L 的电流逐渐下降。

S 关断后，变压器的励磁电流经 N_3绕组和 VD_3流回电源，所以 S 关断后承受的电压为

$$u_S = \left(1 + \frac{N_1}{N_3}\right) U_i$$

变压器中各物理量的变化过程参见图 2-36，开关 S 开通后，变压器的励磁电流 i_{m1}由零开始，随着时间的增加而线性增长，直到 S 关断。S 关断后到下一次再开通的一段时间内，必须设法使励磁电流降回零，否则下一个开关周期中，

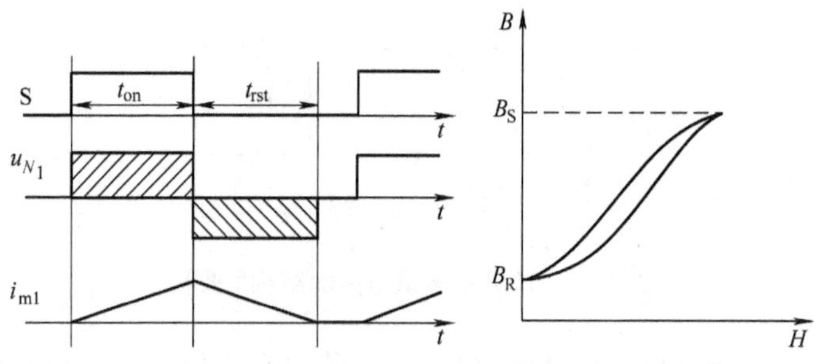

图 2-36　磁心复位过程

励磁电流将在本周期结束时的剩余值基础上继续增加，并在以后的开关周期中依次累积起来，变得越来越大，从而导致变压器的励磁电感饱和。励磁电感饱和后，励磁电流会更加迅速地增长，最终损坏电路中的开关元器件。因此在 S 关断后使励磁电流降回零是非常重要的，这一过程称为变压器的磁心复位。

在正激型电路中，变压器的绕组 N_3 和二极管 VD_3 组成复位电路。现简单分析其工作原理。

开关 S 关断后，变压器励磁电流通过 N_3 绕组和 VD_3 流回电源，并逐渐线性地下降为零。从 S 关断到 N_3 绕组的电流下降到零所需的时间 t_{rst} 如式（2-34）所示。S 处于断态的时间必须大于 t_{rst}，以保证 S 下次开通前励磁电流能够降为零，使变压器磁心可靠复位。

$$t_{rst} = \frac{N_3}{N_1} t_{on} \tag{2-34}$$

在输出滤波电感电流连续的情况下，即 S 开通时电感 L 的电流不为零，输出电压与输入电压的比为

$$\frac{U_o}{U_i} = \frac{N_2}{N_1} \frac{t_{on}}{T_S} = \frac{N_2}{N_1} D \tag{2-35}$$

2. 电流断续工作状态

此时电路在 1 个开关周期内经历 3 个开关状态，见图 2-37。

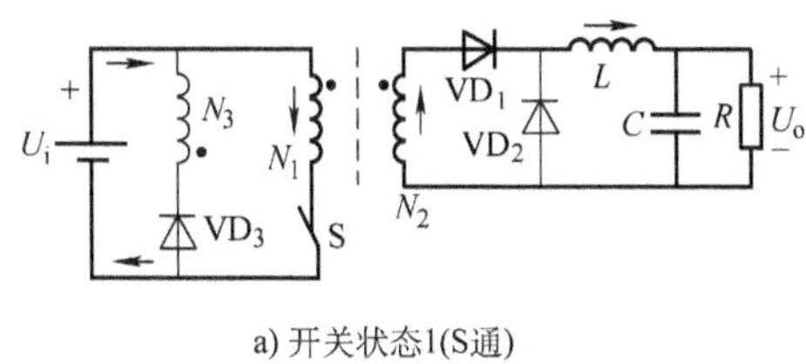

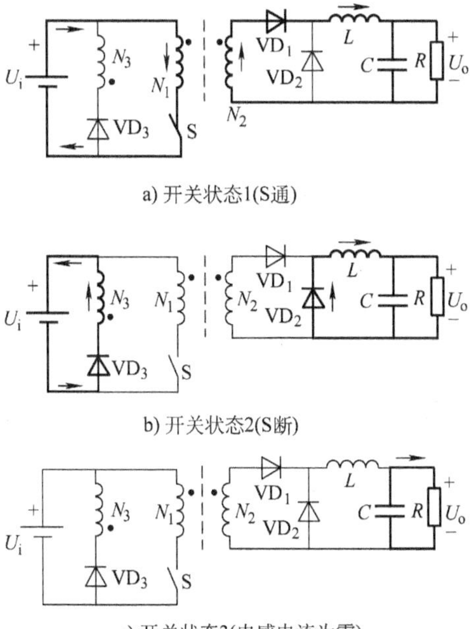

a) 开关状态1(S通)

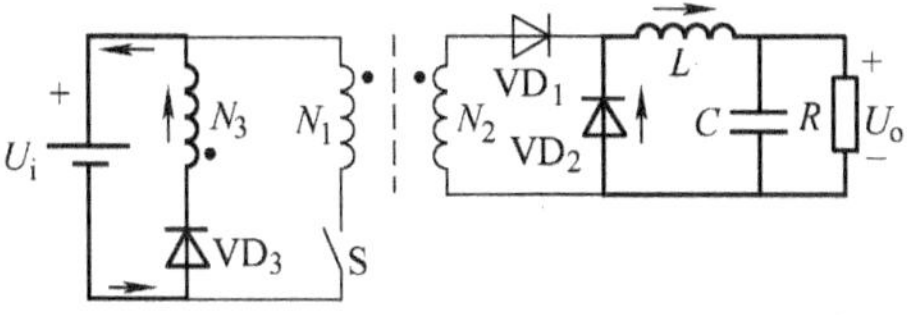

b) 开关状态2(S断)

c) 开关状态3(电感电流为零)

图 2-37　单管正激型电路电流断续状态的开关模式

电流断续状态电路的工作过程（见图2-38）为

$t_0 \sim t_1$时段：电路处于开关状态1，t_0时刻开关S开通，变压器绕组N_1两端的电压为上正下负，与其耦合的N_2绕组两端的电压也是上正下负。因此VD_1处于通态，VD_2为断态，电感L的电流逐渐增长，直到t_1时刻S关断。

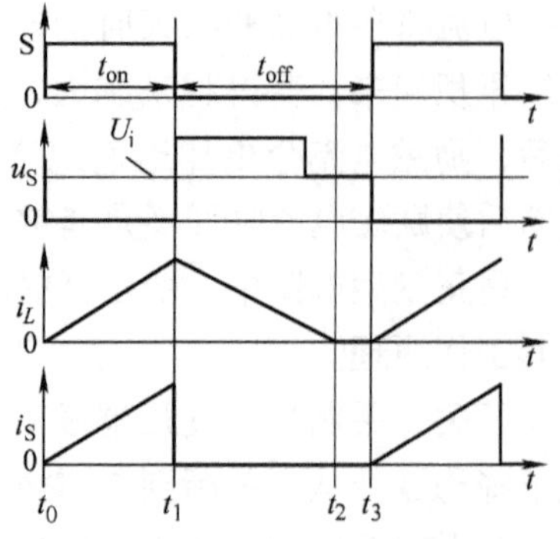

图2-38　单管正激型电路电流断续状态的波形

$t_1 \sim t_2$时段：电路处于开关状态2，t_1时刻S关断后，电感L通过VD_2续流，VD_1关断，L的电流逐渐下降，直到t_2时刻电感电流降到零。

$t_2 \sim t_3$时段：电路处于开关状态3，电感电流下降到零后，二极管VD_2关断，电容C向负载提供能量，直到t_3时刻开关S再次开通。

经过与前面降压型电路相似的推导过程可得，正激型电路电感电流连续的临界条件为

$$\frac{L}{RT_S} \geqslant \frac{1-D}{2}$$

而输出电压与输入电压间的电压比为

$$\frac{U_o}{U_i} = \frac{N_2}{N_1} \frac{\sqrt{1+4K}-1}{2K} \tag{2-36}$$

其中，$K=2L/(D^2T_SR)$。

电感电流断续时，输出电压U_o将随负载电流减小而升高，在负载电流为零的极限情况下，$U_o=N_2U_i/N_1$。

从以上分析可知，正激型电路的电压比关系和降压型电路非常相似，仅有的差别在于变压器的电压比，因此正激型电路的电压比可以看成是将输入电压U_i按电压比折算至变压器二次侧后根据降压型电路得到的。不仅正激型电路是这样，后面将要提到的半桥、全桥和推挽电路也是这样。

根据这一结论，D取不同值时，正激型电路电压比与归一化负载参数T_SR/L之间的关系可参见图2-10，应注意图中纵坐标应换成$N_1U_o/(N_2U_i)$。

除图2-33所示的单管正激型电路外，正激型电路还有其他一些电路形式，见图2-39双管正激型电路。

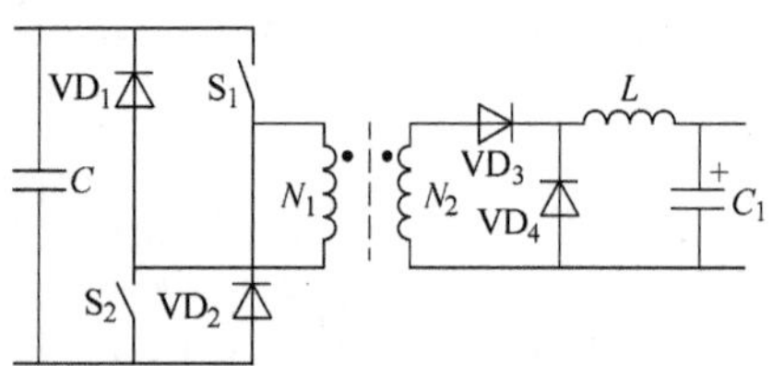

图2-39　双管正激型电路

双管正激型电路的工作原理与单管正激型电路基本相同，不再叙述。值得

注意的是，双管正激型电路中，每个开关承受的断态电压均为 U_i，比相同条件下的单管正激型电路低，故双管正激型电路适合用于高压输入的电源中使用。

正激型电路简单可靠，广泛用于功率为数百瓦～数千瓦的开关电源中。但该电路变压器的工作点仅处于磁化曲线平面的第Ⅰ象限，没有得到充分利用，因此同样的功率，其变压器体积、重量和损耗都大于下面将要介绍的全桥、半桥和推挽电路。因此，在电源和负载条件恶劣、干扰很强的环境下使用的开关电源，又对体积、重量及效率要求不太高时，采用正激型电路较合适。而工作条件较好，对体积、重量及效率要求严格的电源应采用全桥、半桥和推挽电路。

2.3.2 反激型电路

反激（Flyback）型电路的结构原理见图2-40。该电路可以看成是将升降压型电路中的电感换成相互耦合的电感 N_1 和 N_2 得到的。因此反激型电路中的变压器在工作中总是经历着储能—放电的过程，这一点与正激型电路以及后面要介绍的几种隔离型电路不同。

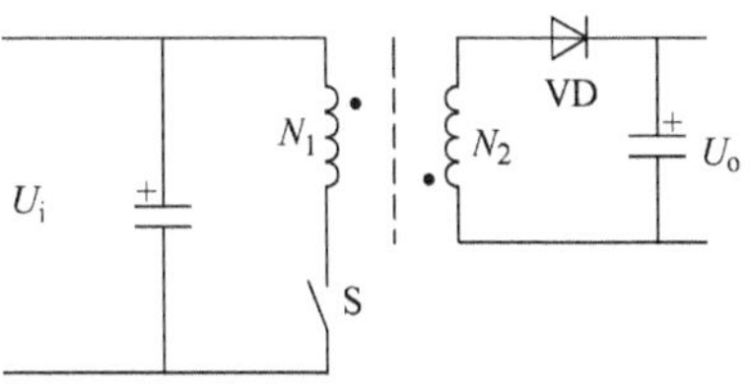

图2-40 反激型电路的结构原理图

反激型电路也存在电流连续和电流断续两种工作模式，下面将分别介绍。值得注意的是，反激型电路工作于电流连续模式时，其变压器磁心的利用率会显著下降，因此实际使用中通常避免该电路工作于电流连续模式。为了保持电路原理阐述的完整性，这里还是首先介绍电流连续工作模式。

1. 电流连续工作模式

反激型电路工作于电流连续模式时，一个开关周期经历2个开关状态，见图2-41。

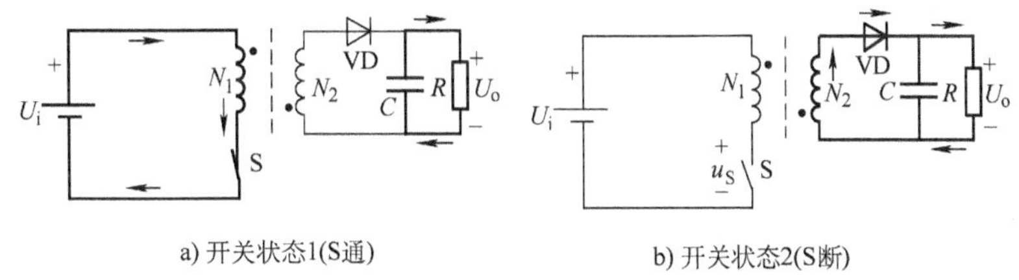

图2-41 反激型电路电流连续时的开关模式

电路中的波形见图2-42。

同前面介绍的正激型电路不同，反激型电路中的变压器起着储能元件的作用，可以看作是一对相互耦合的电感。

$t_0 \sim t_1$时段：电路处于开关状态1，S开通后，VD处于断态，N_1绕组的电流线性增长，电感储能增加。

$t_1 \sim t_2$时段：电路处于开关状态2，S关断后，N_1绕组的电流被切断，变压器中的磁场能量通过N_2绕组和二极管VD向输出端释放。S关断后的电压为

$$u_S = U_i + \frac{N_1}{N_2}U_o$$

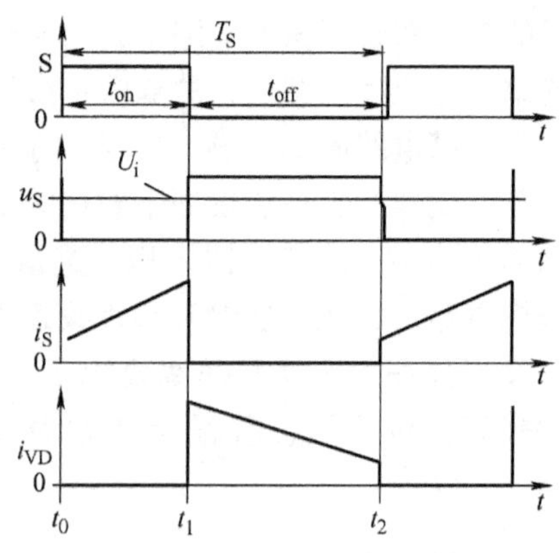

图 2-42　反激型电路工作于电流连续模式时的波形

当工作于电流连续模式时输出、输入间的电压比为

$$\begin{aligned}\frac{U_o}{U_i} &= \frac{N_2}{N_1}\frac{t_{on}}{t_{off}} \\ &= \frac{N_2}{N_1}\frac{D}{1-D}\end{aligned} \tag{2-37}$$

2. 电流断续工作模式

此时电路在一个开关周期内相继经历3个开关状态，见图2-43。

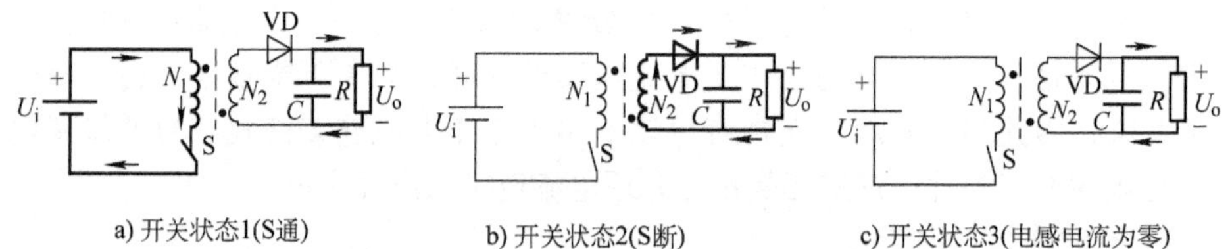

图 2-43　反激型电路电流断续时的开关模式

电路中的波形见图2-44。

$t_0 \sim t_1$时段：电路处于开关状态1，S开通后，二极管VD处于断态，N_1绕组的电流线性增长，电感储能增加。

$t_1 \sim t_2$时段：电路处于开关状态2，S关断后，N_1绕组的电流被切断，变压器中的磁场能量通过N_2绕组和二极管VD向输出端释放，直到t_2时刻变压器中的磁场能量释放完毕，N_2绕组电流下降到零，VD关断。

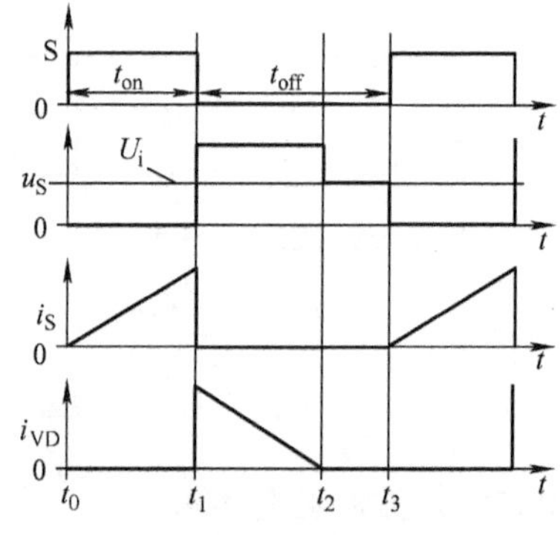

图 2-44　反激型电路电流断续时的波形

$t_2 \sim t_3$时段：电路处于开关状态3，N_1和N_2绕组电流均为零，电容C向负载提供能量。

经过与前面升降压型电路相似的推导过程，反激型电路的电流连续临界条件为

$$\frac{L}{RT_S} \geqslant \frac{(1-D)^2}{2}$$

其中，L是从二次侧测得的变压器的电感量。

反激型电路电流断续时的电压比为

$$\frac{U_o}{U_i} = \frac{N_2}{N_1}\sqrt{\frac{1}{K}} \tag{2-38}$$

其中，$K = \dfrac{2L}{D^2 T_S R}$。

与升降压电路相比，不同之处仅在于多了变压器电压比的因子。D取不同值时，电压比U_o/U_i与归一化负载参数$T_S R/L$之间的关系可以参见图2-26，应注意图中纵坐标应换成$N_1 U_o/(N_2 U_i)$。

当电路工作在断续模式时，输出电压随负载减小而升高，在负载为零的极限情况下，$U_o \to \infty$，这将损坏电路中的元器件，因此反激型电路不应工作于负载开路状态。

因为反激型电路变压器的绕组N_1和N_2在工作中不会同时有电流流过，不存在磁势相互抵消的可能，因此变压器磁心的磁通密度取决于绕组电流的大小。这与正激型以及后面介绍的几种隔离型电路是不同的。图2-45给出了反激型电路的变压器磁通密度与绕组电流的关系。

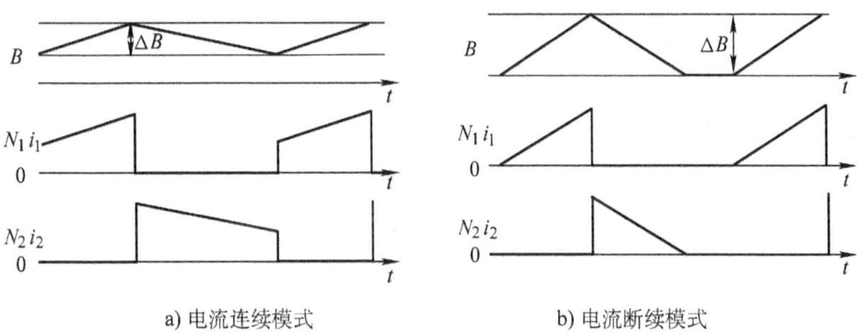

图2-45 反激型电路电流连续和断续时变压器磁通密度与绕组电流的关系

从图中可以看出，在最大磁通密度相同的条件下，连续工作时磁通密度的变化范围ΔB小于断续方式。在反激型电路中，ΔB正比于一次侧每匝绕组承受的电压乘以开关处于通态的时间t_{on}，在电路的输入电压和t_{on}相同的条件下，较

大的 ΔB 意味着变压器需要较少的匝数，或较小尺寸的磁心。从这个角度来说，反激型电路工作于电流断续模式时，变压器磁心的利用率较高，较合理，故通常在设计反激型电路时应保证其工作于电流断续方式。

反激型电路的结构最为简单，元件数少，因此成本较低，广泛适用于各种功率为数瓦~数十瓦的小功率开关电源，在各种家电、计算机设备、工业设备中广泛使用的小功率开关电源中基本上都采用的是反激型电路。但该电路变压器的工作点也仅处于磁化曲线平面的第Ⅰ象限，利用率低，而且开关元器件承受的电流峰值较大，不适合用于较大功率的电源。

2.3.3 半桥型电路

半桥型电路的原理见图2-46。

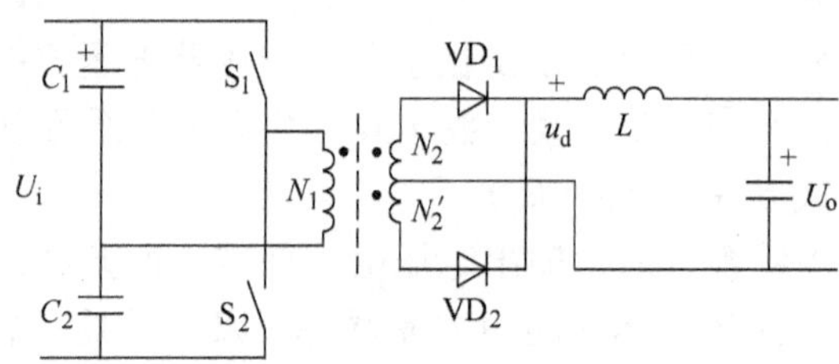

图2-46 半桥型电路原理图

半桥型电路也存在电流连续和电流断续两种工作模式。

1. 电流连续工作模式

半桥型电路工作于电流连续模式时，在一个开关周期内电路经历4个开关状态，见图2-47，其中状态2和4是相同的。

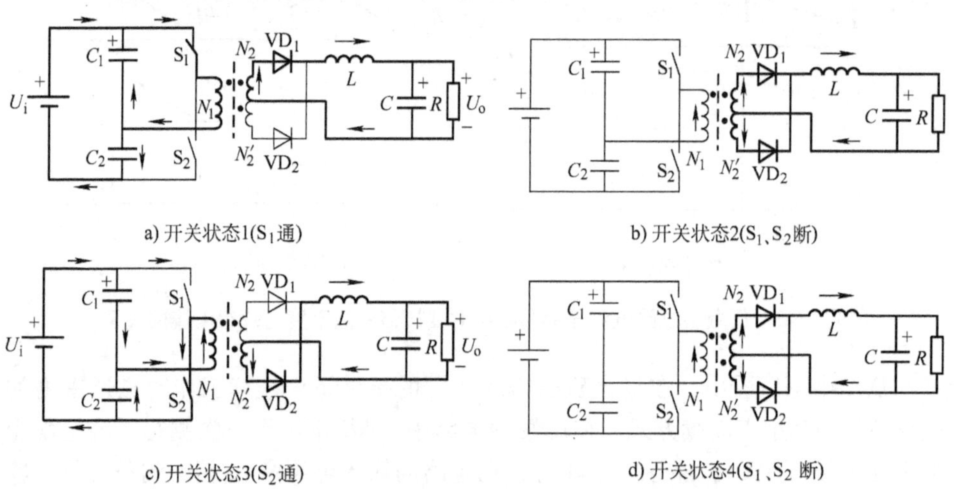

图2-47 半桥型电路电流连续时的开关状态

电路的波形见图 2-48。

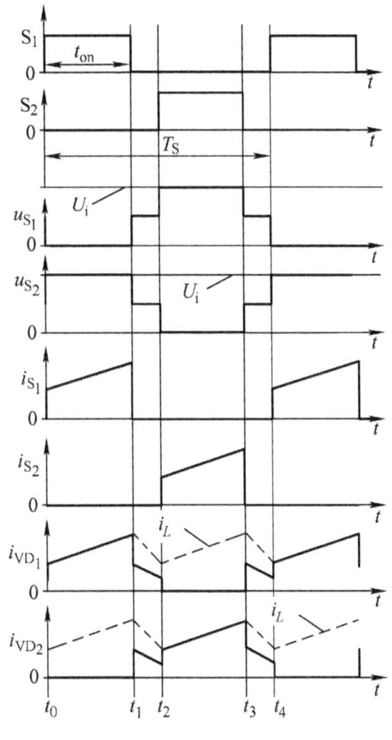

图 2-48　半桥型电路电流连续模式的波形

在半桥型电路中，变压器一次侧两端分别连接在电容 C_1、C_2 的连接点和开关 S_1、S_2的连接点。设电容 C_1、C_2 的电压分别为 $U_i/2$。S_1与 S_2交替导通，使变压器一次侧形成幅值为 $U_i/2$ 的交流电压。改变开关的占空比，就可改变二次侧整流电压 u_d 的平均值，也就改变了输出电压 U_o。S_1和 S_2断态时承受的峰值电压均为 U_i。

$t_0 \sim t_1$时段：电路处于开关状态 1，S_1导通时，二极管 VD_1 处于通态，电感电流流经变压器绕组上半部分 N_2、二极管 VD_1 和滤波电容 C 及负载 R，电感电流增长。

$t_1 \sim t_2$时段：电路处于开关状态 2，S_1、S_2都处于断态，变压器绕组 N_1 中的电流为零，根据变压器的磁势平衡方程，绕组 N_2 和 N'_2中的电流大小相等、方向相反（忽略变压器的励磁电流），所以 VD_1和 VD_2都处于通态，各分担一半的电感电流。电感 L 的电流逐渐下降。

$t_2 \sim t_3$时段：电路处于开关状态 3，S_2导通时，二极管 VD_2处于通态，电感电流流经变压器绕组下半部分 N'_2、二极管 VD_2和滤波电容 C 及负载 R，电感电流增长。

$t_3 \sim t_4$时段：电路处于开关状态 4，与开关状态 2 相同。

由于电容的隔直作用，半桥型电路对由于两个开关导通时间不对称而造成的变压器一次侧电压的直流分量有自动平衡作用，因此该电路不容易发生变压器偏磁和直流磁饱和的问题。

为了避免上下两开关在换流的过程中发生短暂的同时导通而造成短路损坏开关，每个开关各自的占空比不能超过 50%，并应留有裕量。

当滤波电感 L 的电流连续时

$$\frac{U_o}{U_i} = \frac{1}{2}\frac{N_2}{N_1}\frac{t_{on}}{T_S/2} = \frac{1}{2}\frac{N_2}{N_1}D \tag{2-39}$$

值得注意的是，在半桥型电路中，占空比定义为 $D = \dfrac{t_{on}}{T_S/2}$。

2. 电流断续工作模式

此时电路在1个开关周期内经历6个开关状态，见图2-49。

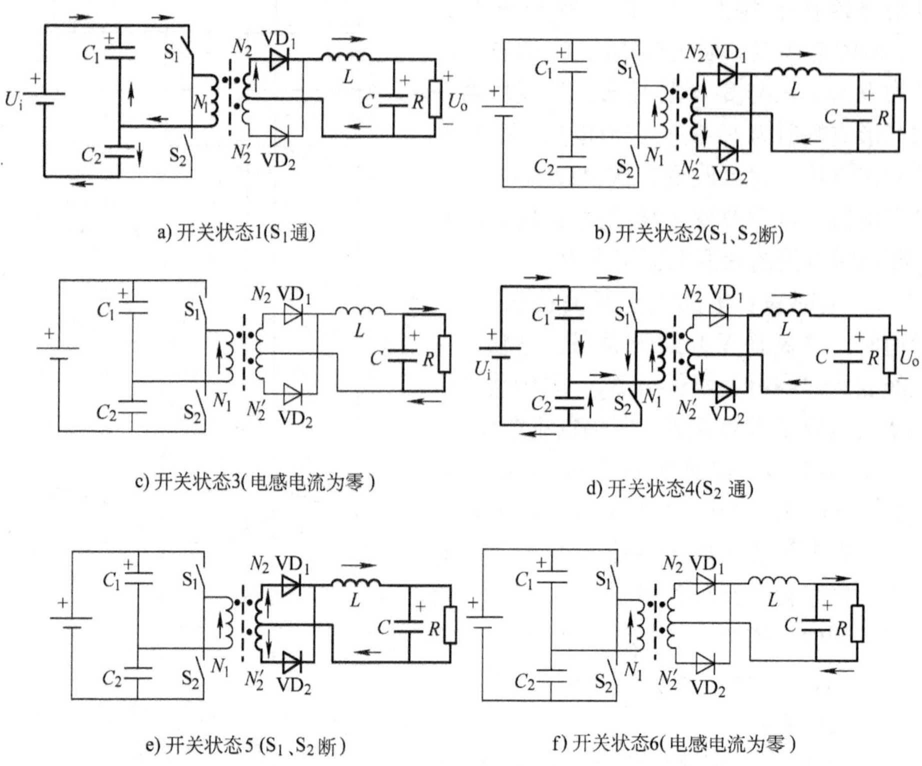

图2-49 半桥型电路电流断续状态的开关模式

电路的波形见图2-50。

电流断续状态电路的工作过程为

$t_0 \sim t_1$时段：电路处于开关状态1，t_0时刻开关S_1开通，变压器绕组N_1两端的电压为上正下负，与其耦合的N_2绕组两端的电压也是上正下负。因此二极管VD_1处于通态，VD_2为断态。电感L的电流逐渐增长，直到t_1时刻S_1关断。

$t_1 \sim t_2$时段：电路处于开关状态2，S_1、S_2都处于断态，变压器绕组N_1中的电流为零，根据变压器的磁势平衡方程，绕组N_2和N'_2中的电流大小相等、方向相反，所以二极管VD_1和VD_2都处于通态，各分担一半

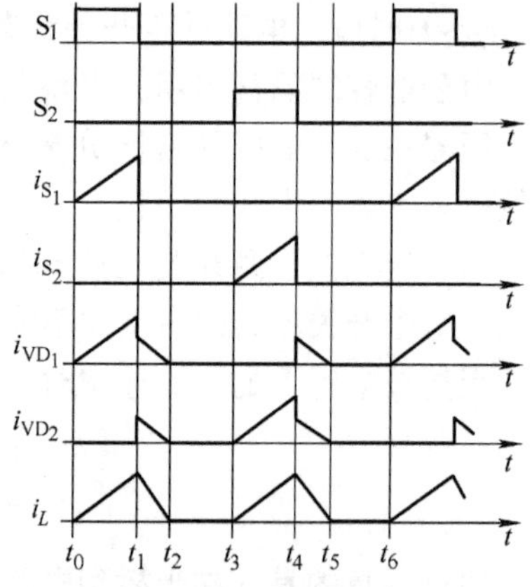

图2-50 半桥型电路电流断续状态的波形

电感电流。电感 L 的电流逐渐下降，直到 t_2 时刻电感电流降为零。

$t_2 \sim t_3$ 时段：电路处于开关状态 3，电感电流保持零值，电容 C 向负载 R 供电。直到 t_3 时刻开关 S_2 开通。

$t_3 \sim t_4$ 时段：电路处于开关状态 4，t_3 时刻开关 S_2 开通，变压器绕组 N_1 两端的电压为下正上负，与其耦合的 N'_2 绕组两端的电压为下正上负，因此二极管 VD_2 处于通态，VD_1 为断态，电感 L 的电流逐渐增长，直到 t_4 时刻 S_1 关断。

$t_4 \sim t_5$ 时段：电路处于开关状态 5，与开关状态 2 相同。

$t_5 \sim t_6$ 时段：电路处于开关状态 6，与开关状态 3 相同。

经过与前面降压型电路相似的推导过程可得，半桥型电路电感电流连续的临界条件为

$$\frac{L}{RT_S/2} \geqslant \frac{1-D}{2}$$

而输出电压与输入电压间的电压比为

$$\frac{U_o}{U_i} = \frac{1}{2}\frac{N_2}{N_1}\frac{\sqrt{1+4K}-1}{2K} \tag{2-40}$$

其中，$K = \dfrac{2L}{D^2 RT_S/2}$。

电感电流断续时，输出电压 U_o 将随负载电流减小而升高，在负载为零的极限情况下，$U_o = \dfrac{N_2}{N_1}\dfrac{U_i}{2}$。$D$ 取不同值时，半桥型电路电压比与归一化负载参数 $\dfrac{T_S/2}{L}R$ 之间的关系可参见图 2-10，应注意图中纵坐标应换成 $\dfrac{1}{2}\dfrac{N_1}{N_2}\dfrac{U_o}{U_i}$。

半桥型电路中变压器的利用率高，且没有偏磁的问题，可以广泛用于功率为数百瓦～数千瓦的电源中。与下面将要介绍的全桥电路相比，半桥型电路开关元器件数量少（但电流等级要大些），同样的功率下成本要低一些，故可以用于对成本要求较苛刻的场合。

2.3.4 全桥型电路

全桥型电路的原理见图 2-51。

全桥型电路也存在电流连续和电流断续两种工作模式。

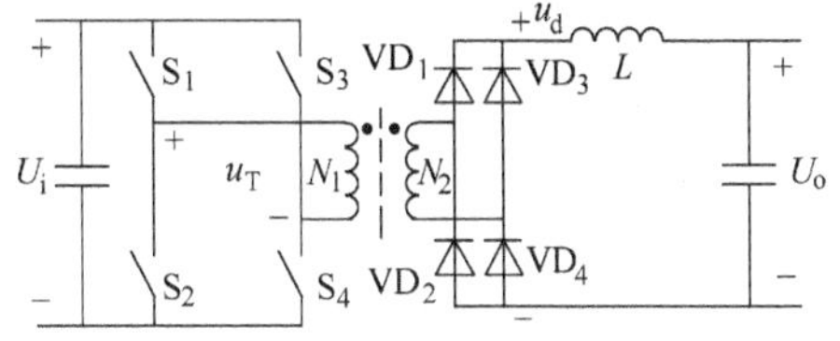

图 2-51　全桥型电路原理图

1. 电流连续工作模式

全桥型电路工作于电流连续模式时，在一个开关周期内电路经历 4 个开关状态，见图 2-52，其中状态 2 和 4 是相同的。

电路的波形见图 2-53 所示。

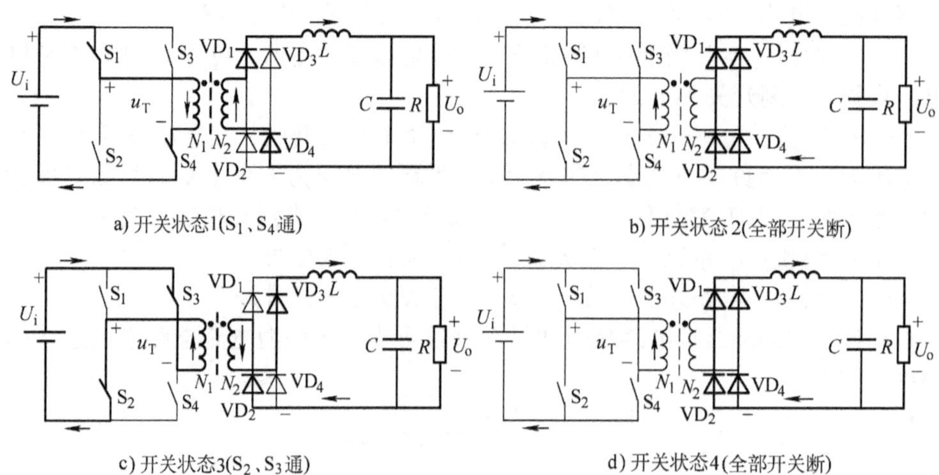

图 2-52　全桥型电路电流连续时的开关状态

全桥型电路中的逆变电路由 4 个开关组成，互为对角的两个开关同时导通，而同一侧半桥上下两开关交替导通，将直流电压逆变成幅值为 U_i 的交流电压，加在变压器一次侧。改变开关的占空比，就可以改变整流电压 u_d 的平均值，也就改变了输出电压 U_o。每个开关断态时承受的峰值电压均为 U_i。

$t_0 \sim t_1$ 时段：电路处于开关状态 1，S_1、S_4 通，二极管 VD_1、VD_4 通，电感电流流经变压器绕组 N_2、二极管 VD_1 和 VD_4、滤波电容 C 及负载 R，电感电流增长。

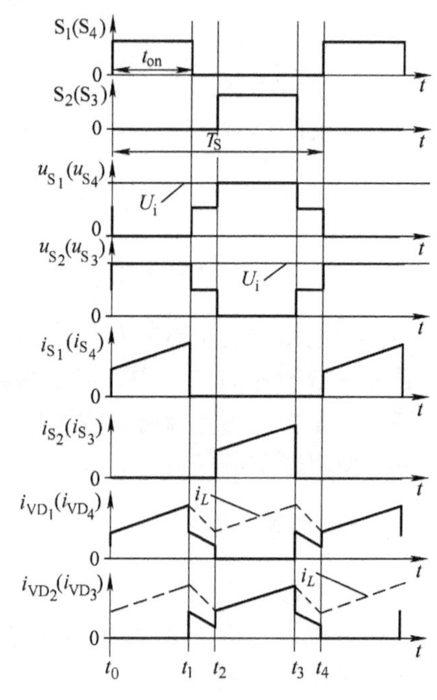

图 2-53　全桥型电路电流连续模式的波形

$t_1 \sim t_2$ 时段：电路处于开关状态 2，所有开关都处于断态，变压器绕组 N_1 中的电流为零，电感通过 VD_1、VD_4 和 VD_2、VD_3 续流，每个二极管流过电感电流的一半。电感 L 的电流逐渐下降。

$t_2 \sim t_3$ 时段：电路处于开关状态 3，S_2、S_3 通，二极管 VD_2、VD_3 通，电感电流流经变压器绕组 N_2、二极管 VD_2 和 VD_3、滤波电容 C 及负载 R，电感电流增长。

$t_3 \sim t_4$ 时段：电路处于开关状态 4，与开关状态 2 相同。

若 S_1、S_4 与 S_2、S_3 的导通时间不对称，则交流电压中将含有直流分量，会在变压器一次侧电流中产生很大的直流分量，并可能造成磁路饱和，故全桥电路应注意避免电压直流分量的产生，也可以在一次侧回路串联一个电容，以阻断直流电流。

为了避免上下两开关在换流的过程中发生短暂的同时导通而造成短路损坏开关，每个开关各自的占空比不能超过 50%，并应留有裕量。

当滤波电感 L 的电流连续时

$$\frac{U_o}{U_i}=\frac{N_2}{N_1}\frac{t_{on}}{T_S/2}=\frac{N_2}{N_1}D \tag{2-41}$$

在全桥型电路中，占空比定义为 $D=\dfrac{t_{on}}{T_S/2}$

2. 电流断续工作模式

全桥型电路工作于电流断续模式时，在 1 个开关周期内经历 6 个开关状态，见图 2-54。其电路的波形见图 2-55。

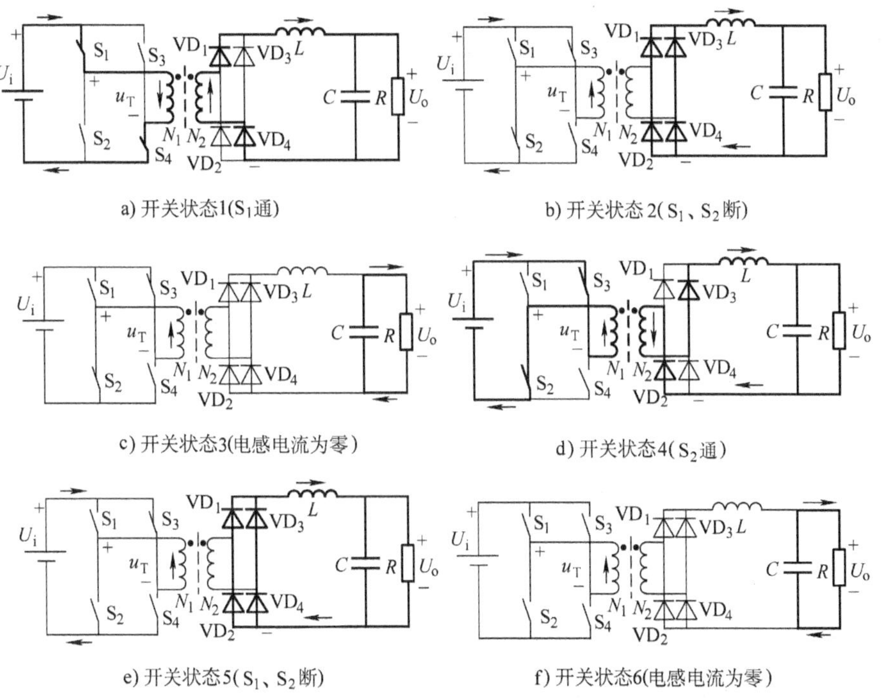

a) 开关状态1(S_1通)　　b) 开关状态 2(S_1、S_2断)

c) 开关状态3(电感电流为零)　　d) 开关状态4(S_2通)

e) 开关状态5(S_1、S_2断)　　f) 开关状态6(电感电流为零)

图 2-54　全桥型电路电流断续状态的开关模式

电流断续状态电路的工作过程为

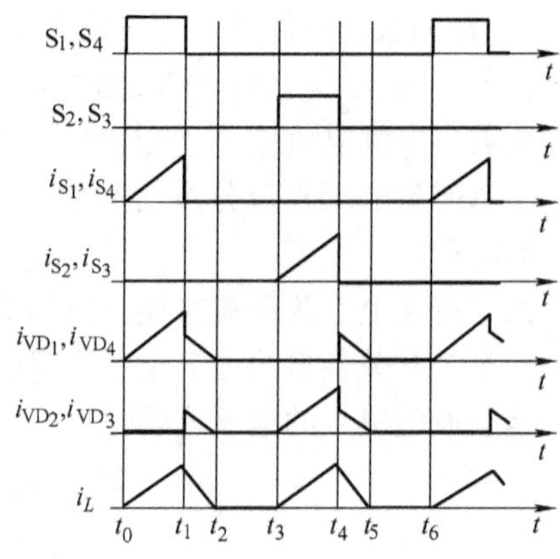

图 2-55 全桥型电路电流断续状态的波形

$t_0 \sim t_1$ 时段：电路处于开关状态 1，S_1、S_4 通，二极管 VD_1、VD_4 通，电感电流流经变压器绕组 N_2、二极管 VD_1 和 VD_4、滤波电容 C 及负载 R，电感电流增长。

$t_1 \sim t_2$ 时段：电路处于开关状态 2，所有开关都处于断态，变压器绕组 N_1 中的电流为零，电感通过二极管 VD_1、VD_4 和 VD_2、VD_3 续流，每个二极管流过电感电流的一半。电感 L 的电流逐渐下降。直到 t_2 时刻电感电流降为零。

$t_2 \sim t_3$ 时段：电路处于开关状态 3，电感电流保持零值，电容 C 向负载 R 供电。直到 t_3 时刻开关 S_2、S_3 开通。

$t_3 \sim t_4$ 时段：电路处于开关状态 4，S_2、S_3 通，二极管 VD_2、VD_3 通，电感电流流经变压器绕组 N_2、二极管 VD_2 和 VD_3、滤波电容 C 及负载 R，电感电流增长。

$t_4 \sim t_5$ 时段：电路处于开关状态 5，与开关状态 2 相同。

$t_5 \sim t_6$时段：电路处于开关状态 6，与开关状态 3 相同。

经过与前面降压型电路相似的推导过程可得，全桥型电路电感电流连续的临界条件为

$$\frac{L}{RT_S/2} \geqslant \frac{1-D}{2}$$

而输出电压与输入电压间的电压比为

$$\frac{U_o}{U_i} = \frac{N_2}{N_1} \frac{\sqrt{1+4K}-1}{2K} \tag{2-42}$$

其中，$K = \dfrac{2L}{D^2 RT_S/2}$。

电感电流断续时，输出电压 U_o将随负载电流减小而升高，在负载为零的极限情况下，$U_o = \dfrac{N_2}{N_1}U_i$。$D$ 取不同值时，全桥电路电压比与归一化负载参数$\dfrac{T_S/2}{L}R$之间的关系可参见图 2-10，应注意图中纵坐标应换成$\dfrac{N_1}{N_2}\dfrac{U_o}{U_i}$。

所有隔离型开关电路中，采用相同电压和电流容量的开关器件时，全桥型电路可以达到最大的功率，因此该电路常用于中大功率的电源中。20 世纪 80 年代，人们发现了结构简单、效率高的移相全桥型软开关电路，得到广泛应用。目前，全桥型电路被用于功率为数百瓦～数十千瓦的各种工业用电源中。

2.3.5 推挽型电路

推挽型电路的原理见图 2-56。

推挽型电路也存在电流连续和电流断续两种工作模式。

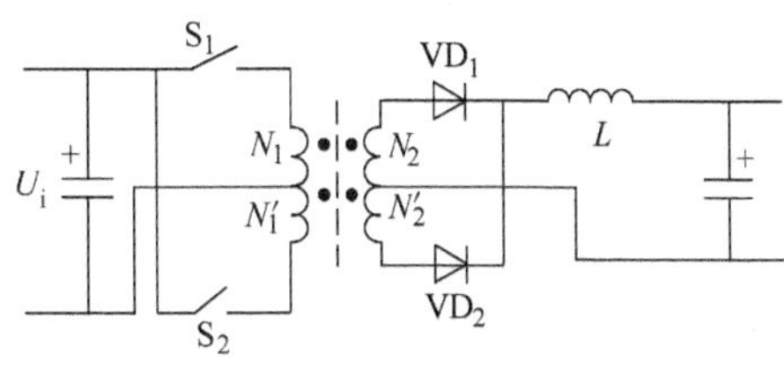

图 2-56 推挽型电路原理图

1. 电流连续工作模式

推挽型电路工作于电流连续模式时，在一个开关周期内电路经历 4 个开关状态，见图 2-57，其中状态 2 和 4 是相同的。

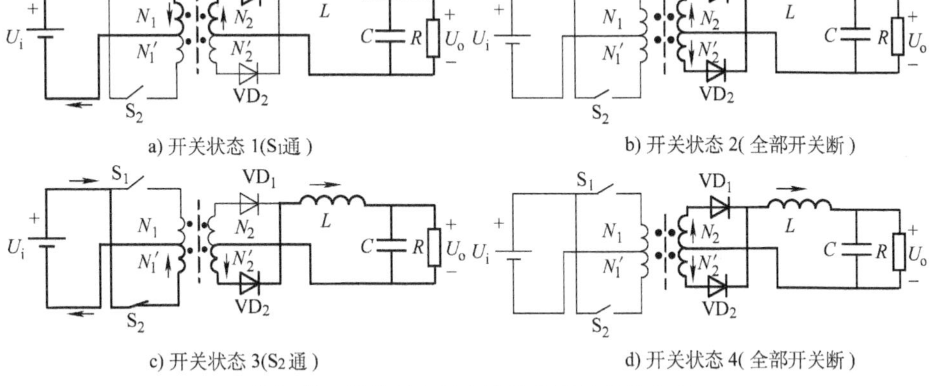

a) 开关状态 1(S1通)　b) 开关状态 2(全部开关断)

c) 开关状态 3(S2通)　d) 开关状态 4(全部开关断)

图 2-57 推挽型电路电流连续时的开关状态

电路的波形见图 2-58。

推挽型电路中两个开关 S_1 和 S_2 交替导通，在绕组 N_1 和 N'_1 两端分别形成相位相反的交流电压。S_1 导通时，二极管 VD_1 处于通态，S_2 导通时，二极管 VD_2 处于通态，当两个开关都关断时，二极管 VD_1 和 VD_2 都处于通态，各分担电感电流的一半。S_1 或 S_2 导通时电感 L 的电流逐渐上升，两个开关都关断时，电感 L 的电流逐渐下降。S_1 和 S_2 断态时承受的峰值电压均为 2 倍 U_i。

$t_0 \sim t_1$ 时段：电路处于开关状态 1，S_1 通，二极管 VD_1 通，电感电流流经变压器绕组 N_2、二极管 VD_1、滤波电容 C 及负载 R，电感电流增长。

$t_1 \sim t_2$ 时段：电路处于开关状态 2，所有开关都处于断态，变压器绕组 N_1 中的电流为零，电感通过 VD_1 和 VD_2 续流，每个二极管流过电感电流的一半。电感 L 的电流逐渐下降。

$t_2 \sim t_3$ 时段：电路处于开关状态 3，S_2 通，二极管 VD_2 通，电感电流流经变压器绕组 N'_2、二极管 VD_2、滤波电容 C 及负载 R，电感电流增长。

$t_3 \sim t_4$ 时段：电路处于开关状态 4，与开关状态 2 相同。

若 S_1 与 S_2 的导通时间不对称，则变压器一次绕组电压中将含有直流分量，会在变压器一次侧电流中产生很大的直流分量，并可能造成磁路饱和。与全桥型电路不同的是，推挽型电路无法在变压器一次侧串联隔直电容，因此只能靠精确的控制信号和电路元器件参数的匹配来避免电压直流分量的产生。

如果 S_1 和 S_2 同时处于通态，就相当于变压器一次侧绕组短路。因此必须避免两个开关同时导通，每个开关各自的占空比不能超过 50%，并且要留有死区。

电流连续时电路的电压比为

$$\frac{U_o}{U_i}=\frac{N_2}{N_1}\frac{t_{on}}{T_S/2}=\frac{N_2}{N_1}D \qquad (2\text{-}43)$$

在推挽型电路中，占空比定义为 $D=\dfrac{t_{on}}{T_S/2}$。

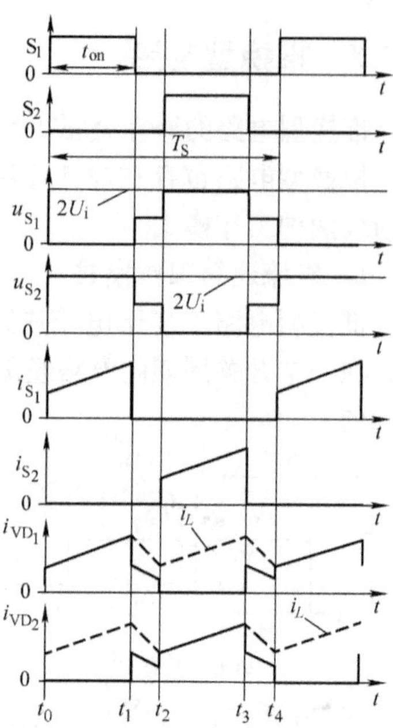

图 2-58　推挽型电路电流连续模式的波形

2. 电流断续工作模式

此时电路在 1 个开关周期内经历 6 个开关状态，见图 2-59。

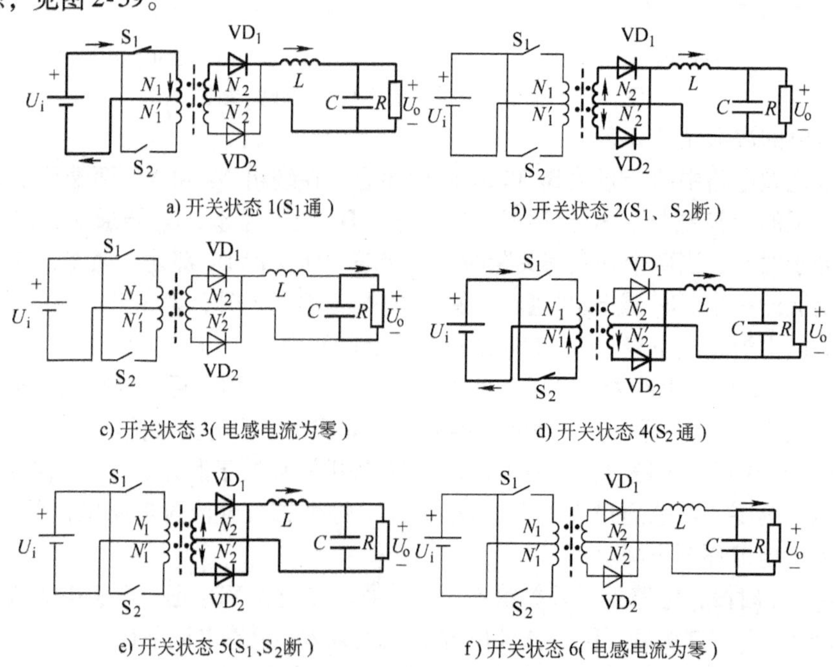

图 2-59　推挽型电路电流断续状态的开关模式

电流断续状态电路的工作过程（见图2-60）为

$t_0 \sim t_1$ 时段：电路处于开关状态1，S_1 通，二极管 VD_1 通，电感电流流经变压器绕组 N_2、二极管 VD_1、滤波电容 C 及负载 R，电感电流增长。

$t_1 \sim t_2$ 时段：电路处于开关状态2，所有开关都处于断态，变压器绕组 N_1 中的电流为零，电感通过 VD_1 和 VD_2 续流，每个二极管流过一半的电感电流。电感 L 的电流逐渐下降。直到 t_2 时刻电感电流降为零。

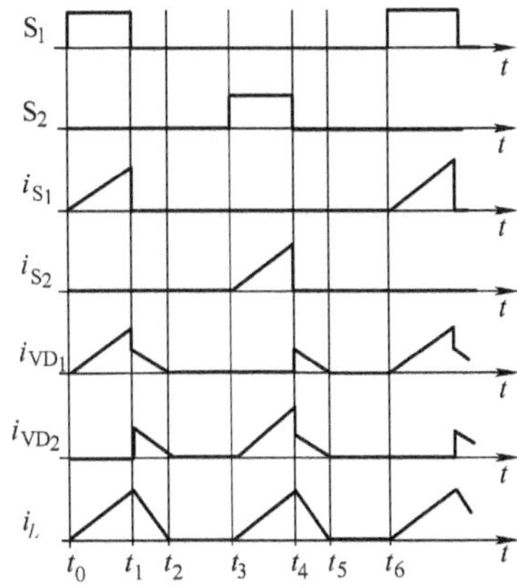

图2-60　推挽型电路电流断续状态的波形

$t_2 \sim t_3$ 时段：电路处于开关状态3，电感电流保持零值，电容 C 向负载 R 供电。直到 t_3 时刻开关 S_2 开通。

$t_3 \sim t_4$ 时段：电路处于开关状态4，S_2 通，二极管 VD_2 通，电感电流流经变压器绕组 N'_2、二极管 VD_2、滤波电容 C 及负载 R，电感电流增长。

$t_4 \sim t_5$ 时段：电路处于开关状态5，与开关状态2相同。

$t_5 \sim t_6$时段：电路处于开关状态6，与开关状态3相同。

经过与前面降压型电路相似的推导过程，可得推挽型电路电感电流连续的临界条件为

$$\frac{L}{RT_S/2} \geqslant \frac{1-D}{2}$$

而输出电压与输入电压间的电压比为

$$\frac{U_o}{U_i} = \frac{N_2}{N_1}\frac{\sqrt{1+4K}-1}{2K} \tag{2-44}$$

其中，$K = \dfrac{2L}{D^2 RT_S/2}$。

电感电流断续时，输出电压 U_o将随负载电流减小而升高，在负载为零的极限情况下，$U_o = \dfrac{N_2}{N_1}U_i$。$D$ 取不同值时，推挽型电路电压比与归一化负载参数 $\dfrac{T_S/2}{L}R$ 之间的关系可参见图2-10，应注意图中纵坐标应换成$\dfrac{N_1}{N_2}\dfrac{U_o}{U_i}$。

推挽型电路的一个突出优点是在输入回路中仅有1个开关的通态压降，而半桥电路和全桥电路都有2个，因此在同样的条件下产生的通态损耗较小，这对很多输入电压较低的电源十分有利，因此这类电源应用推挽型电路比较合适。

表2-2为以上几种电路的相互比较。

表 2-2　各种不同的间接直流变流电路的比较

电路	优　点	缺　点	功率范围	应用领域
正激型	电路较简单，成本低，可靠性高，驱动电路简单	变压器单向励磁，利用率低	几百瓦～几千瓦	各种中、小功率电源
反激型	电路非常简单，成本很低，可靠性高，驱动电路简单	难以达到较大的功率，变压器单向励磁，利用率低	几瓦～几十瓦	小功率和消费电子设备、计算机设备的电源
全桥型	变压器双向励磁，容易达到大功率	结构复杂，成本高，可靠性低，需要复杂的多组隔离驱动电路，有直通和偏磁问题	几百瓦～几百千瓦	大功率工业用电源、焊接电源、电解电源等
半桥型	变压器双向励磁，无变压器偏磁问题，开关较少，成本低	有直通问题，可靠性低，需要复杂的隔离驱动电路	几百瓦～几千瓦	各种工业用电源，计算机电源等
推挽型	变压器双向励磁，变压器一次侧电流回路中只有一个开关，通态损耗较小，驱动简单	有偏磁问题	几百瓦～几千瓦	低输入电压的电源

2.4　整流电路

2.4.1　全桥整流电路

全桥整流电路的结构见图 2-61。

该电路由 4 个二极管 VD_1 ~ VD_4 以及 *LC* 滤波元件构成。全桥整流电路的工作过程在前面介绍全桥电路时已经介绍过，这里不再重复。

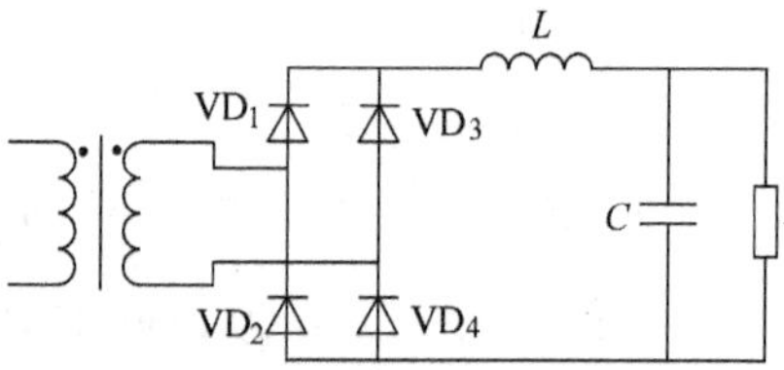

图 2-61　全桥整流电路

根据前面的电路分析可以得知，全桥电路中每个二极管承受的反向电压为

$$U_R = \frac{N_2}{N_1} U_i$$

在电流连续的情况下，还可以得到用输出电压 U_o 表示的断态电压：

$$U_R = \frac{U_o}{D} \tag{2-45}$$

流过每个二极管的平均电流为

$$I_{VD}=I_L/2 \tag{2-46}$$

其中，I_L为电感电流平均值。每个二极管的平均电流等于电感电流平均值的一半。

在稳态条件下，电感电流平均值等于负载电流，因此二极管电流平均值也等于负载电流的一半。这一结论对电路设计时二极管的选取很有用处。

2.4.2 全波整流电路

全波整流电路的结构见图 2-62。

该电路由 2 个二极管 VD_1、VD_2 以及 LC 滤波元件构成。该电路的工作过程已经在前面半桥电路中介绍过，这里不再重复。

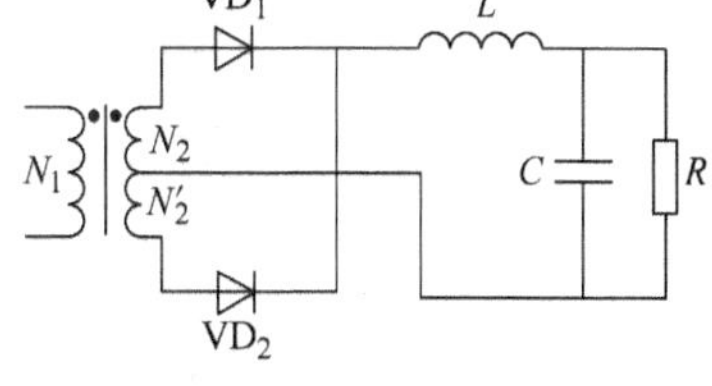

图 2-62　全波整流电路

根据前面的电路分析可以得知，全波电路中每个二极管承受的断态电压为

$$U_R=\frac{2N_2}{N_1}U_i$$

在电流连续的情况下，还可以得到用输出电压 U_o表示的断态电压：

$$U_R=\frac{2U_o}{D} \tag{2-47}$$

流过每个二极管的平均电流为

$$I_{VD}=I_L/2 \tag{2-48}$$

其中，I_L为电感电流平均值。每个二极管的平均电流等于电感电流平均值的一半。

在稳态条件下，电感电流平均值等于负载电流，因此二极管电流平均值也等于负载电流的一半。

2.4.3 倍流整流电路

倍流整流电路的结构如图 2-63 所示[4, 5]。

当电感电流连续时，倍流整流电路在 1 个开关周期内相继经历 4 个不同的开关状态，其中 2 与 4 是相同的，见图 2-64，图中 u_2 为变压器二次侧电压，图中变压器二次侧同名端电压为正时，u_2 为正。

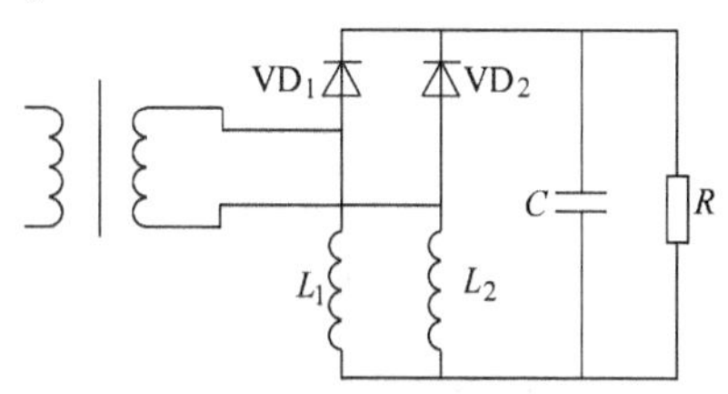

图 2-63　倍流整流电路

倍流整流电路的波形见图 2-65，图中 i_{L_1}是电感 L_1 电流，i_{L_2}是电感 L_2 电流，u_{L_1}

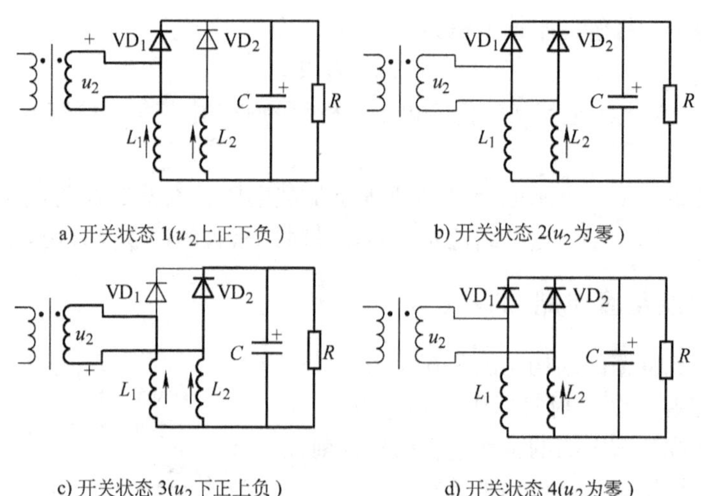

a) 开关状态 1(u_2上正下负)　b) 开关状态 2(u_2为零)

c) 开关状态 3(u_2下正上负)　d) 开关状态 4(u_2为零)

图 2-64　倍流整流电路的开关状态

为电感 L_1 两端电压，u_{L_2}为电感 L_2 两端电压，参考方向均为下正上负。

倍流整流电路的工作过程为

$t_0 \sim t_1$ 时段：电路处于开关状态 1，变压器二次侧电压 u_2 为正，二极管 VD_1 通，VD_2 断，电感 L_1 的电流经 VD_1 续流，i_{L_1}线性下降，电感 L_2 的电流流过变压器二次侧绕组，i_{L_2}线性增长。

$t_1 \sim t_2$ 时段：电路处于开关状态 2，u_2 为零，二极管 VD_1 和 VD_2 均处于通态，电感 L_1 和 L_2 均为续流状态，电流 i_{L_1} 和 i_{L_2}均线性下降。

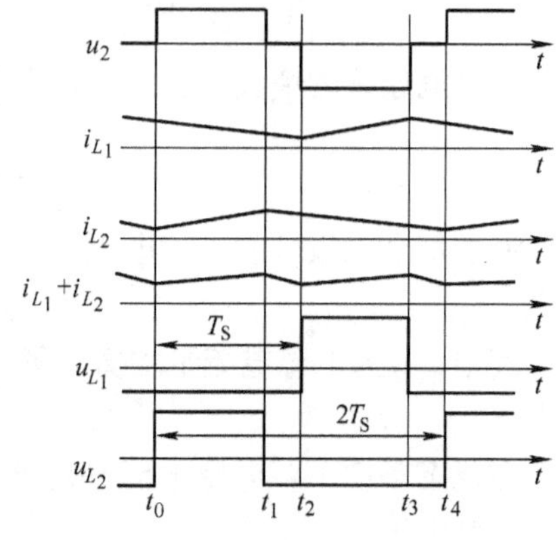

图 2-65　倍流整流电路的波形

$t_2 \sim t_3$ 时段：电路处于开关状态 3，变压器二次侧电压 u_2 为负，二极管 VD_2 通，VD_1 断，电感 L_2 的电流经 VD_2 续流，i_{L_2}线性下降，电感 L_1 的电流流过变压器二次侧绕组，i_{L_1}线性增长。

$t_3 \sim t_4$ 时段：电路处于开关状态 4，u_2 为零，二极管 VD_1 和 VD_2 均为通态，电感 L_1 和 L_2 均为续流状态，电流 i_{L_1}和 i_{L_2}均线性下降。

值得注意的是倍流整流电路的电压比关系。设变压器二次侧电压 u_2 的幅值为 U_2，根据电感两端电压开关周期平均值为零的原理，可得

$$(U_2 - U_o)t_{on} = U_o t_{off}$$

其中，t_{on}为一个周期内一次侧开关管导通时间，t_{off}为关断时间，且有

$$t_{on} + t_{off} = T_S$$

$$D = \frac{t_{on}}{T_S/2}$$

故可得

$$\frac{U_o}{U_2} = \frac{D}{2}$$

这意味着，当输入电压 U_i、输出电压 U_o、工作点占空比 D 和一次侧电路结构都相同的情况下，采用倍流整流电路时变压器电压比应该比采用全桥或全波整流电路时小 1/2。只有这样，采用倍流整流的电路中变压器二次侧电压 u_2 为采用全桥或全波整流的电路中变压器二次侧电压的 2 倍，才能在占空比 D 相同的条件下得到相同的输出电压 U_o。

在低压输出的电路中，往往采用全波整流时，变压器的电压比很大，计算得出的二次侧匝数小于 1，给实际设计带来困难，这时可以采用倍流整流电路。例如，采用全波整流电路计算得出的二次侧匝数为 0.5 匝，如果取 1 匝，将会使一次侧匝数增加一倍，而变压器磁心的利用率降低 1/2，很不合理。如采用倍流整流电路，则二次侧为 1 匝，一次侧匝数不变。

倍流整流电路还有一个很重要的优点，其变压器二次侧没有中心抽头，制造工艺得以简化。这对低压大电流输出的变压器尤为重要，因为中心抽头不仅给变压器的设计和制造带来很大困难，而且会明显降低变压器铁心的窗口利用率，外部引线的安装和焊接也很难处理。

与全桥或全波整流电路相比，倍流整流电路需要两个滤波电感，结构略显复杂，这是它的缺点。

倍流整流电路中每个二极管承受的断态电压为

$$U_R = \frac{N_2}{N_1} U_i$$

在电流连续的情况下，还可以得到用输出电压 U_o 表示的断态电压为

$$U_R = \frac{2U_o}{D} \tag{2-49}$$

流过每个二极管的平均电流为

$$I_{VD} = I_L/2 \tag{2-50}$$

其中，$I_L = (I_{L_1} + I_{L_2})$，$I_{L_1}$ 和 I_{L_2} 是电感 L_1 和 L_2 的电流平均值，在稳态条件下，I_L 等于负载电流，故二极管电流平均值也等于负载电流的一半。

下面对 3 种整流电路进行对比分析。

1）比较式（2-45）、式（2-47）和式（2-49）可知，在同样的输出电压和占空比的条件下，全桥整流电路中二极管承受的断态电压最低，全波和倍流整

流电路中二极管承受的反向电压是全桥整流电路的 2 倍。这一点说明在高电压输出的电路中采用全桥整流电路较为有利。

2）比较式（2-46）、式（2-48）和式（2-50）可知，在负载电流相同的条件下，三种电路中每只二极管的平均电流相同，但全波和倍流整流电路仅有两只二极管，因此二极管的总通态损耗比全桥整流电路小一半。这意味着在输出电压相同，且其他损耗相当的情况下，全波和倍流整流电路的效率会较高。在低压输出的电路中，二极管通态损耗占电路总损耗很大比例，这一差别尤为明显。

根据 3 种电路各自不同的特点，通常在输出电压较低的情况下（<100V）采用全波电路比较合适，而在高压输出的情况下，应采用全桥电路。在输出电压非常低的情况下（<5V），可以采用倍流整流电路。

表 2-3　几种整流电路的比较

电路	电压比	平均电流	二极管断态电压	优点	缺点	应用领域
全桥整流	D	$I_L/2$	U_o/D	二极管电压低，变压器绕组结构简单	二极管数量多，总通态损耗大	高输出电压（>100V）的电路
全波整流	D	$I_L/2$	$2U_o/D$	元器件总数少，结构简单，总通态损耗小	二极管电压高，变压器绕组需中心抽头	输出电压 5～100V 的电路
倍流整流	$D/2$	$I_L/2$	$2U_o/D$	总通态损耗小，变压器绕组结构简单	二极管电压高，电感数多	输出电压非常低（<5V）的电路

2.4.4　同步整流技术

前面介绍各种整流电路时，电路中采用的整流器件均为二极管。实际电路中，当电路的输出电压远高于二极管通态压降时，通常都采用二极管作为整流器件。因为二极管无须控制和驱动，电路结构简单可靠，而且成本也较低。

但电路的输出电压非常低时，即使采用全波或倍流整流电路，仍然受到整流二极管压降的限制而使效率难以提高，这时可以采用同步整流技术[6,7]，也就是采用通态电阻非常小（几毫欧）的 MOSFET 代替二极管，以降低通态压降。采用同步整流技术的全波和倍流整流电路如图 2-66 所示。值得注意的是，相同输出电压和负载电流的条件下，全桥整流电路的通态损耗总是大于全波和倍流整流电路，因此一般不采用全桥结构的同步整流电路。

由于低电压的 MOSFET 具有非常小的导通电阻，故可以显著降低整流电路

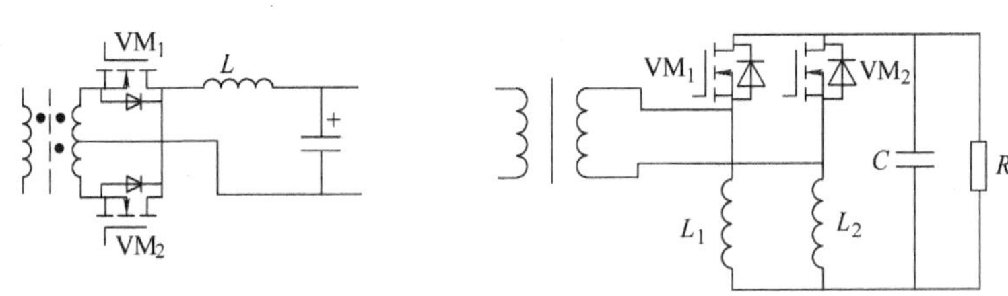

图 2-66　同步整流电路原理图

的导通损耗，从而达到很高的效率。但这种电路的缺点是需要对 MOSFET 的通与断进行控制，使控制电路变得更复杂。

同步整流管的控制是同步整流技术中的重要问题，控制方式可分为自驱动方式和外驱动方式。自驱动方式是指同步整流管的栅极驱动信号取自同步整流管所在的主电路中的某一电压或电流。外驱动方式通常将 DC－DC 变换器一次侧控制芯片的信号，通过隔离变压器等隔离元件给二次侧的同步整流管提供驱动信号，或采用专用驱动芯片通过检测同步整流管漏源极之间的电压来控制驱动信号。以下为 3 种典型的同步整流管驱动控制方式：

1. 变压器绕组控制

以全波整流电路为例，采用变压器绕组控制的同步整流电路见图 2-67。

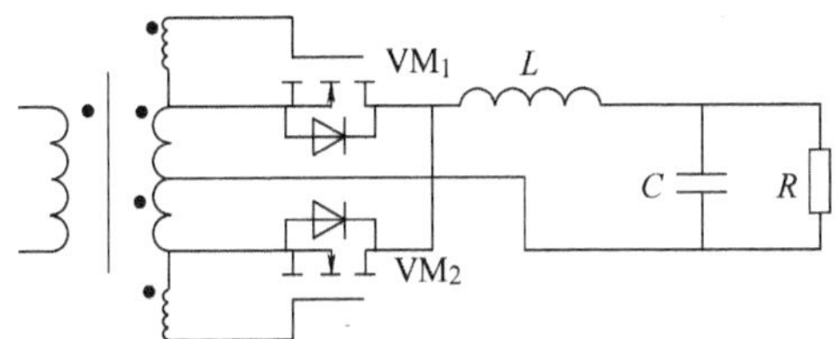

图 2-67　变压器绕组控制的同步整流电路

这种控制方法的优点是电路结构简单，增加的元器件少，但问题是变压器的绕制较为复杂。

2. 利用电路中的电压进行控制

以倍流整流电路为例，采用电路中的电压进行控制的同步整流电路见图 2-68。

这种方法的优点是无须在变压器中增加绕组，电路结构也不太复杂，但为了限制驱动电压而增设的稳压管会增加一些损耗。

3. 专用驱动芯片控制

专用驱动芯片控制的同步整流电路见图 2-69，这种电路的优点是同步整流管的开通和关断时刻控制精度高，通用性强，可以有效地降低开关的损耗，但电路较复杂，成本也比较高。

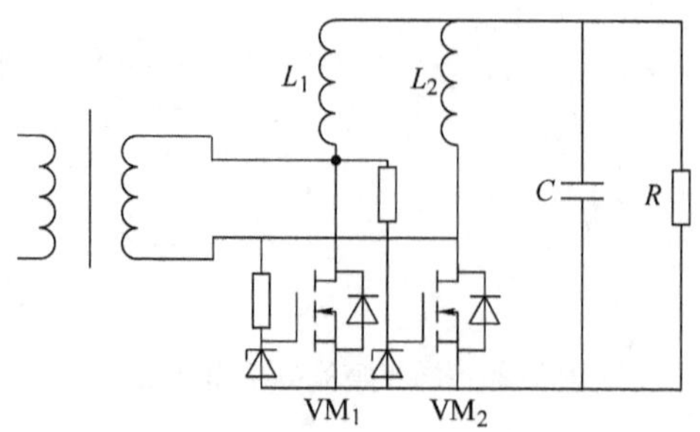

图 2-68　电路中的电压进行控制的同步整流电路

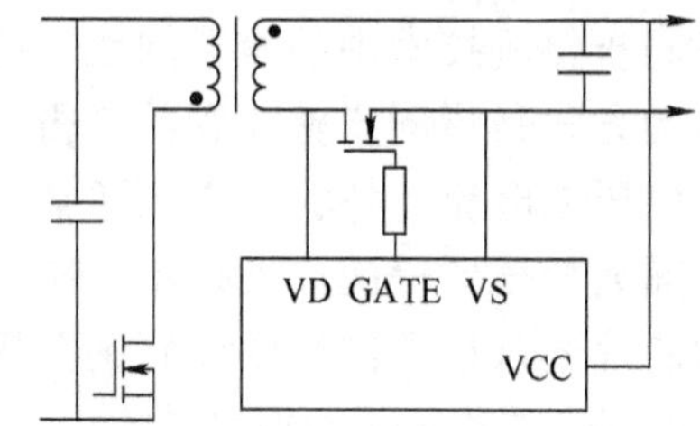

图 2-69　专用驱动芯片控制的同步整流电路

2.5　双向 DC – DC 电路

如图 2-1 所示，双向 DC – DC 电路中又分为非隔离型和隔离型，本节将简单介绍几种典型的双向 DC – DC 电路。

2.5.1　非隔离型双向 DC – DC 电路

1. 二象限斩波电路

该电路的原理见图 2-70a。

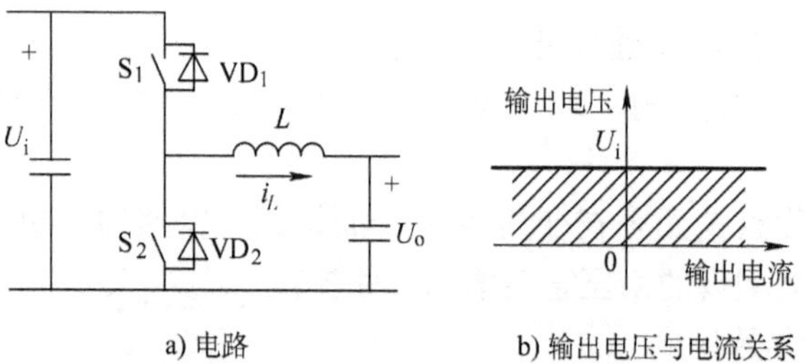

a) 电路　　b) 输出电压与电流关系

图 2-70　二象限斩波电路的原理

该电路的输出电压与输入电压极性相同，输出电流可正可负。分别以输出电压和输出电流为轴，画出该电路的工作平面见图 2-70b，可以看出，该电路的工作点位于Ⅰ、Ⅱ两个象限，故称为二象限斩波电路。

该电路工作时，开关 S_1 和 S_2 通常采用交替导通的工作方式，二者导通时间互补，并留有一定的死区时间，以防止同时导通造成短路。

该电路工作时的波形见图 2-71。当电感 L 的电流 $i_L>0$ 时（见图 2-71a），电流分别流过 S_1 和 VD_2，此时电路的工作状况与降压斩波电路相似；当电感 L 的电流 $i_L<0$ 时（见图 2-71c），电流分别流过 S_2 和 VD_1，此时电路的工作状况与升压斩波电路相似；当 i_L有时为正、有时为负时（见图 2-71b），电流相继流过 VD_1、S_1、VD_2 和 S_2。

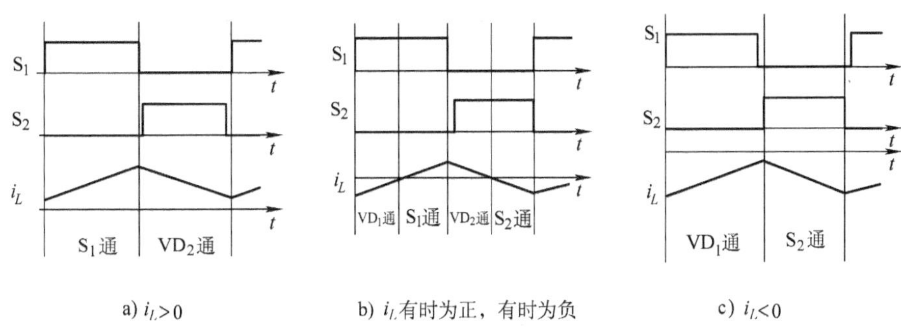

图 2-71　二象限斩波电路原理性波形

根据 2.2 节中所述基本原理，可以推导出该电路的输出电压和输入电压间的电压比的公式为

$$\frac{U_o}{U_i}=\frac{t_{onS_1}}{T}=D_{S_1} \tag{2-51}$$

其中，t_{onS_1}是 S_1 的导通时间，T 是开关周期，D_{S_1}是 S_1 的占空比。

值得注意的是，二象限斩波电路中电感电流可正可负，在忽略死区时间的条件下，不存在电感电流断续的问题，故在任何负载情况下，输出电压和输入电压间的电压比总满足式（2-51）。

该电路可以灵活、快速地控制负载电流，可以用于需要电能双向传输，但又不需要改变输出电压极性的场合，如蓄电池充放电电源、直流电动机不可逆调速装置等。

2. 四象限斩波电路

该电路的原理见图 2-72a。

该电路不仅输出电流可正可负，输出电压也可正可负。分别以输出电压和输出电流为轴，画出该电路的工作平面见图 2-72b，可以看出，该电路的工作点

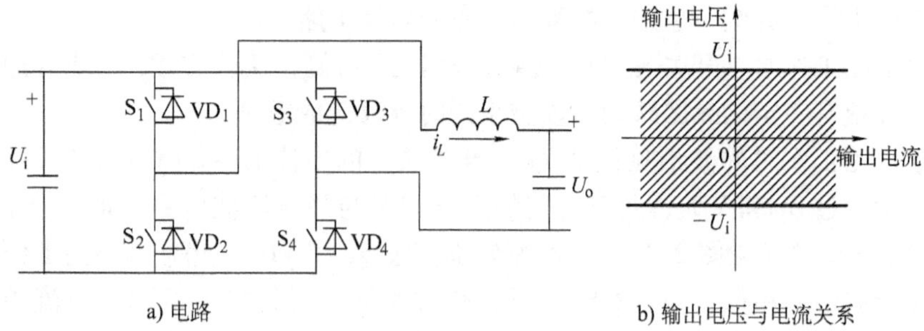

图 2-72　四象限斩波电路

可以位于Ⅰ、Ⅱ、Ⅲ、Ⅳ四个象限，故称为四象限斩波电路。

该电路工作时，S_1 和 S_4 同时开关，S_2 和 S_3 同时开关。S_1 和 S_2 交替导通，S_3 和 S_4 交替导通，同侧上下两个开关的导通时间互补，并留有一定的死区时间，以防止同时导通造成短路。

电路工作时的波形见图 2-73。

当 S_1、S_4 的占空比大于 50% 时，$U_o>0$；当 S_1、S_4 的占空比小于 50% 时，$U_o<0$。

当电感电流 $i_L>0$ 时，电流分别流过 S_1、S_4 和 VD_2、VD_3；当 $i_L<0$ 时，电流分别流过 S_2、S_3 和 VD_1、VD_4。

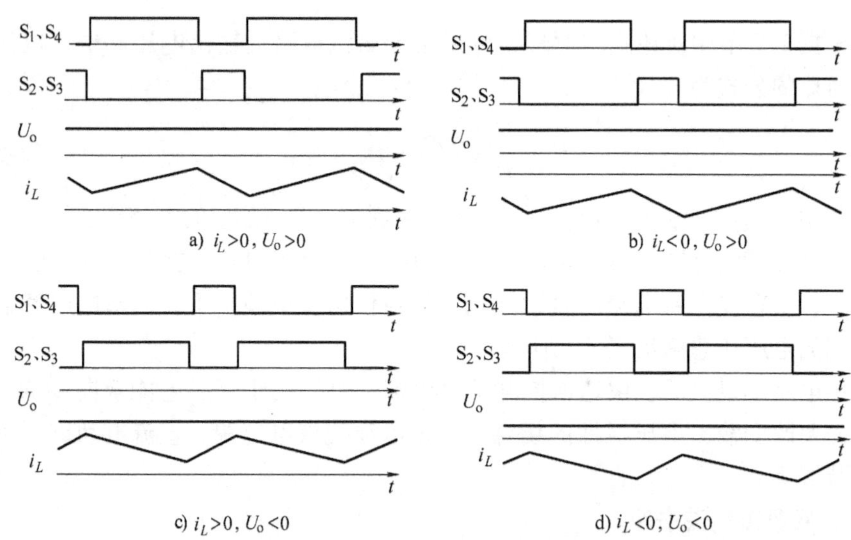

图 2-73　四象限斩波电路原理性波形

该电路可以用于既需要电能双向传输，又需要改变输出电压极性的场合，如直流电动机可逆调速装置等。

2.5.2 隔离型双向 DC - DC 电路

隔离型双向 DC - DC 电路通常由两组逆变电路通过高频变压器及其等效漏感连接构成，逆变电路可以采用半桥、全桥等电路形式。采用全桥电路构成的双向 DC - DC 变换器由于控制方案灵活多样，性能优异得到了广泛的关注。双有源全桥（Dual - Active Bridge，DAB）变换器工作原理见图 2-74。主要元器件包含了一次侧全桥和二次侧全桥，两个直流侧滤波电容，一个高频变压器及其等效漏感。

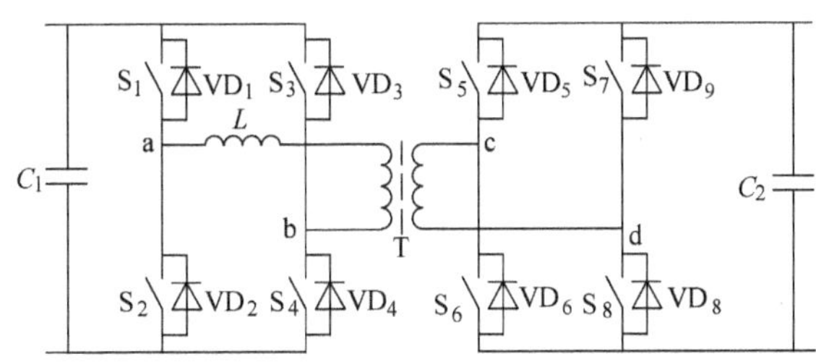

图 2-74 双有源全桥型双向 DC - DC 电路

双向 DC - DC 变换器的控制方式多种多样，应用最为广泛和典型的控制方式为移相控制，通过控制开关管的开通与关断时间，使得变换器不同开关管之间产生一定的移相角，通过改变开关管之间移相角的大小，从而实现控制变换器的能量传输大小和方向的目的。移相控制方式又可以分为三种移相控制策略：单重移相控制、双重移相控制、三重移相控制。

图 2-75 为采用单重移相控制方式下，DAB 变换器的工作波形。一、二次侧全桥逆变电路中的开关工作方式与 2.3.4 节中的全桥电路相似，互为对角的两个开关同时导通半个开关周期，而同一侧半桥上下两开关互补导通，分别将一、二次侧直流电压逆变成幅值为 U_i、U_o的方波交流电压，加在变压器及漏感两端。改变一次侧开关与二次侧开关信号的移相角，就可以改变变压器一、二次侧的电流幅值及相位，从而改变传输功率的大小及方向。移相角在 0 ~ 90°间变化时，传输功率由 0 增至最大值，传输方向由相位超前的逆变桥至相位滞后的逆变桥。

在上述移相控制方式的同时，若调整 S_1（S_2）与 S_3（S_4）间、S_5（S_6）与 S_7（S_8）间的相位角就形成双重移相控制、三重移相控制方式，这两种方式将可以在一、二次侧直流电压差别较大、传输功率大范围变化等条件下优化变压器电流及各开关元器件的软开关条件，降低电路损耗，提高电路的工作效率。

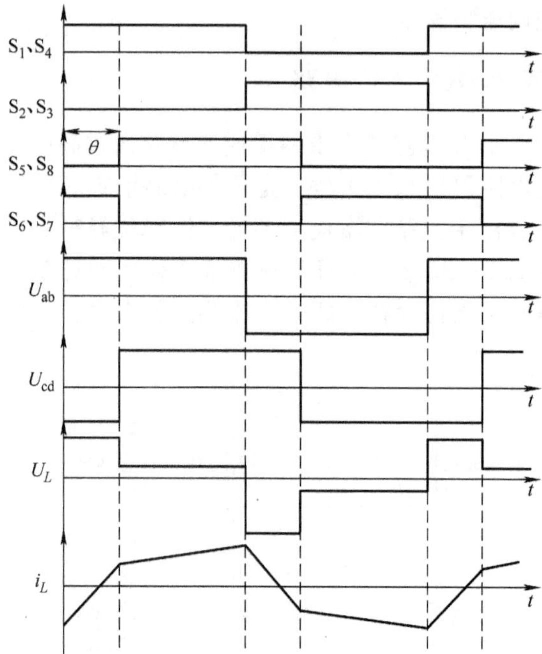

图 2-75　单重移相控制下 DAB 变换器的工作波形图

2.6　小结

本章介绍了开关电源中常用的电力电子电路，包括分类、基本原理及应用范围等。

对于非隔离型电路，本章重点阐述了电路处于电流连续模式和断续模式的工作原理、电压比的计算等内容。对于隔离型电路，重点介绍了工作原理、电压比等内容。

整流电路是隔离型电路中比较重要的部分，单独介绍了电路结构、工作原理等，并介绍了同步整流技术。

双向 DC - DC 电路仅在一些特殊场合使用，但作为一类开关电源中用到的电路，本章也进行了介绍。

参考文献

[1] 王兆安，刘进军．电力电子技术［M］．5 版．北京：机械工业出版社，2009.

[2] JAI P AGRAWAL. Power Electronic System Theory and Design［M］. Prentice Hall，2001.

[3] 张占松，蔡宣三．开关电源的原理与设计［M］．北京：电子工业出版社，1998.

[4] PENG XU，QIAOQIAO WU，Pit - Leong Wong，et al. A novel integrated current doubler recti-

fier [C]. Fifteenth Annual IEEE APEC, 2000.

[5] JIAN SUN, MEHROTRA V. Unified analysis of half - bridge converters with current - doubler rectifier [C]. Sixteenth Annual IEEE APEC, 2001.

[6] SAKAI E, HARADA K. Synchronous rectifier for low voltage switching converter [C]. Telecommunications Energy Conference, 1995.

[7] BLAKE C, KINZER, D, Wood P. Synchronous rectifiers versus Schottky diodes: a comparison of the losses of a synchronous rectifier versus the losses of a Schottky diode rectifier [C]. Applied Power Electronics Conference and Exposition, 1994.

第3章　软开关技术

开关电源技术的发展趋势是装置的小型化、轻量化，同时对效率和电磁兼容性也提出了很高的要求。

在一个开关电源装置中，滤波电感、电容和变压器占体积和重量的很大比例。采取有效措施减小滤波器和变压器的体积和重量是实现电源小型化和轻量化的主要途径。

开关电源的滤波器总是针对开关频率设计的，一般来说滤波器的截止频率取开关频率的1/10～1/100，因此通过提高开关频率可以使滤波器的截止频率相应提高，可以选用较小的电感和电容，滤波器的体积和重量得以降低。

对于变压器而言，根据“电机学”中变压器的有关知识，在电压和铁心截面积不变的条件下，变压器的绕组匝数与工作频率成反比，频率越高，一次侧和二次侧的匝数越少。匝数减少了，所需的窗口面积也小了，因此可以选用较小的铁心。因此通过提高工作频率也可以使变压器的体积和重量显著降低。

所以开关电源的小型化、轻量化最直接的途径是提高开关频率。但在提高开关频率的同时，开关损耗也随之增加，电路效率严重下降，电磁干扰也会增大，所以简单的提高开关频率是不行的。针对这些问题出现了软开关技术，它主要解决电路中的开关损耗和开关噪声问题，使开关频率可以大幅度提高。采用谐振变换器也是解决开关频率与开关损耗、开关噪声的另一种常用方法。

本章首先介绍软开关的基本概念及其分类，然后详细分析几种典型的软开关电路。最后介绍谐振变换电路及其常用类型。

3.1　软开关的基本概念

3.1.1　硬开关与软开关

第2章分析开关电路时，首先将电路理想化，特别是将其中的开关元器件理想化，认为开关状态的转换是在瞬间完成的，忽略了开关过程对电路的影响。这样的分析方法便于理解电路的工作原理，但必须认识到，实际电路中开关过程是客观存在的，一定条件下还可能对电路的工作造成显著影响。

在很多电路中，开关元器件是在高电压或大电流的条件下，由栅极（或基极）控制开通或关断的，其典型的开关过程见图3-1。开关过程中电压、电流均

不为零，出现了电压和电流的重叠区。根据开关两端的电压和开关中流过的电流可以计算开关元器件消耗的瞬时功率为

$$p(t)=u_S(t)i_S(t)$$

开关处于通态时，电流 i_S 较大，但 u_S 很小，因此消耗的功率也较小；开关断时，电压 u_S 很高，但电流 i_S 几乎为零，因此消耗的功率也很小；在开关状态转换的过程中，u_S 和 i_S 都很大，因此消耗的瞬时功率比通态或断态大成百上千倍。通常每个开关在 1 个开关周期中通断各 1 次，而与开关周期相比，开关过程持续的时间很短，因此开关过程中产生的平均损耗功率通常是通态损耗功率的几分之一到数十倍，具体的数值要视开关器件类型、电路类型、驱动特性、电路参数等而定。

在开关过程中不仅存在开关损耗，而且电压和电流的变化很快，波形出现了明显的过冲和振荡，这导致了开关噪声的产生。

以上所描述的开关过程被称为硬开关。

a) 硬开关开通过程　　b) 硬开关关断过程

图 3-1　硬开关电路的开关过程

在硬开关过程中会产生较大的开关损耗和开关噪声。开关损耗随着开关频率的提高而增加，使电路效率下降，发热量增大、温升提高，阻碍了开关频率的提高；开关噪声给电路带来严重的电磁干扰问题，影响周边电子设备的正常工作。

通过在原来的开关电路中增加很小的电感、电容等谐振元件，构成辅助换流网络，在开关过程前后引入谐振过程，使开关开通前电压先降为零，或关断前电流先降为零，就可以消除开关过程中电压、电流的重叠，降低它们的变化率，从而大大减小甚至消除开关损耗和开关噪声，这样的电路称为软开关电路。软开关电路中典型的开关过程见图 3-2。这样的开关过程称为软开关。

a) 软开关开通过程　　b) 软开关关断过程

图 3-2　软开关电路的开关过程

3.1.2 零电压开关与零电流开关

使开关开通前其两端电压为零，则开关开通时就不会产生损耗和噪声，这种开通方式称为零电压开通；使开关关断前电流为零，则开关关断时也不会产生损耗和噪声，这种关断方式称为零电流关断。在很多情况下，不再指出开通或关断，仅称零电压开关和零电流开关。零电压开通和零电流关断主要依靠电路中的谐振来实现。

与开关并联的电容能延缓开关关断后电压上升的速率，从而降低关断损耗，有时称这种关断过程为零电压关断；与开关相串联的电感能延缓开关开通后电流上升的速率，降低了开通损耗，有时称之为零电流开通。但简单的在硬开关电路中给开关并联电容（串联电感），会导致开通损耗（关断损耗）的上升，不仅不会降低开关损耗，还会带来总损耗增加、关断过电压增大等负面问题，是得不偿失的。

通常，在零电压开通的开关两端并联适当的电容可以在不增加开通损耗的前提下，显著降低关断损耗，是经常采用的手段。

3.2 软开关电路的分类

软开关技术问世以来，经历了不断的发展和完善，前后出现了许多种软开关电路，直到目前为止，新型的软开关拓扑仍不断地出现。由于存在众多的软开关电路，而且各自有不同的特点和应用场合，因此对这些电路进行分类是很必要的。

根据电路中主要的开关元件是零电压开通还是零电流关断，可以将软开关电路分成零电压电路和零电流电路两大类。通常，一种软开关电路要么属于零电压电路，要么属于零电流电路。但在有些情况下，电路中有多个开关，有些开关工作在零电压开关的条件下，而另一些开关工作在零电流开关的条件下。

根据软开关技术发展的历程可以将软开关电路分成准谐振电路、零开关PWM 电路和零转换 PWM 电路[1-3]。

由于每一种软开关电路都可以用于降压型、升压型等不同电路，因此可以用图 3-3 中的基本开关单元来表示，不必画出各种具体电路。实际使用时，可以从基本开关单元导出具体电路，开关和二极管的方向应根据电流的方向相应调整。

下面分别介绍上述 3 类软开关电路。

3.2.1 准谐振电路

这是最早出现的一类软开关电路，有些现在还在大量使用。准谐振电路可

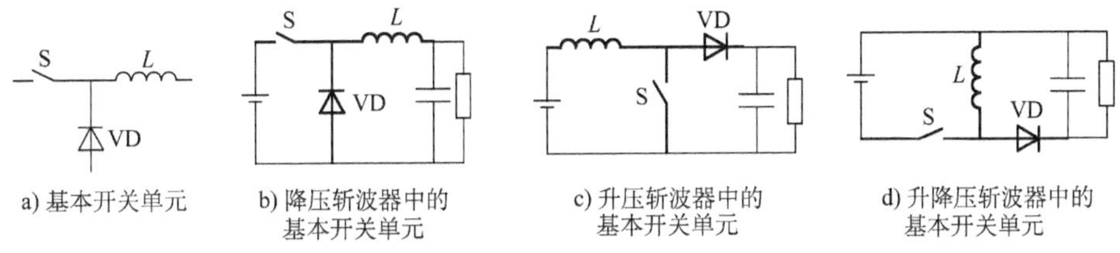

图 3-3　基本开关单元的概念

分为：零电压开关准谐振电路，即 ZVS QRC（Zero - Voltage - Switching Quasi - Resonant Converter）；零电流开关准谐振电路，即 ZCS QRC（Zero - Current - Switching Quasi - Resonant Converter）；零电压开关多谐振电路，即 ZVS MRC（Zero - Voltage - Switching Multi - Resonant Converter）[1,2]。

图 3-4 给出了 3 种软开关电路的基本开关单元。

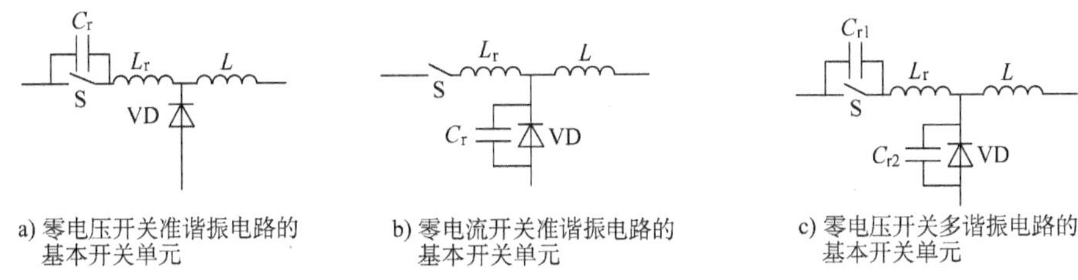

图 3-4　准谐振电路的基本开关单元

准谐振电路中电压或电流的波形为正弦半波，因此称之为准谐振。谐振的引入使得电路的开关损耗和开关噪声都大大下降，但也带来一些负面问题：谐振电压峰值很高，要求器件耐压必须提高；谐振电流的有效值很大，电路中存在大量的无功功率的交换，造成电路导通损耗加大；谐振周期随输入电压、负载变化而改变，因此电路只能采用脉冲频率调制，即 PFM（Pulse Frequency Modulation）方式来控制，变频的开关频率给电路设计带来困难[2]。

3.2.2　零电压开关 PWM 电路和零电流开关 PWM 电路

这类电路中引入了辅助开关来控制谐振的开始时刻，使谐振仅发生于开关过程前后。零开关 PWM 电路可以分为：零电压开关 PWM 电路，即 ZVS PWM（Zero - Voltage - Switching PWM Converter）；零电流开关 PWM 电路，即 ZCS PWM（Zero - Current - Switching PWM Converter）[1]。

这两种电路的基本开关单元如图 3-5 所示。

同准谐振电路相比，这类电路有很多明显的优势：电压和电流基本上是方波，只是上升沿和下降沿较缓，开关承受的电压明显降低，电路可以采用开关频率固定的 PWM 控制方式。

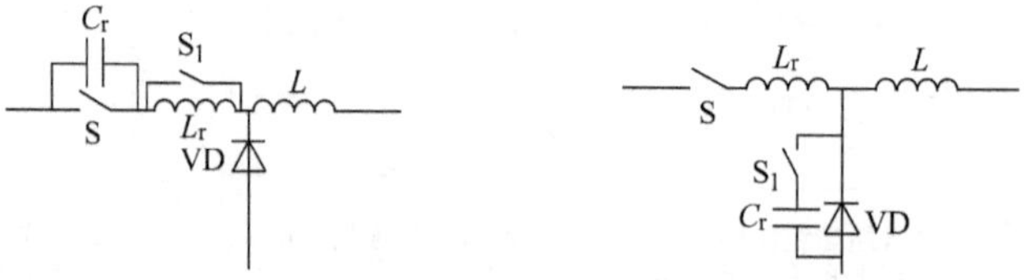

a) 零电压开关 PWM 电路的基本开关单元　　b) 零电流开关 PWM 电路的基本开关单元

图 3-5　零电压开关 PWM 电路和零电流开关 PWM 电路的基本开关单元

移相全桥软开关电路、有源钳位正激电路等很多常用软开关电路都属于这一类。

3.2.3　零电压转换 PWM 电路和零电流转换 PWM 电路

这类软开关电路还是采用辅助开关控制谐振的开始时刻，所不同的是，谐振电路是与主开关并联的，因此输入电压和负载电流对电路的谐振过程的影响很小，电路在很宽的输入电压范围内和从零负载到满载都能工作在软开关状态[1,4]。而且电路中无功功率的交换被削减到最小，这使得电路效率有了进一步提高。零转换 PWM 电路可以分为：零电压转换 PWM 电路，即 ZVT PWM（Zero – Voltage – Transition PWM Converter）；零电流转换 PWM 电路，即 ZCT PWM（Zero – Current Transition PWM Converter）。这两种电路的基本开关单元见图 3-6。

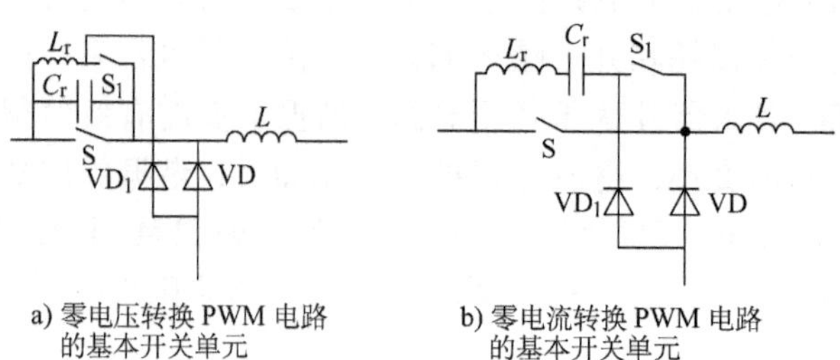

a) 零电压转换 PWM 电路的基本开关单元　　b) 零电流转换 PWM 电路的基本开关单元

图 3-6　零电压转换 PWM 电路和零电流转换 PWM 电路的基本开关单元

这一类软开关电路经常被用于功率因数校正（Power Factor Correction，PFC）装置，有关软开关 PFC 电路的内容将在第 9 章中详细介绍。

3.3　典型的软开关电路

本节将对 6 种典型的软开关电路进行详细的分析，目的在于使读者不仅了解这些常见的软开关电路，而且能初步掌握软开关电路的分析方法。

3.3.1 零电压准谐振电路

这是一种较为早期的软开关电路，但由于结构简单，目前仍然在一些电源装置中应用[1-3]。此处以降压型电路为例，分析其工作原理。该电路的结构见图3-7，电路工作时的波形见图3-8。在分析的过程中，假设电感L和电容C很大，可以等效为电流源和电压源，并忽略电路中的损耗。

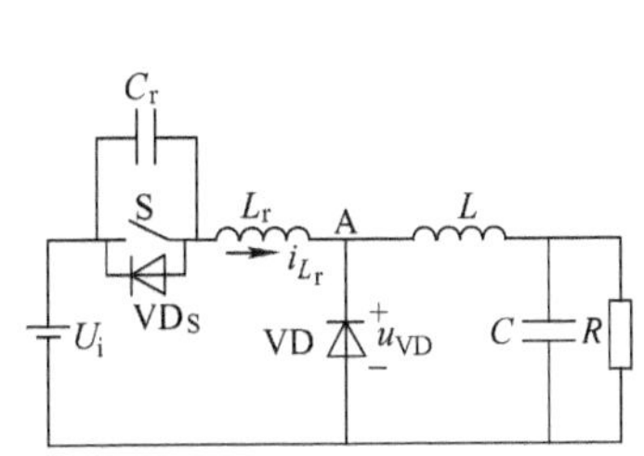

图3-7 零电压开关准谐振电路原理图

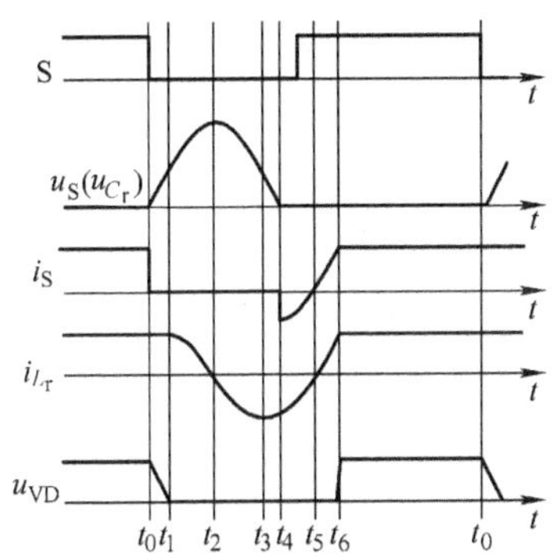

图3-8 零电压开关准谐振电路的理想化波形

开关电路的工作过程是按开关周期重复的，在分析时可以选择开关周期中任意时刻为分析的起点。软开关电路的开关过程较为复杂，选择合适的起点，可以使分析得到简化。

在分析零电压开关准谐振电路时，选择开关S的关断时刻为分析的起点最为合适，下面逐段分析电路的工作过程：

$t_0 \sim t_1$ 时段：t_0时刻之前，开关S为通态，二极管VD为断态，$u_{C_r}=0$，$i_{L_r}=I_L$，t_0时刻S关断，与其并联的电容C_r使S关断后电压上升减缓，因此S的关断损耗减小。S关断后，VD尚未导通，电路可以等效为图3-9。

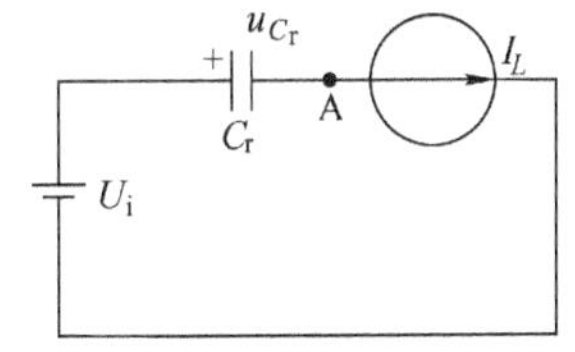

图3-9 零电压开关准谐振电路在$t_0 \sim t_1$时段等效电路

电感L_r+L向C_r充电，由于L很大，可以等效为电流源。u_{C_r}线性上升，同时VD两端电压u_{VD}逐渐下降，直到t_1时刻，$u_{VD}=0$，二极管VD导通。这一时段u_{C_r}的上升率为

$$\frac{du_{C_r}}{dt}=\frac{I_L}{C_r} \tag{3-1}$$

$t_1 \sim t_2$ 时段：t_1时刻二极管VD导通，电感L通过VD续流，C_r、L_r、U_i形成谐振回路，见图3-10。谐振过程中，L_r对C_r充电，u_{C_r}不断上升，i_{L_r}不断下降，

直到 t_2 时刻，i_{L_r}下降到零，u_{C_r}达到谐振峰值。

$t_2 \sim t_3$ 时段：t_2 时刻后，C_r向 L_r放电，i_{L_r}改变方向，u_{C_r}不断下降，直到 t_3 时刻，$u_{C_r} = U_i$，这时，L_r两端电压为零，i_{L_r}达到反向谐振峰值。

$t_3 \sim t_4$ 时段：t_3 时刻以后，L_r向 C_r反向充电，u_{C_r}继续下降，直到 t_4 时刻 $u_{C_r} = 0$。

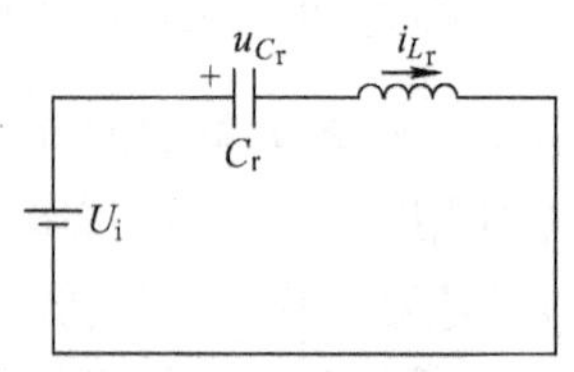

图 3-10　零电压开关准谐振电路在 $t_1 \sim t_2$ 时段等效电路

$t_1 \sim t_4$ 时段电路谐振过程的方程为

$$L_r \frac{\mathrm{d}i_{L_r}}{\mathrm{d}t} + u_{C_r} = U_i$$

$$C_r \frac{\mathrm{d}u_{C_r}}{\mathrm{d}t} = i_{L_r}$$

$$u_{C_r}\big|_{t=t_1} = U_i, i_{L_r}\big|_{t=t_1} = I_L, t \in [t_1, t_4] \tag{3-2}$$

$t_4 \sim t_5$ 时段：u_{C_r}被二极管 VD_s 钳位于零，L_r两端电压为 U_i，i_{L_r}线性衰减，直到 t_5 时刻，$i_{L_r} = 0$。由于这一时段 S 两端电压为零，所以必须在这一时段使开关 S 开通，才不会产生开通损耗。

$t_5 \sim t_6$时段：S 为通态，i_{L_r}线性上升，直到 t_6时刻，$i_{L_r} = I_L$，VD 关断。

$t_4 \sim t_6$时段电流 i_{L_r}的变化率为

$$\frac{\mathrm{d}i_{L_r}}{\mathrm{d}t} = \frac{U_i}{L_r} \tag{3-3}$$

$t_6 \sim t_0$时段：S 为通态，VD 为断态。

谐振过程是软开关电路工作过程中最重要的部分，通过对谐振过程的详细分析可以得到很多对软开关电路的分析、设计和应用具有指导意义的重要结论。下面就对零电压开关准谐振电路 $t_1 \sim t_4$ 时段的谐振过程进行定量分析。

通过求解式（3-2）可得 u_{C_r}（即开关 S 两端的电压 u_S）的表达式：

$$u_{C_r}(t) = \sqrt{\frac{L_r}{C_r} I_L^2} \sin\omega_r(t - t_1) + U_i, \omega_r = \frac{1}{\sqrt{L_r C_r}}, t \in [t_1, t_4] \tag{3-4}$$

求其在［t_1，t_4］上的最大值就得到 u_{C_r}的谐振峰值表达式，这一谐振峰值就是开关 S 承受的峰值电压。

$$U_p = \sqrt{\frac{L_r}{C_r} I_L^2} + U_i \tag{3-5}$$

从式（3-4）可以看出，如果正弦项的幅值小于 U_i，u_{C_r}就不可能谐振到零，S 也就不可能实现零电压开通，因此

$$\sqrt{\frac{L_r}{C_r} I_L^2} \geqslant U_i \tag{3-6}$$

就是零电压开关准谐振电路实现软开关的条件。

综合式（3-5）和式（3-6），谐振电压峰值将高于输入电压 U_i 的 2 倍，开关 S 的耐压必须相应提高。这样做增加了电路的成本，降低了可靠性，是零电压开关准谐振电路的一大缺点。

3.3.2 移相全桥型零电压开关 PWM 电路

移相全桥电路是目前应用最广泛的软开关电路之一[1,5,6]。它的特点是电路结构很简单（见图 3-11），同硬开关全桥电路相比，并没有增加辅助开关等元器件，而是仅仅增加了一个谐振电感，就使电路中四个开关器件都在零电压的条件下开通，这得益于其独特的控制方法（见图 3-12）。

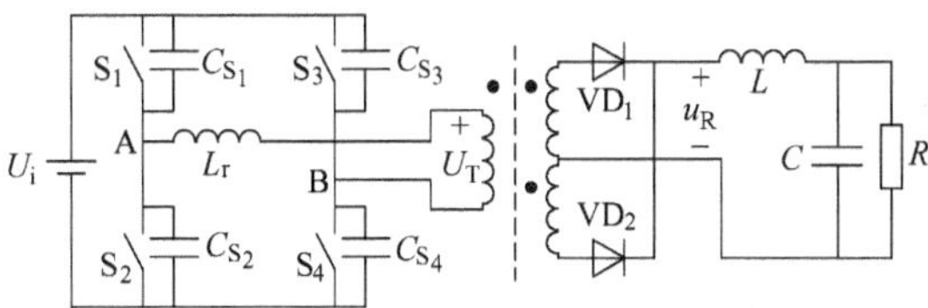

图 3-11　移相全桥型零电压开关 PWM 电路

移相全桥电路的控制方式有几个特点：

1）在一个开关周期 T_S 内，每一个开关处于通态和断态的时间是固定不变的。导通的时间略小于 $T_S/2$，而关断的时间略大于 $T_S/2$。

2）同一个半桥中，上下两个开关不能同时处于通态，每一个开关关断到另一个开关开通都要经过一定的死区时间。

3）比较互为对角的两对开关 S_1、S_4 和 S_2、S_3 的开关函数的波形，S_1 的波形比 S_4 超前，而 S_2 的波形比 S_3 超前，因此称 S_1 和 S_2 为超前桥臂，而称 S_3 和 S_4 为滞后桥臂。超前的时间为 Δt，则移相全桥电路的占空比定义为

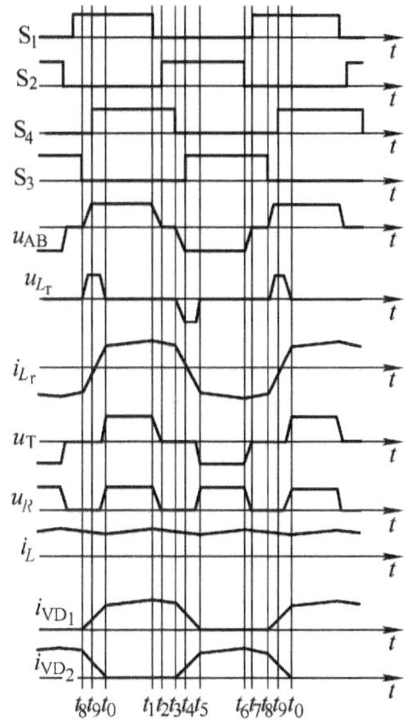

图 3-12　移相全桥电路的理想化波形

$$D=\frac{\Delta t}{T_S/2} \tag{3-7}$$

下面按时间段分析电路的工作过程。在分析中，假设开关器件都是理想的，并忽略电路中的损耗。

$t_0 \sim t_1$ 时段：在这一时段，S_1 与 S_4 都处于通态，直到 t_1 时刻 S_1 关断。

$t_1 \sim t_2$ 时段：t_1 时刻开关 S_1 关断后，电容 C_{S_1}、C_{S_2}与电感 L_r、L 构成谐振回路，如图 3-13 所示。谐振开始时，$u_A(t_1)=U_i$，在谐振过程中，u_A不断下降，直到 $u_A=0$，VD_{S_2}（开关 S_2 内的反并联二极管）导通，电流 i_{L_r}通过 VD_{S_2}续流。

$t_2 \sim t_3$ 时段：t_2 时刻开关 S_2 开通，由于此时其反并联二极管 VD_{S_2}正处于导通状态，因此 S_2 开通时电压为零，开通过程中不会产生开关损耗，S_2 开通后，电路状态也不会改变，继续保持到 t_3 时刻 S_4 关断。

$t_3 \sim t_4$ 时段：t_4 时刻开关 S_4 关断后，电路的状态变为图 3-14。

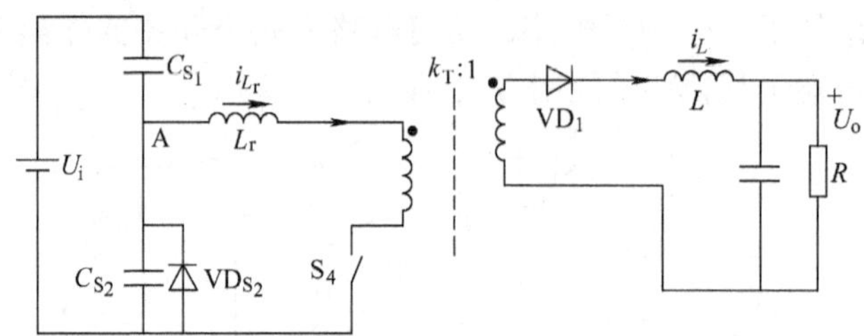

图 3-13　移相全桥电路在 $t_1 \sim t_2$ 阶段的等效电路图

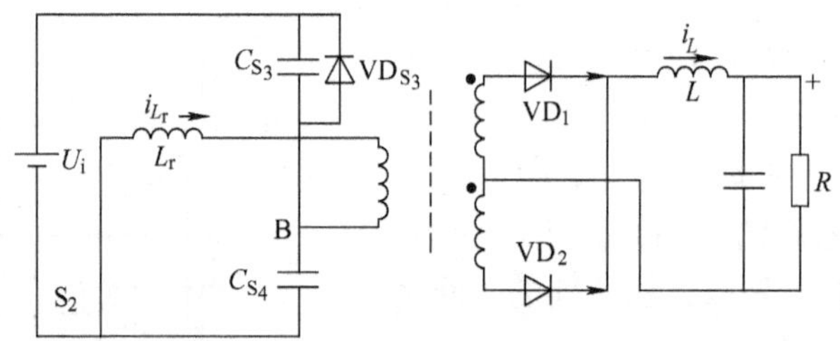

图 3-14　移相全桥电路在 $t_3 \sim t_4$ 阶段的等效电路

这时变压器二次侧整流二极管 VD_1 和 VD_2 同时导通，变压器一次侧和二次侧电压均为零，相当于短路，因此变压器一次侧 C_{S_3}、C_{S_4}与 L_r 构成谐振回路。谐振过程中谐振电感 L_r的电流不断减小，B 点电压不断上升，直到 S_3 的反并联二极管 VD_{S_3}导通。这种状态维持到 t_4 时刻 S_3 开通。S_3 开通时 VD_{S_3}导通，因此 S_3 是在零电压的条件下开通，开通损耗为零。

$t_4 \sim t_5$ 时段：S_3 开通后，谐振电感 L_r的电流继续减小。电感电流 i_{L_r}下降到零后，便反向，不断增大，直到 t_5 时刻 $i_{L_r}=-I_L/k_T$，变压器二次侧整流管 VD_1 的电流下降到零而关断，电流 I_L全部转移到二极管 VD_2 中。

$t_0 \sim t_5$ 时段正好是开关周期的一半，而在另一半开关周期 $t_5 \sim t_0$时段中，电路的工作过程与 $t_0 \sim t_5$ 时段完全对称，不再叙述。

移相全桥电路存在以下几个值得注意的重要问题：

1. 占空比丢失现象

该电路在变压器支路串入了谐振电感 L_r，电感两端的压降会导致输出电压比按占空比计算得到的值有所降低，在电路的分析中，这表现为变压器二次侧的实际占空比小于一次侧开关电路的占空比，也就是说，有一部分占空比丢失了。

前面的介绍中，定义占空比为式（3-7），而电路工作时，在 $t_0 \sim t_1$ 和 $t_5 \sim t_6$ 的时段内，电路中才有能量从输入传递到输出，在 $t_3 \sim t_5$ 和 $t_8 \sim t_0$ 的时间内电路处于续流状态，因此 $t_3 \sim t_5$ 和 $t_8 \sim t_0$ 的时段被称为占空比丢失时间，丢失的占空比为

$$\Delta D = \frac{4L_r I_L}{k_T U_i T_S} \tag{3-8}$$

占空比丢失给电路的性能带来不利影响，为了保证在丢失占空比的情况下，电路仍能达到所要求的输出电压，变压器的电压比必须适当减小，而这又会导致变压器一次侧电流增大，加重了一次侧电路的负担。

由式（3-8）可以看出，丢失的占空比的大小与谐振电感 L_r、负载电流（I_L 是电感电流平均值，等于负载电流）、变压器电压比 k_T、输入电压 U_i 和开关周期 T_S 有关。当 L_r、k_T 和 T_S 一定时，电流 I_L 越大，占空比丢失越多，输入电压 U_{in} 越低，占空比丢失越多。因此设计时应按照 I_L 最大和 U_i 最低为最恶劣工况来计算，并保证在最大占空比丢失的情况下，电路仍能输出所要求的电压。

另一方面，在满足电路软开关要求的前提下，谐振电感 L_r 应尽量小，以减少占空比丢失。

2. 电路的软开关条件[7,8]

移相全桥电路并非在任何条件下总能使 4 个开关都工作于软开关状态，而是有一定的条件的。

以超前桥臂中 $S_1 \to S_2$ 的换流过程为例，$t_1 \sim t_2$ 时段内，将变压器二次侧的元器件参数及变量按电压比 k_T 折算到变压器一次侧，有 $i_{L_r} = i_L/k_T$。参见图 3-15。

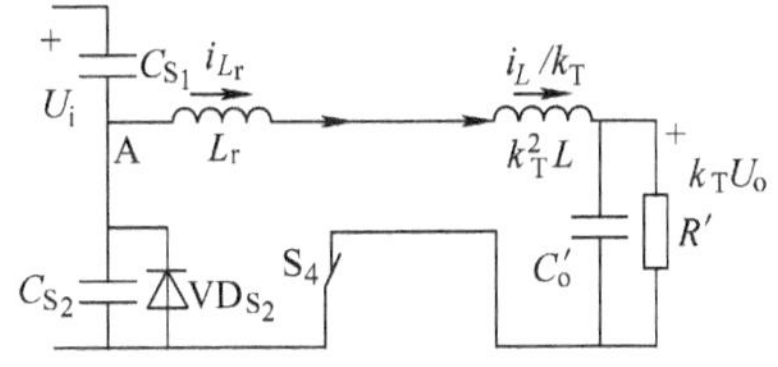

图 3-15 将变压器二次侧折算到一次侧后的等效电路

折算后的电路依然较为复杂，因此可以根据一些合理化的假设进行简化：由于输出滤波电感通常都较大，因此 $L_r + k_T^2 L$ 也较大，而谐振时间很短，在谐振过程中，电流 i_{L_r} 基本不变，因此可以将电感 $L_r + k_T^2 L$ 等效为电流为 $i_{L_r}(t_1)$ 的电流源，而同电流源在同一支路相串联的元件 C'_o 和 R' 都可以去掉，不影响对电容 C_{S_1}、C_{S_2} 电压的计算。

电路等效成图 3-16。

可以很方便地计算出电压 $u_A(t)$ 从 U_i 降为零的时间为

$$\Delta t_r = \frac{U_i(C_{S_1}+C_{S_2})}{i_{L_r}}$$

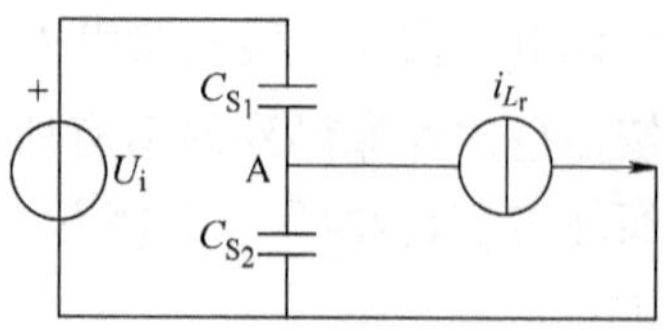

图 3-16 超前桥臂的谐振过程

注意到 $i_{L_r}=i_L/k_T$，并且 i_L 的波动很小，可以认为 $i_L \approx I_o$，则有

$$\Delta t_r = \frac{k_T U_i(C_{S_1}+C_{S_2})}{I_o} \tag{3-9}$$

通过前面的分析可以知道，只有超前桥臂换流的死区时间 $\Delta t_1=t_2-t_1$ 大于谐振时间 Δt，才能使 S_2 在开通前，其两端电压降为零。

$$\Delta t_1 \geqslant \frac{k_T U_i(C_{S_1}+C_{S_2})}{I_o} \tag{3-10}$$

这就是超前桥臂的零电压开关条件[8]。

以滞后桥臂 $S_4 \rightarrow S_3$ 的换流过程为例，$t_4 \sim t_5$ 时段内电路等效见图 3-17，经等效变换后的电路图见图 3-18。

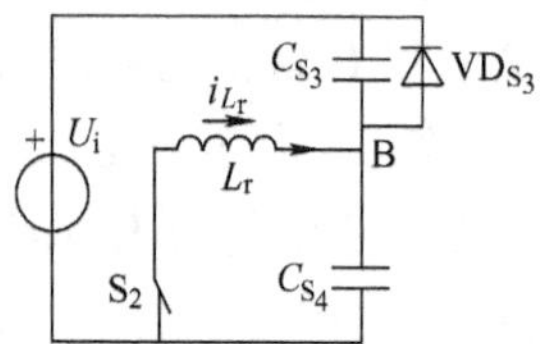

图 3-17 谐振等效电路

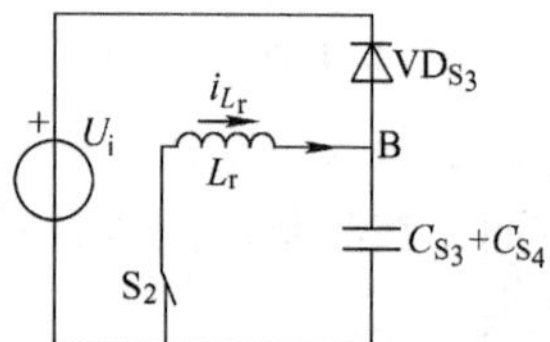

图 3-18 化简后的等效电路

首先不考虑二极管 VD_{S_3} 和电压源 U_i 支路的存在，电路是一个二阶振荡回路，B 点的电压 u_B 的初值为零，可以直接写出 $u_B(t)$ 的解析表达式：

$$u_B(t)=U_p \sin\omega_r(t-t_4) \qquad t\in[t_4,t_5] \tag{3-11}$$

其中，

$$\omega_r=\frac{1}{\sqrt{L_r(C_{S_3}+C_{S_4})}}$$

$$T_r=2\pi\sqrt{L_r(C_{S_3}+C_{S_4})} \tag{3-12}$$

其中，U_p 为谐振电压峰值。

U_p 的计算：参见图 3-18，谐振开始时，电容电压为零，电感 L_r 的电流 $i_{L_r}(t_4)=i_L/k_T$，而当 u_B 达到峰值 U_p 时，电流 $i_{L_r}=0$，电感 L_r 中的能量已经全部转移到电容中，因此有

$$U_p = \sqrt{\frac{L_r}{C_{S_3}+C_{S_4}}} i_{L_r}(t_4) \tag{3-13}$$

从式（3-11）中可以得到滞后桥臂实现零电压开关的条件，它包含两个方面的内容。

首先，要使 S_3 能在开通时电压为零，必要条件为

$$U_p \geqslant U_i \tag{3-14}$$

将式（3-13）代入式（3-14），得到

$$U_p = \sqrt{\frac{L_r}{C_{S_3}+C_{S_4}}} i_{L_r}(t_3) \geqslant U_i$$

或

$$\frac{1}{2}L_r i_{L_r}^2(t_3) \geqslant \frac{1}{2}(C_{S_3}+C_{S_4})U_i^2 \tag{3-15}$$

式（3-15）可以称为滞后桥臂零电压开关的峰值条件。它的物理意义是：谐振开始时，谐振电感 L_r 中存储的能量应足够使电容的谐振电压达到或超过输入电压 U_i。因为谐振开始时电感的电流 $i_{L_r}=i_L/k_T$（i_L 为输出滤波电感电流，k_T 为变压器电压比），而 i_L 的平均值等于负载电流 I_o，所以，峰值条件说明，在输入电压和谐振参数一定的条件下，负载电流 I_o 应足够大，以保证谐振峰值。

峰值条件可以作为滞后桥臂谐振参数设计的依据。在最高输入电压和最小的负载电流的条件下，滞后桥臂谐振参数 L_r 和 C_{S_3}、C_{S_4} 的选取应满足峰值条件，并适当留有裕量。

另外，为了能够最大限度地利用谐振峰值，S_4 应该正好在谐振达到峰值时开通，所以滞后桥臂的换流时间 $\Delta t_2 = t_4 - t_3$ 应满足

$$\Delta t_2 = \frac{1}{4}T_r$$

这就是滞后桥臂死区设计的原则[8]。

移相全桥电路除了图 3-11 所给出的电路结构外，还有很多改进的电路，其中部分电路见图 3-19。其中图 3-19a 电路中采用饱和电抗器作为谐振电感，有效抑制了重载时的占空比丢失，提高了电路重载时的性能；图 3-19b 的电路在二次侧电路中采用有源钳位电路，有效抑制了整流二极管两端由于谐振而产生的过高的电压；图 3-19c 中的电路在变压器一次侧串联了电容 C_b，可以使滞后桥臂的 2 个开关工作在零电流的状态，超前桥臂开关仍为零电压开关，因此这种电路被称为零电压—零电流软开关电路，比较适合于关断损耗较大的 IGBT 构成的电路；图 3-19d 中的电路在滞后桥臂的开关支路串入二极管以阻挡支路中的反向电流，该电路也是零电压—零电流软开关电路。和本节所述的基本电路相同，这些电路都采用移相控制，具体的工作原理就不再一一介绍了，可以参

见参考文献［9－11］。

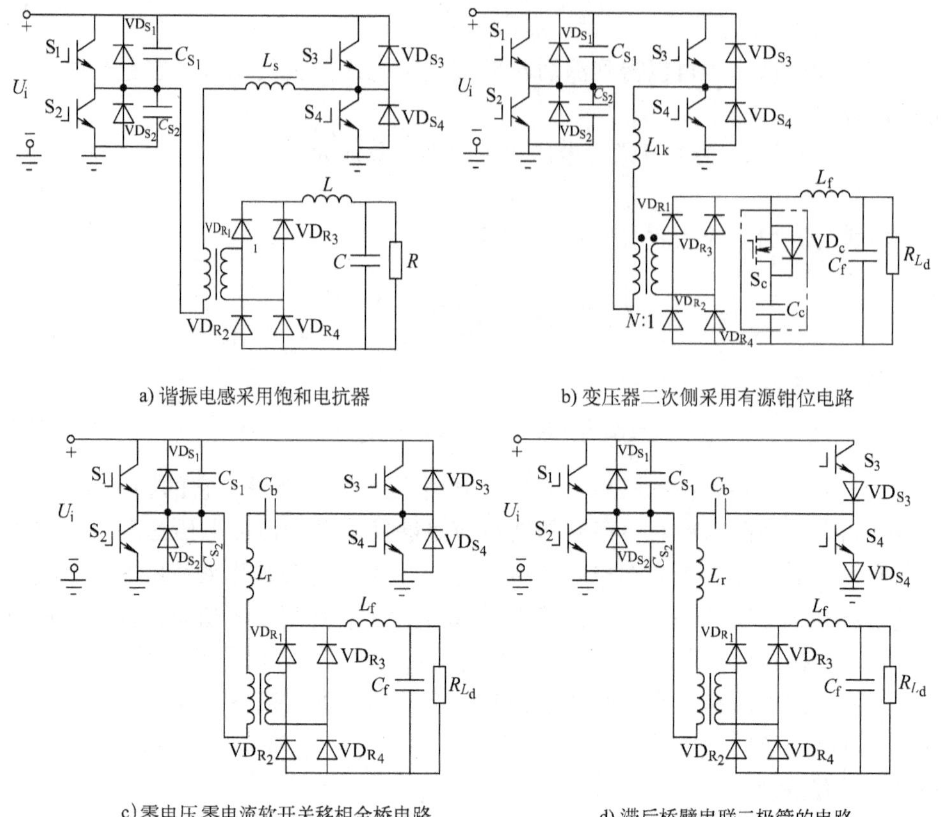

a) 谐振电感采用饱和电抗器　　b) 变压器二次侧采用有源钳位电路

c) 零电压零电流软开关移相全桥电路　　d) 滞后桥臂串联二极管的电路

图 3-19　几种改进的移相全桥电路

3.3.3　有源钳位正激型电路[12,13]

有源钳位正激型电路的结构见图 3-20，分为高端有源钳位和低端有源钳位正激型电路。两种电路的工作过程完全相同，差别仅在于低端有源钳位正激电路中的开关 S_1 通常采用 PMOS 器件，其驱动较为简单，因此得到了较多应用。下面将以高端有源钳位电路为例对电路进行分析。

该电路变压器二次侧的结构与普通正激型电路一样，所不同的是一次侧的电路结构。该电路没有复位绕组，而是采用含有反并联二极管的辅助开关 S_1 和电容 C_1 构成复位电路。

下面介绍该电路的工作过程，参见图 3-21 和图 3-22。为分析电路的软开关过程，图 3-21 中画出了电路中的分布参数，L_r 为变压器漏感，C_S 为开关管结电容（等效为主开关 S 及辅助开关 S_1 结电容之和）。由于电容 C_1 的数值较大，在

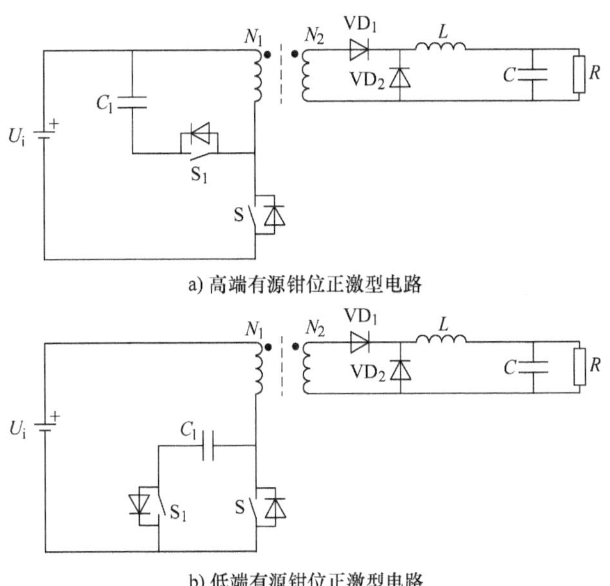

a) 高端有源钳位正激型电路

b) 低端有源钳位正激型电路

图 3-20　有源钳位正激型电路

下面的分析中忽略其电压波动。

$t_0 \sim t_1$ 时段：电路的开关状态参见图 3-21a，主开关 S 于 t_0时刻开通，二极管 VD_1 通，VD_2 断，电感 L 的电流增长，变压器的励磁电流也线性增长。开关 S 于 t_1 时刻关断。

$t_1 \sim t_2$ 时段：主开关 S 关断后，变压器一次电流给 C_S 充电，当 C_S 电压上升到 $U_{C_1}+U_i$时，S_1 的反并联二极管导通。参见图 3-21b。此时段又可划分为 3 个阶段：首先，C_S 电压由 0 上升到 U_i，在此过程中变压器一次电压为正，变压器二次侧二极管仍为 VD_1 导通，由于输出滤波电感及变压器励磁电感均较大，变压器一次电流近似不变，C_S 电压线性上升；其次，随着 C_S 电压继续上升至 U_i 之上，变压器二次侧二极管 VD_1、VD_2 同时导通，变压器二次侧相当于短路状态，变压器漏感 L_r 与 C_S 发生谐振，变压器一次电流逐渐下降至变压器励磁电流；最后，当变压器一次电流等于变压器励磁电流时，变压器二次侧二极管 VD_1 关断、VD_2 继续导通续流，变压器一次侧漏感与励磁电感串联继续向 C_S 充电，电流等于变压器的励磁电流。随着电路工作条件的不同，有可能在上述第 2 阶段，C_S 电压已上升至 $U_{C_1}+U_i$，S_1 的反并联二极管导通。

$t_2 \sim t_3$ 时段：开关 S_1 开通，由于 S_1 开通前其反并联二极管处于通态，其两端电压为零，因此 S_1 为零电压开通。在此时段，变压器励磁电流向 C_1 充电，电流线性下降，t_3 时刻下降到零。参见图 3-21c。

$t_3 \sim t_4$ 时段：变压器励磁电流到零后反向，C_1 反过来向变压器励磁电感放

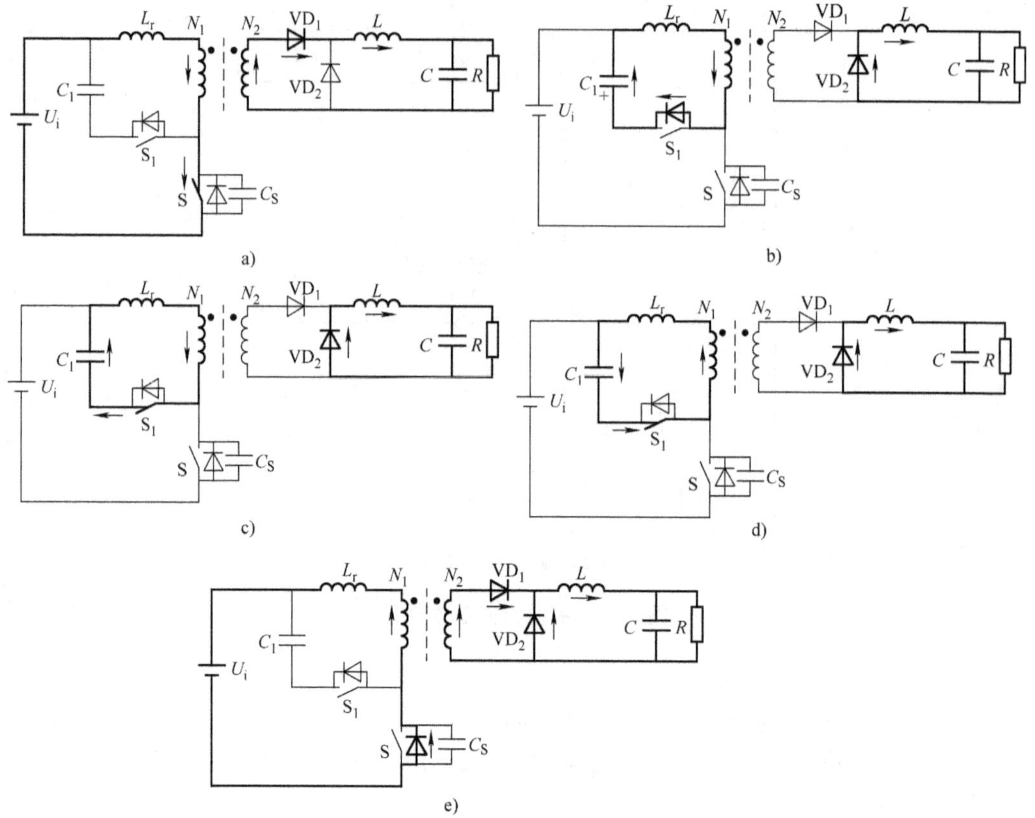

图 3-21　有源钳位正激电路的开关过程

电，励磁电流由零变为负值，直到 t_4 时刻 S_1 关断。参见图 3-21d。

$t_4 \sim t_5$ 时段：S_1 关断时，变压器的励磁电流方向为由下向上，S_1 关断后，励磁电流首先对 C_S 进行放电，当 C_S 电压降为 0 时，主开关 S 的反并联二极管导通。在 t_5 时刻 S 开通，此时 S 的反并联二极管处于通态，S 两端电压为零，因此 S 为零电压开通。参见图 3-21e。此时段又可划分为 2 个阶段：首先，C_S 电压由 $U_{C_1}+U_i$ 下降至 U_i，在此过程中变压器一次侧电压为负，变压器二次侧二极管仍为 VD_2 导通，由于变压器励磁电感较大，励磁电流近似不变，C_S 电压线性下降；其次，随着 C_S 电压继续下降至 U_i 以下，变压器二次侧二极管

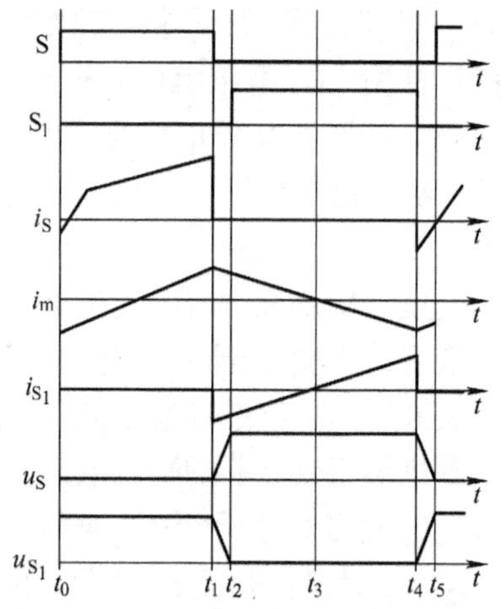

图 3-22　有源钳位正激型电路的波形

VD_1、VD_2 同时导通，变压器二次侧相当于短路状态，变压器漏感 L_r 与 C_S 发生谐振，若漏感能量足够，C_S 电压将可降至零。因此主开关实现软开关的条件为

$$\frac{1}{2}L_r i_m^2 \geqslant \frac{1}{2}C_S U_i^2$$

其中，i_m为变压器一次侧励磁电流峰值。

另外，为了能够最大限度地利用谐振峰值，S 应该正好在谐振达到峰值时开通，所以 S 与 S_1 间的死区时间应满足：

$$\Delta t = \frac{1}{4}T_r = \frac{\pi}{2}\sqrt{L_r C_S}$$

有源钳位正激型电路与普通的正激型电路相比有以下几个优点：

1）主开关 S 及辅助开关 S_1 工作在零电压开通的条件下，开关损耗显著降低。

2）存在变压器励磁电流为负值的工作状态，这意味着变压器的磁通在工作过程中可以从正值变化为负值，工作在磁化曲线的Ⅰ、Ⅲ两个象限。相比之下，普通正激型电路的变压器磁通只能为正值，工作于磁化曲线的Ⅰ象限。因此有源钳位正激型电路的变压器的磁心利用率得以提高，表现为同等功率的电路，磁心的尺寸可以减小，绕组匝数可以减少，从而变压器的体积和重量可降低。

3）省去了复位绕组，变压器的制造工艺可以简化，有利于降低成本。

由于有源钳位正激型电路具有诸多优点，而且开关数较移相全桥电路少，电路中的谐振电压和电流又明显小于零电压准谐振电路，该电路被广泛用于中小功率，高功率密度的电源装置中，典型的例子是模块化的隔离型直流—直流变换器（DC－DC Converter）。

3.3.4 有源钳位反激型电路

有源钳位反激型电路的结构见图 3-23，与有源钳位正激型电路相似也分为高端有源钳位和低端有源钳位反激型电路。下面将以高端有源钳位电路为例对电路进行分析。

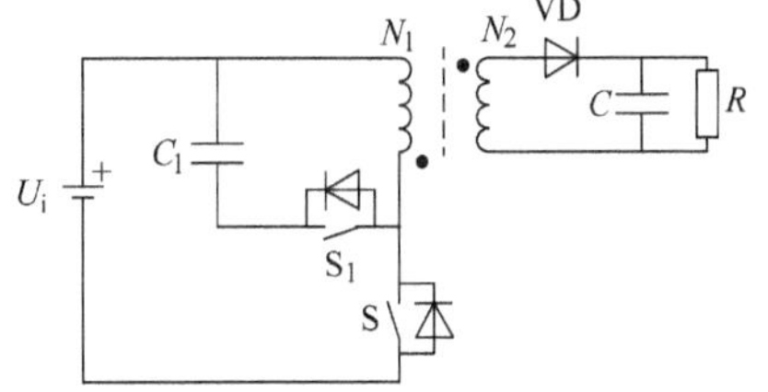

图 3-23　有源钳位反激型电路

下面介绍该电路的工作过程，参见图 3-24 和图 3-25。为分析电路的软开关过程，图 3-24 中画出了电路中的分布参数，L_r 为变压器漏感，C_S 为开关管结电容（等效为主开关 S 及辅助开关 S_1 结电容之和）。在下面的分析中，假设电容 C_1 的数值较大，忽略其电压波动。

电路中主开关 S 及辅助开关 S_1 采用互补工作方式，两开关管控制信号间留

有死区时间。根据变压器一次侧电压平均值为0，可以计算出钳位电容电压、输出电压分别为

$$U_{C_1}=\frac{D}{1-D}U_i$$

$$U_o=\frac{N_2}{N_1}\frac{D}{1-D}U_i$$

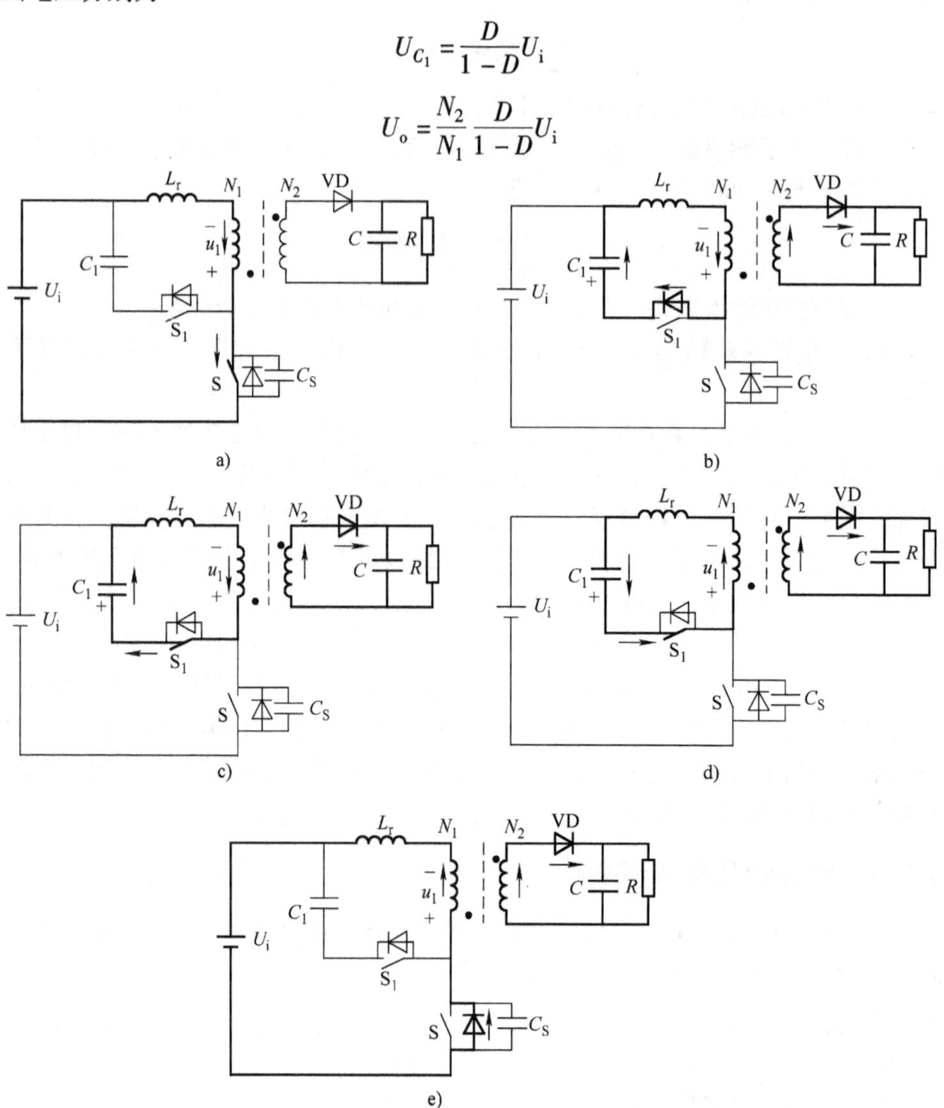

图 3-24　有源钳位反激型电路的开关过程

$t_0\sim t_1$ 时段：电路的开关状态参见图 3-24a，主开关 S 于 t_0时刻开通，二极管 VD 截止，变压器的一次电流线性增长。开关 S 于 t_1 时刻关断。

$t_1\sim t_2$ 时段：主开关 S 关断后，变压器一次电流给 C_S 充电，当 C_S 电压上升到 $U_{C_1}+U_i$时，S_1 的反并联二极管导通。参见图 3-24b。几乎同时，变压器二次侧二极管 VD 导通，开始向负载提供能量，并将 u_1 钳位在 U_0（N_1/N_2）。

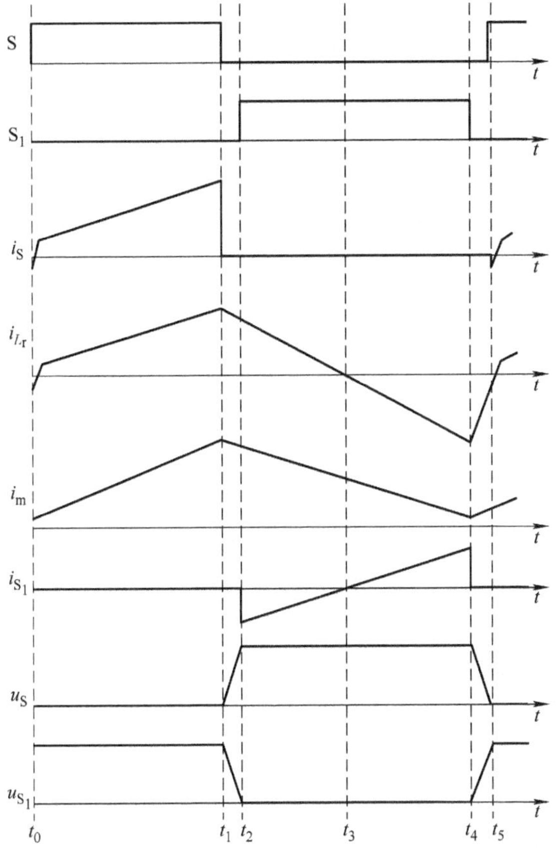

图 3-25　有源钳位反激型电路的波形

t_2 ~ t_3 时段：此时段变压器漏感 L_r 与 C_1 发生谐振，变压器一次电流逐渐下降，二次电流逐渐上升。在变压器一次电流下降至 0 前，开关 S_1 开通，由于 S_1 开通前其反并联二极管处于通态，其两端电压为零，因此 S_1 为零电压开通。参见图 3-24c。

t_3 ~ t_4 时段：变压器一次电流到零后反向，C_1 反过来向变压器一次侧放电，一次电流由零变为负值，直到 t_4 时刻 S_1 关断。参见图 3-24d。

t_4 ~ t_5 时段：S_1 关断时，变压器的一次电流方向为由下向上，S_1 关断后，一次电流对 C_S 进行放电，该过程为漏感 L_r 与 C_S 谐振过程，变压器二次侧二极管 VD 继续导通，并将 u_1 钳位在 U_0（N_1/N_2）。当 L_r 储能足够，C_S 电压将可降至零，C_S 电压降为 0 时，主开关 S 的反并联二极管导通。在 t_5 时刻 S 开通，此时 S 的反并联二极管处于通态，S 两端电压为零，因此 S 为零电压开通。参见图 3-24e。随后漏感 L_r 电流由负变正，逐渐上升，当等于变压器励磁电流时，变压器二次侧二极管关断。此阶段中，主开关实现软开关的条件为

$$\frac{1}{2}L_r i_{L_r}^2(t_4) \geqslant \frac{1}{2}C_S\left(\frac{U_i}{1-D}\right)^2$$

其中，i_{L_r}（t_4）为变压器原边 t_4 时刻电流，其数值与变压器一次侧正向励磁电流峰值近似相同。

另外，为了能够最大限度地利用谐振峰值，S 应该正好在谐振达到峰值时开通，所以 S 与 S_1 间的死区时间应满足

$$\Delta t = \frac{1}{4}T_r = \frac{\pi}{2}\sqrt{L_r C_S}$$

有源钳位反激型电路可以避免传统反激电路中变压器漏感能量的损耗，实现主开关及辅助开关管的零电压开通，降低了副边整流二极管反向恢复引起的关断损耗和开关噪声，提升变换的变换效率及功率密度。

3.3.5 零电压转换 PWM 电路[4,14]

零电压转换 PWM 电路是另一种常用的软开关电路，具有电路简单、效率高等优点，广泛用于功率因数校正电路（PFC）、DC－DC 变换器、斩波器等。由于该电路在升压型 PFC 电路中的广泛应用，本节以升压电路为例介绍这种软开关电路的工作原理。

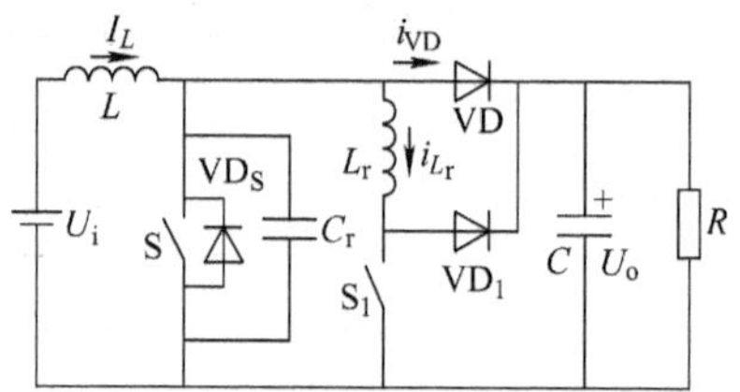

图 3-26　升压型零电压转换 PWM 电路的原理图

升压型零电压转换 PWM 电路的原理见图 3-26，其理想化波形见图 3-27。在分析中假设电感 L 很大，因此可以忽略其中电流的波动；电容 C 也很大，故输出电压的波动也可以忽略。在分析中还忽略了元器件与线路中的损耗。

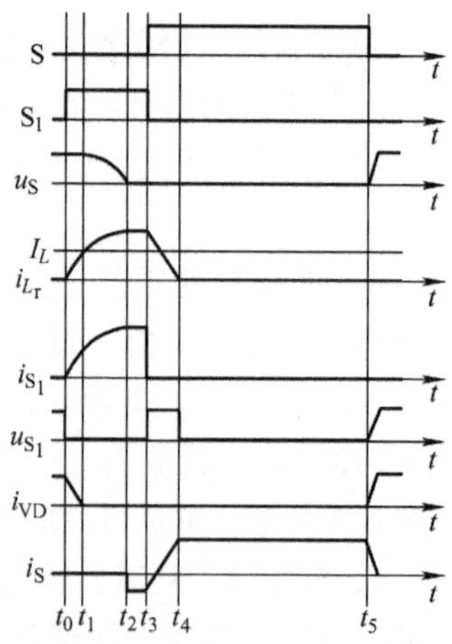

图 3-27　升压型零电压转换 PWM 电路的理想化波形

从图 3-27 中可以看出，在零电压转换 PWM 电路中，辅助开关 S_1 超前于主开关 S 开通，而 S 开通后 S_1 就关断了。主要的谐振过程都集中在 S 开通前后。下面分阶段介绍电路的工作过程。

$t_0 \sim t_1$ 时段：辅助开关先于主开关开通，由于此时二极管 VD 尚处于通态，所以电感 L_r 两端电压为 U_o，电流 i_{L_r} 按线性迅速增长，二极管 VD 中的电流以同样的速率下降。直到 t_1 时刻，$i_{L_r}=I_L$，二极管 VD 中电流下降到零，二极管自

然关断。

$t_1 \sim t_2$ 时段：此时电路可以等效为图 3-28。L_r与 C_r构成谐振回路，由于L很大，谐振过程中其电流基本不变，对谐振影响很小，可以忽略。

谐振过程中 L_r的电流增加而 C_r的电压下降，t_2 时刻其电压 u_{C_r}刚好降到零，开关 S 的反并联二极管 VD_S 导通，u_{C_r}被钳位于零，而电流 i_{L_r}保持不变。

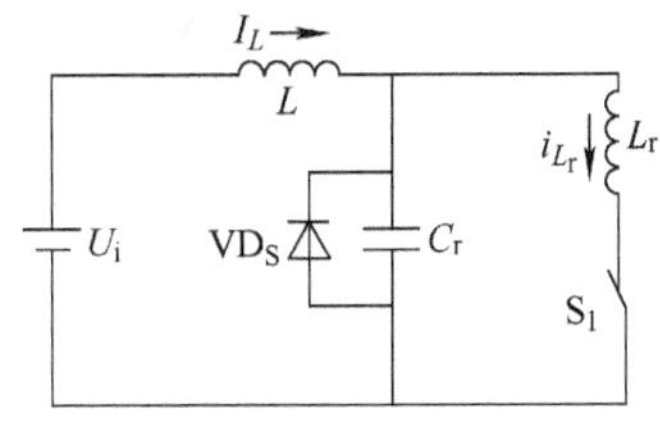

图 3-28　升压型零电压转换 PWM 电路在 $t_1 \sim t_2$ 时段的等效电路

$t_2 \sim t_3$ 时段：u_{C_r}被钳位于零，而电流 i_{L_r}保持不变，这种状态一直保持到 t_3 时刻 S 开通、S_1 关断。

$t_3 \sim t_4$ 时段：t_3 时刻 S 开通时，其两端电压为零，因此没有开关损耗。

S 开通的同时 S_1 关断，L_r中的能量通过 VD_1 向负载侧输送，其电流线性下降，而主开关 S 中的电流线性上升。到 t_4 时刻 $i_{L_r}=0$，VD_1 关断，主开关 S 中的电流 $i_S = I_L$，电路进入正常导通状态。

$t_4 \sim t_5$ 时段：t_5 时刻 S 关断。由于 C_r的存在，S 关断时的电压上升率受到限制，降低了 S 的关断损耗。

该电路的谐振参数设计与辅助开关电路的损耗关系很大，篇幅所限，不再详述，具体内容参见参考文献［15］。

3.3.6　不对称半桥型电路

不对称半桥型电路的结构见图 3-29。

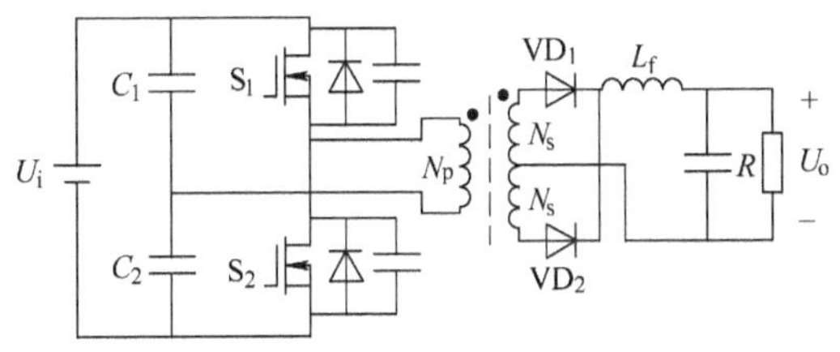

图 3-29　不对称半桥电路

该电路主电路结构与普通半桥电路相同，所不同的是一次侧开关管的控制方式。普通的半桥电路在输入电压大范围变化时，为保持输出电压不变，开关管的占空比相应变化，使上下开关管导通之间存在较大死区，开关管处于硬开关状态。不对称半桥电路中上下开关管控制信号除留有必要的死区时间外，两个驱动信号基本呈互补状态，其控制及主电路波形见图 3-30。通过死区时间、开关管结电容及谐振电感（或变压器漏感）的选择，可以使在不同输入电压时，开关管能实现 ZVS。这种控制方式同时也避免了普通半桥在两开关管均处于关断状态时变压器漏感所引起的电压振荡问题，与移相全桥电路相比，在高电压输入时，不存在环流电流产生的损耗。

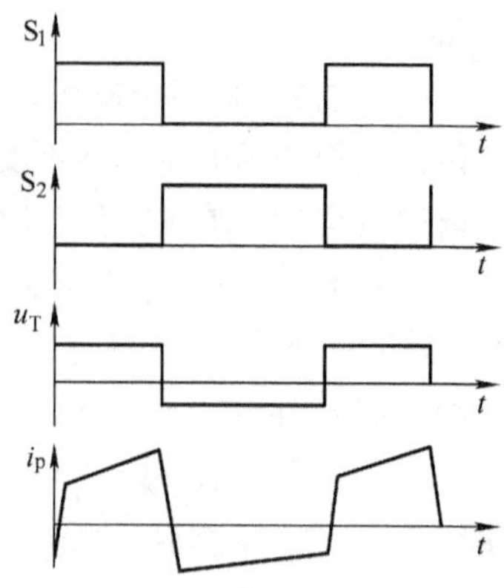

图 3-30 不对称半桥型电路控制及主电路波形

设 C_1、C_2 及 L_f 的容量足够大，电容电压及电感电流中的开关频率成分可以忽略，下面在电路工作于电流连续模式时分析输出电压与占空比之间的关系。

由于在稳态变压器一周期内的平均电压为零，因此有

$$U_{C_1}=(1-D_1)U_i$$

$$U_{C_2}=U_i-U_{C_1}=D_1U_i \qquad (3\text{-}16)$$

式中 U_{C_1}、U_{C_2}——电容 C_1、C_2 电压；

U_i——输入电压；

D_1——开关管 S_1 的导通占空比。

输出电压为

$$U_o=\frac{D_1U_{C_1}+(1-D_1)U_{C_2}}{k}=\frac{2D_1(1-D_1)U_i}{k} \qquad (3\text{-}17)$$

其中，$k=n_s/n_p$为变压器电压比。

由式（3-17）可以看出，通过开关占空比的调整可以调节输出电压。

不对称半桥电路实现 ZVS 的原理与移相全桥相同，可以参考前述相关内容。

不对称半桥电路也存在一些缺点，首先在开关管占空比不对称时，变压器流过的电流存在直流分量，使变压器存在偏磁现象，给变压器的设计带来一定的困难；其次，二次侧整流二极管的电压、电流也是不对称的，因此二极管需要选择较高电压、电流定额。另外，不对称半桥电路实现 ZVS 的原理与移相全桥相同，因而同样存在轻载难以实现软开关、占空比丢失等问题。

不对称半桥电路由于电路简单，所用器件少，在小功率电源中有较多的应用。

3.3.7 软开关 PWM 三电平直流变换器

当 DC－DC 变换器的输入电压上升时，主电路所使用的开关器件耐压也需要随之提高，但高耐压的开关器件的特性通常不够理想。例如，高耐压的 IGBT 开关特性较差，高耐压的 MOSFET 的导通电阻显著增加。为了降低开关器件的电压应力，Pinheiro 提出了软开关三电平变换器，使开关管的电压应力降为输入

电压的一半[2]。三电平直流变换器在拓扑结构上可分为半桥拓扑及全桥拓扑，两者的工作原理相似。在软开关方式上与移相全桥拓扑类似，有 ZVS 型和 ZVZCS 型，图 3-31 为 ZVS 半桥软开关三电平直流变换器的拓扑结构。图 3-32 为电路工作波形。下面将以此为例分析三电平直流变换器的工作原理。

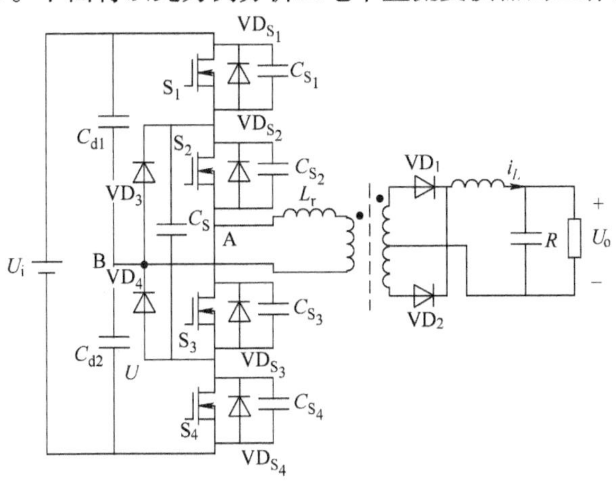

图 3-31 ZVS 半桥软开关三电平直流变换器的拓扑结构

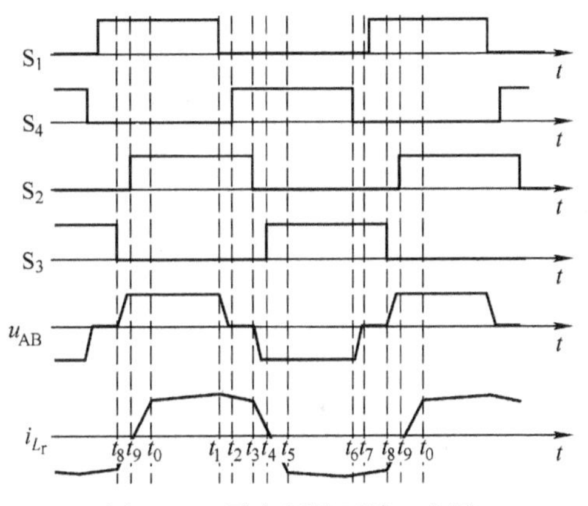

图 3-32 零电压软开关三电平直流变换器工作波形

在分析中，假设开关器件都是理想的，并忽略电路中的损耗。在稳态工作时，设电容 C_{d1}、C_{d2} 及 C_S 上的电压均为 $U_i/2$。

$t_0 \sim t_1$ 时段：在这一时段，S_1 与 S_2 都处于通态，变压器两端为 $+U_i/2$，变压器二次侧整流二极管 VD_1 导通，向负载传递能量，直到 t_1 时刻 S_1 关断。此时，由于 C_S 的电压为 $U_{in}/2$，因此，S_3 及 S_4 所承受电压均为 $U_{in}/2$。

$t_1 \sim t_2$ 时段：t_1 时刻开关 S_1 关断后，变压器一次电流 i_{L_r} 通过 S_2 给 C_{S_1} 充电，由于 C_{S_1} 的作用使 S_1 的电压上升速度减慢，S_1 为零电压关断。i_{L_r} 给 C_{S_1} 充电的同时 C_S 和 C_{S_4} 通过 S_2 放电。由于 C_S 远大于 C_{S_4}，近似认为 C_S 电压保持 $U_{in}/2$。此时漏感 L_r 和输出滤波电感相串联，其数值一般很大，可以认为变压器一次侧电流 i_{L_r} 近似不变。当 C_{S_1} 的电压上升到 $U_{in}/2$ 时，C_{S_4} 的电压下降到零，A 点电位为 $U_i/2$，VD_3 自然导通，此时 u_{AB} 为零。

$t_2 \sim t_3$ 时段：t_2 时刻开关 S_4 开通，由于此时其两端电压为零，因此 S_4 为零电压开通，开通过程中不会产生开关损耗，S_4 开通后，电路状态也不会改变，继续保持到 t_3 时刻 S_2 关断。

$t_3 \sim t_4$ 时段：t_4 时刻开关 S_2 关断后，这时变压器二次侧整流二极管 VD_1 和 VD_2 同时导通，变压器一次侧和二次侧电压均为零，相当于短路，因此变压器一次侧 C_{S_2}、C_{S_3}与 L_r构成谐振回路。谐振过程中谐振电感 L_r的电流不断减小，A 点电压不断下降，直到 S_3 的反并联二极管 VD_{S_3} 导通。这种状态维持到 t_4 时刻 S_3 开通。S_3 开通时由于 VD_{S_3}导通，因此 S_3 是在零电压的条件下开通，开通损耗为零。

$t_4 \sim t_5$ 时段：S_3 开通后，谐振电感 L_r的电流继续减小。电感电流 i_{L_r}下降到零后，便反向，不断增大，直到 t_5 时刻 $i_{L_r} = -I_L/k_T$，变压器二次侧整流管 VD_1 的电流下降到零而关断，电流 I_L全部转移到二极管 VD_2 中。

$t_0 \sim t_5$ 时段正好是开关周期的一半，而在另一半开关周期电路的工作过程与 $t_0 \sim t_5$ 时段完全对称，不再叙述。

由上面的工作过程可以看出，各开关器件所承受最高电压均为 $U_{in}/2$，而且通过适当的参数设计可以使各器件均为零电压开通，从而实现软开关，降低器件的开关损耗。

3.4 谐振变换电路的原理及分类

应用上述的各种软开关电路可以大大降低开关器件的开关损耗，但一种软开关电路一般情况下仅能减小一种开关损耗，例如零电压开通电路主要降低器件的开通损耗，而零电流关断电路主要减少器件的关断损耗。当电路的开关频率很高时，器件的开关损耗仍然是一个严重的问题。降低器件开关损耗的另一种方法是采用谐振型变换电路。谐振变换电路是将 L、C 元件适当地组合、连接形成特定的网络与变换器和负载相连接，见图 3-33a。由于 LC 网络频率特性所呈现的选频特性，使变换器的输出电流（或电压）在开关周期内呈现近似正弦变化规律，如果变换器的开关频率选择适当，可以使开关器件在电流接近过零时开通和关断，进一步降低开关器件的开关损耗。因此，谐振变换电路在高频变换电路中得到了广泛的应用。

谐振变换电路多用于隔离型 DC - DC 电路中，为方便说明其工作原理及特性，这里可以将变压器二次侧的高频整流、滤波电路及负载看做一个整体，并等效至一次侧成为一个电阻。这样，根据负载（即上述的等效电阻）与 LC 谐振网络的连接情况，可以将谐振变换电路分为以下三类：

（1）串联谐振电路：当等效负载电阻与谐振网络串联连接时，称为串联谐振变换电路，其等效电路见图 3-33b。

（2）并联谐振电路：当等效负载电阻与谐振网络中的电容并联连接时，称为并联谐振变换电路，其等效电路见图 3-33c。

（3）串并联谐振电路：串并联谐振电路中的 LC 谐振网络是由两个电容和一个电感或两个电感和一个电容构成，因此又称为 LCC 和 LLC 谐振电路，等效负载电阻与谐振网络两个电容（LCC）或两个电感（LLC）分别串联和并联，等效电路结构见图 3-33d 和 e。

谐振变换电路的主要优点是器件开关损耗大大减小，同时回路中的电流波形接近正弦，在电磁干扰方面也具有优势。但谐振变换器当输入电压、输出电压及负载发生变化时，需要采用调节工作频率的方法进行控制，当上述参数大幅度变化时，导致工作频率变化过大，造成相应的 LC 元件、滤波电路等设计困难。因此其对电源电压、负载变化的灵活性不如 PWM 变换电路。此外，由于电路中的工作电流接近正弦波，其有效值、峰值偏高，会造成较大的导通损耗。

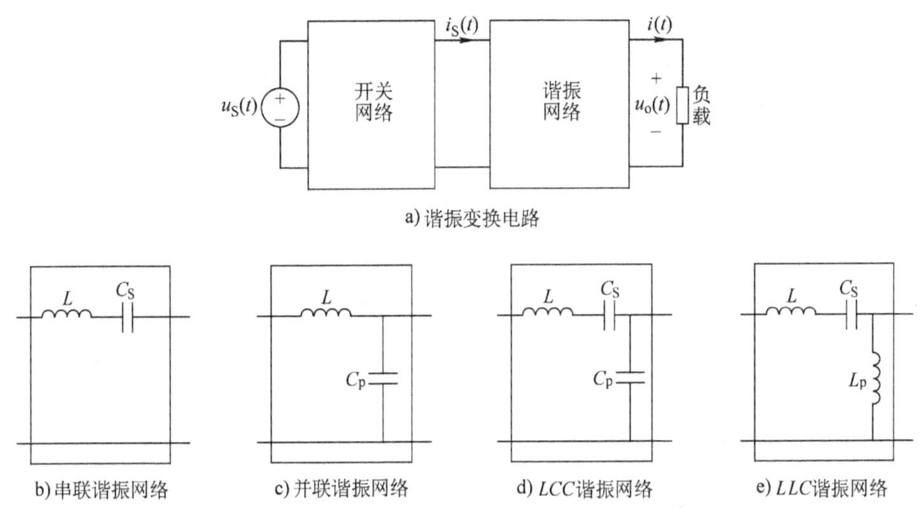

图 3-33　谐振变换电路结构及谐振网络构成

3.5　典型的谐振变换电路

3.5.1　串联谐振电路

谐振变换电路中的逆变电路形式有多种，常用的电路形式为半桥和全桥电路，它们的工作波形和特性基本相同。下面以图 3-34a 所示的采用全桥逆变器的串联谐振变换电路为例说明其工作原理。图中若将变压器看做理想变压器，则将二次侧电路等效至一次侧，电路可以简化为图 3-34b。

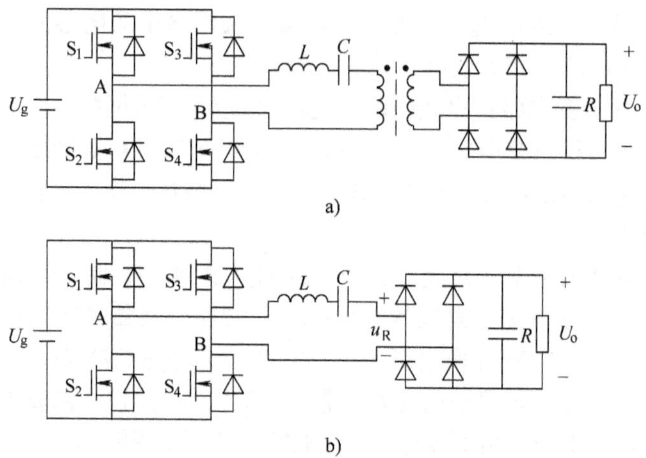

图 3-34　串联谐振电路结构及其简化

由整流电路的工作特性可知，整流桥输入电压始终与输入电流同相位，其幅值为直流输出电压。因此仅从相位关系来看，整流电路及负载呈现电阻特性。这样逆变电路工作产生方波电压施加至谐振网络及负载，当逆变电路的工作频率高于 *LC* 谐振频率时，回路阻抗呈现感性，电流将滞后于逆变器电压；当逆变电路的工作频率低于 *LC* 谐振频率时，回路阻抗呈现容性，电流将超前于逆变器电压。在大多数情况下，逆变器的工作频率接近串联谐振网络的谐振频率，同时假设谐振网络品质因数值较高，这样回路较强的选频特性将使电流波形近似为开关频率的正弦波。图 3-35a 及图 3-35b 分别为逆变电路工作频率高于和低于 *LC* 串联谐振频率的工作波形。若谐振电路 *Q* 值较低，或工作频率低于 *LC* 串联谐振频率的 1/2 时，电路可能工作于电流断续状态，其工作特性较为复杂[17]，本书中不再详细分析。下面将主要介绍工作于电流连续模式时的电路特性。

设输出直流滤波电容足够大，则输出电压波形近似为一水平直线。同时假设谐振网络品质因数值较高，这样回路电流波形近似正弦波。则由输出电流平均值和谐振回路电流平均值相等可得

$$\frac{U_o}{R}=\frac{2\sqrt{2}}{\pi}I \tag{3-18}$$

式中　U_o——输出直流电压；

R——负载电阻；

I——谐振回路电流有效值。

由于整流桥两端呈现与电流波形同相的方波，其幅值为输出电压，因此整流桥输入侧的电压基波有效值为

$$U_R=\frac{2\sqrt{2}}{\pi}U_o \tag{3-19}$$

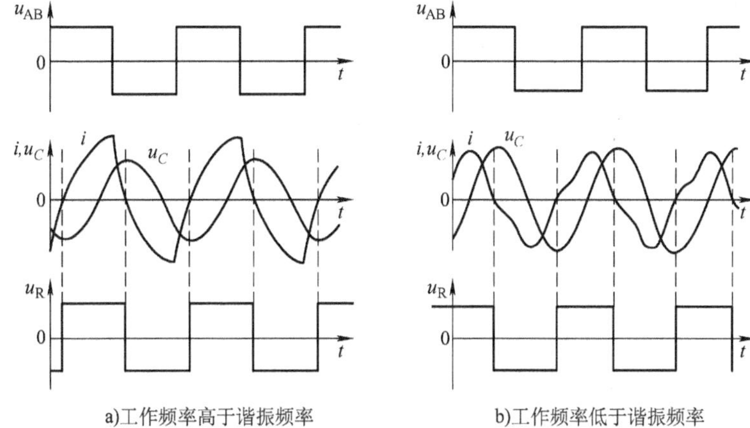

图 3-35　串联谐振电路的工作波形

因此整流桥及其负载可以等效为图 3-36 的基波等效电路。其中，U_S为逆变器输出电压的基波有效值；R_e为整流电路及负载的等效电阻，其数值由式（3-18）和式（3-19）获得

$$R_e = \frac{U_R}{I} = \frac{8}{\pi^2}R \tag{3-20}$$

由图 3-36 可以得到输出电压与输入电压之比，即电压比为

$$M = \frac{U_R}{U_S} = \left\| \frac{R_e}{R_e + sL + \frac{1}{sC}} \right\| = \frac{1}{\sqrt{1 + \frac{(\omega L - \frac{1}{\omega C})^2}{R_e^2}}} = \frac{1}{\sqrt{1 + Q_e^2 \left(\frac{1}{F} - F\right)^2}} \tag{3-21}$$

其中，品质因数 $Q_e = \frac{\omega_o L}{R_e} = \frac{\pi^2}{8}Q$；频率的标幺值 F 为开关频率与谐振频率之比，$F = f_s/f_o$。

式（3-21）描述了图 3-36 所示的串联谐振变换器等效电路工作于不同频率时的输入输出基波电压关系，由于逆变器的输出及整流电路输入电压均为 180°方波，两者的基波因数相同，因此式（3-21）同样适用于描述逆变器直流侧电压与整流电路输出直流电压的关系。由式（3-21）可以绘制不同 Q 值下，电压比与频率的关系曲线如图 3-37 所示。由于谐振变换电路主要依靠调节工作频率来控制输出电压，因此输入输出电压比与频率间的关系是谐振变换器分析和设计的关键因素。

需要注意的是，上述关系的推导是在忽略谐振回路中电路谐波下获得的，即认为谐振回路电流为正弦。但由于谐振回路的 Q 值不能为无穷大，谐振回路电流存在谐波，这样将影响式（3-21）的准确性，特别是在谐振回路的 Q 值较低时。严格的输入输出电压关系推导过程较为复杂，具体过程可参见参考文献[17]。

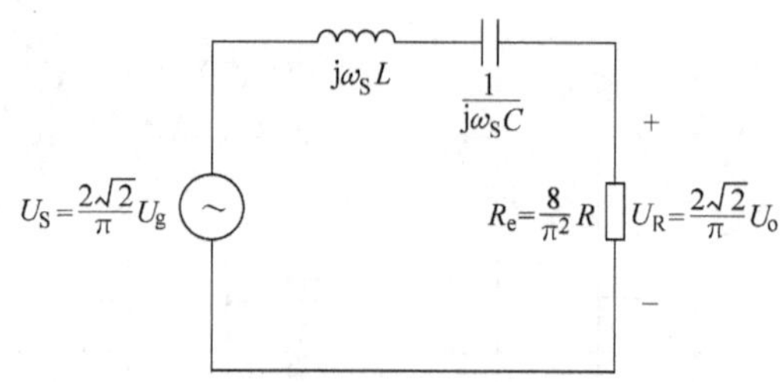

图 3-36　串联谐振电路的基波等效电路

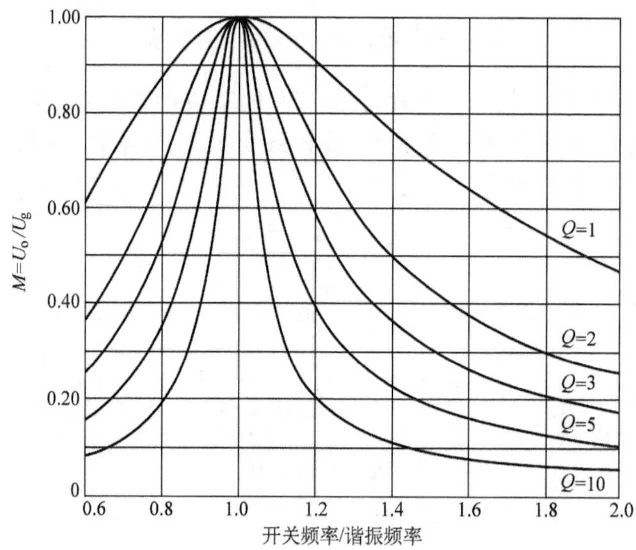

图 3-37　串联谐振电路的输出电压特性

3.5.2　并联谐振电路

图 3-38 为采用全桥逆变器的并联谐振变换电路。与串联谐振变换电路相似，将电路中的隔离变压器看做理想变压器，将二次侧电路等效至一次侧。

由图 3-38 中整流电路的工作特性可知，整流桥输入电压始终与输入电流同相位，若输出直流滤波电感足够大，将使整流电路的输入电流为与电容电压同相、幅值为直流输出电流的方波。因此仅从相位关系来看，整流电路及负载呈现电阻特性。这样逆变电路工作产生方波电压施加至谐振网络及负载，当逆变电路的工作频率高于 LC 谐振频率时，回路阻抗呈现感性，电流将滞后于逆变器电压；当逆变电路的工作频率低于 *LC* 谐振频率时，回路阻抗呈现容性，电流将超前于逆变器电压。在大多数情况下，逆变器的工作频率接近串联谐振网络的谐振频率，同时假设谐振网络品质因数值较高，这样回路较强的选频特性将使电感电流及电容电压波形近似为开关频率的正弦波。图 3-39a 及图 3-39b 分别为逆变电路工作频率高于和低于谐振频率的工作波形。当电路的 *Q* 值较低，或工作频率低于 *LC* 串联谐振频率的 1/2 时，电路可能工作于电流断续状态，其工作特性较为复杂[17]，本书中不再详细分析。下面将主要介绍工作于电流连续模式时的电路特性。

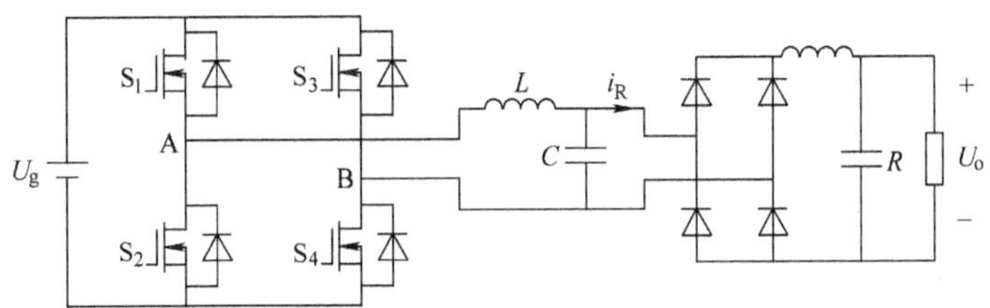

图 3-38　并联谐振电路的结构

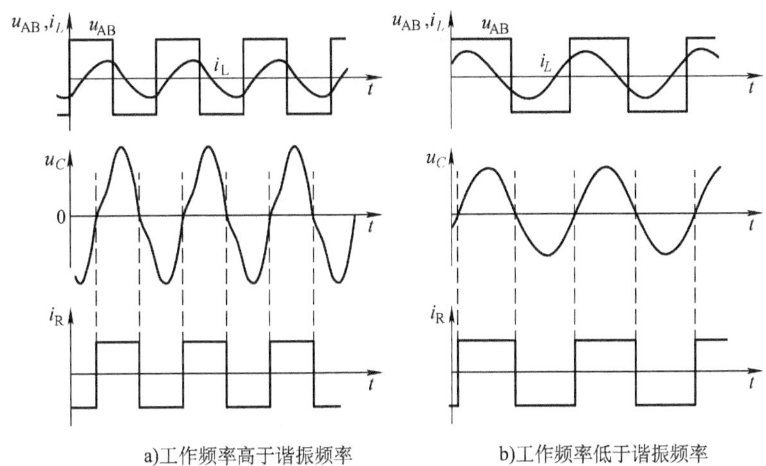

图 3-39　并联谐振电路的工作波形

下面仍通过并联谐振变换器的基波等效电路推导电压增益特性。设输出直流滤波电感足够大，其电流近似为一水平直线，则整流电路的输入电流为方波。同时假设谐振网络品质因数值较高，这样电容两端电压近似为正弦波。则由输出电压与整流电路输入电压平均值相等可得

$$U_o = \frac{2\sqrt{2}}{\pi}U_R \tag{3-22}$$

式中　U_o——输出直流电压；

U_R——整流电路输入电压有效值。

由于整流桥输入电流呈现与电压波形同相的方波，其幅值为输出电流，因此整流桥输入侧的电流基波有效值为

$$I_R = \frac{2\sqrt{2}}{\pi}\frac{U_o}{R} \tag{3-23}$$

式中 R——负载电阻。

因此整流桥及其负载可以等效为图 3-40 的基波等效电路。其中，U_S 为逆变器输出电压的基波有效值。R_e 为整流电路及负载的等效电阻，其数值由式（3-22）和式（3-23）获得

$$R_e = \frac{U_R}{I_R} = \frac{\pi^2}{8}R \tag{3-24}$$

由图 3-40 可以得到输出电压与输入电压之比，即电压比为

$$M = \frac{U_o}{U_g} = \frac{8}{\pi^2}\frac{U_R}{U_S} = \frac{8}{\pi^2}\left\|\frac{\dfrac{R_e \cdot \dfrac{1}{sC}}{R_e + \dfrac{1}{sC}}}{\dfrac{R_e \cdot \dfrac{1}{sC}}{R_e + \dfrac{1}{sC}} + sL}\right\| = \frac{8}{\pi^2} \cdot \frac{1}{\sqrt{(1-F^2)^2 + \left(\dfrac{F}{Q_e}\right)^2}} \tag{3-25}$$

其中，品质因数 $Q_e = \dfrac{R_e}{\omega_o L} = \dfrac{\pi^2}{8}Q$，频率的标幺值 F 为开关频率与谐振频率之比：$F = f_s/f_o$。

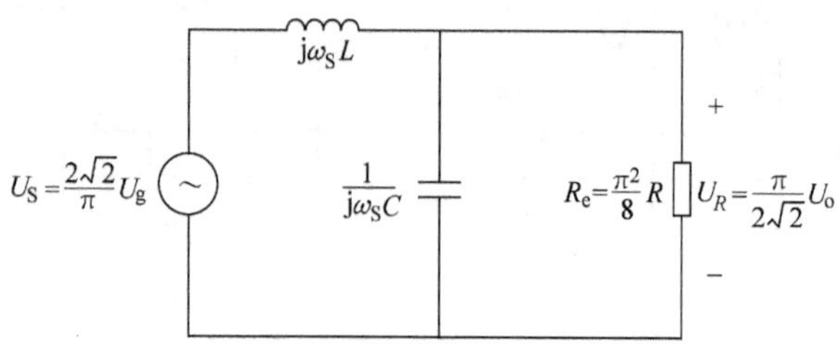

图 3-40 并联谐振电路的基波等效电路

式（3-25）描述了并联谐振变换器等效电路工作于不同频率时的输入输出直流电压关系，由式（3-25）可以绘制不同 Q 值下，电压比与频率的关系曲线见图 3-41，它是并联谐振变换器分析和设计的关键依据。同样上述关系的推导是在忽略谐振回路中电路谐波下获得的，即认为谐振回路电容电压为正弦，在 Q 值较低时电容电压的谐波将影响式（3-25）的准确性。准确的输入输出电压关系推导过程较为复杂，具体过程可见参考文献［17］。

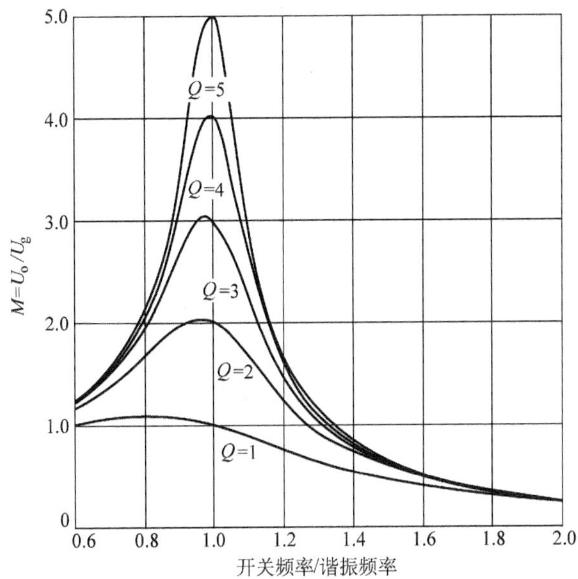

图 3-41　并联谐振电路的输出电压特性

3.5.3　串并联谐振电路

由 3 个 LC 元件构成的谐振网络，根据负载和 LC 元件的连接方式有两种串并联电路形式：LCC 谐振电路及 LLC 谐振变换电路见图 3-42。

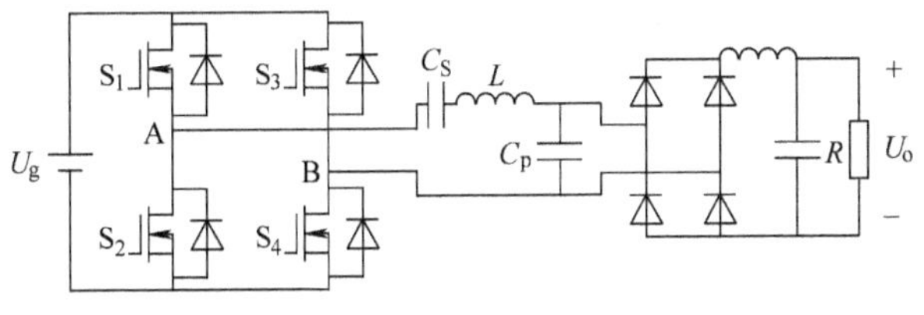

a) LCC谐振电路

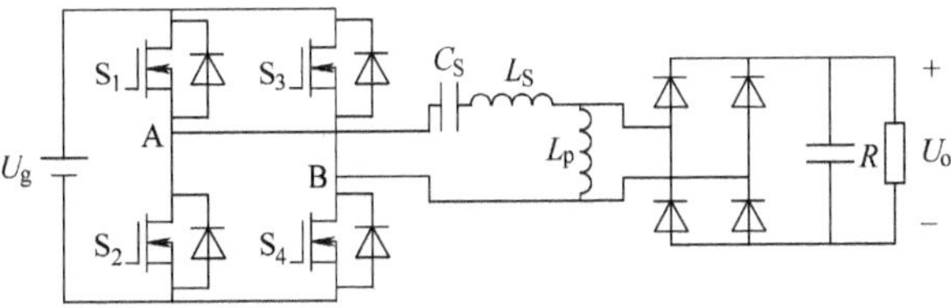

b) LLC谐振电路

图 3-42　串并联谐振电路

1. *LCC* 谐振电路

LCC 谐振电路在并联谐振电路的基础上增加了串联电容 C_S，负载与电容 C_p 并联。采用与并联谐振电路分析中相同的假设：谐振电容 C_p 两端电压近似正弦，可以获得该电路的基波等效电路见图 3-43。图中负载等效电阻的计算方法与并联谐振电路相同。

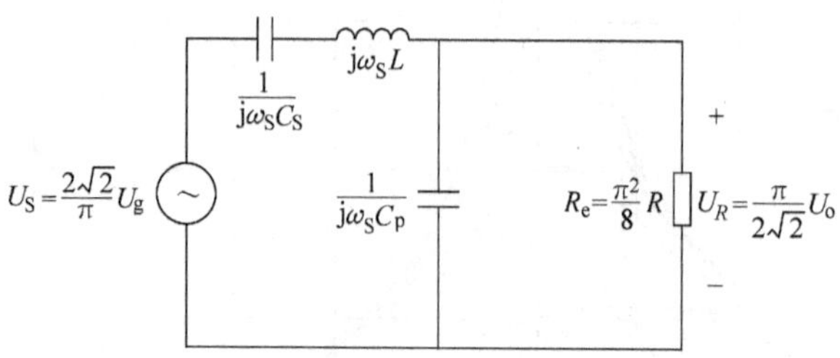

图 3-43 *LCC* 谐振电路的基波等效电路

根据图 3-43 可以获得输入输出电压比的数学计算式：

$$M=\frac{U_o}{U_g}=\frac{8}{\pi^2}\frac{U_R}{U_S}=\frac{8}{\pi^2}\left\|\frac{1}{1+\frac{X_{C_S}}{X_{C_p}}-\frac{X_L}{X_{C_p}}+\frac{jX_L}{R_e}-\frac{jX_{C_S}}{R_e}}\right\|$$

$$=\frac{8}{\pi^2}\frac{1}{\sqrt{\left(1+\frac{C_p}{C_S}-F^2\frac{C_p}{C_S}\right)^2+Q_e^2\left(F-\frac{1}{F}\right)^2}} \tag{3-26}$$

其中，品质因数 $Q_e=\frac{\omega_o L}{R_e}=\frac{8}{\pi^2}Q$；

频率的标幺值 F 为开关频率与谐振频率之比：$F=f_s/f_o$；

谐振频率：$f_0=\frac{1}{2\pi\sqrt{LC_S}}$。

若以 C_p、C_s 串联后与 L 的谐振频率为参数，上式可化简为

$$M=\frac{U_o}{U_g}=\frac{8}{\pi^2}\frac{U_R}{U_S}=\frac{8}{\pi^2}\left\|\frac{1}{1+\frac{X_{C_S}}{X_{C_p}}-\frac{X_L}{X_{C_p}}+\frac{jX_L}{R_e}-\frac{jX_{C_S}}{R_e}}\right\|$$

$$=\frac{8}{\pi^2}\frac{1}{\sqrt{\left[1+\frac{C_p}{C_S}-F^2\left(1+\frac{C_p}{C_S}\right)\right]^2+Q_e^2\left[F-\frac{1}{F(1+C_S/C_p)}\right]^2}} \tag{3-27}$$

其中，品质因数 $Q_{\mathrm{e}}=\dfrac{\omega_{\mathrm{o}}L}{R_{\mathrm{e}}}=\dfrac{8}{\pi^2}Q$；

频率的标幺值 F 为开关频率与谐振频率之比：$F=f_{\mathrm{s}}/f_{\mathrm{o}}$；

谐振频率 $f_0=\dfrac{1}{2\pi\sqrt{L\dfrac{C_{\mathrm{S}}C_{\mathrm{p}}}{C_{\mathrm{S}}+C_{\mathrm{p}}}}}$。

由式（3-26）可以获得不同参数条件下 LCC 谐振变换器的输出电压增益，图 3-44 为 $C_{\mathrm{S}}=C_{\mathrm{p}}$ 时，LCC 谐振电路的输出电压特性。

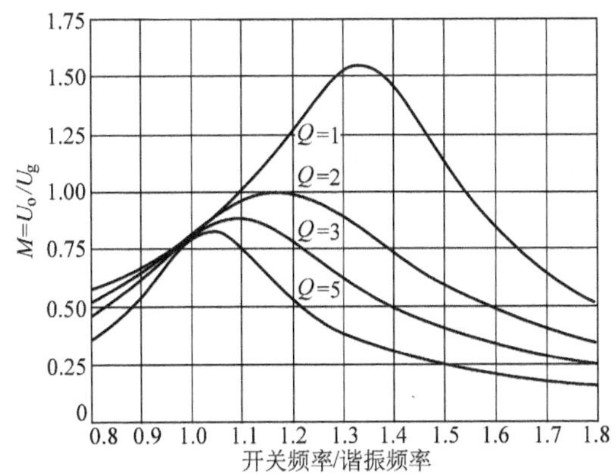

图 3-44　$C_{\mathrm{S}}=C_{\mathrm{p}}$ 时，LCC 谐振电路的输出电压特性

2. *LLC* 谐振电路

将 LCC 谐振电路中的并联谐振电容 C_{p} 变为电感 L_{p}，就形成了 LLC 谐振电路，见图 3-42b，在实际电路中经常用变压器的励磁电感作为 L_{p}，这样电路的结构可以进一步简化。采用与串联谐振电路分析中相同的假设，可以获得该电路的基波等效电路见图 3-45。图中负载等效电阻的计算方法与串联谐振电路相同。

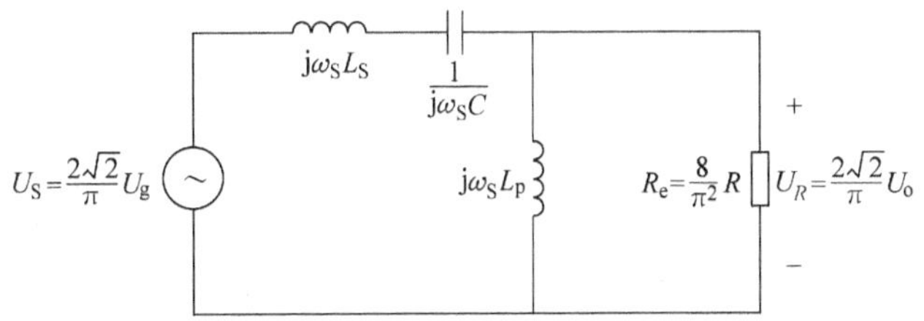

图 3-45　LLC 谐振电路的基波等效电路

根据图 3-45 可以获得输入输出电压比的数学计算式：

$$M=\frac{U_o}{U_g}=\frac{U_R}{U_s}=\left\|\frac{1}{1+\frac{X_{L_s}}{X_{L_p}}-\frac{X_C}{X_{L_p}}+\frac{jX_{L_s}}{R_e}-\frac{jX_C}{R_e}}\right\|$$

$$=\frac{1}{\sqrt{\left(1+\frac{L_s}{L_p}-\frac{L_s}{F^2L_p}\right)^2+Q_e^2\left(F-\frac{1}{F}\right)^2}} \tag{3-28}$$

其中，品质因数 $Q_e=\frac{\omega_o L}{R_e}=\frac{\pi^2}{8}Q$；

频率的标幺值 F 为开关频率与谐振频率之比：$F=f_s/f_o$；

谐振频率 $f_0=\frac{1}{2\pi\sqrt{L_sC_s}}$。

由式（3-28）可以获得不同参数条件下 *LLC* 谐振变换器的输出电压增益，图 3-46 为 $L_p=2L_s$ 时，*LLC* 谐振电路的输出电压特性。

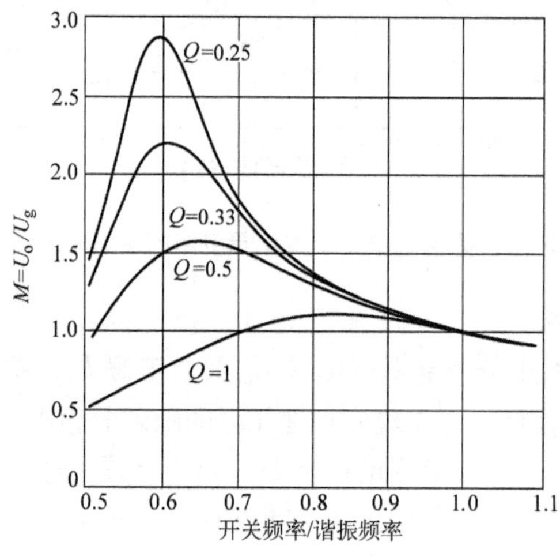

图 3-46　$L_p=2L_s$ 时，*LLC* 谐振电路的输出电压特性

3.6　小结

本章简单介绍了软开关技术的由来、软开关技术的基本概念及其分类。然后分别介绍了零电压准谐振电路、移相全桥电路、有源钳位正激电路、有源钳位正激电路和零电压转换电路等几种在开关电源中广泛应用的软开关电路。并简单说明了几种电路的应用情况。

随着 DC－DC 变换器向高频化发展，谐振变换器的应用逐渐增多。本章介绍了谐振变换器的基本结构和分类，对串联谐振、并联谐振及串并联谐振变换器的电路结构、工作特性进行了分析。

参考文献

[1] HUA GUICHAO, FRED C Lee. Evaluations of Switched－Mode Power Conversion Technologies [C]. proceedings of IPEMC' 94, Beijing, 1994.

[2] HUA GUICHAO, FRED C LEE. Soft－Switching Techniques in PWM Converters [J]. IEEE Trans. on Industrial Electronics, 1995, 42 (6): 595～603.

[3] 欧阳长莲，章定国，严仰光. 零电流开关变换器的发展及现状 [C]. 第 12 界中国电源学会年会论文集，1997.

[4] HUA GUICHAO, FRED C LEE. Novel Zero－Voltage－Transition PWM Converters [J]. IEEE Trans. on Power Electronics, 1994, 9 (2): 213－219.

[5] SABATE J A, FRED C LEE. Design Considerations for High －Power Full－Bridge ZVS PWM Converter [C]. proceedings of the APEC' 90, 1990.

[6] HUA GUICHAO, FRED C LEE. An Improved Full－Bridge Zero－Voltage－Switched PWM Converter Using a Saturable Inductor [J]. IEEE Trans. on Power Electronics, 1993, 8 (4): 530－534.

[7] 阮新波，严仰光. 移相控制恒频零电压开关变换器的发展及现状 [J]. 电力电子技术，1996 (1): 85－91.

[8] 杨旭，赵志伟，王兆安. 移相全桥型零电压软开关电路谐振过程的研究 [J]. 电力电子技术，1998 (3).

[9] XU PENG, ZHANG XINGZHU. Zero－Voltage－Switching Full－Bridge PWM Converter Using Magnetizing Inductance and DC Blocking Capacitor [C]. proceedings of IPEMC' 97, Hangzhou, 1997.

[10] RUAN XINBO, YAN YANGGUANG. A Novel Zero－Voltage and Zero－Current－Switching PWM Full－Bridge Converter Using Two Diodes in Series With the Lagging Leg [J]. IEEE Trans. on Industry Applications. 2001, 48 (4): 777－785.

[11] CHO JUNG－GOO, JEONG CHANG－YONG, FRED C Y Lee. Zero－Voltage and Zero－Current－Switching Full Bridge PWM Converter Using Secondary Active Clamp [J]. IEEE Trans. on Power Electronics, 1998, 13 (4): 601－607.

[12] KARVELIS G A, MANOLAROU M D, MALATESTAS P, et al. Analysis and design of a novel nondissipative active clamp for forward converters [J]. Power Electronics Specialists Conference, 2000. Volume: 2 , 2000. pp: 853 －857 vol. 2

[13] ACIK A, CADIRCI I. Active clamped ZVS forward converter with soft－switched synchronous rectifier for high efficiency, low output voltage applications [J]. Electric Power Applications, IEE Proceedings, 2003, 150 (2): 165－174.

[14] BAZINET JOHN, O' CONNER JOHN A. Analysis and Design of a Zero Voltage Transition

Power Factor Correvtion Circuit [C]. proceedings of IPEMC' 94, Beijing, 1994.
[15] 杨旭，王兆安. 零电压过渡 PWM 软开关电路的损耗分析 [J]. 电力电子技术，1999，1.
[16] 阮新波，严仰光. 软开关 PWM 三电平直流变换器 [J]. 电工技术学报，2000 (6).
[17] ROBERT W, ERICKSON, DRAGAN MAKSIMOVIC. Fundamentals of Power Electronics [M]. 2nd. E. d. KLUWER ACADEMIC PUBLISHERS, 2001.
[18] ABRAHAM I. Pressman Switching Power Supply Design [M]. 2nd E. d. McGraw - Hill, 1998.

第 4 章　开关电源控制系统的原理

开关电源中，普遍采用负反馈控制，使其输出电压或电流保持稳定，并达到一定的稳压或稳流精度。因此开关电源的主电路及其闭环反馈控制电路构成了一个自动控制系统，其典型的结构见图 4-1。控制电路的设计就是围绕着这一闭环自动控制系统展开的。

为了能进行开关电源电压、电流自动控制系统的设计，必须首先对这一系统的原理有比较深入的认识，这就要建立其数学模型，本章将重点阐述开关电路控制系统的建模问题。

4.1　开关电路的建模

对一个现实世界的系统认识和描述总是从建立其数学模型开始的。客观对象本质上是复杂的，而建模的过程就是忽略其次要的因素，探寻其主要运动规律的过程。随着对事物认识的层次的不同，模型的抽象程度也相应改变。

图 4-1 即为开关电源控制系统的粗略结构，它给出了系统的结构和组成环节，可以用于对系统进行定性的研究。而要进行系统设计，这一模型就显得不够详细，必须对其中的每个环节分别建立明确的数学描述，即它们的传递函数。

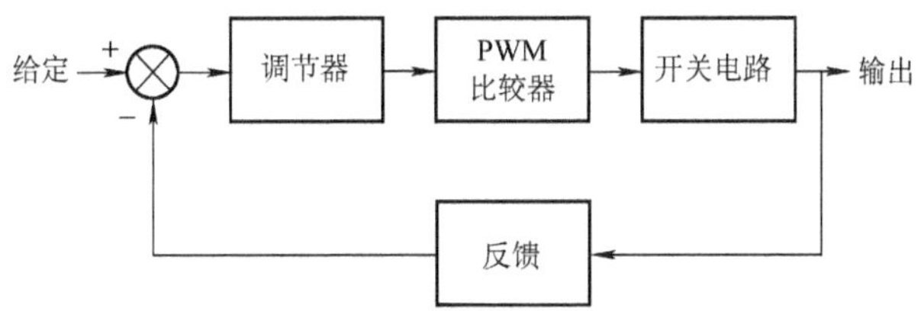

图 4-1　开关电源控制系统的结构

根据《自动控制原理》《电路》和《电子学》的知识，系统中多数环节的传递函数都可以比较容易得到，而较困难的是开关电路部分的建模。根据对开关电路的理想化方法和抽象程度的不同，可以建立 3 个不同层次的开关电路模型，按照抽象程度的深入，分别是理想开关模型、状态空间平均模型和小信号模型。以图 4-2 所示典型的降压型电路为例，下面将详细阐述这 3

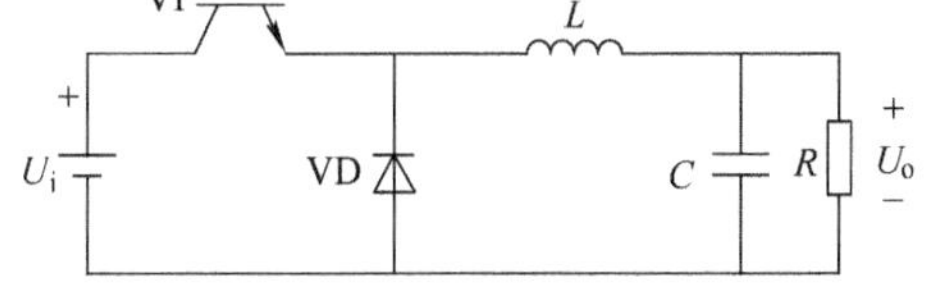

图 4-2　采用 IGBT 作为开关器件的降压型电路

种不同的建模方法。

4.1.1 理想开关模型

真实开关电路中的开关器件并非理想，其开通和关断都需要经过一定的过程和时间，通态存在压降，断态有漏电流。但这些非理想因素对控制系统的特性影响不大，因此在建模时，可以忽略这些非理想因素，认为开关是理想的，即①开通和关断过程的时间为零，②通态压降为零，③断态漏电流为零。这样得到的模型即为理想开关模型。图 4-3 即为图 4-2 的理想开关模型。值得注意的是，此处所指开关不仅包含 MOSFET、IGBT 等全控开关器件，还包括二极管。

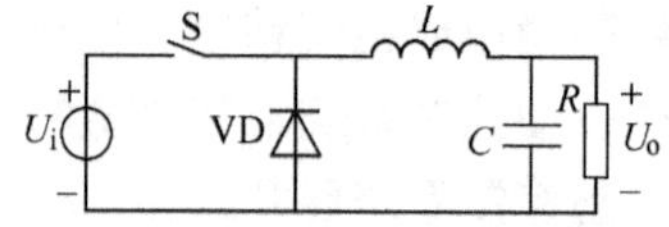

图 4-3 降压型电路的理想开关模型

电路的拓扑结构随着开关的通与断而变化，其电路方程也是随着开关的通与断而变化的，因此理想开关模型是时变的。图 4-3 中电路的状态方程可以写成式（4-1）的形式：

$$\dot{\boldsymbol{x}}=\begin{cases}\boldsymbol{A}_1\boldsymbol{x}+\boldsymbol{B}_1\boldsymbol{u} & t\in\left[t_{i-1},\ t_{i-1}+DT_s\right)\\ \boldsymbol{A}_2\boldsymbol{x}+\boldsymbol{B}_2\boldsymbol{u} & t\in\left[t_{i-1}+DT_s,\ t_i\right]\end{cases}\quad i=1\cdots n \tag{4-1}$$

式中 $\boldsymbol{A}_1=\begin{bmatrix}0 & -\dfrac{1}{L}\\ \dfrac{1}{C} & -\dfrac{1}{RC}\end{bmatrix}$，$\boldsymbol{B}_1=\begin{bmatrix}\dfrac{1}{L}\\ 0\end{bmatrix}$，$\boldsymbol{A}_2=\begin{bmatrix}0 & -\dfrac{1}{L}\\ \dfrac{1}{C} & -\dfrac{1}{RC}\end{bmatrix}$，$\boldsymbol{B}_2=\begin{bmatrix}0\\ 0\end{bmatrix}$，$\boldsymbol{x}=\begin{bmatrix}i_L\\ u_C\end{bmatrix}$，$\boldsymbol{u}=[u_i]$；

$\boldsymbol{x}$——状态向量；

i_L、u_C——状态变量；

$\boldsymbol{u}$——输入向量；

u_i——输入扰动量。

理想开关模型与真实的电路比较接近，比起另外两类模型，利用这一模型进行分析得到的结果也与实际情况最为吻合。但理想开关模型是时变的，获得其解析解比较困难，因此通常用数值的方法来求解。

采用计算机数值计算软件对图 4-3 电路的理想开关模型输出电压和电感电流阶跃响应的数值解见图 4-4。

数值方法总是针对一个特定的问题进行求解，无法获得对一类控制系统具有普遍意义的结果，因此，还需要对理想开关模型进行改进，消除其时变性，从而获得解析解。解析解以代数表达式的形式给出状态方程的解，对于实际应用，代入具体数值即可。更为重要的是，从解析解表达式可以发现系统运动的

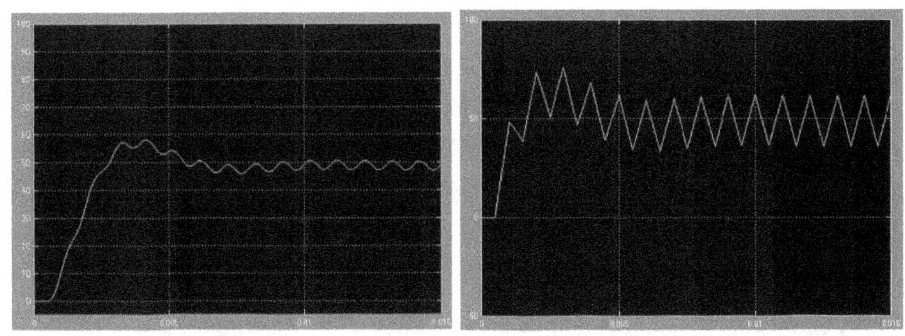

横坐标：时间(单位：s)

a) u_C(单位：V)　　b) i_L(单位：A)

图 4-4　利用理想开关模型求得的数值解

规律性。

式（4-1）中状态方程表达式随时间切换，是一个典型的时变系统，如果以占空比 D 作为一个输入变量，该变量与另一个输入变量 $\boldsymbol{u}$ 存在乘积项，因此该系统还是非线性的。对于非线性时变系统，解析解的获得是非常困难的，因此需要通过一系列的简化，将方程简化为线性定常的，然后才能得到解析解。

4.1.2　状态空间平均模型

理想开关模型具有时变性，但在开关处于通态和断态时，其拓扑结构和状态方程是确定的，也就是定常的。因此，根据开关处于通态和断态时各自的状态方程及所占时间的比例，将式（4-1）中两个不同时间段的方程按各自的时间比例加权平均，即可得到在一个开关周期内系统近似的平均状态方程如下：

$$\dot{\boldsymbol{x}} = \boldsymbol{A}\boldsymbol{x} + \boldsymbol{B}\boldsymbol{u}$$

$$\boldsymbol{A} = D\boldsymbol{A}_1 + (1-D)\boldsymbol{A}_2$$

$$\boldsymbol{B} = D\boldsymbol{B}_1 + (1-D)\boldsymbol{B}_2$$

即

$$\dot{\boldsymbol{x}} = \begin{bmatrix} 0 & -\dfrac{1}{L} \\ \dfrac{1}{C} & -\dfrac{1}{RC} \end{bmatrix}\boldsymbol{x} + \begin{bmatrix} \dfrac{d}{L} \\ 0 \end{bmatrix}\boldsymbol{u} \tag{4-2}$$

该状态方程即为系统的状态空间平均模型[1,2]，该模型所刻画出的是系统中较为重要的宏观、较慢速的状态运动规律，而忽略了开关切换引起的开关频率附近的快速运动成分。

状态空间平均模型的方程是定常的，但值得注意的有两点：

1）从状态空间平均模型得到的解是与理想开关模型相比更大程度的近似，如电容电压、电感电流等状态变量随开关的通与断而产生的波动，在状态空间平均模型的解中都不可能得到体现。

2）状态空间平均模型仅在低于开关频率 1/5 ~ 1/10 的频带内有效，如果分析过程中所涉及的频率接近或超过开关频率，其结果将失去意义。

利用状态空间平均模型求得的数值解见图 4-5，与图 4-4 相比，可以看出它们之间明显的区别。状态空间平均法得到的电压和电流的解是没有开关频率的纹波成分的。

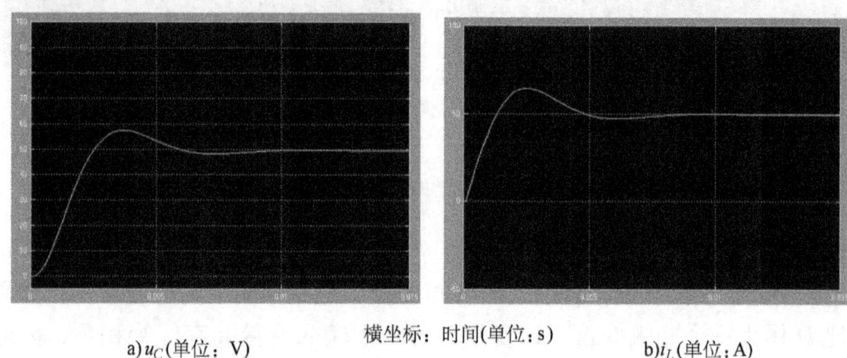

横坐标：时间(单位：s)

a) u_C(单位：V)　　b) i_L(单位：A)

图 4-5　利用状态空间平均模型求得的数值解

对于每个不同的电路分别建立不同开关状态下的状态方程，再根据各自的占空比进行平均较繁琐，本文介绍一种利用等效电压源或等效电流源替代开关器件从而直接导出状态空间平均模型的方法。

在理想开关模型中，计算每个开关器件（包括二极管）在一个开关周期中电压和电流的平均值，然后用电压等于该平均电压的电压源，或电流等于该平均电流的电流源替代该开关器件。每一个开关器件既可以替换为等效电压源，也可以替换为等效电流源，可以根据电路的具体情况，选择便于列写状态方程的替换方案。图 4-6 即为采用这种方法建立的状态空间平均模型。

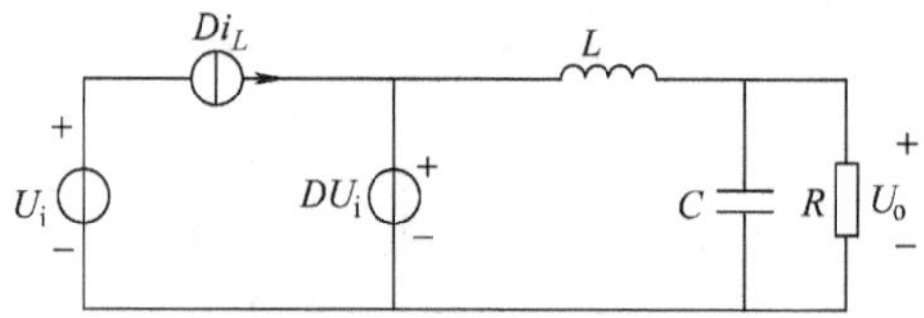

图 4-6　状态空间平均模型

根据这一模型建立的状态方程为

$$\dot{\boldsymbol{x}} = \begin{bmatrix} 0 & -\frac{1}{L} \\ \frac{1}{C} & -\frac{1}{RC} \end{bmatrix} \boldsymbol{x} + \begin{bmatrix} \frac{d}{L} \\ 0 \end{bmatrix} \boldsymbol{u} \tag{4-3}$$

此公式与式（4-2）相同。

4.1.3 小信号模型

控制电路通过调节占空比 D 来控制开关电路，在这种情况下，占空比 D 就是开关电路的一个输入量，而且是随时间变化的量，习惯上用 d 表示，而 D 表示固定占空比。在占空比为输入量的情况下，状态空间平均模型不是线性的，这表现在状态变量和控制量间存在耦合，即存在乘积项。见式（4-3），控制量 D 就和系统的输入量 $\boldsymbol{u}$ 相乘。

非线性状态方程仍很难获得其解析解，因此在进行系统的分析和设计时，通常需要首先对系统进行局部线性化，使系统实现解耦。这就得到了小信号模型[1-3]。

下面说明局部线性化的过程。

状态空间平均模型中，电路的状态方程可以表示统一形式为

$$\dot{\boldsymbol{x}}=\boldsymbol{F}(\boldsymbol{x},\ \boldsymbol{u},\ d) \tag{4-4}$$

设该电路的工作点为（$\boldsymbol{x}_0$，$\boldsymbol{u}_0$，$\boldsymbol{d}_0$），则可以将 $F(\boldsymbol{x},\ \boldsymbol{u},\ d)$ 在工作点附近将式（4-4）的右边展开为泰勒（Taylor）级数，得

$$\begin{aligned}\dot{\boldsymbol{x}}=&\boldsymbol{F}(\boldsymbol{x}_0,\boldsymbol{u}_0,d_0)+\frac{\partial \boldsymbol{F}(\boldsymbol{x}_0,\boldsymbol{u}_0,d_0)}{\partial \boldsymbol{x}}(\boldsymbol{x}-\boldsymbol{x}_0)+\frac{\partial \boldsymbol{F}(\boldsymbol{x}_0,\boldsymbol{u}_0,d_0)}{\partial \boldsymbol{u}}(\boldsymbol{u}-\boldsymbol{u}_0)+\\&\frac{\partial \boldsymbol{F}(\boldsymbol{x}_0,\boldsymbol{u}_0,d_0)}{\partial d}(d-d_0)+\boldsymbol{O}(\boldsymbol{x}-\boldsymbol{x}_0)+\boldsymbol{O}(\boldsymbol{u}-\boldsymbol{u}_0)+\boldsymbol{O}(d-d_0)\end{aligned} \tag{4-5}$$

由于 $\dot{\boldsymbol{x}}_0=\boldsymbol{F}$（$\boldsymbol{x}_0$，$\boldsymbol{u}_0$，$d_0$），所以式（4-5）可以写成为

$$\begin{aligned}(\boldsymbol{x}-\dot{\boldsymbol{x}}_0)=&\frac{\partial \boldsymbol{F}(\boldsymbol{x}_0,\boldsymbol{u}_0,d_0)}{\partial \boldsymbol{x}}(\boldsymbol{x}-\boldsymbol{x}_0)+\frac{\partial \boldsymbol{F}(\boldsymbol{x}_0,\boldsymbol{u}_0,d_0)}{\partial \boldsymbol{u}}(\boldsymbol{u}-\boldsymbol{u}_0)+\\&\frac{\partial \boldsymbol{F}(\boldsymbol{x}_0,\boldsymbol{u}_0,d_0)}{\partial d}(d-d_0)+\boldsymbol{O}(\boldsymbol{x}-\boldsymbol{x}_0)+\boldsymbol{O}(\boldsymbol{u}-\boldsymbol{u}_0)+\boldsymbol{O}(d-d_0)\end{aligned} \tag{4-6}$$

其中，$\frac{\partial \boldsymbol{F}}{\partial \boldsymbol{x}}$、$\frac{\partial \boldsymbol{F}}{\partial \boldsymbol{u}}$是雅可比（Jacobi）矩阵，其定义为

$$\frac{\partial \boldsymbol{F}}{\partial \boldsymbol{x}}=\begin{bmatrix}\frac{\partial F_1}{\partial x_1} & \frac{\partial F_1}{\partial x_2} & \cdots & \frac{\partial F_1}{\partial x_m}\\ \frac{\partial F_2}{\partial x_1} & \frac{\partial F_2}{\partial x_2} & \cdots & \frac{\partial F_2}{\partial x_m}\\ \cdots & \cdots & \cdots & \cdots\\ \frac{\partial F_n}{\partial x_1} & \cdots & \cdots & \frac{\partial F_n}{\partial x_m}\end{bmatrix}\qquad \boldsymbol{F}=\begin{bmatrix}F_1\\F_2\\ \vdots\\F_n\end{bmatrix}\qquad \boldsymbol{x}=\begin{bmatrix}x_1\\x_2\\ \vdots\\x_m\end{bmatrix}$$

特别的，当 $m=n$ 时，是 n 维方阵。

令 $\hat{\boldsymbol{x}}=\boldsymbol{x}-\boldsymbol{x}_0$，$\hat{\boldsymbol{u}}=\boldsymbol{u}-\boldsymbol{u}_0$，$\hat{d}=d-d_0$，并略去高阶无穷小项，则式（4-6）变成：

$$\dot{\hat{\boldsymbol{x}}}=\frac{\partial \boldsymbol{F}(\boldsymbol{x}_0,\boldsymbol{u}_0,d_0)}{\partial \boldsymbol{x}}\hat{\boldsymbol{x}}+\frac{\partial \boldsymbol{F}(\boldsymbol{x}_0,\boldsymbol{u}_0,d_0)}{\partial \boldsymbol{u}}\hat{\boldsymbol{u}}+\frac{\partial \boldsymbol{F}(\boldsymbol{x}_0,\boldsymbol{u}_0,d_0)}{\partial d}\hat{d} \tag{4-7}$$

这一方程取非线性函数 F（x，u，d）的 Taylor 级数的一次项，也就是线性部分，因此仅仅在工作点（x_0，u_0，d_0）附近比较准确，远离工作点就会有比较大的误差，因此该状态方程称为开关电路在工作点（$\boldsymbol{x}_0$，$\boldsymbol{u}_0$，d_0）附近的小信号模型。该方程是线性的，可以按线性常微分方程的解法获得解析解。

在式（4-7）中，令 $\boldsymbol{A}=\frac{\partial \boldsymbol{F}(\boldsymbol{x}_0,\boldsymbol{u}_0,d_0)}{\partial \boldsymbol{x}}$，$\boldsymbol{B}=\frac{\partial \boldsymbol{F}(\boldsymbol{x}_0,\boldsymbol{u}_0,d_0)}{\partial \boldsymbol{u}}$，$\boldsymbol{C}=\frac{\partial \boldsymbol{F}(\boldsymbol{x}_0,\boldsymbol{u}_0,d_0)}{\partial D}$，则小信号模型状态方程的表达式为

$$\dot{\hat{\boldsymbol{x}}}=\boldsymbol{A}\hat{\boldsymbol{x}}+\boldsymbol{B}\dot{\hat{\boldsymbol{u}}}+\boldsymbol{C}\hat{d} \tag{4-8}$$

4.2 控制系统各部分的传递函数

4.2.1 开关电路

在 4.1 节中已经建立了开关电路的理想开关模型、状态空间平均模型和小信号模型，这些模型中，只有小信号模型的状态方程是线性定常的一阶微分方程组，可以用来建立开关电路的传递函数。

在开关电路的小信号模型中，输入变量有 2 个：控制量 $\hat{d}$ 和扰动量 $\hat{u}$，状态变量也有两个，电感电流 $\hat{i}_L$ 和电容电压 $\hat{u}_C$，而系统的输出变量通常是状态变量或者它们的组合。

由于小信号模型的状态方程中，各个不同的输入和状态变量间已经实现了解耦，因此可以很容易地写出其传递函数。

对小信号模型状态方程式（4-8）进行拉普拉斯（Laplace）变换，可得复频域的小信号模型状态方程为

$$s\hat{\boldsymbol{x}}(s)=\boldsymbol{A}\hat{\boldsymbol{x}}(s)+\boldsymbol{B}\hat{\boldsymbol{u}}(s)+\boldsymbol{C}\hat{d}(s) \tag{4-9}$$

整理，可得

$$(s\boldsymbol{I}-\boldsymbol{A})\hat{\boldsymbol{x}}(s)=\boldsymbol{B}\hat{\boldsymbol{u}}(s)+\boldsymbol{C}\hat{d}(s)$$

式中　$\boldsymbol{I}$——单位矩阵。

若（$s\boldsymbol{I}-\boldsymbol{A}$）可逆，则可以得到小信号模型状态方程在复频域的解[4]为

$$\hat{\boldsymbol{x}}(s)=(s\boldsymbol{I}-\boldsymbol{A})^{-1}\boldsymbol{B}\hat{\boldsymbol{u}}(s)+(s\boldsymbol{I}-\boldsymbol{A})^{-1}\boldsymbol{C}\hat{d}(s) \tag{4-10}$$

式中　$(s\boldsymbol{I}-\boldsymbol{A})^{-1}\boldsymbol{B}$——状态变量 $\hat{\boldsymbol{x}}$ 与输入扰动量 $\hat{\boldsymbol{u}}$ 间的传递函数；

$(s\boldsymbol{I}-\boldsymbol{A})^{-1}\boldsymbol{C}$ 是状态变量 $\hat{\boldsymbol{x}}$ 与控制量 $\hat{d}$ 间的传递函数。

下面分别推导降压型、升压型和升降压型电路的传递函数。

1. 降压型电路

根据式（4-3）给出的降压型电路的状态空间平均模型，并按照前面所述的小信号模型状态方程的系数矩阵，有

$$\boldsymbol{A}=\begin{bmatrix}0 & -\dfrac{1}{L}\\ \dfrac{1}{C} & -\dfrac{1}{RC}\end{bmatrix}\qquad \boldsymbol{B}=\begin{bmatrix}\dfrac{d_0}{L}\\ 0\end{bmatrix}\qquad \boldsymbol{C}=\begin{bmatrix}\dfrac{1}{L}\\ 0\end{bmatrix}\boldsymbol{u}_0$$

并可以求出小信号模型状态方程在复频域的解为

$$\hat{\boldsymbol{x}}(s)=(s\boldsymbol{I}-\boldsymbol{A})^{-1}\boldsymbol{B}\,\hat{\boldsymbol{u}}(s)+(s\boldsymbol{I}-\boldsymbol{A})^{-1}\boldsymbol{C}\,\hat{d}(s)$$

其中

$$(s\boldsymbol{I}-\boldsymbol{A})^{-1}=\begin{bmatrix}\dfrac{LCs+L/R}{LCs^2+sL/R+1} & -\dfrac{C}{LCs^2+sL/R+1}\\ \dfrac{L}{LCs^2+sL/R+1} & \dfrac{LCs}{LCs^2+sL/R+1}\end{bmatrix}$$

因此状态变量 $\hat{\boldsymbol{x}}$ 与输入扰动量 $\hat{\boldsymbol{u}}$ 间的传递函数为

$$(s\boldsymbol{I}-\boldsymbol{A})^{-1}\boldsymbol{B}=\begin{bmatrix}\dfrac{Cs+1/R}{LCs^2+sL/R+1}\\ \dfrac{R}{LCs^2+sL/R+1}\end{bmatrix}d_0$$

写成标量形式，即

$$\begin{cases}\dfrac{\hat{i}_L(s)}{\hat{u}_{\mathrm{i}}(s)}=\dfrac{d_0(Cs+1/R)}{LCs^2+sL/R+1}\\ \dfrac{\hat{u}_C(s)}{\hat{u}_{\mathrm{i}}(s)}=\dfrac{d_0}{LCs^2+sL/R+1}\end{cases}\tag{4-11}$$

而状态变量与控制量 d 间的传递函数为

$$(s\boldsymbol{I}-\boldsymbol{A})^{-1}\boldsymbol{C}=\begin{bmatrix}\dfrac{Cs+1/R}{LCs^2+sL/R+1}\\ \dfrac{R}{LCs^2+sL/R+1}\end{bmatrix}\boldsymbol{u}_0$$

写成标量形式为

$$\begin{cases}\dfrac{\hat{i}_L(s)}{\hat{d}(s)}=\dfrac{u_{\mathrm{i0}}(Cs+1/R)}{LCs^2+sL/R+1}\\ \dfrac{\hat{u}_C(s)}{\hat{d}(s)}=\dfrac{u_{\mathrm{i0}}}{LCs^2+sL/R+1}\end{cases}\tag{4-12}$$

式中　u_{i0}——工作点处输入电压值。

2. 升压型电路

根据 4.1.2 节中介绍的方法，升压型电路的状态空间平均等效电路见图 4-7。

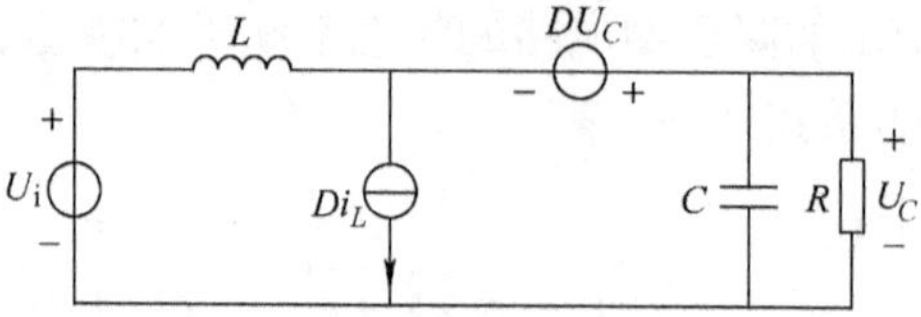

图 4-7　升压型电路的状态空间平均等效电路

由图 4-7 可得升压型电路的状态空间平均方程为

$$\dot{\boldsymbol{x}}=\begin{bmatrix}0 & -\dfrac{1-d}{L}\\ \dfrac{1-d}{C} & -\dfrac{1}{RC}\end{bmatrix}\boldsymbol{x}+\begin{bmatrix}\dfrac{1}{L}\\ 0\end{bmatrix}\boldsymbol{u}$$

其小信号模型状态方程为

$$\dot{\hat{\boldsymbol{x}}}=\boldsymbol{A}\,\hat{\boldsymbol{x}}+\boldsymbol{B}\,\hat{\boldsymbol{u}}+\boldsymbol{C}\,\hat{d}$$

式中

$$\boldsymbol{A}=\begin{bmatrix}0 & -\dfrac{1-d_0}{L}\\ \dfrac{1-d_0}{C} & -\dfrac{1}{RC}\end{bmatrix}\quad \boldsymbol{B}=\begin{bmatrix}\dfrac{1}{L}\\ 0\end{bmatrix}\quad \boldsymbol{C}=\begin{bmatrix}0 & \dfrac{1}{L}\\ -\dfrac{1}{C} & 0\end{bmatrix}\boldsymbol{x}_0$$

而小信号模型状态方程在复频域的解为

$$\hat{\boldsymbol{x}}(s)=(s\boldsymbol{I}-\boldsymbol{A})^{-1}\boldsymbol{B}\,\hat{\boldsymbol{u}}(s)+(s\boldsymbol{I}-\boldsymbol{A})^{-1}\boldsymbol{C}\,\hat{d}(s)$$

式中

$$(s\boldsymbol{I}-\boldsymbol{A})^{-1}=\begin{bmatrix}\dfrac{LCs+L/R}{LCs^2+sL/R+(1-d_0)^2} & -\dfrac{(1-d_0)\ C}{LCs^2+sL/R+(1-d_0)^2}\\ \dfrac{(1-d_0)\ L}{LCs^2+sL/R+(1-d_0)^2} & \dfrac{LCs}{LCs^2+sL/R+(1-d_0)^2}\end{bmatrix}$$

因此状态变量 $\hat{\boldsymbol{x}}$ 与输入扰动量 $\hat{\boldsymbol{u}}$ 间的传递函数为

$$(s\boldsymbol{I}-\boldsymbol{A})^{-1}\boldsymbol{B}=\begin{bmatrix}\dfrac{Cs+1/R}{LCs^2+sL/R+(1-d_0)^2}\\ \dfrac{1-d_0}{LCs^2+sL/R+(1-d_0)^2}\end{bmatrix}$$

写成标量形式为

$$\begin{cases} \dfrac{\hat{i}_L}{\hat{u}_i} = \dfrac{Cs + 1/R}{LCs^2 + sL/R + (1 - d_0)^2} \\ \dfrac{\hat{u}_C}{\hat{u}_i} = \dfrac{1 - d_0}{LCs^2 + sL/R + (1 - d_0)^2} \end{cases} \tag{4-13}$$

而状态变量与控制量 d 间的传递函数为

$$(s\boldsymbol{I} - \boldsymbol{A})^{-1}\boldsymbol{C} = \frac{\begin{bmatrix} 1 - d_0 & sC + 1/R \\ -sL & 1 - d_0 \end{bmatrix}\boldsymbol{x}_0}{LCs^2 + sL/R + (1 - d_0)^2}$$

写成标量形式为

$$\begin{cases} \dfrac{\hat{i}_L}{\hat{d}} = \dfrac{(1 - d_0)i_{L_0} + (sC + 1/R)u_{C_0}}{LCs^2 + sL/R + (1 - d_0)^2} \\ \dfrac{\hat{u}_C}{\hat{d}} = \dfrac{-sLi_{L_0} + (1 - d_0)u_{C_0}}{LCs^2 + sL/R + (1 - d_0)^2} \end{cases} \tag{4-14}$$

3. 升降压电路

升降压型电路的状态空间平均等效电路见图 4-8。

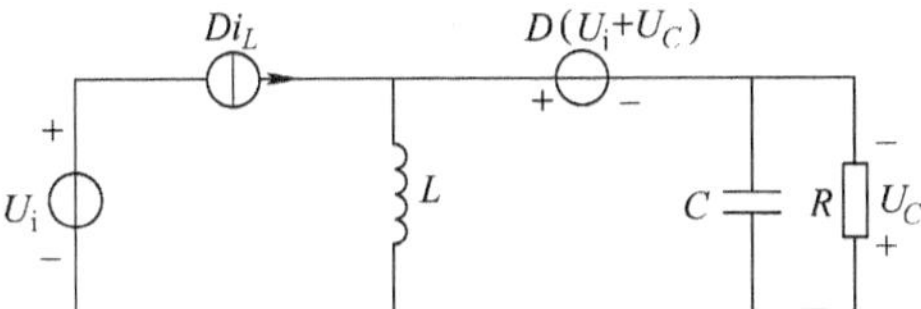

图 4-8　升降压型电路的状态空间平均等效电路

由图 4-8 可以得到升降压型电路的状态空间平均模型的状态方程为

$$\dot{\boldsymbol{x}} = \begin{bmatrix} 0 & -\dfrac{1 - d}{L} \\ \dfrac{1 - d}{C} & -\dfrac{1}{RC} \end{bmatrix}\boldsymbol{x} + \begin{bmatrix} \dfrac{d}{L} \\ 0 \end{bmatrix}\boldsymbol{u}$$

其小信号模型状态方程为

$$\dot{\hat{\boldsymbol{x}}} = \boldsymbol{A}\hat{\boldsymbol{x}} + \boldsymbol{B}\hat{\boldsymbol{u}} + \boldsymbol{C}\hat{d}$$

式中

$$\boldsymbol{A} = \begin{bmatrix} 0 & -\dfrac{1 - d_0}{L} \\ \dfrac{1 - d_0}{C} & -\dfrac{1}{RC} \end{bmatrix} \quad \boldsymbol{B} = \begin{bmatrix} \dfrac{d_0}{L} \\ 0 \end{bmatrix} \quad \boldsymbol{C} = \begin{bmatrix} \dfrac{1}{L} \\ 0 \end{bmatrix}\boldsymbol{x}_0 + \begin{bmatrix} \dfrac{1}{L} \\ 0 \end{bmatrix}\boldsymbol{u}_0$$

其小信号模型状态方程在复频域的解为

$$\hat{\boldsymbol{x}}(s)=(s\boldsymbol{I}-\boldsymbol{A})^{-1}\boldsymbol{B}\,\hat{\boldsymbol{u}}(s)+(s\boldsymbol{I}-\boldsymbol{A})^{-1}\boldsymbol{C}\hat{d}(s)$$

式中

$$(s\boldsymbol{I}-\boldsymbol{A})^{-1}=\begin{bmatrix}\dfrac{LCs+L/R}{LCs^2+sL/R+(1-d_0)^2} & -\dfrac{(1-d_0)\ C}{LCs^2+sL/R+(1-d_0)^2}\\ \dfrac{(1-d_0)\ L}{LCs^2+sL/R+(1-d_0)^2} & \dfrac{LCs}{LCs^2+sL/R+(1-d_0)^2}\end{bmatrix}$$

因此状态变量 $\hat{\boldsymbol{x}}$ 与输入扰动量 $\hat{\boldsymbol{u}}$ 间的传递函数为

$$(s\boldsymbol{I}-\boldsymbol{A})^{-1}\boldsymbol{B}=\begin{bmatrix}\dfrac{(Cs+1/R)d_0}{LCs^2+sL/R+(1-d_0)^2}\\ \dfrac{(1-d_0)d_0}{LCs^2+sL/R+(1-d_0)^2}\end{bmatrix}$$

写成标量形式为

$$\begin{cases}\dfrac{\hat{i}_L}{\hat{u}_{\mathrm{i}}}=\dfrac{(Cs+1/R)d_0}{LCs^2+sL/R+(1-d_0)^2}\\ \dfrac{\hat{u}_C}{\hat{u}_{\mathrm{i}}}=\dfrac{(1-d_0)d_0}{LCs^2+sL/R+(1-d_0)^2}\end{cases}\tag{4-15}$$

而状态变量与控制量 d 间的传递函数为

$$(s\boldsymbol{I}-\boldsymbol{A})^{-1}\boldsymbol{C}=\frac{\begin{bmatrix}1-d_0 & sC+1/R\\ -sL & 1-d_0\end{bmatrix}\boldsymbol{x}_0+\begin{bmatrix}sC+1/R\\ 1-d_0\end{bmatrix}\boldsymbol{u}_0}{LCs^2+sL/R+(1-d_0)^2}$$

写成标量形式为

$$\begin{cases}\dfrac{\hat{i}_L}{\hat{d}}=\dfrac{(1-d_0)i_{L_0}+(sC+1/R)(u_{C_0}+u_{\mathrm{i}_0})}{LCs^2+sL/R+(1-d_0)^2}\\ \dfrac{\hat{u}_C}{\hat{d}}=\dfrac{-sLi_{L_0}+(1-d_0)(u_{C_0}+u_{\mathrm{i}_0})}{LCs^2+sL/R+(1-d_0)^2}\end{cases}\tag{4-16}$$

4.2.2 PWM 比较器

在开关电源控制系统中，调节器的输出 u 为直流电平，与锯齿波 u_S 相比较，得到占空比 D 随 u 变化的 PWM 信号，其原理见图 4-9。因此 PWM 比较器将控制量 u 由电压信号转换为时间信号 D。

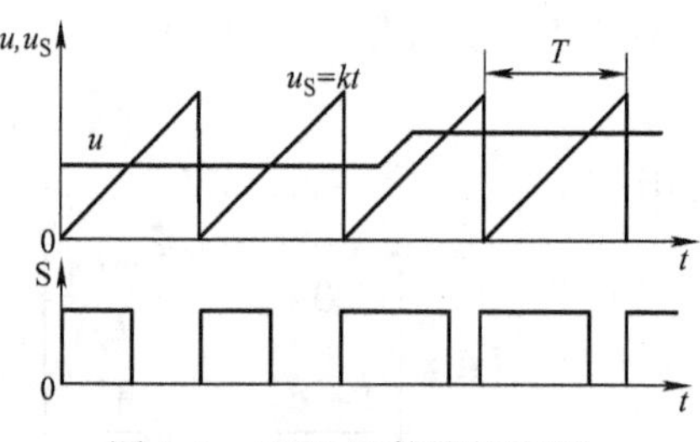

图 4-9 PWM 比较器的原理

设 u_S 上升段的斜率为 k，则占空比 D 与直流电平 u 间的关系为

$$D = \frac{u}{kT}$$

则传递函数[1,6]：

$$\frac{D}{u} = \frac{1}{kT} \tag{4-17}$$

4.2.3 调节器

开关电源中的调节器根据给定信号与反馈信号相减得到的误差信号来计算控制量 u，用以控制开关的占空比。常用的调节器有比例积分调节器（PI）和比例－积分－微分调节器（PID）。PI 调节器的传递函数为

$$G(s) = \frac{K_p(\tau_i s + 1)}{\tau_i s} \tag{4-18}$$

还可以写成

$$G(s) = K_p + \frac{K_p}{\tau_i s}$$

由于这一形式为比例和积分两部分的和，因此，该调节器被称为比例－积分调节器（PI），其归一化的伯德（Bode）图见图 4-10。

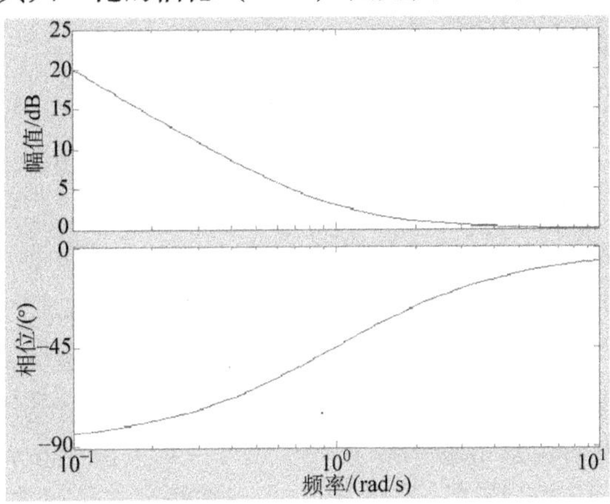

图 4-10　PI 调节器的伯德图

比例－积分－微分调节器（PID）的传递函数为

$$G(s) = \frac{K_p(\tau_i s + 1)(\tau_d s + 1)}{\tau_i s} \tag{4-19}$$

还可以表示为

$$G(s) = K_p \frac{\tau_i + \tau_d}{\tau_i} + K_p \frac{1}{\tau_i s} + K_p \tau_d s$$

可以看成是比例、积分和微分项的和。其归一化后的伯德图见图 4-11。

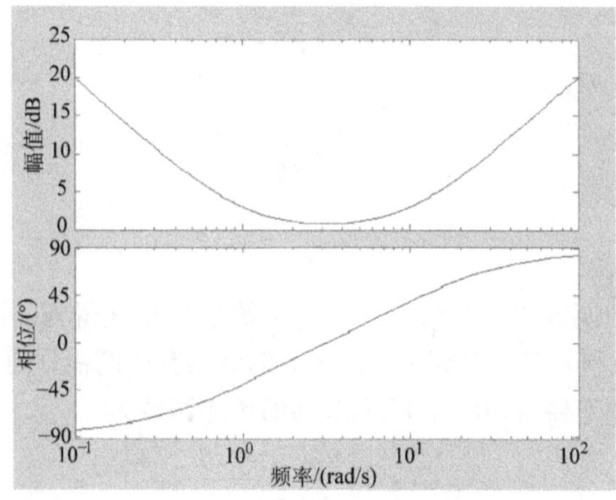

图 4-11　PID 调节器的伯德图

4.3　基于传递函数的分析方法

4.3.1　系统的稳定性分析

在控制理论中，通常都通过平衡状态的概念引入稳定性的严格定义[4]。

绝大多数控制系统的运动总可以用以下一阶微分方程组来描述

$$\dot{\boldsymbol{x}} = \boldsymbol{f}(\boldsymbol{x}, t) \tag{4-20}$$

式中　$\boldsymbol{x}$——系统的状态变量构成的向量；

$\boldsymbol{f}$——由一组以状态变量 $\boldsymbol{x}$ 和时间 t 为变量的函数构成的向量。

这一数学描述揭示了 t 时刻系统运动的变化趋势 $\dot{\boldsymbol{x}}$ 和系统当前状态 $\boldsymbol{x}$ 之间的关系 $\boldsymbol{f}(\boldsymbol{x}, t)$，函数中的 t 表示该关系的时变性，对于定常系统，该关系表现为 $\dot{\boldsymbol{x}}=\boldsymbol{f}(\boldsymbol{x})$。该方程的解就对应着系统从 $t=t_0$ 到 $t\to\infty$ 状态变量 $\boldsymbol{x}$ 的变化过程。

平衡状态定义为该系统的一个状态 $\boldsymbol{x}_e$，当系统处于该状态时，有

$$\dot{\boldsymbol{x}}_e = 0 \tag{4-21}$$

这意味着系统一旦处于平衡状态，就不再变化，而是维持状态 $\boldsymbol{x}_e$。平衡状态表示了人们所期望的系统正常、平稳运行的状态。

稳定性的定义可以分为广义的和狭义的两种：

(1) 广义：有界稳定性。

有界稳定性指的是，当系统的输入量为有界时，经过任意长的时间，系统状态也是有界的。

其中，有界指的是存在一个范围，变量不会超过这一范围。

（2）狭义：渐进稳定性。

渐进稳定性指的是系统的状态变量和输入量有界时，经过任意长的时间，系统的状态会任意趋近平衡状态。

对开关电源及其他大多数系统来说，要求其具备渐进稳定性，所以狭义的稳定性定义更为重要，本文仅介绍狭义的稳定性概念。

如果系统从任意初始状态 $\boldsymbol{x}_0$ 出发，状态 $x(t)$ 随着时间 t 的推进为不断变化，当 $t\to\infty$ 时，其状态 $\boldsymbol{x}(t)$ 总能无限趋近平衡状态 $\boldsymbol{x}_e$，则称系统为大范围渐近稳定的，这就是狭义的稳定性的定义[6]。一个大范围渐近稳定的系统，无论其初始状态如何，经过一定的过渡过程，总会趋近于其平衡状态 $\boldsymbol{x}_e$。对开关电源控制系统来说，这正是人们所期望达到的目标。

一个具体的系统是否稳定与其状态方程的特征根有关，因此一旦获知系统的状态方程，就可以判断该系统的稳定性。

设一个线性控制系统状态方程的特征方程为

$$\prod_{i=1}^{n}(s-p_i)=0 \tag{4-22}$$

式中 n——系统阶数；

p_i——该系统状态方程的特征根，对于实系数特征方程，特征根 p_i 为实数或两两共轭的复数。

该系统状态方程的解，也就是系统状态变量的时域形式 $x(t)$，总是具有以下的形式：

$$x(t) = \sum_{i=1}^{n} a_i e^{p_i t} \tag{4-23}$$

如果某些特征根 p_i 的实部为正数时，该特征方程的解将在 $t\to\infty$ 时趋向于 $+\infty$，因此，线性控制系统稳定的充分必要条件是其特征根全部具有负的实部，或者说位于复平面的左半平面。

然而获得系统的全部特征根并不太容易，因此自动控制理论中有很多不通过求特征根来判断稳定性的判据，主要的有：

1）劳斯（Routh）判据、赫尔维兹（Hurwitz）判据等。这些判据根据系统闭环传函的特征方程系数来判断特征根的情况，从而推测系统的稳定性。其理论依据是代数基本定理，因此也称为代数判据[4]。

2）奈奎斯特（Nyquist）判据，该判据根据系统开环频率特性来判断闭环系统的稳定性，不仅可以判定系统的稳定性，还能确定系统的稳定裕度，是较为有效和常用的稳定性判据[4]。

3）李亚普诺夫（Ляпунов）判据。根据系统的状态方程，即式（4-1）判断其稳定性。又分为第一方法和第二方法。李亚普诺夫判据是系统稳定性判别的理论基础。而且能够判断非线性系统的稳定性[6]。相比之下，代数判据和奈奎斯特判据仅能对线性定常系统的稳定性进行判别。

由于奈奎斯特判据不需要获得系统闭环传递函数，对于环节较多、比较复杂的系统，所需的数学处理相对简单，因此在工程上较为常用。下面重点介绍在开关电源控制系统分析与设计中最常用的奈奎斯特（Nyquist）判据。

首先需要介绍复变函数论中的映射定理[4]：

设 $W(s)$ 是复变量 s 的单值解析函数，而 C 是复平面上的一个闭合曲线，它包围了 $W(s)$ 的 p 个极点和 z 个零点，且不通过 $W(s)$ 的任何极点和零点。当 s 以顺时针方向沿着 C 连续变化 1 周时，$W(s)$ 也将在复平面上连续变化并形成一个闭合曲线 C'。C' 被称为 C 的映射。

映射定理指出：以顺时针方向为正方向，C' 绕行原点的周数 $n = z - p$。该定理的证明可以参见参考文献［9］。

设某控制系统的开环传递函数为 $Q(s)$，则闭环传递函数为

$$G(s) = \frac{Q(s)}{1 + Q(s)} \tag{4-24}$$

令 $W(s) = 1 + Q(s)$，闭合曲线 C 由复平面虚轴和右半平面上半径为无穷大的半圆构成。根据映射定理，C' 绕行原点的周数 $n = z - p$，其中，z 是 $1 + Q(s)$ 在右半平面的零点数，而 p 是 $1 + Q(s)$ 在右半平面的极点数。$1 + Q(s)$ 的零点是该系统的闭环传递函数的极点，而稳定的系统不应该有位于右半平面的极点，因此，判断系统稳定的依据就是 $z = 0$ 或 $n = -p$。这意味着 C' 绕行原点的周数应该等于 $1 + Q(s)$ 位于右半平面的极点数。而 $1 + Q(s)$ 的极点与 $Q(s)$ 的极点相同。因此可以令 $W(s) = Q(s)$，并计算 C' 绕行 -1 点的周数，如果有 $n = -p$，则该系统稳定，反之则不稳定，这就是奈奎斯特判据。

采用奈奎斯特判据判断系统的稳定性需要在复平面描绘 C'，即奈奎斯特曲线，该曲线是由复平面虚轴和右半平面上半径为无穷大的半圆构成的闭合曲线 C 通过 $W(s) = Q(s)$ 映射形成的，复平面右半平面上半径为无穷大的半圆经过代数变换总是被映射成原点，因此，只需要计算复平面虚轴通过 $W(s) = Q(s)$ 映射形成的曲线即可。

在实际计算中，可以先分别通过计算获得开环传递函数的幅频特性和相频特性曲线（伯德图），然后，根据伯德图绘制奈奎斯特曲线。

【例 4-1】 设 $Q(s) = \dfrac{1000}{(s+1)(s+100)}$

其幅频特性和相频特性曲线见图 4-12，而所绘制出的奈奎斯特图见图 4-13，$Q(s)$ 没有右半平面的零点和极点，其奈奎斯特曲线也未包围 -1 点，因此该系统是稳定的。

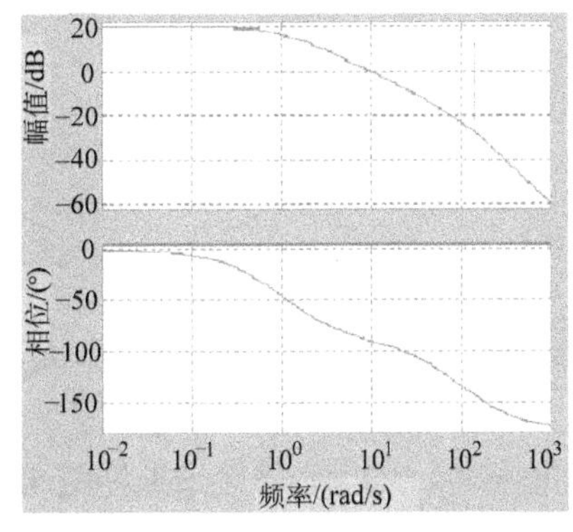

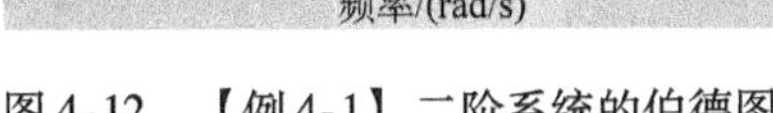

图 4-12 【例 4-1】二阶系统的伯德图

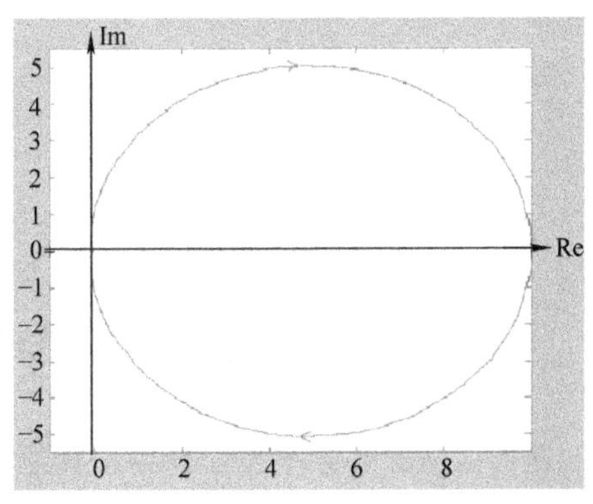

图 4-13 【例 4-1】二阶系统的奈奎斯特图

从伯德图可以看出，当幅频特性曲线下降到 0dB，即开环传函的增益为 1 时，相频特性曲线如果高于 −180°，则该系统奈奎斯特曲线将不会包围 −1 点，说明该系统是稳定的。这种根据伯德图来判断稳定性的方法是研究开关电源控制系统稳定性最常用的方法。

同时，还可以定义相角裕量的概念，在开环系统伯德图中，当幅频特性曲线下降到 0dB 时，设相频特性曲线的值为 α，则相角裕量定义为：

$$\gamma = \alpha - (-180°) \tag{4-25}$$

因此系统的稳定性判据也可以描述为：相角裕量为正。

对于实际系统，应使相角裕量位大于 20° ~ 30°，以保证系统参数漂移变化后，仍能保持稳定。

4.3.2 动态性能分析

从系统的伯德图还可以估计系统很多重要的动态性能指标。

1. 系统开环截止频率和闭环通频带间的关系

开环系统幅频特性下降到 0dB 时，对应的频率称为开环截止频率，记为 ω_c。闭环通频带反映了闭环系统输出对不同频率的输入信号的跟踪能力，总的来说，通频带越宽，系统能响应的输入信号的频率越高，系统响应越快。因此从系统开环截止频率来估算闭环通频带对于估计系统的快速性有很重要的意义。

根据对开环系统伯德图的分析可以得出：系统的开环截止频率近似等于其闭环通频带。

因此，当需要加快系统的响应时，应设法提高系统开环截止频率 ω_c。

2. 过渡过程时间 t_S

在很多电源中，过渡过程时间 t_S 是非常重要的指标，通常希望过渡过程不要超过某一时间限制，因此从开环频率特性推算过渡过程时间是非常有实际意义的。

在工程上，可以近似得出

$$t_S \approx \frac{k}{\omega_c} \tag{4-26}$$

式中 ω_c——开环截止频率；

k——与幅频特性曲线在过零电附近的零极点位置有关的参数，一般为2~10。

还可以从开环频率特性推导出其他动态性能指标，如闭环系统谐振峰值 M_r，超调量 $\sigma\%$ 等，其计算公式较为复杂，需要用到开环频率特性曲线更多的细节参数，这里就不再详细介绍，如有必要，请参见参考文献［4］。

4.4 电压模式控制与电流模式控制

开关电源中的控制方式总的来说可以分成电压模式控制和电流模式控制两大类[1-4,7]。无论是电压模式控制还是电流模式控制，都有输出电压反馈和电压调节器，所不同的是电压模式控制系统中仅有一个电压反馈控制环，而电流模式控制系统中，除电压环外，还存在电流内环。

20世纪70年代末期开始出现了电流模式控制方式（Current Mode Control），其基本的思想是在输出电压闭环的控制系统中，增加了直接或间接的电流反馈控制。电流模式控制的引入给开关电源的控制性能带来一次革命性的飞跃[3]。电流模式控制方式有以下几个优点：

1）系统的稳定性增强，稳定域扩大。

2）系统动态特性改善。这一点主要体现在对输入电压扰动的抵抗能力的提高。电源的输入电压中通常包含交流输入电压整流后的纹波，采用单独的电压环控制时，由于电压环的响应速度慢，低频的纹波很难消除干净，致使输出电压中包含输入电压的低频纹波成分。而采用电流控制后，输出电压中由输入电压引入的低频纹波被完全消除。

3）具有快速限制电流的能力。由于有了电流控制，通过对电流给定信号的限幅，可以很容易的对电路中的电流进行限制，从而有效地降低了开关器件、变压器、电感等元器件受到的电流冲击，这对很容易因过电流而损坏的高频电力电子元件十分有益。事实上，采用电流控制后，电源中可以不必再设置输出短路保护电路，当输出端发生短路时，电流控制电路使电源输出电压下降，自动限制输出电流值，电源不会损坏。

目前，电流模式控制还可分为电导控制、峰值电流模式控制、平均电流模式控制和电荷模式控制等。

4.5 电压模式控制系统及其模型

电压模式控制系统的结构见图4-14。

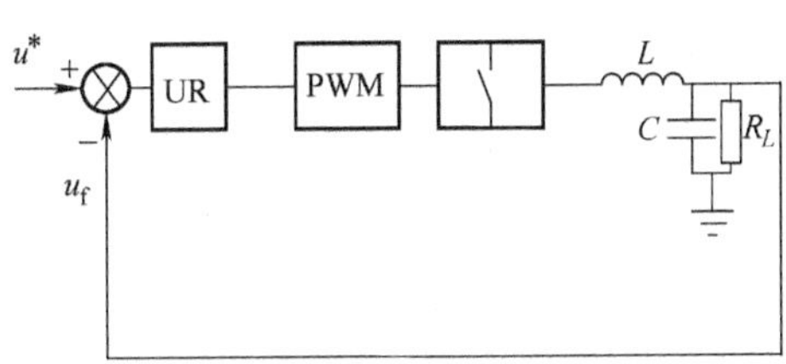

图4-14 电压模式控制系统的结构

利用4.1节和4.2节中建立的各个环节的传递函数，可以写出该系统的开环传递函数，并画出系统的伯德图从而判断稳定性和动态特性。

以降压型电路为例，系统中各环节的传递函数列出如下：

电压调节器采用PI调节器为

$$G(s) = \frac{K_p(\tau_i s + 1)}{\tau_i s} \tag{4-27}$$

PWM环节的传递函数为

$$\frac{d}{u} = \frac{1}{kT} \tag{4-28}$$

降压型电路的传递函数为

$$\frac{\hat{u}_C(s)}{\hat{d}(s)} = \frac{u_{i0}}{LCs^2 + sL/R + 1} \tag{4-29}$$

其中降压型电路的传递函数还可以写成以下形式为

$$\frac{\hat{u}_C(s)}{\hat{d}(s)} = \frac{u_{i0}}{\left(\frac{s}{\omega}\right)^2 + \xi\left(\frac{s}{\omega}\right) + 1} \tag{4-30}$$

其中，$\omega = \frac{1}{\sqrt{LC}}, \xi = \sqrt{\frac{L}{CR^2}}$

按照归一化的思想，设 $\omega = 1\text{rad/s}$，$\xi = 0.1$，$d_0 = 0.5$，$kT = 1$，为了能使闭环系统稳定，通常选 $\tau_i = 1/\omega$，这时系统的伯德图为图4-15，选取 $K_p = 0.1$ 时，系统即可稳定。这时开环截止频率仅为0.05rad/s，因此闭环系统的响应是比较缓慢的。如果 K_p 选得过大，幅频特性中的谐振峰值将高于0dB，系统将会不稳定。这说明，采用PI调节器来实施控制时，电压模式控制方法的开关电源，其稳定性和动态特性矛盾是很突出的。

所以对于电压模式控制，较为合适的校正方式是采用具有2个零点的PID控制器，2个零点可以提供180°超前相位，校正积分环节产生的90°相位滞后，并使二阶振荡谐振点后的频率特性达到－20dB/10倍频程的目标。通常一个零点置于谐振频率 1/10 附近，另一个置于谐振频率附近。

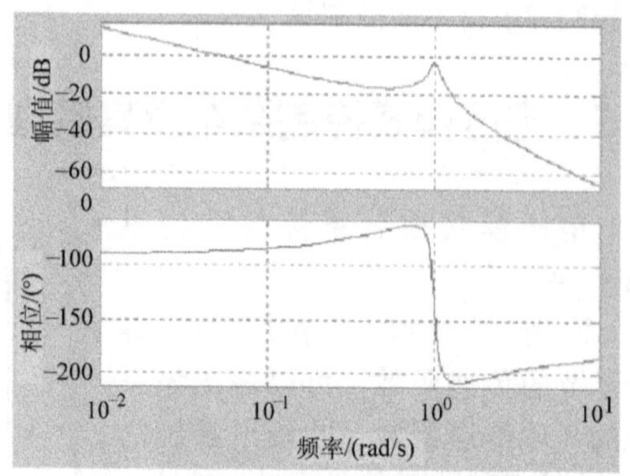

图 4-15　电压模式系统的开环伯德图

电压模式控制的缺点是对电流没有实施控制，在负载较重或输出短路的情况下，控制器会增加占空比试图是输出电压达到参考值，结果导致电路中的电流急剧，最终导致过电流而损坏。为了避免过流时损坏电路中的开关元件等，需要设置过电流保护电路，检测电路中的电流并判断是否超过允许的限值，一旦超出过电流保护限值，保护电路立即动作，封锁所有开关元件的驱动脉冲，切断电路中的电流，从而保护电路。

4.6　电流模式控制及其建模

针对电压模式控制存在的问题，有学者提出引入电流反馈控制环来解决这些问题，先后出现过的控制方法有：①电导控制，②峰值电流控制，③平均电流控制，④电荷模式控制，见表 4-1。

这些不同的控制方法本质上都是在电压控制环的内部增加了电流反馈控制环，它们的差别仅仅在于反馈信号和控制策略。

表 4-1　各种电流反馈控制方式的对比

控制方法	原理图	关键波形	说明
电导控制	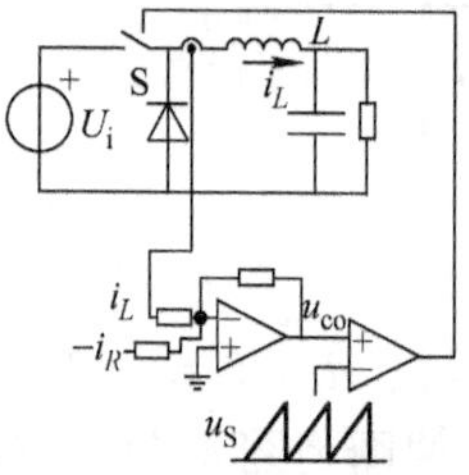	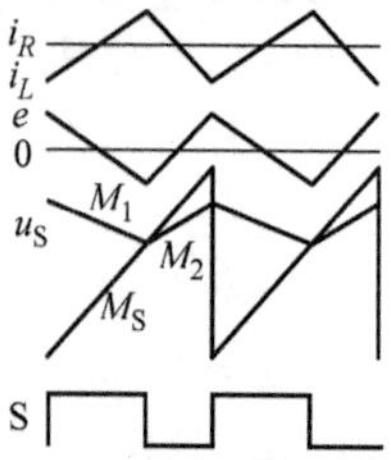	电感电流与参考值的误差经过比例控制器与载波比较
峰值电流控制	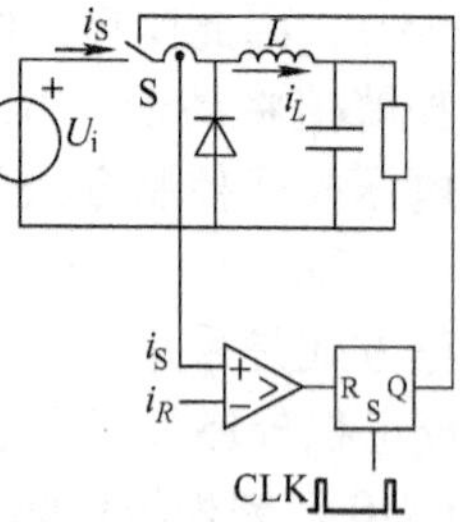	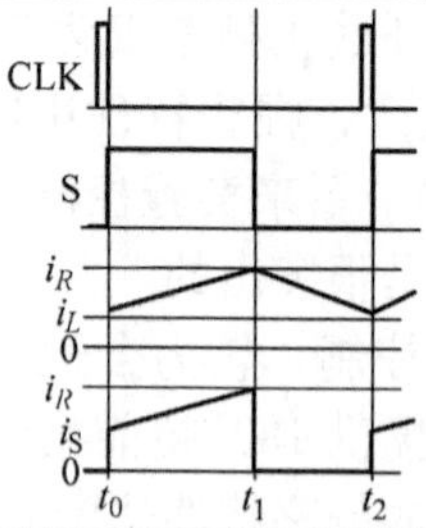	开关电流（或电感电流）峰值与参考值相比较，决定开关关断时刻

（续）

控制方法	原理图	关键波形	说明
平均电流控制	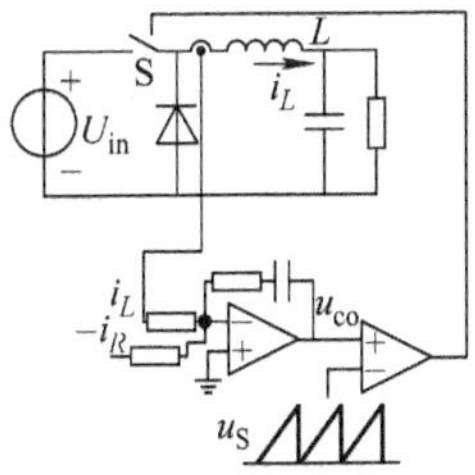	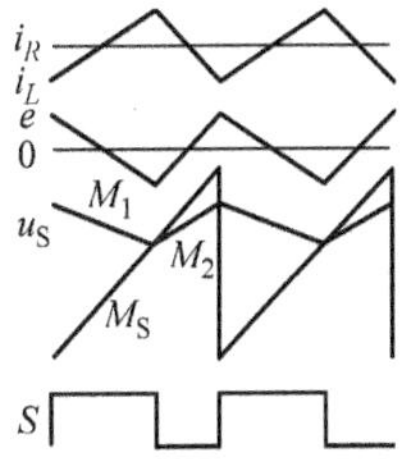	电感电流与参考值的误差经过比例－积分控制器与载波比较
电荷模式控制	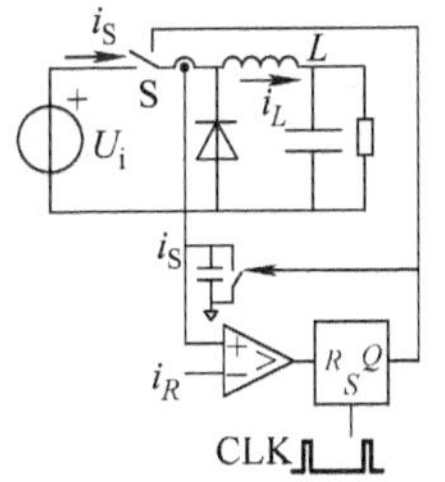	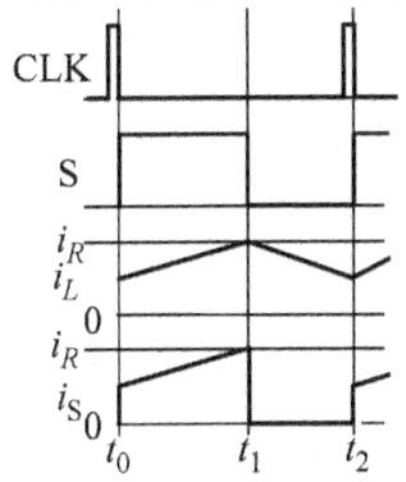	开关电流（或电感电流）经过积分后与参考值比较，决定开关关断时刻

采取电流反馈环以后，电压控制器的输出作为电流闭环的指令。系统的校正也变得更加容易了。作为电压控制器的被控对象，电流闭环呈现较小的相位滞后，这时电压控制器采用 PI 控制器就能达到良好的稳定性和动态响应速度。此外，电路中的电流受电流环控制，因此在电流环的指令处增加限幅环节，就可以有效限制电路工作时的最大电流。即便输出端发生短路，电流指令限幅后，电流环会自动减小占空比，使电路中的电流保持在限幅值，电路中的元件都得到较好的保护。

下面分别介绍常用的峰值电流模式和平均电流模式控制及其模型。

4.6.1 峰值电流模式控制

峰值电流模式控制系统中电流环的结构见图 4-16a，主要的波形见图 4-16b。

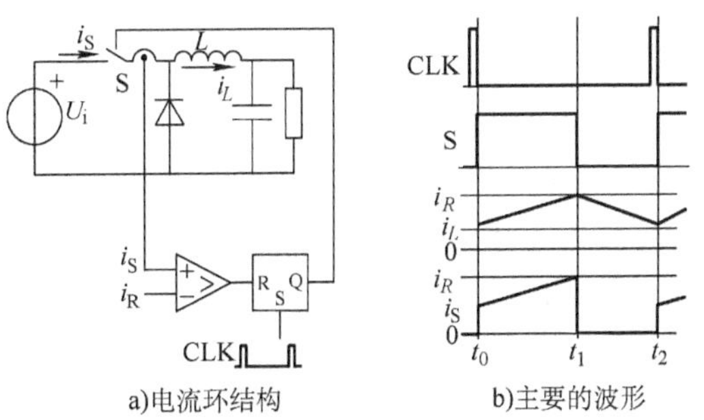

a)电流环结构　　b)主要的波形

图 4-16　峰值电流模式控制的原理

其基本的原理是：开关的开通由时钟 CLK 信号控制，CLK 信号每隔一定的时间就使 RS 触发器置位，使开关开通；开关开通后电感电流 i_L上升，当 i_L达到电流给定值 i_R后，比较器输出信号翻转，并复位 RS 触发器，使开关关断。

峰值电流模式控制系统稳定性好、响应速度快，实现也很容易，并且能够限制电路中的峰值电流从而保护器件，因此得到了广泛的应用。

为了分析和设计峰值电流控制系统，需要建立其小信号模型。

4.6.2　平均电流模式控制

峰值电流模式控制较好地解决了系统稳定性和快速性的问题，因此得到广泛应用，但该控制方法也存在一些不足之处：

1）该方法控制电感电流的峰值，而不是电感电流的平均值，且二者之间的差值随着 M_1和 M_2的不同而改变。这对很多需要精确控制电感电流平均值的开关电源来说是不能允许的。

2）峰值电流模式控制电路中将电感电流直接与电流给定信号相比较，但电感电流中通常含有一些开关过程产生的噪声信号，容易造成比较器的误动作，使电感电流发生不规则的波动。

针对这些问题提出了平均电流模式控制[5]，其原理见图 4-17。

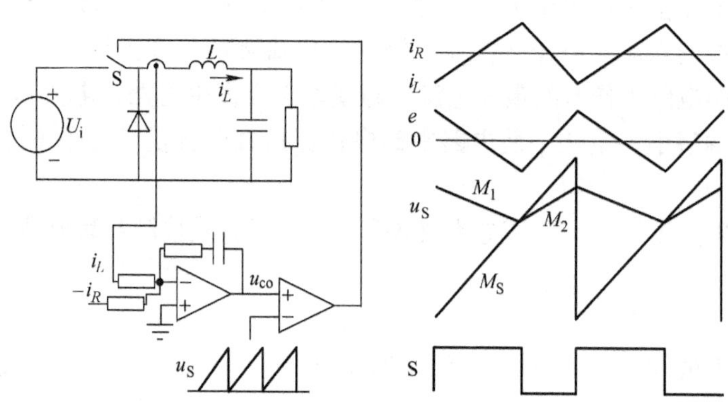

图 4-17　平均电流模式控制的原理

从图 4-17 中可以看出，平均电流模式控制采用 PI 调节器作为电流调节器，并将调节器输出的控制量 u_c与锯齿波信号 u_S相比较，得到周期固定、占空比变化的 PWM 信号，用以控制开关的通与断。

4.6.3　倍周期振荡和电流环的平均模型

随着电流模式控制的使用越来越广泛，为了合理设计电流环的参数、改善控制性能，建立了以状态平均法为基础的电流控制环的小信号模型，其伯德图见图 4-18。该模型显示电流环的开环增益取任意取值时都是稳定的，不应该出现振荡。

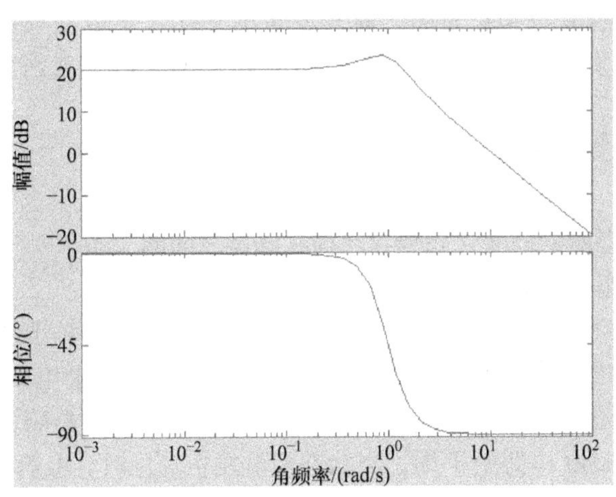

图 4-18　状态空间平均模型给出的开环伯德图

但令人惊讶的是，通过实验证实在一定的条件下，电流控制环的确会发生振荡，见图 4-19。事实说明，基于状态平均法的小信号模型不够准确，需要探索更好的建模方法。

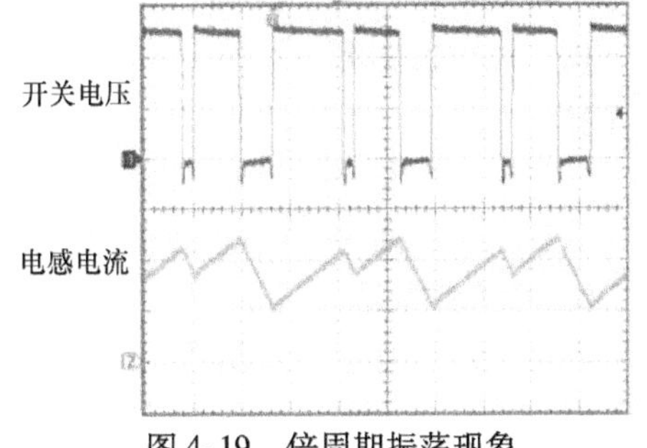

图 4-19　倍周期振荡现象

4.6.4　对平均模型的改进及新的建模方法

回顾基于状态平均法的小信号模型的建模过程，其中有两个步骤采取了近似处理：

第一个是平均值近似：用状态变量在一个周期中的平均值代替其瞬时值，从而失去了状态变量在一个开关周期内的变化信息，仅仅保留了平均值。当电路的运动过程比较平稳时，相邻多个周期之中状态变量的变化过程都很相近，那么在每个周期中选取少量信息就能准确表征系统的运动；但电路处于快速变化的运动中时，每个相邻周期状态变换的轨迹都不太一样，就需要更多的信息才能有效表征系统的运动和变化。

所以，状态平均法等仅在开关周期中抽取少量信息建模的方法，都不能准确描述处于快速运动变化的开关电路。当电流环的开环截止频率设计得比较高、接近开关频率 1/10 以上时，这类模型都会出现较大的误差。

当然采取不同的信号提取方法，效果是不完全一样的，比如在应用中十分成功的 Ridley 模型，就是采用每周期提取某一个切换点的信息，代替平均值，其应用的效果要明显好于平均模型。

第二个是线性化近似：忽略了状态变量的变化对于运动规律的影响，也就是认为状态变量发展变化的趋势［状态变量 $x(t)$ 的导数］与当前状态变量之间的关系是不变的，这是线性化这一步骤的假设。

系统的运动规律表示为状态方程为

$$\dot{x} = Ax + Bu$$

式中 A——状态变量的变化趋势与当前状态 x 之间的关系；

B——状态变量的变化趋势与当前输入 u 之间的关系。

线性化假设带来的误差主要和对象的状态变量的变化对于运动规律之间的关系程度相关，也就是对象的线性度有关。一般来说，Buck 电路的线性度较好，其状态变量的变化对其运动规律没有影响，只是输入变量影响其运动规律。而 Boost 和 Buck - boost 电路则不同，当状态变量发生变化时，$\boldsymbol{A}$ 矩阵的元素也会发生变化。因此其状态方程的非线性更为明显。

由于采用了平均值和线性化这两个近似，状态平均法小信号模型对于快速变化的非线性特征无法准确描述，而电流环的振荡频率接近开关频率，振荡过程中相邻周期的电流波形变化非常剧烈，但平均值变化不大，因此平均模型近乎失效。

针对这一问题，经过多位研究者的相继努力，提出几种改进的模型，能够在一定程度上提高对快速动态过程的建模精度。

1. Ridley 模型

前面介绍状态空间平均法利用每个开关周期中状态变量的平均值近似代替状态变量，从而得到定常的状态方程。这一方法只有在状态变量变化较慢的条件下才成立，一般来说，需要状态变量中含有的主要频率成分远低于 1/2 开关频率。在电压模式控制中，这个条件一般是能够满足的，而在电流模式控制系统中，其开环截止频率接近 1/2 开关频率，这一频率附近的信号对于系统的稳定性和动态性能有重要的影响，因此不能再采用状态空间平均法建立其模型，需要采用新的方法。有关的方法有很多，但目前主流的方法是由 Ridley 提出的。

建模是从一个简化的固定频率峰值电流模式控制系统开始的，见图 4-20。

该系统在输入 I_p 不变的条件下，在 t_0 时刻引入一个扰动，使电感电流偏离稳态，之后系统的响应见图 4-21。

图 4-21 中上面是电感电流 i_L 逐渐趋近稳态值的过程，电感电流的稳态值（i_L）用较粗的黑线表示，而受到扰动后的电感电流（i'_L）用细线表示，I_p 表示峰值电流控制环的给定；中间的曲线表示受扰动的电感电流与稳态值之间的误

差，代表着电感电流在稳态值附近的小信号扰动（$\hat{i}_L$）随时间的传递过程，最下面的曲线表示忽略$\hat{i}_{L0}\rightarrow\hat{i}_{L1}$和$\hat{i}_{L1}\rightarrow\hat{i}_{L2}$间的过渡过程后，误差按照开关周期传递的过程，其数学表达式为

$$\hat{i}_{Lk} = -\alpha\,\hat{i}_{Lk-1} \tag{4-31}$$

其中，$\alpha = \dfrac{S_f}{S_n}$，$S_n$为电感电流上升段的斜率，$S_f$为电感电流下降段的斜率。

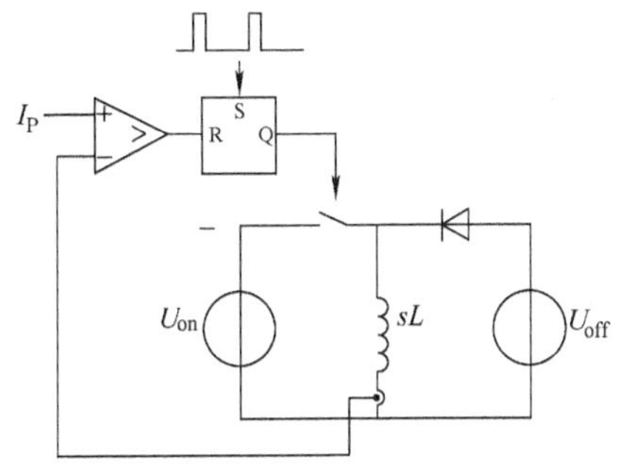

图 4-20　简化的峰值电流模式控制系统

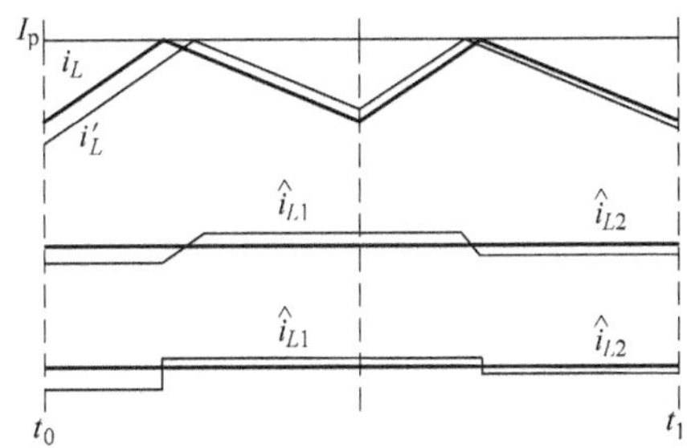

图 4-21　峰值电流模式控制系统中扰动的响应

将式（4-31）写成 z 域表达式为

$$\hat{i}_L(z) = \frac{1}{1-\alpha z^{-1}} \tag{4-32}$$

在以上推导过程中，假定 I_p 不变，因此对电感电流的扰动传播过程没有影响，可以理解为$\hat{I}_P=0$，所以这一结果是该系统的零输入响应，为了能够得出整个系统的全响应，还需要导出系统的给定 I_P 和输出 i_L 的关系，也就是零状态响应（见图4-22）。

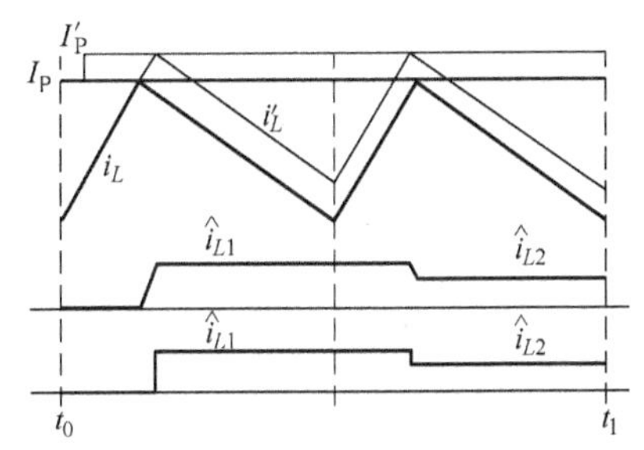

图 4-22　峰值电流模式控制系统的零状态响应

由此可得

$$\hat{i}_{Lk} = (1+\alpha)\,\hat{I}_{pk} \tag{4-33}$$

全响应为零输入响应和零状态的和：

$$\hat{i}_L(k) = -\alpha\,\hat{i}_L(k-1) + (1+\alpha)\,\hat{I}_p(k) \tag{4-34}$$

由此可以得到该系统的闭环传递函数为

$$\frac{\hat{i}_L(z)}{\hat{I}_p(z)} = (1+\alpha)\frac{1}{1+\alpha z^{-1}} \tag{4-35}$$

或者

$$H(z) = \frac{\hat{i}_L(z)}{\hat{I}_p(z)} = (1+\alpha)\frac{z}{z+\alpha} \tag{4-36}$$

这一 z 域传递函数仅仅描述了该系统在各个开关周期中电感电流峰值 i_{Lk} 的行为，而实际的电流控制环是连续时间系统，而且工程设计时采用的也是连续时间模型，因此需要 i_L 的行为，也就是必须写出系统在 s 域的传递函数从而描述系统的连续时间行为。

由于离散时间信号是连续时间信号的抽样，这一过程中信息有损失，因此可以知道：一个连续时间信号一定对应着唯一的离散时间信号，但是反过来，已知一个离散时间信号，不一定只有一个对应的连续时间信号，见图 4-23。同样的道理，一个连续时间系统的 s 域传递函数一定对应着唯一的离散时间传递函数（z 域），但是反过来，已知一个离散时间传递函数（z 域），不一定只有一个对应的 s 域传递函数。

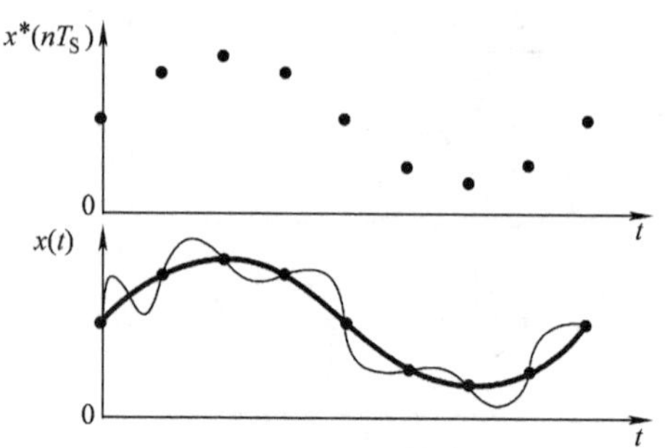

图 4-23　离散时间信号和对应的连续时间信号

图 4-23 中上面的部分为离散时间信号，它可以对应多个连续时间信号，图中下面的曲线可以看出，粗线和细线给出的 2 个完全不同的连续时间信号，采样后对应同一个离散时间信号。

物理世界的自然信号都是连续的，由采样过程变成离散时间信号，而降离散时间信号恢复成连续时间信号需要用保持器，最常用的是零阶保持器。观察图 4-24 中零阶保持器的输出波形，会发现和图 4-21 中 $\hat{i}_L$ 的波形十分相似，差别仅在于：

1）零阶保持器的输出波形是由阶跃信号构成，而 $\hat{i}_L$ 的波形在不同的阶梯之间是逐渐过渡的。

2）零阶保持器的输出信号的跳变沿之间都是等时间间隔的，但 $\hat{i}_L$ 的变化并不等间隔。

因此，电流控制环可以近似看成是由采样环节、$H(z)$、零阶保持器构成，根据自动控制理论的知识，可按如下方法求得该系统的 s 域传递函数。

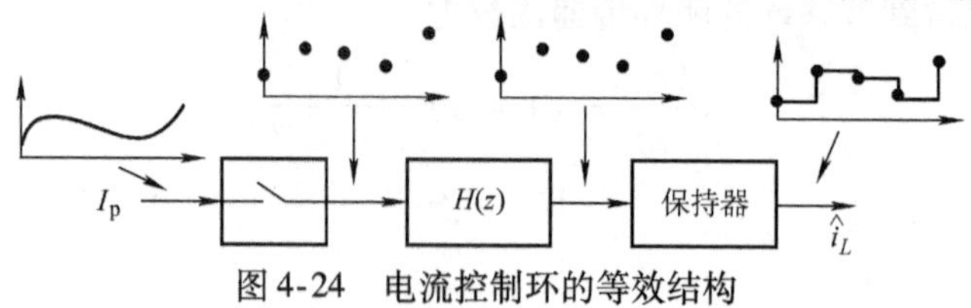

图 4-24　电流控制环的等效结构

将 $z=e^{sT_S}$带入 $H(z)$，并加上零阶保持器的传递函数，得

$$\begin{aligned}\frac{\hat{i}_L(s)}{\hat{I}_P(s)} &= (1+\alpha)\frac{e^{sT_S}}{e^{sT_S}+\alpha}\frac{1-e^{-sT_S}}{s}\\ &= (1+\alpha)\frac{e^{sT_S}}{e^{sT_S}+\alpha}\frac{1-e^{-sT_S}}{s}\\ &= \frac{(1+\alpha)(e^{sT_S}-1)}{s(e^{sT_S}+\alpha)}\end{aligned}\tag{4-37}$$

根据前面给出的结构，该传递函数是图 4-25 中电流环的闭环传递函数。

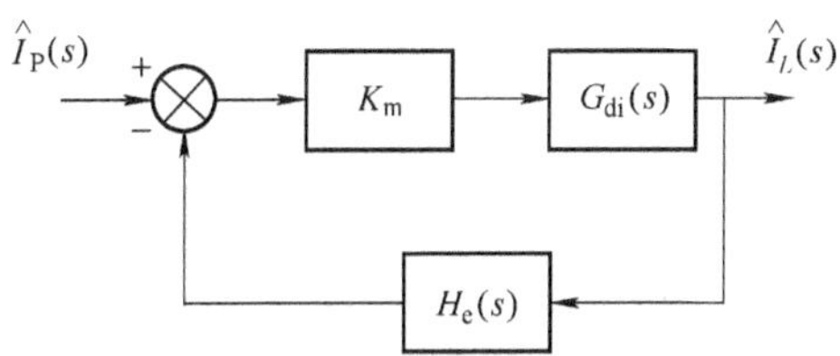

图 4-25　按照闭环传递函数反推出的系统结构

因此有

$$\frac{(1+\alpha)(e^{sT_S}-1)}{s(e^{sT_S}+\alpha)} = \frac{K_m G_{di}(s)}{1+K_m G_{di}(s)H_e(s)}\tag{4-38}$$

其中，$K_m G_{di}(s)$是利用状态空间平均法建立的从控制量到电感电流的传递函数，分成 PWM 环节增益 K_m和占空比到电感电流传函 $G_{di}(s)$。

$$K_m G_{di}(s) = \frac{1+\alpha}{sT_S}\tag{4-39}$$

将式（4-39）带入式（4-38），可以解出 $H_e(s)$为

$$H_e(s) = \frac{sT_S}{e^{sT_S}-1}\tag{4-40}$$

$H_e(s)$的加入使得利用平均模型得到的开环传递函数最终可以与上述闭环传递函数相吻合，从这一意义上讲，这一模型是对平均模型的修正。

然而 $H_e(s)$的这一表达式仍然不是有理式，可以将其近似成有限项的多项式为

$$H_e(s) = 1+\frac{s}{\omega_n Q_z}+\frac{s^2}{\omega_n^2}\tag{4-41}$$

其中，$\omega_n=\pi/T_S$，$Q_z=-2/\pi$。

$$H_e(s) = 1-sT_S+s^2\frac{T_S^2}{\pi^2}\tag{4-42}$$

至此就完成了图 4-20 中峰值电流模式控制系统的建模。$H_e(s)$是在考虑开

关过程的情况下，对平均模型的修正项。实际的电流控制环分析和设计中，在平均模型得到的开环传递函数中乘以 $H_e(s)$，就可以得到修正后的开环传递函数。

下面以降压型功率电路为例，针对实际的峰值电流模式控制系统和平均电流模式系统，给出电流环的模型。

峰值电流模式控制系统的结构见图 4-25。

其中，

$$K_m = \frac{1}{(S_n + S_e)T_S} \tag{4-43}$$

式中 S_n——电感电流上升率；

S_e——补偿斜率。

$$G_{di}(s) = \frac{\hat{i}_L(s)}{\hat{d}(s)} = \frac{u_{i0}(Cs + 1/R)}{LCs^2 + sL/R + 1} \tag{4-44}$$

因此电流环的开环传递函数为

$$G_i(s) = \frac{u_{i0}(Cs + 1/R)\left(1 - sT_S + s^2\dfrac{T_S^2}{\pi^2}\right)}{T_S(S_n + S_e)(LCs^2 + sL/R + 1)} \tag{4-45}$$

设$(S_n + S_e)T_S = 0.1$，$T_s = 0.2$，$L = 1$，$C = 1$，$R = 1$，$u_{i0} = 1$，峰值电流模式控制环的伯德图见图 4-26。

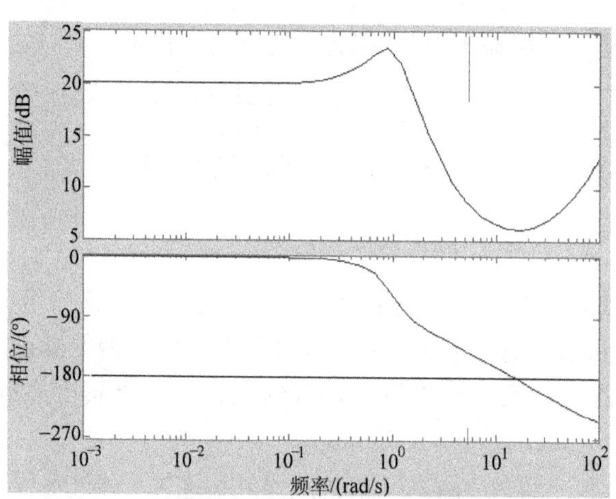

图 4-26　峰值电流模式控制系统的开环伯德图

作为对比，图 4-18 给出用状态空间平均法建立的电流环的模型。从图中可以看出，平均模型预言系统的相位延迟最多为 90°，总是稳定的，这与实际情况并不相符。而图 4-26 中给出的相位延迟可以大于 180°，而且，如果在相位延迟

180°的频率点增益仍高于0dB，系统会出现振荡，振荡频率应该在$f_s/2$附近。这与实际系统中出现的“次谐波振荡”现象是符合的，因此这个模型更为准确。

2. 平均电流模式控制的 Ridley 模型

采用与峰值电流模式相同的方法可以建立平均电流模式控制的小信号模型，不同之处在于电流环路中多了 PI 调节器，因此其电流环的开环传递函数为

$$K_m = \frac{1}{(S'_n + S_e)T_S} \tag{4-46}$$

$$D_{di}(s) = \frac{\hat{i}_L(s)}{\hat{d}(s)} = \frac{u_{i0}(Cs + 1/R)}{LCs^2 + sL/R + 1} \tag{4-47}$$

$$G_{pi}(s) = \frac{K_p(\tau_i s + 1)}{\tau_i s} \tag{4-48}$$

$$G_i(s) = \frac{u_{i0}K_p(\tau_i s + 1)(Cs + 1/R)\left(1 - sT_S + s^2\dfrac{T_S^2}{\pi^2}\right)}{T_S(S_n + S_e)\tau_i s(LCs^2 + sL/R + 1)} \tag{4-49}$$

设$(S_n + S_e)T_S = 0.1$，$T_s = 0.2$，$L = 1$，$C = 1$，$R = 1$，$u_{i0} = 1$，$K_p = 10$，$\tau_i = 1$，平均电流模式控制环的伯德图见图4-27。

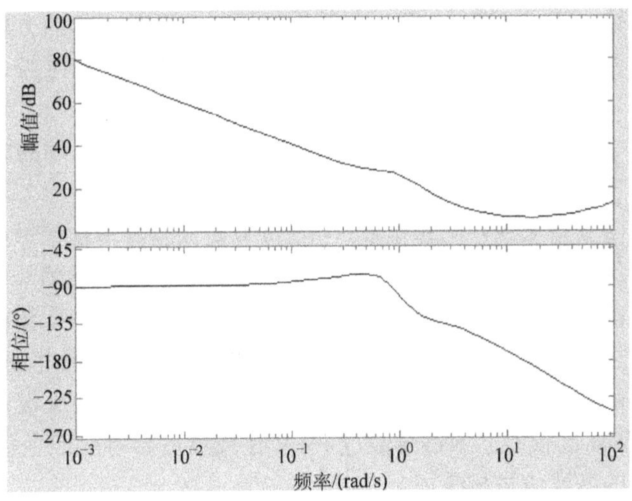

图4-27　平均电流模式控制系统的开环伯德图

与峰值电流模式系统相比，可以看出，由于 PI 调节器的加入，平均电流模式控制系统的幅频特性在低频段有较高的增益，因此可以预见，该系统具有更好的抵抗低频扰动的能力。

3. 多频率模型

Ridley 模型虽然能够在一定程度上描述出电流环倍周期振荡的现象，但是对

于电流环快速动态响应过程和产生振荡的机理却没有能够提供合理的解释，学者们对此并不十分满意，并开展了针对电流控制环快速动态过程更为深入的研究。

相关的研究主要分成两条不同的思路，一条是沿着频域法的思路，探索和分析电流环更为准确和复杂的频率响应，另一条是从 PWM 控制的非线性行为出发，通过寻找更为准确的线性化方法来建立更为准确的动态模型。多频率模型来自第一条路径[11]，而描述函数模型则来源于第二条路径[12]。

频域法的研究思想认为客观对象的动态行为可以用其频率特性来表征，这一思想来源于信号分析中对滤波器的建模，也是控制系统频域分析方法的基本思想。频域分析就建立在这一基本思想之上，通过在客观对象的输入端施加幅值和频率都稳定不变的正弦激励，并观测其输出稳态信号的幅度和相位与输入信号之间的变化，就可以得到客观对象在这一激励频率上的频率特征。改变输入信号的频率，使其覆盖从低频到高频的范围，就可以得到客观对象在整个频段内的频率响应特性。因此，频率响应是对象在正弦激励下的稳态响应。

对于大多数非线性不强的系统，其输入信号为正弦时，其输出稳态响应也近似为正弦波，因此频域法模型较为准确，但对于 PWM 比较器这类非线性很强的对象，在其输入施加正弦信号，其输出为占空比不断变化的方波，对其进行频谱分析可以发现，其中除和输入信号同频率的基波响应信号外，还包含显著的谐波成分。

传统的频域分析方法中仅考虑了基波响应与输入信号之间的幅值和相位关系，完全忽略了谐波成分的作用，因此造成显著的误差。

多频率模型正是从这一问题出发，导出 PWM 比较器输出信号中多种频率成分对于控制环的影响[11]。典型的分析过程见图 4-28。当反馈信号中注入一个正弦稳态小信号扰动时，PWM 比较器输出信号除了与输入信号同频同相的基波信号 $d(\omega_p)$外，还存在其边带信号 $d(\omega_p-\omega_s)$，也就是比开关频率 ω_s低 ω_p的频率成分，边带信号 $d(\omega_p-\omega_s)$在控制环控一次通过被控对象和反馈通道传播一圈后会返回到 PWM 比较器，该信号经过 PWM 比较器后会再次产生频率为 ω_p边带信号，与原来的基波信号相叠加。

与传统的平均法小信号模型相比，多频率模型考虑到了 PWM 比较器产生的边带信号经过控制环的传播后再次形成与基波同频的边带信号对基波信号造成的影响，虽然边带信号仅仅是 PWM 比较器产生的高次谐波中的一个频率成分，但由于它传播后再次形成的边带信号与基波同频，因此影响较为显著。考虑到边带效应之后的模型能够较为准确地描述 PWM 控制环的动态行为，特别是其高频段的频率特性与传统的平均法小信号模型相比更为准确。

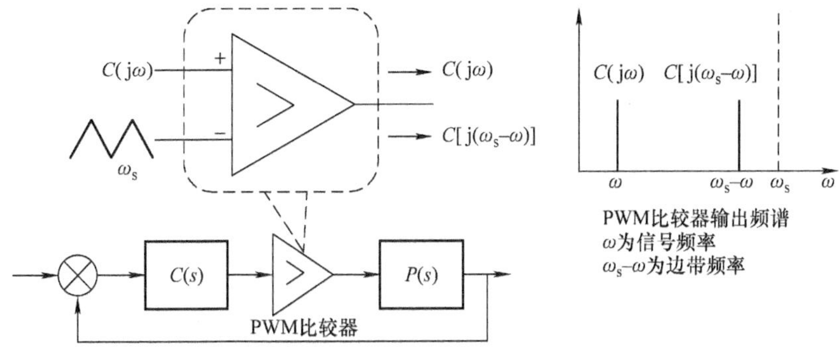

a) PWM比较器产生多种频率成分

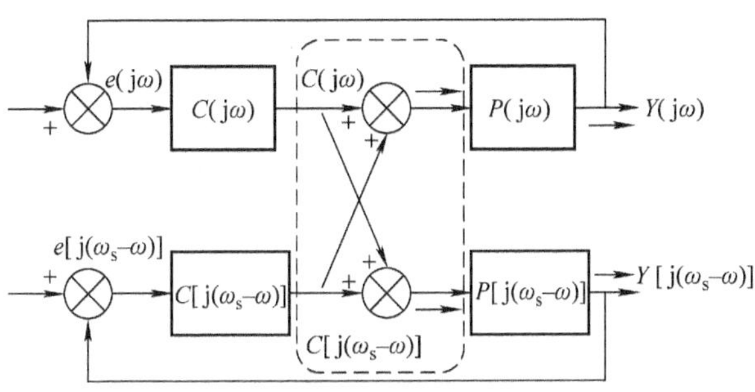

b) 包含多种频率成分的电流环模型

图 4-28　多频率模型的信号传输过程

4. 描述函数模型

多频率模型提供了一种修正平均法小信号模型的方法，在高频段准确度有显著的改善，但是该方法涉及多频率成分在控制环中的换地函数，处理较为复杂。

针对这一问题，黎坚等研究者又提出了一种新的方法[12]。这种方法的思路和 Ridley 模型有些相似，是将控制闭环整体看成一个非线性的单输入单输出系统，由于控制对象通常呈现一定的低通特性，因此闭环整体的非线性比 PWM 比较器要弱很多。将这一闭环整体线性化，丢弃掉的系统有用的信息可能会比较少，建模的精度会比较高。

沿着这一思路，该方法在控制闭环的给定信号中施加正弦信号，见图 4-29，控制闭环的输出则为近似的正弦波，通过傅里叶分析提取该信号的基波成分，通过对比与输入正弦信号的幅值与相位，可以得到闭环整体的频率特性，进而得到其传递函数。

由于被控对象中 LC 电路的传递函数是已知的，因此可以通过闭环整体的传递函数反推开环传递函数，见图 4-30。

该方法回避了控制环路中如何选择对动态行为影响比较大的频率成分的问题，将控制环作为整体来分析，保留的有效信息较多，因此与开关模型更为接近，反映实际对象的行为更加准确。

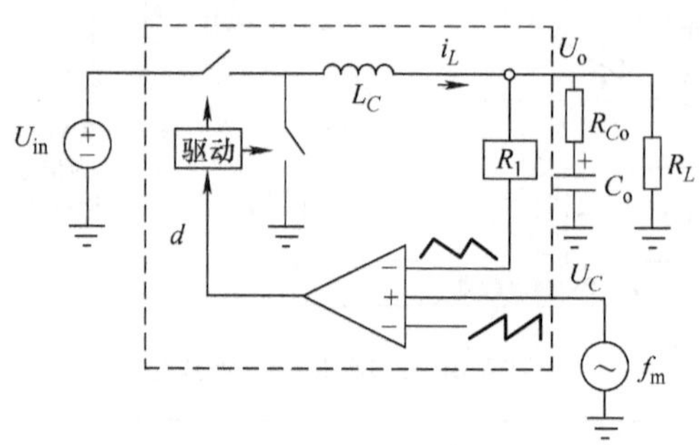

图 4-29 控制闭环整体频率特性分析的信号施加方法

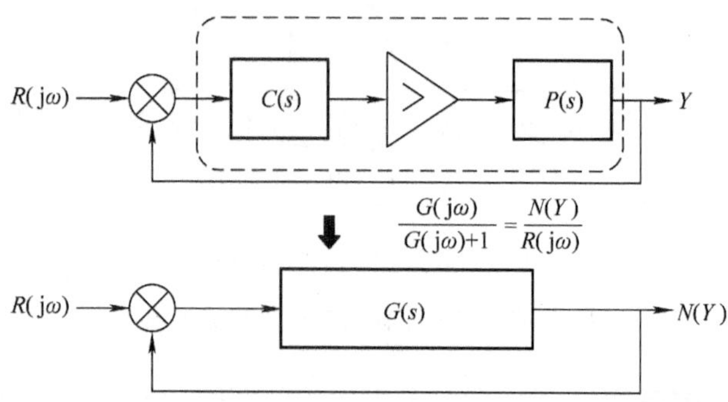

图 4-30 描述函数法获得的开环传递函数

4.7 并机均流控制的原理

根据所供电负载的可靠性要求的不同，电源可以采用以下几种不同的运行方式[12-14]：

1）单机运行。采用单一电源向负载供电，该方案结构简单、成本低，但可靠性不高，一旦该电源发生故障，供电就中断了。

2）并联运行。对于一些可靠性要求较高的应用，采用 $N(N>1)$ 个电源并联构成的电源系统向负载供电，每个电源的功率为负载所需功率的 $1/N$。运行时，每个电源平均承担负载功率。某一个电源发生故障时，供电并不中断，仅仅是最大供电能力有所降低，不会严重影响负载的正常工作。这种运行方式与第 1 种方式相比，虽然电源的总功率相同，但电源数量多，因此总成本会有所上升。

3）并联冗余运行。当负载要求供电可靠性非常高时，应采用 $N+M(N>1, M>1)$ 个电源并联工作，每个电源的设计功率为负载最大功率的 $1/N$。运行时，每个电源平均承担负载功率。这样，当发生故障的电源数量小于等于 M 时，电源系统仍能提供负载所需的全部功率。当然，这种运行方式需要采用数量较多的电源，较前两种运行方式，成本明显上升，但这是提高可靠性所需要付出的代价。

在方式2和3中，要求并联运行的每个电源平均承担负载功率，这并不是简单地将多个电源的输出端接在一起就能做到的。几个结构相同的电源并联运行时，输出端连接在一起，输出电压被强制相等，但由于各自参数的分散性，使得每个电源的戴维南等效电压和电阻均会存在差异，而通常开关电源的戴维南等效电阻都非常小，因此输出电压很小的差异就会导致各电源的输出电流出现较大的偏差，有的电流较大，有的很小，这种运行状态使得电源的寿命衰减不一致，重载的电源会提前损坏，达不到提高可靠性的目的，因此应尽量使各电源的输出电流分配均衡。为了能使各电源均分负载电流，首先需要深入分析电源电流分配不均的机理，然后采取相应对策。

多个电源并联后的情况见图4-31。

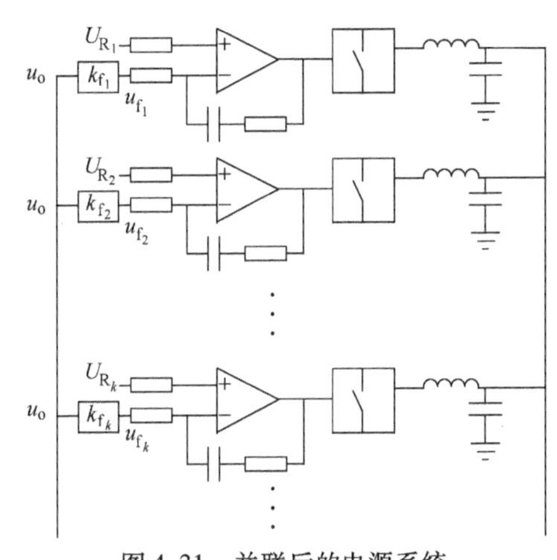

图4-31　并联后的电源系统

所有电源输出连接在一起，因此它们的输出电压 u_o 都是相同的，但每个电源的给定量 U_{R_k}、反馈比例系数 k_{f_k} 略有差异，再考虑到运放的失调电压也不尽相同，因此各电源误差信号 $e_{u_k}=U_{R_k}-k_{f_k}u_o$ 也各不相同（本小节中下角标 k 均表示第 k 个电源）。各电源的电压调节器通常都采用比例-积分（PI）调节器。

当各电源的输出刚并联到一起时，有的电源误差信号 e_u 为正，电压调节器正向积分，输出电流增加；有的电源 e_u 为负，电压调节器反向积分，输出电流变小。

当负载电流小于单台电源的最大限流值时，最终进入稳态后的情况是，有一台电源的 e_u 为零，调节器正常工作，而其他电源的 e_u 为负值，调节器处于下限饱和状态。全部的负载电流都由 e_u 为零的电源承担，其他电源输出电流为零。

如果负载电流较大，超过了单台电源的最大限流值，情况就稍微复杂一些。有些电源 e_u 为正，有些电源 e_u 为负，最多有一个电源 e_u 为零。e_u 为正的电源输出电流为最大限流值，e_u为负的电源输出电流为零，e_u为零的电源输出电流介于零和限流值之间。所有电源的输出电流和等于负载电流。

根据以上分析，电源并联后输出电流不相等的原因是在输出电压相同的条件下，电压调节器误差信号 e_u不同，这反映了电路参数的分散性。为了能够补偿这种分散性，使各电源的输出电流相等并且 e_u都等于零，必须要采取控制措施。这就是设置均流电路的基本目的。

电源并联均流的方式，总的来说可以分成以下几类：

1）利用输出电压调整率均流。戴维南等效电阻的存在使电源输出电压随输出电流的增大而降低，二者间的比例称为输出电压调整率，它反映了戴维南等效电阻的大小。一般开关电源的戴维南等效电阻都很小，其输出电压调整率可达0.1%以下，并且分散性较大，这造成并联后各电源输出电流很不一致。针对这一问题，可以人为增大各电源的戴维南等效电阻，并保证一定的一致性，就可以达到均流的效果。但这种方法会显著加大输出电压调整率，并且由于各电源的戴维南等效电压源的数值不完全相等，因此均流精度不高，各台电源输出电流间的偏差最大可达各台电源输出电流平均值的10%~20%以上。

2）主从方式均流。在系统中设置一个主控制器或选择某一个电源为主控电源，该主控制器或主控电源完成电压调节控制，其电压调节器的输出信号为电流参考信号，用来控制其他电源的输出电流，这时，其他电源按照电流源的特性运行。由于每个电源的电流参考信号都相等，因此输出电流也都相等。这种方式均流精度很高，可达0.5%以内，但存在致命缺点，一旦主控制器或主控模块发生故障，整个系统就瘫痪了，这成为系统可靠性的瓶颈。

3）无主或自动选主的均流方式。这种均流方式的基本思路是在电源间通过并机电缆，或称均流总线（Current Sharing Bus）来传递均流信号。每个电源根据均流信号调节自身输出电流，达到相互一致的目的。在系统中，没有共用的控制器或者人为选定的主控模块。各模块是完全对等的。这类均流方式具有可靠性高，均流精度较高的优点，是目前所主要采用的均流方式。

属于这一类均流的方法有很多，如平均电流自动均流法、最大电流自动均流法、热应力自动均流法，自动选主的主从均流法等。这其中应用最为广泛的是最大值自动均流法。

（1）最大电流自动均流法　在这种均流方式中，均流信号是通过图4-32的电路在各电源间进行仲裁，只有电流反馈值 u_{if_k}最大的电源中的二极管 VD_k导通，因此仲裁的结果是均流母线电压正比于输出电流最大的电源的电流，即均流信号为各电源电流的最大值。

各电源调节自身电流的方法是：最大电流（即均流信号）u_{SB}同本电源电流 u_{if_k}相减得到本电源电流同最大电流间的误差值，将误差值乘以比例系数 k_{s_k}后加

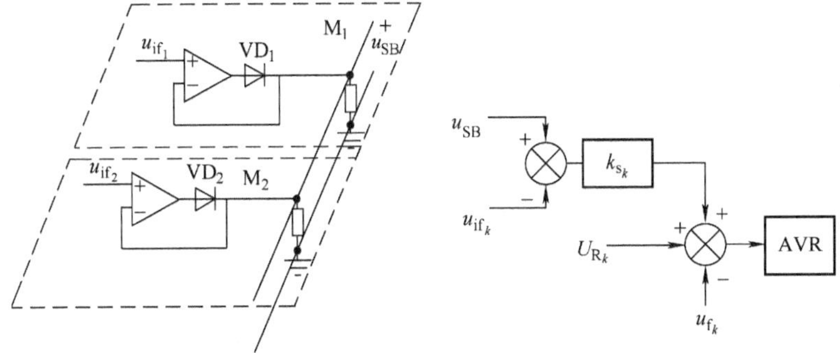

图 4-32 最大电流自动均流原理

到本电源的电压给定中。当误差增大时，本电源电压给定略微提高，使得本模块分得更多的负载电流。由于总负载电流由输出电压和负载决定，而均流调节仅微调输出电压，因此总负载电流基本不变，故本电源电流提高将会使其他电源分得的电流减小，最大电流值也会相应减小。最终所有电源各自调节的结果是使每个电源的电流趋于一致，从而均分负载电流。

这种均流方式适用于各种电压模式和电流模式控制的电源，通常可以使各台电源间的不均流度小于5%。

但这种均流方法也有一些缺点：一是通过调节电压给定来调节输出电流，会造成输出电压的波动，影响稳压精度。二是如果比例系数 k_{s_k} 过大，会造成各电源输出电压竞相上升，可能导致严重事故，因此通常限定对电压给定的调节范围。但带来的新问题是，当均流电路调节能力达到极限时，电源只能退出均流。

目前已有基于最大电流自动均流原理的专用集成电路产品，具有代表性的是 Unitrode 公司的 UC3907。

（2）自动选主的主从均流方法　通常意义的主从均流方法指图 4-33 系统。

各电源公用一个电压调节器，其输出作为每个电源的电流给定，每个电源含有电流调节器，电源相当于电流源，由于每个电流源的电流给定相同，各自的输出电流自然也就是一样的。实际系统中每个电源都含有电压调节器，在运行时由人工设定其中一个电源为主机，其电压调节器处于工作作态，其他电源为从机，它们的电压调节器不工作。这种方式的优点是均流精度高，输出稳压精度也不因均流而恶化。但明显的不足之处是：当主机损坏或切除后，系统就陷于瘫痪，必须人工干预，重新设定主机。这在多数系统中是不能接受的。

因此必须使系统能自动选主，基本思想还是通过均流母线进行仲裁，具体电路见图 4-34。

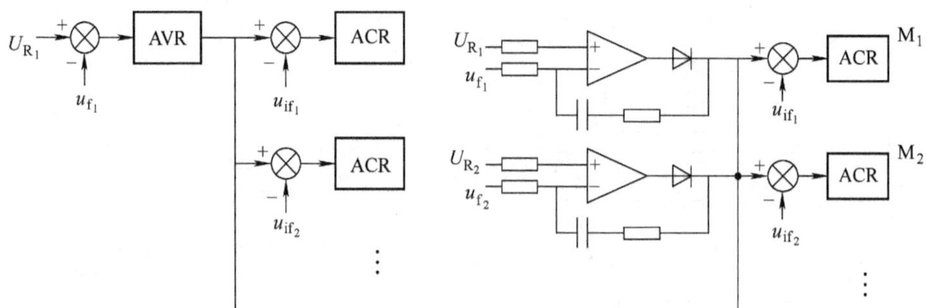

图 4-33 通常意义的主从均流方法　　图 4-34 自动选主的主从均流方法的原理

在自动选主的主从均流方式中，各电源的电压调节器都处于工作状态，其输出通过均流母线仲裁出最大值。这样输出值最高的调节器就成了主调节器，其他调节器处于跟随状态。同时均流母线还给各电源传递了电流给定信号。因此，在该均流方式下，均流母线具有双重作用。

自动选主的主从均流方式保持了均流精度高和稳压精度高的优点，而且在主电源失效后，剩余的电源能自动地仲裁出新的主电源，不影响系统正常工作。

4.8 小结

本章着重介绍了开关电源电压、电流控制系统的基本原理包括系统的建模、稳定性和动态特性分析、典型的控制方式、并联均流的原理等。

参 考 文 献

[1] Middlebrook R D. Small – signal modeling of pulse – width modulated switched – mode power converters [J]. Proceedings of the IEEE, 1988, 76 (4): 343 – 354.

[2] 张占松，蔡宣三. 开关电源的原理与设计 [M]. 北京：电子工业出版社，1998.

[3] Tan F D, Middlebrook R D. A unified model for current – programmed converters [J]. IEEE Transactions on Power Electronics, 1995, 10 (4): 397 – 408.

[4] 吴麒. 自动控制原理 [M]. 北京：清华大学出版社，1990.

[5] Tang W, Lee F C, Ridley R B. Small – signal modeling of average current – mode control [J]. IEEE Transactions on Power Electronics, 1993, 8 (2): 112 – 119.

[6] 陆庆乐，等. 复变函数 [M]. 北京：高等教育出版社，1990.

[7] Rossetto L, Spiazzi G. Design considerations on current – mode and voltage – mode control methods for half – bridge converters [C]. Applied Power Electronics Conference and Exposition, 1997.

[8] Choi B, Cho B H, Lee F C. Control Strategy or Multi – Module Parallel Converter System [C]. proceedings of PESC' 90, 1990.

[9] 蔡宣三. 并联开关电源的均流技术 [J]. 电力电子技术, 1995 (3): 12 – 17.

[10] Djordje S Garabandic, Trajko B Petrovic. Modeling parallel Operating PWM DC/DC Power Supplies [J]. IEEE TRANSCTION ON INDUSTRIAL ELECTRON, 1995, 42 (5): 545 – 551.

[11] QIU Y, XU M, YAO K, et al. Multifrequency small – Signal Model for Buck and Multiphase Buck Converters [J]. IEEE Transactions on Power Electronics, 2006, 21 (5): 1183 – 1192.

[12] LI JIAN, FRED C LEE. New Modeling Approach and Equivalent Circuit Representation for Current – Mode Control [J]. IEEE Transactions on Power Electronics, 2010, 25 (5): 1218 – 1230.

第 5 章　常用电力电子器件

在开关电源中，电力电子器件是完成电能转换以及主电路拓扑中最为关键的元器件。为降低器件的功率损耗，提高效率，电力电子器件通常工作于开关状态，因此又常称为开关器件。电力电子器件种类很多，按照器件能够被控制电路信号所控制的程度，可以将电力电子器件分为①不可控器件，即二极管；②半控型器件，主要包括晶闸管（SCR）及其派生器件；③全控型器件，主要包括绝缘栅双极型晶体管（IGBT）、电力晶体管（GTR）、电力场效应管（电力MOSFET）等。半控型及全控型器件按照驱动方式又可以分为电压驱动型、电流驱动型两类，上述分类见图 5-1。

图 5-1　电力电子器件的分类

随着半导体材料及技术的发展，新型电力电子器件不断推出，如碳化硅（SiC）、氮化镓（GaN）器件，传统电力电子器件的性能也不断提高，这成为包括开关电源在内的各种电力电子装置的体积、效率等性能指标不断提高的重要因素。了解和掌握各种电力电子器件的特性和使用方法是正确设计开关电源的基础。

在开关电源中应用的电力电子器件主要为二极管、IGBT 和 MOSFET。SCR 在开关电源的输入整流电路及其软起动中有少量应用，GTR 由于驱动较为困难、开关频率较低也逐渐被 IGBT 和 MOSFET 所取代。因而这里将主要介绍二极管、IGBT 和 MOSFET 的工作原理，主要参数及驱动方法。

5.1　二极管

二极管是最为简单但又是十分重要的一种电力电子器件，在开关电源的输入整流电路、逆变电路、输出高频整流电路以及缓冲电路中均有使用。

1. 二极管的基本结构及工作原理

开关电源中应用的二极管除电压、电流等参数与电子电路中的二极管有较大差别外，其基本结构和工作原理是相同的，都是由半导体PN结构成，即P型半导体与N型半导体结合构成，其结构见图5-2。P型半导体是在半导体中添加三价元素，因此硅原子外层缺少一个电子形成稳定结构，即形成空穴。N型半导体是在半导体中添加五价元素，因此它在形成稳定结构后半导体晶体中能给出一个多余的电子。在纯净的半导体中，空穴和电子成对出现，数量极少，所以导电能力很差。而P型或N型半导体中的空穴或自由电子数量大大增加，导电能力大大增强。在P型半导体中空穴数远远大于自由电子数，因此空穴称为多子，自由电子称为少子。在N型半导体中则相反，空穴为少子，自由电子为多子。

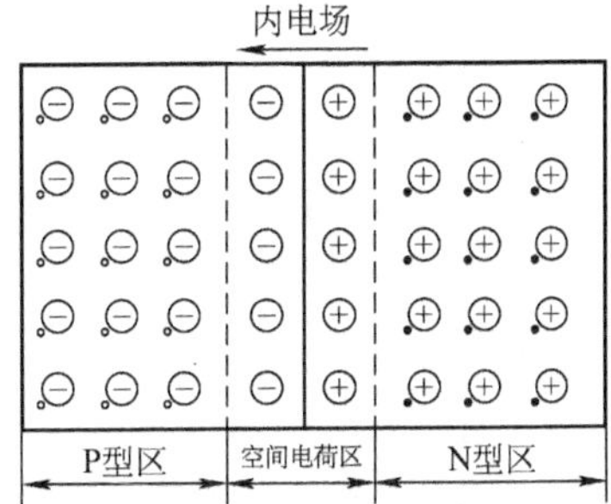

图5-2　PN结的形成

当N型半导体和P型半导体结合后构成PN结。由于交界处电子和空穴的浓度差别，造成了各区的多子向另一区的扩散运动，于是在界面两侧分别留下了带正、负电荷但不能任意移动的杂质离子。这些不能移动的正、负电荷称为空间电荷。空间电荷建立的内电场，其方向是阻止扩散运动的，另一方面又吸引对方区内的少子（对本区而言则为多子）向本区运动，即漂移运动。扩散运动和漂移运动达到平衡时，正、负空间电荷量达到稳定值，形成了一个稳定的由空间电荷构成的范围，被称为空间电荷区，通常也称为耗尽层、阻挡层或势垒区。

当PN结外加正向电压，即外加电压的正端接P区、负端接N区时，外加电场方向与内电场方向相反，内电场被削弱，使得多子的扩散运动大于少子的漂移运动，而在外电路上形成从P区至N区的电流，该电流被称为正向电流，由于电导调制效应，正向PN结在流过较大正向电流时的压降很低，表现为正向导通状态。

当PN结外加反向电压时，外加电场与内电场方向相同，使空间电荷区加宽，少子的漂移运动大于多子的扩散运动，产生自N区至P区的电流，该电流被称为反向电流。由于少子的浓度很小，因此此时的PN结表现为高阻态，被称为反向截止状态。

在PN结承受反向电压时，随着反向电压的升高，空间电荷区的宽度及电场强度的峰值均随之增加，当电场强度超过一定限度就会造成击穿。PN结的电击穿有两种形式：雪崩击穿和齐纳击穿。反向击穿发生时，只要外电路中采取了措施，将反向电流限制在一定范围内，保证PN结的耗散功率不超过允许值，PN结仍可恢复正常。如果超过了允许的耗散功率，就会导致PN结温度过高而烧毁，这种现象称为热击穿。

为提高二极管的反向耐压，可以在通常重掺杂的P型和N^+型半导体间加入一层低掺杂的N^-型半导体。在正向导通状态，P区及N^+区的大量载流子进入N^-区，使N^-区保持很低的压降。在反向截止状态，由于基本保持中性，N^-区内的电场强度基本为恒值。这样，由于空间电荷区域宽度增加，在同样的反压情况下，电场强度的峰值得以降低。采用这种结构的二极管称为P-i-N二极管。承受反压时PN及P-i-N型二极管空间电荷区的电场强度见图5-3。

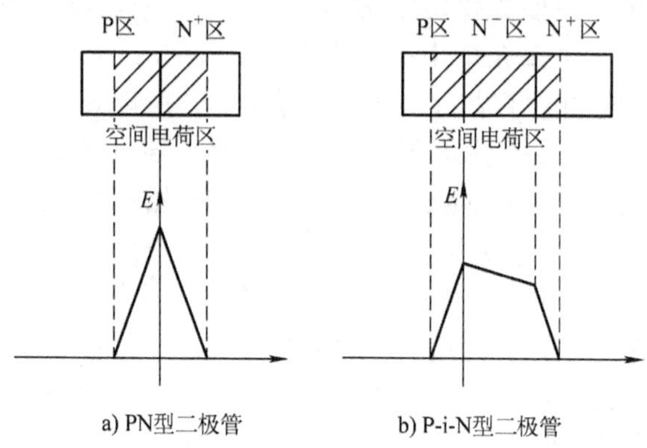

图5-3　承受反压时PN及P-i-N型二极管空间电荷区的电场强度

2. 二极管的基本特性及主要参数

二极管的静态特性（即伏安特性）见图5-4，当二极管承受的正向电压高于门槛电压U_{TO}时，正向电流才开始明显增加，转为正向导通状态。二极管导通时的正向电流I_F由外电路决定，与I_F相对应的二极管两端电压U_F即为二极管的正向压降。当对二极管施加反向电压时，只有少数载流子引起的微小的漏电流，其数值基本不随电压而变化。当反向电压超过一定数值后，二极管的反向电流迅速增大，产生雪崩击穿。

二极管的主要参数有：

（1）正向平均电流$I_{F(AV)}$　该参数是二极管电流定额中最为重要的参数，它是在指定的管壳温度（简称壳温，用T_C表示）和散热条件下，其允许流过的最大工频正弦半波电流的平均值。快恢复二极管通常采用占空比为一定数值（通常为0.5）的方波电流的平均值标注二极管的额定电流。二极管的结温（或壳温）是限制其工作电流最大值的主要因素之一，因此在实际使用时应按有效值相等的原则来选取电流定额，并同时考虑器件的散热条件，或根据工作条件直接计算结温以保证器件安全。当用在频率较高的场合时，开关损耗造成的发热往往不能忽略，因此即使不考虑安全裕量，二极管通常也必须降额使用。

（2）反向重复峰值电压 U_{RRM}　指对二极管所能重复施加的反向最高峰值电压。

（3）正向压降 U_F　指在指定温度下，流过某一指定的稳态正向电流时所对应的正向压降。正向压降越低表明其导通损耗越小。通常耐压低的二极管正向压降较低，普通整流二极管压降低于快恢复二极管。二极管的正向压降具有负温度系数，它随着结温的上升而略有下降。

（4）反向恢复电流 I_{RP} 及反向恢复时间 t_{rr}　由于二极管 PN 结中的空间电荷区存储电荷的影响，当给处于正向导通状态的二极管施加反压时，二极管不能立即转为截止状态，只有当存储电荷完全复合后，二极管才呈现高阻状态。这期间的电压电流波形见图 5-5。这一过程称为二极管的反向恢复过程。反向恢复时间 t_{rr} 通常定义为从电流下降为零至反向电流衰减至接近于零的时间。反向恢复电流及恢复时间与正向导通时的正向电流 I_F 以及电流下降率 di_F/dt 密切相关。产品手册中通常给出在一定的正向电流以及电流下降率条件下，二极管的反向恢复电流及恢复时间。图 5-5 中电流下降时间 t_f 与延迟时间 t_d 的比值称为恢复特性的软度，或称恢复系数。恢复系数越大，在同样的外电路条件下造成的反向电压过冲 U_{RP} 较小。反向恢复电流小、恢复时间短的快速软恢复二极管是开关电源高频整流部分的理想器件。

在一定的工艺和材料水平下，二极管的反向恢复特性与正向通态压降存在折中关系，反向恢复特性好的器件通常正向压降较高，许多厂家一般都有多个产品系列供用户选择以适应不同场合的应用要求。

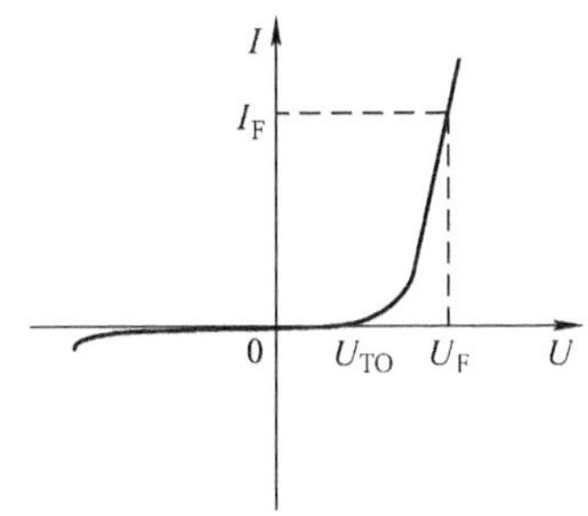

图 5-4　二极管的静态特性

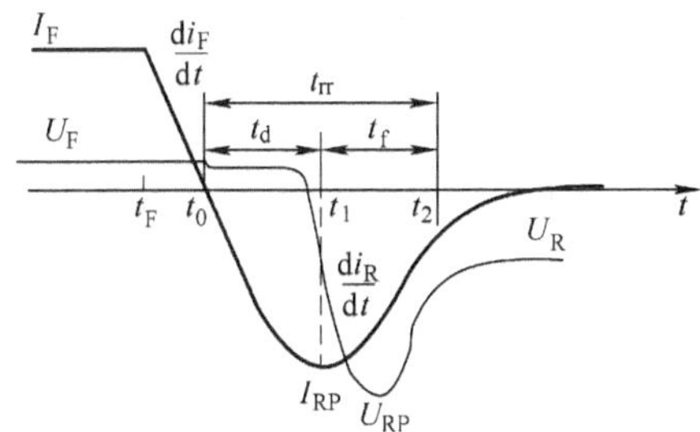

图 5-5　二极管的反向恢复过程

3. 二极管的主要类型

二极管在开关电源中有大量应用，按照正向压降、反向耐压、反向漏电流等性能，特别是反向恢复特性的不同，在应用时应根据不同场合的不同要求，选择不同类型的二极管。常用的二极管可以分为以下三类：

（1）普通二极管　普通二极管又称整流二极管，多用于开关频率不高（1kHz 以下）的整流电路中。其反向恢复时间较长，一般在 5μs 以上，在参数表中甚至不列出这一参数，这在开关频率不高时并不重要。但其正向压降低，正向电流定额和反向电压定额可以达到很高，分别可达数千安和数千伏以上。

（2）快恢复二极管（Fast Recovery Diode，FRD）　反向恢复过程很短（5μs 以下）的二极管，也简称快速二极管。工艺上多采用了掺金措施，结构上有的采用 PN 结型结构，有的采用改进的 PiN 结构。其正向压降高于普通二极管（1～2V 左右），反向耐压多在 1200V 以下。从性能上可分为快速恢复和超快速恢复两个等级。前者反向恢复时间为数百纳秒或更长，后者则在 100ns 以下，甚至达到 20～30ns。

（3）肖特基二极管　以金属和半导体接触形成的势垒为基础的二极管称为肖特基势垒二极管（Schottky Barrier Diode，SBD），简称为肖特基二极管。与以 PN 结为基础的二极管相比，肖特基二极管具有正向压降低（0.4～0.8V）、反向恢复时间很短（10～40ns）的优点。肖特基二极管的弱点在于：采用传统硅材料制成的器件反向漏电流较高，并随着结温的升高而显著上升，而且其正向压降随着耐压的上升迅速增大，因此目前基于硅材料的肖特基二极管其耐压多低于 200V，多用于低压场合。

近年来，随着新型材料碳化硅（SiC）的发展，采用碳化硅制成的肖特基二极管的性能大幅度提升，商用化器件耐压已达到 1700V 以上，反向恢复特性显著优于常规的硅快恢复二极管，且漏电流很小，正向通态压降与硅快恢复二极管基本相当。由于碳化硅二极管优良的反向恢复特性，使其在升压型 PFC 电路、高频整流电路等应用场合具有显著的优势。其缺点是目前的价格仍然较高。

5.2　电力 MOSFET

电力 MOSFET 是近年来发展最快的全控型电力电子器件之一。它显著的特点是用栅极电压来控制漏极电流，因此所需驱动功率小、驱动电路简单；又由于是靠多数载流子导电，没有少数载流子导电所需的存储时间，是目前开关速度最高的电力电子器件，在小功率电力电子装置中是应用最为广泛的器件。

5.2.1　结构和工作原理

电力 MOSFET 与电子电路中应用的 MOSFET 类似，按导电沟道可分为 P 沟道和 N 沟道。在电力 MOSFET 中，应用最多的是绝缘栅 N 沟道增强型。电力 MOSFET 在导通时只有一种极性的载流子（多子）参与导电，属单极型晶体管。与小功率 MOS 管不同的是电力 MOSFET 的结构大都采用垂直导电结构，以提高器件的耐压和耐电流能力。现在应用最多的是具有垂直导电双扩散 MOS 结构的 VDMOSFET（Vertical Double - diffused MOSFET）。

电力 MOSFET 器件由多个小 MOSFET 元胞（cell）组成，不同生产厂家设计的元胞形状和排列方式不同。美国 IR 公司采用 VDMOS 技术生产的电力 MOSFET 称为 HEXFET，具有六边形元胞结构。西门子公司的 SIPMOSFET 采用了正方形单元。图 5-6a 是 N 沟道增强型 VDMOS 中一个元胞的结构图，图 5-6b 为电力 MOSFET 的电气图形符号。

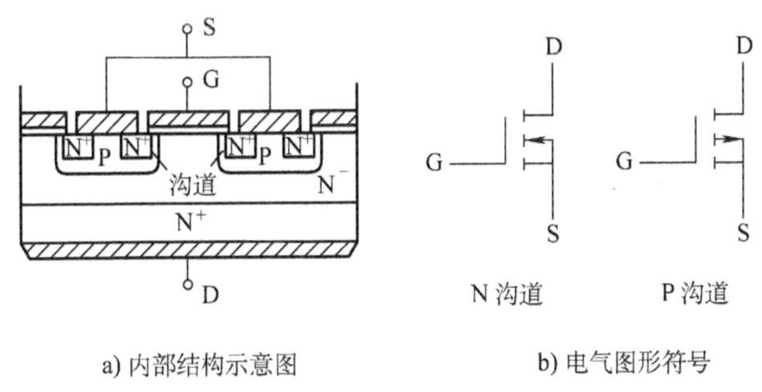

a) 内部结构示意图　　b) 电气图形符号

图 5-6　电力 MOSFET 结构和电气符号

由图 5-6a 可以看出，对于 N 沟道增强型 VDMOS，当漏极接电源正极，源极接电源负极，栅源间电压为零时，由于 P 体区与 N^- 漂移区形成的 PN 结为反向偏置，故漏源之间不导电。如果施加正电压 U_{GS} 于栅源之间，由于栅极是绝缘的，没有栅极电流流过。但栅极的正电压会将 P 区中的少子——电子吸引到栅极下面的 P 区表面。当 U_{GS} 大于开启电压 U_T 时，栅极下 P 区表面的电子浓度将超过空穴浓度，从而使 P 型反型成 N 型，形成反型层，该反型层形成 N 沟道使 PN 结消失，漏极和源极之间形成导电通路。栅源电压 U_{GS} 越高，反型层越厚，导电沟道越宽，则漏极电流越大。漏极电流 I_D 不仅受到栅源电压 U_{GS} 的控制，而且与漏极电压 U_{DS} 也密切相关。以栅源电压 U_{GS} 为参变量反映漏极电流 I_D 与漏极电压 U_{DS} 间关系的曲线族称为 MOSFET 的输出特性，漏极电流 I_D 和栅源电压 U_{GS} 的关系反映了输入控制电压与输出电流的关系，称为 MOSFET 的转移特性，见图 5-7。

电力 MOSFET 的开关过程见图 5-8。在开通过程中，由于输入电容的影响，栅极电压 u_{GS} 呈指数规律上升，当 u_{GS} 上升到开启电压 U_T 时，MOSFET 开始导通，漏极电流 i_D 随着 u_{GS} 的上升而增加。当 u_{GS} 达到使 MOSFET 进入非饱和区的栅压 U_{GSP} 后，MOSFET 进入非饱和区，此时虽然 u_{GS} 继续升高，但 i_D 已不再变化。从 u_{GS} 开始上升至 MOSFET 开始导通间的时间称为开通延迟时间 $t_{d(on)}$，u_{GS} 从 u_T 上升到 U_{GSP} 的时间段称为上升时间 t_r。MOSFET 的开通时间定义为开通延

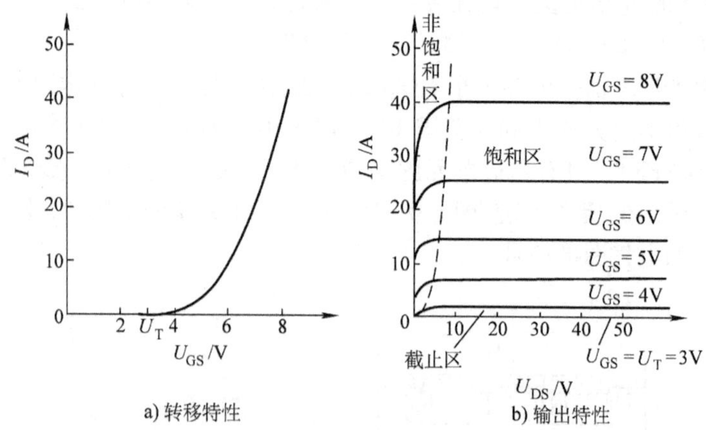

a) 转移特性　　b) 输出特性

图 5-7　电力 MOSFET 的转移特性及输出特性

迟时间与上升时间之和。

关断时，同样由于输入电容的影响，u_{GS}呈指数规律下降，当u_{GS}呈低于U_{GSP}时，漏极电流i_D开始下降，直至u_{GS}低于开启电压U_T，i_D下降到零。从u_{GS}开始下降至 MOSFET 开始关断的时间称为关断延迟时间$t_{d(off)}$。u_{GS}从U_{GSP}下降到$u_{GS}<U_T$时沟道消失，i_D从通态电流下降到零为止的时间段称为下降时间t_f。MOSFET 的关断时间t_{off}定义为关断延迟时间和下降时间之和。

MOSFET 只靠多子导电，不存在少子储存效应，因而关断过程非常迅速，开关时间在 10～100ns 之间，工作频率可达 100kHz 以上，是常用电力电子器件中最高的。

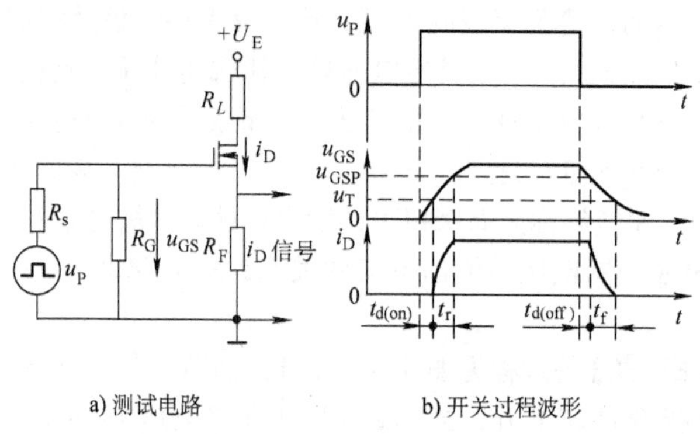

a) 测试电路　　b) 开关过程波形

图 5-8　电力 MOSFET 的开关过程

由于电力 MOSFET 结构所致，源漏间形成一个寄生的反并联二极管，使漏

极电压 U_{DS} 为负时呈现导通状态，也称本体二极管，它是与 MOSFET 构成一个不可分割的整体，这样虽然在许多应用中简化了电路，减少了元器件数量，但由于本体二极管的反向恢复时间较长，在高频应用时必须注意其影响。

5.2.2 主要参数

电力 MOSFET 的主要参数有：

（1）漏源击穿电压 U_{DSS} U_{DSS} 通常为结温在 25 ~ 150℃之间，漏源极的击穿电压。该参数限制了 MOSFET 的最高工作电压，常用的 MOSFET 的 U_{DSS} 通常在 1000V 以下，尤其以 500V 及以下器件的各项性能最佳。需要注意的是常用的 MOSFET 的漏源击穿电压具有正温度系数，因此在温度低于测试条件时，U_{DSS} 会低于产品手册数据。

（2）漏极连续电流额定值 I_D 和漏极脉冲电流峰值 I_{DM} 这是标称电力 MOSFET 电流定额的参数，一般情况下，I_{DM} 是 I_D 的 2 ~ 4 倍。工作温度对器件的漏极电流影响很大，产品的生产厂商通常也会给出不同壳温下，允许的漏极连续电流变化情况。在实际器件参数计算时，必须考虑其损耗及散热情况得出壳温，由此核算器件的电流定额。通常在壳温为 80 ~ 90℃时，器件可用的连续工作电流只有 $T_C = 25℃$ 额定值 I_D 的 60% ~70%。

（3）漏源通态电阻 $R_{DS(on)}$ 该参数是在栅源间施加一定电压（10 ~ 15V）时，漏源间的导通电阻。漏源通态电阻 $R_{DS(on)}$ 直接影响器件的通态压降及损耗，通常额定电压低、电流大的器件 $R_{DS(on)}$ 较小。此外，$R_{DS(on)}$ 还与驱动电压及结温有关。增大驱动电压可以减小 $R_{DS(on)}$。$R_{DS(on)}$ 具有正的温度系数，随着结温的升高而增加，这一特性使 MOSFET 并联运行较为容易。

（4）栅源电压 U_{GSS} 由于栅源之间的 SiO_2 绝缘层很薄，当 $|U_{GS}| > 20V$ 将导致绝缘层击穿。因此在焊接、驱动等方面必须注意。

（5）跨导 G_{fs} 在规定的工作点下，MOSFET 转移特性曲线的斜率称为该器件的跨导。即

$$G_{fs} = \frac{dI_D}{dU_{GS}}$$

（6）极间电容 MOSFET 的三个电极之间分别存在极间电容 C_{GS}、C_{GD} 和 C_{DS}。一般生产厂商提供的是漏源极短路时的输入电容 C_{iss}、共源极输出电容 C_{oss} 和反向转移电容 C_{rss}。它们之间的关系是

$$C_{iss} = C_{GS} + C_{GD} \tag{5-1}$$

$$C_{rss} = C_{GD} \tag{5-2}$$

$$C_{oss} = C_{GD} + C_{DS} \tag{5-3}$$

尽管电力 MOSFET 是用栅源间电压驱动，阻抗很高，但由于存在输入电容

C_{iss}，开关过程中驱动电路要对输入电容充放电。这样，用做高频开关时，驱动电路必须具有很低的内阻抗及一定的驱动电流能力。

5.2.3 新型 MOSFET 器件简介

MOSFET 器件近年来发展十分迅速，主要体现在结构、加工工艺及结构封装（如 DirectFET）等方面。在高压 MOSFET 器件方面，具有代表性的新型器件是 CoolMOS，在低压领域各厂家均在工艺及结构封装方面做出许多改进，大大提高了器件的性能。

传统的 MOSFET 结构为保证器件的耐压，需要增加低掺杂外延层的厚度，从而使高压器件的导通电阻近似与其耐压的 2.4 ~2.6 次方成正比，而 CoolMOS（又称超级结器件 MOSFET）基于电荷补偿原理，由一系列的 P 型和 N 型半导体薄层交替排列组成，结构见图 5-9。在截止态时，由于 P 型和 N 型层中的耗尽区电场产生相互补偿效应，使 P 型和 N 型层的掺杂浓度可以做得很高而不会引起器件击穿电压的下降。导通时，这种高浓度的掺杂使器件的导通电阻明显降低，可以将外延层部分的导通电阻降低至传统 MOSFET 的 20%，由于导通损耗的降低，发热减少，故称 CoolMOS。

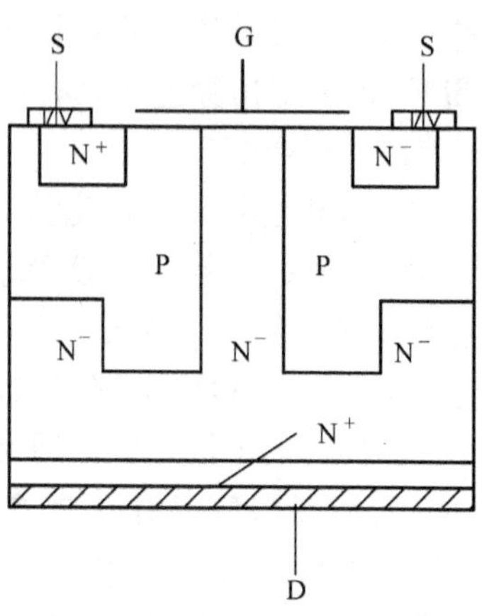

图 5-9　CoolMOS 的剖面原理图

为降低 MOSFET 的导通电阻，器件生产厂商还采用沟槽型（Trench）工艺结构，见图 5-10。对比两种器件的结构可以看出，常规 VDMOS 导通电阻主要由沟道电阻、JFET 电阻和外延层电阻构成，而沟槽型 MOSFET 中已没有了 JFET 这个寄生结构，这大大减小了器件的导通电阻，特别是对于低压 MOS 效果尤其明显。沟槽型 MOSFET 带来的另外一个优点是垂直沟道与横向沟道相比，芯片面积将进一步减小。

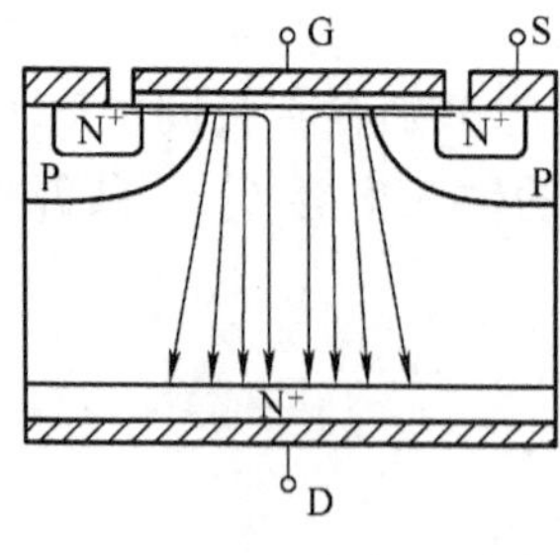

a) VDMOS

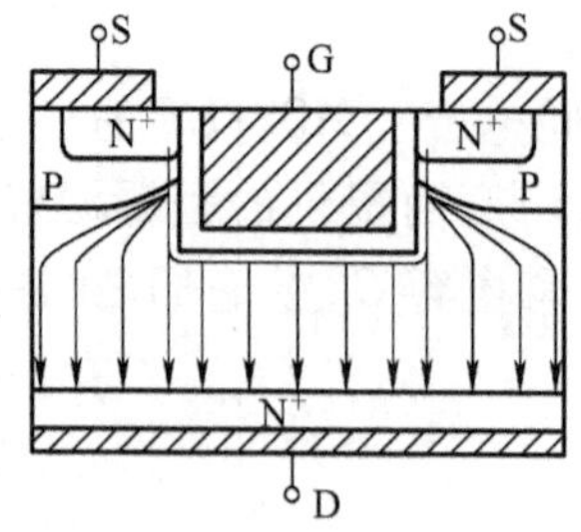

b) 沟槽型MOSFET

图 5-10　沟槽型 MOSFET 与 VDMOS 结构及电流路径对比

5.3 绝缘栅双极型晶体管（IGBT）

电力 MOSFET 具有驱动方便、开关速度快等优点，但导通后呈现电阻性质，在电流较大时的压降较高，而且器件的容量较小，仅能适用于小功率装置。大功率晶体管 GTR 的饱和压降低、容量大，但其为电流驱动，驱动功率较大，开关速度低。20 世纪 80 年代出现的绝缘栅双极型晶体管（IGBT）是把 MOSFET 与 GTR 复合形成，除具有 MOSFET 的电压型驱动、驱动功率小的特点，同时具有 GTR 饱和压降低和可耐高电压和大电流等一系列应用上的优点，开关频率虽低于 MOSFET，但高于 GTR。目前 IGBT 已基本取代了 GTR，成为当前在工业领域应用最广泛的电力电子器件。

5.3.1 结构与工作原理

图 5-11 绘出了 IGBT 的结构和等效电路。当器件承受正向电压，而栅极驱动电压小于阈值电压时，IGBT 的 N^- 层与 P^- 层间的 PN 结 J2 反偏，IGBT 处于关断状态。当驱动电压升高至阈值电压时，由于其电场的作用，在栅极下 P^- 区中就会出现一条导电沟道，从而使 IGBT 开始导通。此时 J3 处于正偏状态，因而有大量空穴从 P^+ 区注入 N^- 区域，使 N^- 区域中的载流子浓度大大增加，产生电导调制效应，降低了 IGBT 的正向压降。当撤去栅极电压后，栅极下的导电沟道消失，从而停止了从 N^+ 区经导电沟道向 N^- 区的电子注入，IGBT 开始进入关断过程。但由于 IGBT 在正向导通时 N^- 区（基区）含有大量载流子，因而它并不能立刻关断，直到 N^- 区中的剩余载流子消失，IGBT 才进入阻断状态，这样 IGBT 的关断延迟时间 $t_{d(off)}$ 比 MOSFET 要长一些。

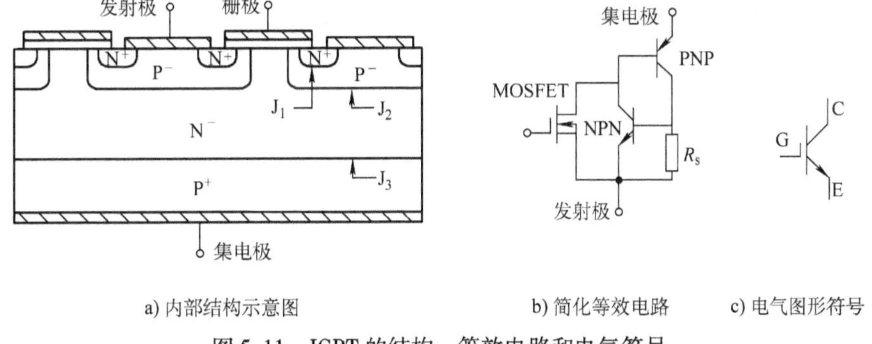

a) 内部结构示意图　　b) 简化等效电路　　c) 电气图形符号

图 5-11　IGBT 的结构、等效电路和电气符号

图 5-12 绘出了正向导通状态下 IGBT 内部的电流流动状态。图中电子电流 I_e流经 MOSFET 并给 PNP 型晶体管提供基极电流，流过 PNP 晶体管的空穴电流

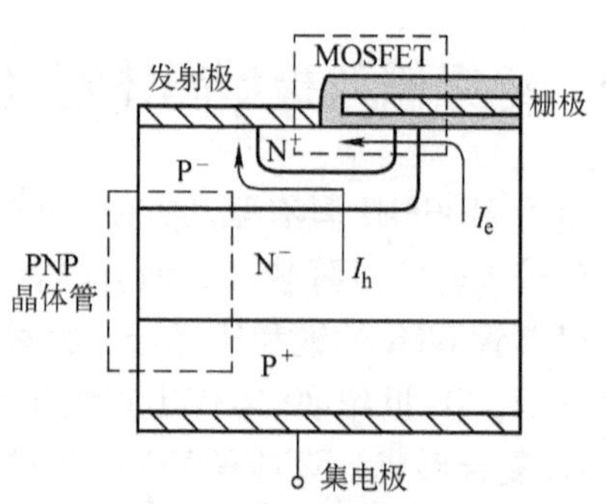

图 5-12 正向导通状态下 IGBT 的内部电流状态

I_h也在图中绘出。这两部分电流存在关系为

$$I_h + I_e = I_E \qquad (5\text{-}4)$$

$$I_h = \left(\frac{\alpha_{PNP}}{1-\alpha_{PNP}}\right)I_e \qquad (5\text{-}5)$$

其中，I_E为 IGBT 发射极电流，α_{PNP}为 PNP 晶体管的电流放大系数。

与 MOSFET 类似，IGBT 集电极电流与栅射电压间的关系称为转移特性，集电极电流与栅射电压、集射电压之间的关系为输出特性，见图 5-13。从图中可以看出，当栅射电压高于开启电压 $U_{GE(th)}$ 时 IGBT 开始导通，$U_{GE(th)}$ 的值一般为 2 ~6V。

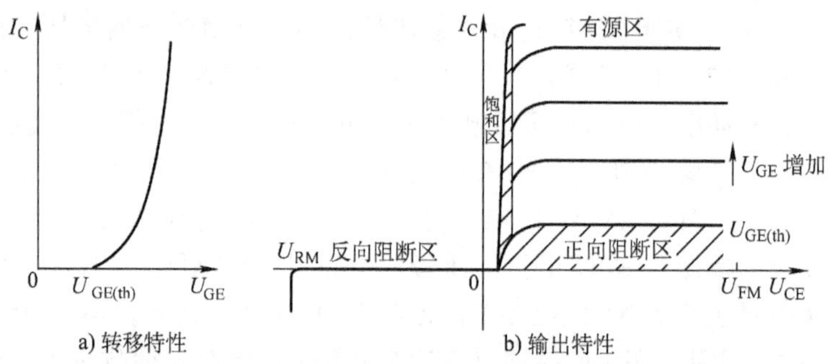

图 5-13 IGBT 的转移特性和输出特性

IGBT 的开关过程见图 5-14。在开通过程中，IGBT 等效的 MOSFET 起主要作用，因此该过程与 MOSFET 十分相似。从驱动电压 u_{GE}上升至其幅值的 10% 至集电极电流 i_C上升到稳态值的 10% 的时间称为开通延迟时间 $t_{d(on)}$，i_C从 10% 稳态值上升至 90% 稳态值的时间称为上升时间 t_r。IGBT 的开通时间定义为开通延迟时间与上升时间之和。在 IGBT 开通过程中，集射极电压 u_{CE}的下降过程分为陡降阶段 t_{fv1} 和缓降阶段 t_{fv2}。第一段是由于 MOSFET 迅速导通形成，第二阶段中由于 MOSFET

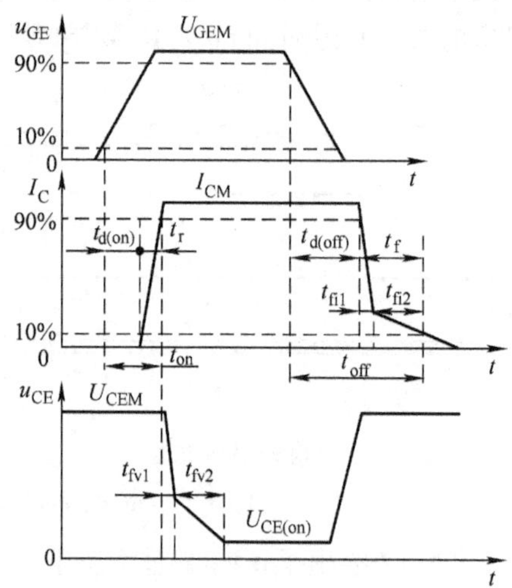

图 5-14 IGBT 的开关过程

的栅漏电容增加，而且 IGBT 中的 PNP 晶体管由放大状态转入饱和导通状态也需要一个过程，因此电压下降较缓慢。

IGBT 关断过程中，从驱动电压 u_{GE}下降至其幅值的 90% 到集电极电流 i_C下降为稳态值的 90% 的时间称为关断延迟时间 $t_{d(off)}$，集电极电流 i_C从稳态值的 90% 下降至 10% 的时间称为下降时间 t_f，两者之和为关断时间 t_{off}。同样，集电极电流 i_C的下降过程也分为陡降阶段 t_{fi1}和缓降阶段 t_{fi2}，第一段也是由于 MOSFET 快速关断所形成，第二段则是由于 N 基区中的少子复合缓慢造成，此阶段的电流又称为拖尾电流。较长时间的拖尾电流会产生较大的关断损耗。

5.3.2 主要参数

除了上述的各项动态参数外，IGBT 的主要参数还包括：

（1）最大集射极间电压 U_{CES}　该参数决定了器件的最高工作电压，这是由内部 PNP 晶体管所能承受的击穿电压确定的。

（2）最大集电极电流　包括在一定的壳温下额定直流电流 I_C和 1ms 脉宽最大电流 I_{CP}。不同厂商产品的标称电流通常为壳温 25℃或 80℃条件下的额定直流电流 I_C。该参数与 IGBT 的壳温密切相关，而且由于器件实际工作时的壳温一般都较高，所以设计中必须加以重视。

（3）最大集电极功耗 P_{CM}　在一定的壳温下 IGBT 允许的最大功耗，该功耗将随壳温升高而下降。

（4）集射饱和压降 $U_{CE(sat)}$　栅射间施加一定电压，在一定的结温及集电极电流条件下，集射间饱和通态压降。此压降在集电极电流较小时呈负温度系数，在电流较大时为正温度系数，这一特性使 IGBT 并联运行也较为容易。

（5）栅射电压 U_{GES}　与 MOSFET 相似，当 $|U_{GE}| > 20V$ 将导致绝缘层击穿。因此在焊接、驱动等方面必须注意。

（6）跨导 G_{fs}　在规定的工作点下，IGBT 转移特性曲线的斜率称为该器件的跨导，即

$$G_{fs} = \frac{dI_C}{dU_{GE}}$$

（7）极间电容　IGBT 的三个电极之间分别存在极间电容，一般生产厂商提供的是输入电容 C_{ies}、输出电容 C_{oes}和反向转移电容 C_{res}。它们之间的关系与式(5-1)～式(5-3)相似。

5.3.3 IGBT 的发展及新型结构工艺简介

随着 IGBT 技术的不断发展，其结构设计和工艺技术也发生了较大的变化，得到了不断改进和创新。先后相继开发出平面穿通型 IGBT（PT－IGBT)、非穿

通型 IGBT（NPT－IGBT）、沟槽型 IGBT（Trench IGBT）和场截止型 IGBT（Field stop IGBT）等多种类型，其电气性能及价格不断改善。

最初的 PT－IGBT 采用的是类似平面 VDMOS 的结构，只是用 P＋衬底代替 N＋衬底，并在其上生长缓冲层和外延层后制成。PT－IGBT 的正向导通特性好，但关断速度慢，而且呈现负温度系数，不利于器件的并联使用，温度稳定性也不够理想。针对这些缺点，在器件中去掉 PT 型 IGBT 的高掺杂的 N＋缓冲层，通过增加承受阻断电压的漂移区厚度，使高电压下不会产生耗尽层穿通现象，因而被称为其非穿通（NPT）IGBT 结构。PT 型 IGBT 与 NPT 型 IGBT 结构和电场分布对比见图 5-15。这种 NPT 型结构中少子寿命长，明显改善了关断的延迟，开关速度不依赖温度变化，在工作温度范围内保持相对稳定，易于实现高耐压。同时制造成本也大幅度降低。

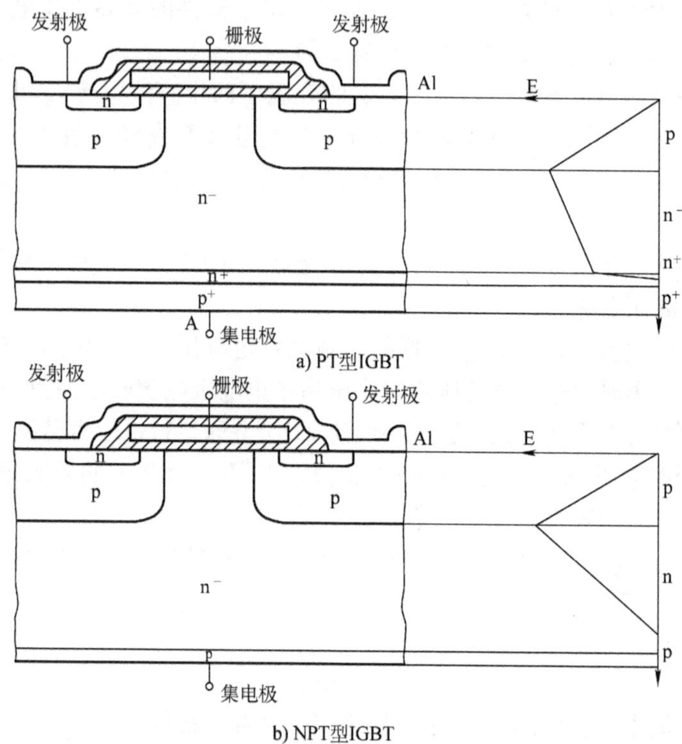

图 5-15　PT 型 IGBT 与 NPT 型 IGBT 结构和电场分布对比

NPT－IGBT 的缺点是当阻断电压提高时，漂移区厚度急剧增加，使器件导通压降偏高。电场截止型（FS）IGBT 吸收了 PT 型和 NPT 型两类器件的优点，在薄发射区下增加一 N 缓冲区，其掺杂浓度低于 PT 型，但比漂移区浓度高，于是电场在其中的分布与 PT 型类似呈斜角梯形，使 IGBT 在高阻断电压下在漂移区的电场在 N 区中止，从而可以减少漂移区的厚度，降低通态压降，但同时还能保持 NPT 型压降为正温度系数的特征。

采用类似于沟槽型 MOS 工艺结构对 IGBT 进行改进，采用沟槽栅结构代替平面栅，同样可以加宽导电沟道并消除 JFET 电阻，从而改善导通性能。此类 IGBT 被称为沟槽型（Trench）IGBT。

5.4 MOSFET 及 IGBT 的驱动及保护

5.4.1 MOSFET 及 IGBT 的驱动

驱动电路是电力电子主电路与控制电路之间的接口，是实现主电路中的电力电子器件按照预定设想运行的重要环节。采用性能良好的驱动电路可以使电力电子器件工作在较理想的开关状态，缩短开关时间，减小开关损耗。此外对器件或整个装置的一些保护措施也往往设在驱动电路中，或通过驱动电路实现，因此驱动电路对装置的运行效率、可靠性和安全性都有重要的影响。

驱动电路的基本任务是将控制电路发出的信号转换为加在电力电子器件控制端和公共端之间，可以使其开通或关断的信号。同时驱动电路通常还具有电气隔离及电力电子器件的保护等功能。电气隔离是实现主电路及控制电路间电量的隔离，在含有多个开关器件的电路中电气隔离通常是保证电路正常工作的必要环节，同时电气隔离可以减少主电路开关噪声对控制电路的影响并提高控制电路的安全性。电气隔离一般采用光隔离（如光电耦合器）或磁隔离（如脉冲变压器）来实现。

MOSFET 及 IGBT 均为电压驱动型器件，其静态输入电阻很大，所以需要的驱动功率较小。但由于栅源间、栅射间存在输入电容，当器件高频通断时电容频繁充放电，为快速建立驱动电压，要求驱动电路输出电阻小，且具有一定的驱动功率。因为它们具有类似的驱动特性，在一定范围内可以互换使用。

1. MOSFET 的驱动

使 MOSFET 开通的栅源极间驱动电压一般取 10～15V，在器件关断时，对器件施加反压可减小关断时间，保证器件可靠关断，反压一般为 0～－15V。此外，在栅极驱动回路中通常需串入一只低值电阻（数欧至数十欧左右）以减小寄生振荡，该电阻阻值应随被驱动器件电流额定值的增大而减小。

图 5-16 为一种采用光电耦合器作为电气隔离的 MOSFET 驱动电路，由电气隔离及放大电路两部分构成。这种方案可以获得很好的输出驱动波形，但由于光电耦合器响应时间的限制，在开关频率较高时会产生显著的延时，而且需要一组独立的驱动电源。

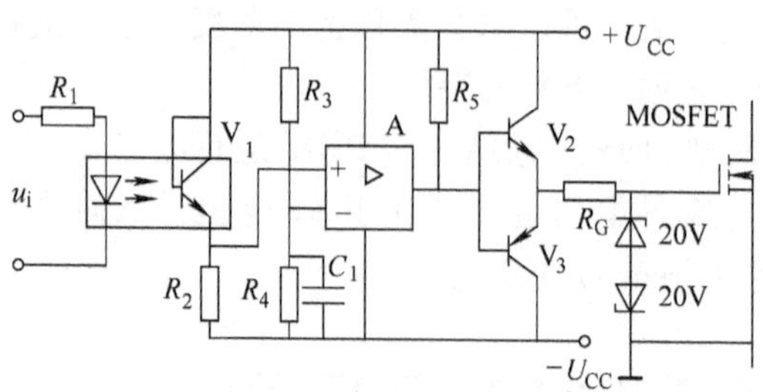

图 5-16　一种采用光电耦合器的 MOSFET 驱动电路

图 5-17 为采用脉冲变压器进行电气隔离的 MOSFET 驱动电路。该电路不需要独立的驱动电源，延时较小，但输出驱动波形不易控制，输出驱动脉冲的宽度不能大范围调节，而且输出宽脉冲时，脉冲变压器容易饱和，使其体积增大，因此主要应用于开关频率较高的电路。

目前市场上有多种类型的 MOSFET 驱动芯片，其中一类为不隔离的，例如 MIC4451/4452、TC1411 等，其结构除不含光耦、输入电平要求及输出驱动能力有差别外，与图 5-16 所示驱动电路工作原理基本相同。图 5-18 为 MIC4451/4452 的内部结构。另一类常见的 MOSFET 栅极集成驱动器为高压浮动 MOS 栅极驱动集成电路，例如 IR 公司生产的 IR21xx 系列，该集成电路将驱动一高压侧和一低压侧 MOSFET 所需的绝大部分功能集成在一个封装内，它们依据自举原理工作，驱动高压侧和低压侧两只器件时不需要独立的驱动电源，因而使电路得到简化，而且开关速度快，可得到理想的驱动波形。

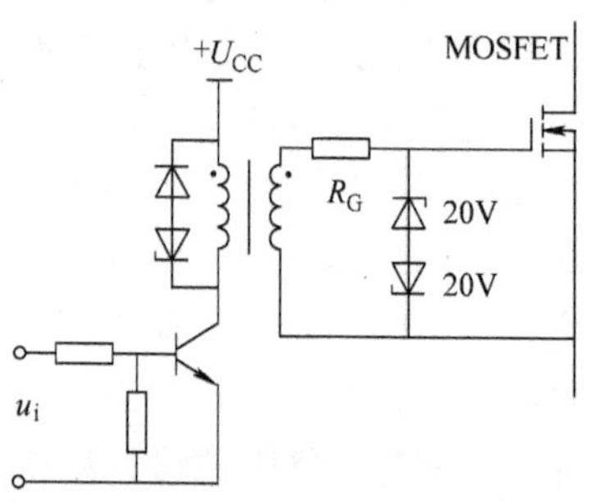

图 5-17　采用脉冲变压器的 MOSFET 驱动电路

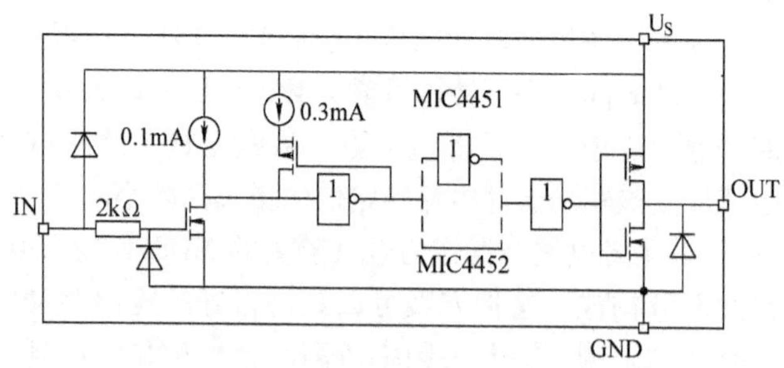

图 5-18　MIC4451/4452 的原理框图

IR2110 为该系列产品之一，该芯片有两个独立的输入输出通道，隔离电压为 500V，驱动脉冲最大延迟时间为 10ns，栅极驱动电压为 10 ~ 20V；电源电压范围为 5 ~ 12V；逻辑输入端采用施密特触发器，以提高抗干扰能力和接收缓慢上升的输入信号；在电压过低时有自关断等保护功能。图 5-19 为 IR2110 的原理框图。IR2110 的应用电路见图 5-20。

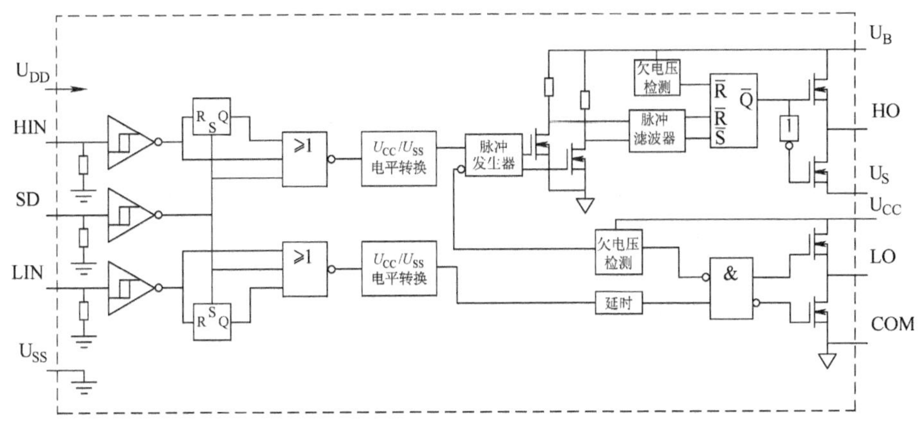

图 5-19　IR2110 的原理框图

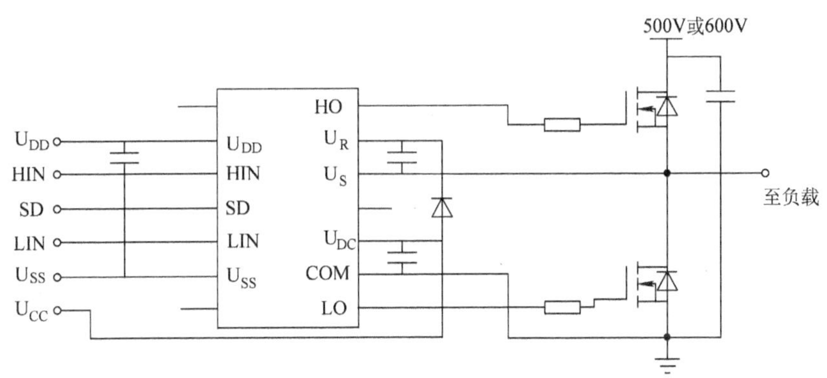

图 5-20　IR2110 的典型应用电路

2. IGBT 的驱动

IGBT 的输入特性与 MOSFET 基本相同，驱动电路的结构和特点也极为相似。使 IGBT 开通的驱动电压略高于 MOSFET，一般取 15V。在器件关断时，最好对器件施加反压以保证器件可靠关断，负驱动电压一般取 -5 ~ -15V。

对于小功率的 IGBT 也可以采用图 5-16、图 5-17 所示电路以及 IR 公司的 IR2110 等驱动集成电路进行驱动。对于大功率的 IGBT 器件多采用具有保护功能的专用混合集成驱动器，常用的有三菱公司的 M579xx 系列（如 M57962L 和 M57959L)、富士公司的 EXB 系列（如 EXB840、EXB841、EXB850 和 EXB851 等）及 CONCEPT 的 2SD315A。这些混合集成电路驱动器内部都具有退饱和检测和保护环节，当发生过电流时能够迅速响应，慢速关断 IGBT 以避免过高的关断尖峰电压，同时向控制电路发出故障信号。图 5-21 为 M57962L 的原理及典型应用电路图。表 5-1 为 M57962L 驱动模块的主要性能参数。

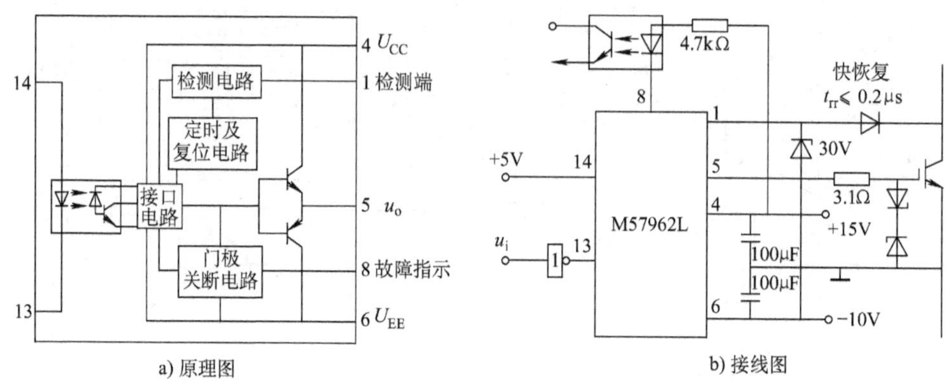

图 5-21　M57962L 型 IGBT 驱动器的原理和接线图

表 5-1　M57962L 的主要性能参数

项目	参数
电源电压/V	U_{CC}：14 ~ 15，U_{EE}：−7 ~ −10
输入驱动电压/V	4.75 ~ 5.25
输入驱动电流/mA	16（驱动电压为 5V 时）
输出驱动电流/A	±5
输出上升沿延时/μs	<1.5
输出下降沿延时/μs	<1.5
保护复位时间/ms	1 ~ 2
故障信号输出电流/mA	5

CONCEPT 生产的 2SD315A 驱动模块的功能更加完善，一个驱动模块内设置了两组独立的驱动电路，而且模块内还包含了所需的驱动电源。2SD315A 适合于驱动 1200V 和 1700V 的 IGBT，具有短路和过电流保护功能，峰值驱动电流可达 ±15A。图 5-22 为 2SD315A 的内部结构和应用电路图（图中虚线左侧为模块内部电路），表 5-2 为其主要性能参数。

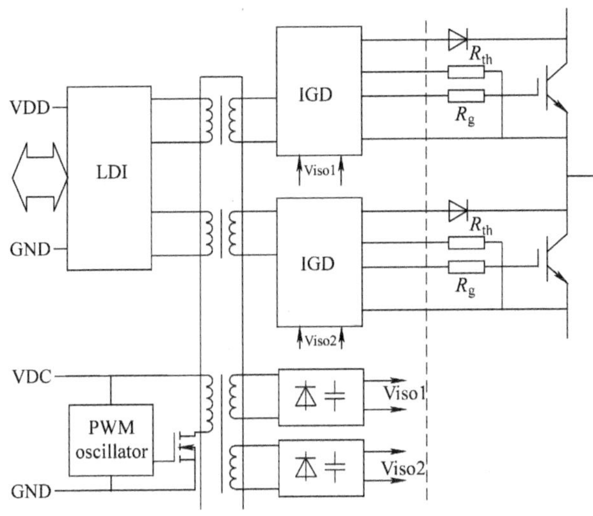

图 5-22　2SD315A 内部结构及应用电路图

表 5-2　2SD315A 的主要性能参数

项目	参数
内置 DC-DC 变换器电源电压/V	15
内置 DC-DC 变换器功率/W	6
控制电路电源电压/V	15
输出驱动电流/A	±15
输出上升沿延时/ns	300
输出下降沿延时/ns	350
保护复位时间/s	1

5.4.2　MOSFET 及 IGBT 的保护

电力电子器件的过载能力较弱，需要采取有效措施对其进行保护。由电源、负载等外因所引起的过电压、过电流分别可以采用诸如设置压敏电阻、专门的过电流保护电子电路或采用上面所述具有保护功能的驱动电路实现保护。此外，电力电子器件的开关速度较快，由于分布电容和电感的影响，会使电力电子器件在开通和关断时产生过电压或过电流，对此需采用缓冲电路（Snubber Circuit）对其进行抑制。

缓冲电路又称吸收电路，主要用于抑制器件在开关过程中产生的过电压、过电流、限制 du/dt 和 di/dt，并减小器件的开关损耗。缓冲电路可分为关断缓冲电路（du/dt 抑制电路）和开通缓冲电路（di/dt 抑制电路）。这里主要介绍常用的关断缓冲电路。

图 5-23 为充放电型 RCD 缓冲电路，此电路是在开关器件两端并联由电阻、电容和二极管组成的缓冲电路。图 5-24 为关断时的器件的负载线。当开关器件关断时，负载电流经 VD_S、C_S 流通，由于负载电流对 C_S 充电，使其电压逐渐上升，从而抑制了器件两端的电压上升率，负载线由 A 经过 D 到达 C。由此可见，缓冲电路不仅降低了器件的关断损耗，而且抑制了可能出现在器件两端的尖峰电压。图 5-25 为另两种常用的缓冲电路，其中 *RC* 缓冲电路主要用于小容量器件，而放电阻止型 RCD 缓冲电路用于中或大容量器件。

充放电型 RCD 缓冲电路及 *RC* 缓冲电路，不仅能抑制可能出现在器件两端的尖峰电压，而且可以降低器件的关断损耗，但缓冲电路中电阻的功耗较高，因此主要应用于中小容量的电路。放电阻止型 RCD 缓冲电路的损耗较小，但仅能对高于电源电压的尖峰电压进行抑制，不能降低器件的开关损耗。

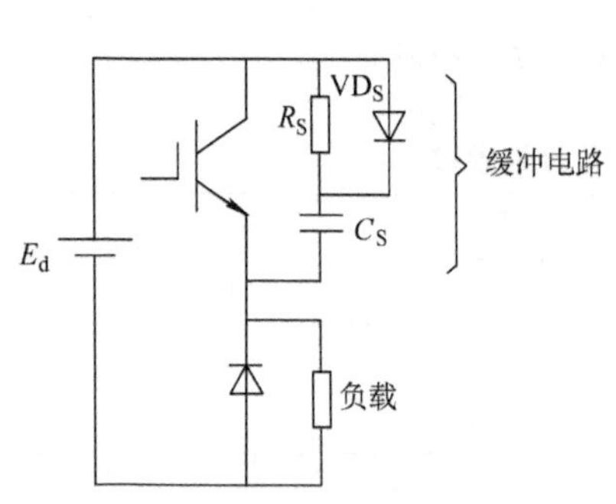

图 5-23　充放电型 RCD 缓冲电路

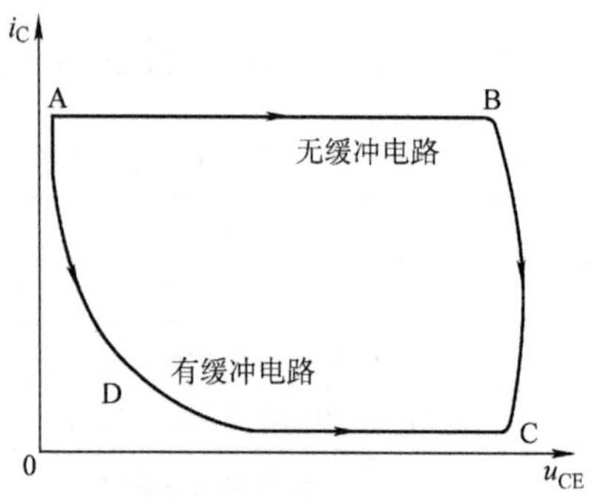

图 5-24　关断时的负载线

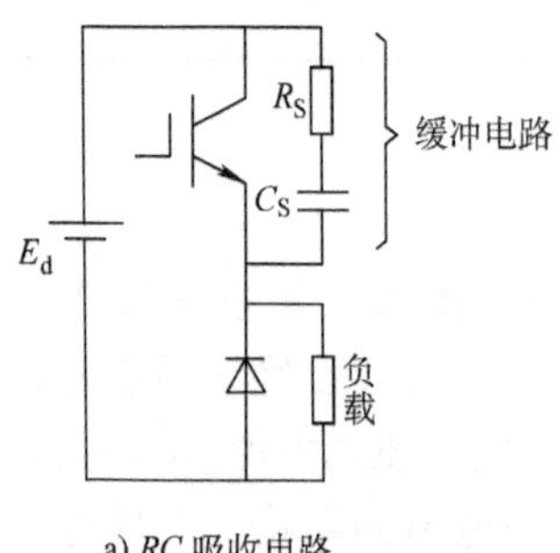

a) *RC* 吸收电路

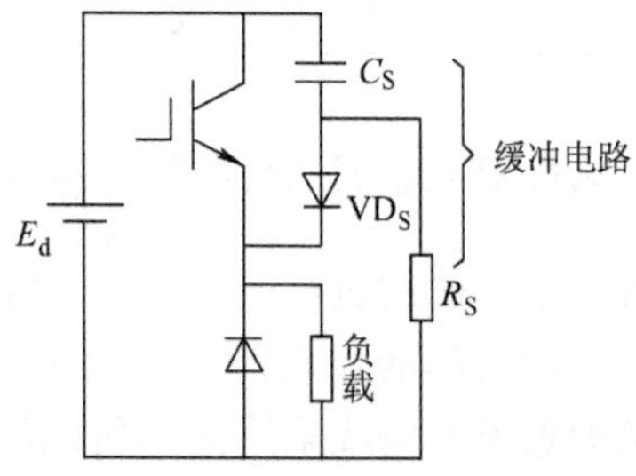

b) 放电阻止型 RCD 吸收电路

图 5-25　另外两种常用的缓冲电路

对于广泛应用的电压型逆变电路，常用的几种缓冲电路见图 5-26。图 5-26a 是一种最简单的结构，在模块的引线端之间接入一个高频无感电容对直流电压进行钳位，以抑制由于直流母线分布电感引起的器件两端的尖峰电压。由于直接连接于模块端子，电容引线电感很小，在中、小容量的情况均可获得良好的效果。图 5-26b 的电路能吸收较多的储能。它在器件关断期间的工作原理与图 5-26a中简单的钳位电容器是一样的。随着器件的关断，直流母线分布电感上的储能转移到电容器上。但二极管 VD_S将阻止可能出现的振荡，电容器上的过剩电荷通过吸收电阻逐渐放电。这种电路的缺点是，由于存在吸收二极管，使整个吸收电路的杂散电感增加。这种钳位电路适用于 100 ~ 200A 级的开关器件。图 5-26c 的电路为 RCD 钳位电路，也有称为交叉钳位电路的。与前面两种情况不同，不是逆变器的输入端配置一套公共的钳位电路，而是每个相半桥都要配置。这种电路适合于大电流的应用场合，可以有效地限制器件模块两端出现的过冲电压。

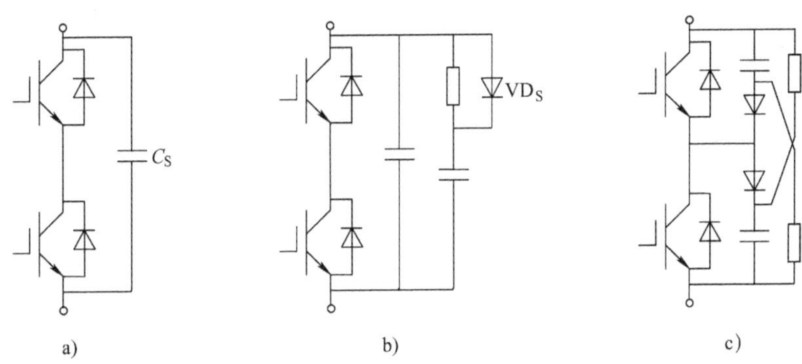

图 5-26　IGBT 逆变器的吸收电路

5.5　功率模块与功率集成电路

采用分立的电力电子器件构成的电力电子装置体积较大，元器件的布局、布线及安装也比较复杂。从20 世纪80 年代中后期开始，在电力电子器件研制和开发中的一个共同趋势是模块化，即按照典型电力电子电路所需要的拓扑结构，将多个电力电子器件封装在一个模块中，这样就可以缩小装置体积、简化布局和布线、降低成本、提高可靠性。更重要的是，对工作频率高的电路，可大大减小线路电感，从而简化对保护和缓冲电路的要求。这种模块被称为功率模块 PM（Power Module）或 PIM（Power Integrated Module）。目前，功率模块中的全控型器件多为 IGBT，模块内部电路一般由以下一个或几个部分组成：单相或三相桥式逆变电路、单相或三相二极管桥式整流电路、NTC 温度传感器等。图 5-27为一种功率模块的内部结构。

如果将 IGBT 及其辅助器件与驱动和保护电路集成在一起，则构成目前广泛应用的智能功率模块 IPM（Intelligent Power Module）。采用 IPM 设计电力电子装置可进一步简化系统硬件电路、减小体积，提高可靠性。IPM 主要有四种结构形式：单管封装、双管封装、六合一封装和七合一封装。图 5-28 为一种 IPM 的内部电路结构图。

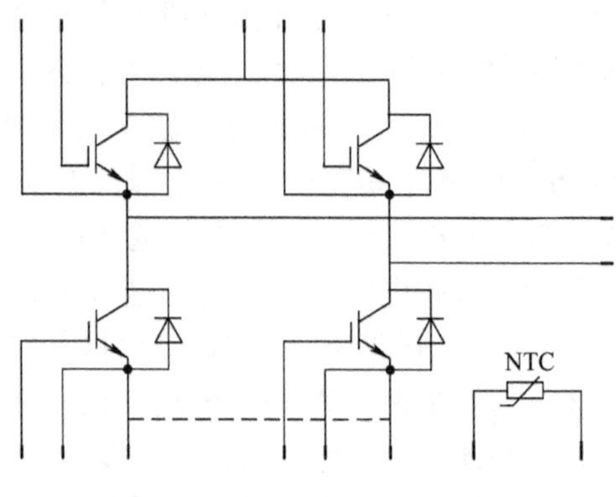

图 5-27　一种功率模块的内部结构

IPM 模块内置保护功能有：控制电源欠电压锁定、过热保护、过电流保护、短路保护。如果 IPM 模块其中有一种保护电路动作，IGBT 栅驱动单元就会关断电流并输出一个故障信号。

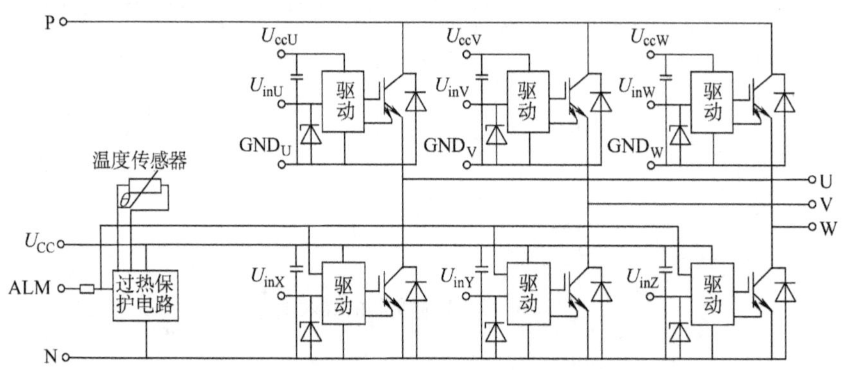

图 5-28　一种 IPM 的内部电路结构图

如果更进一步将电力电子器件与逻辑、控制等信息电子电路制作在同一芯片上，则称为功率集成电路 PIC（Power Integrated Circuit）。功率集成电路分为两类：一类是高压集成电路，简称 HVIC（High Voltage IC），它是横向高压电力电子器件与逻辑或模拟控制电路的单片集成；另一类是智能功率模块，简称 SPIC（Smart Power IC），它是电力电子器件与控制电路、保护电路以及传感器等电路的多功能集成。

单片开关电源 TOPSwitch 就是一种典型的功率集成电路，它是由美国电源集成公司（Power Integrations Inc.）于 1994 年研制成功，它将功率开关管 MOSFET、PWM 控制器、电压基准、误差放大器以及过电流、过热保护等电路均集成在一起。采用 3 脚 TO-220 或 8 脚双列直插式等封装。只需附加输入及输出整流电路、高频变压器、输出电压反馈等少数外围元器件就可构成一台反激型开关电源（反激型开关电源的工作原理可参见本书第 2 章），基本可以满足功率为 150W 以下的各类直流电源的要求。目前，单片开关电源已形成具有六大系列、67 种型号的产品。

图 5-29 为 TO-220 封装的 TOPSwitch 的外形，其 3 个引脚分别为控制端 C，源极 S、漏极 D。TOPSwitch 第 2 代产品片内 MOSFET 的最高工作电压均为 700V，通过控制控制端电流的大小可控制 MOSFET 导通的占空比。因此将输出电压以适当方式反馈至控制端就可实现对输出电压的控制。图 5-30 为 TOPSwitch 的内部电路框图，该产品的详细原理及使用方法可参见参考文献［4］。

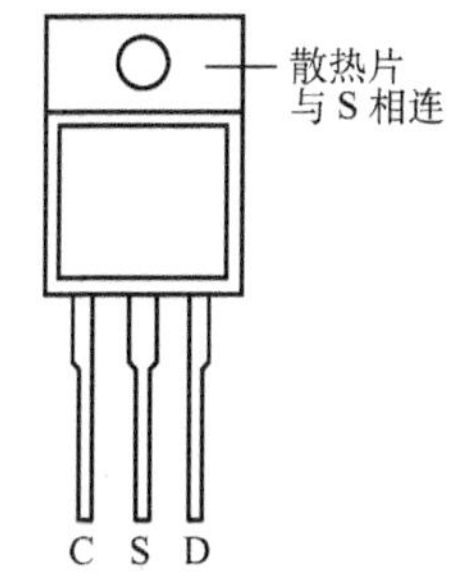

图 5-29　为 TO-220 封装的 TOPSwitch 外形

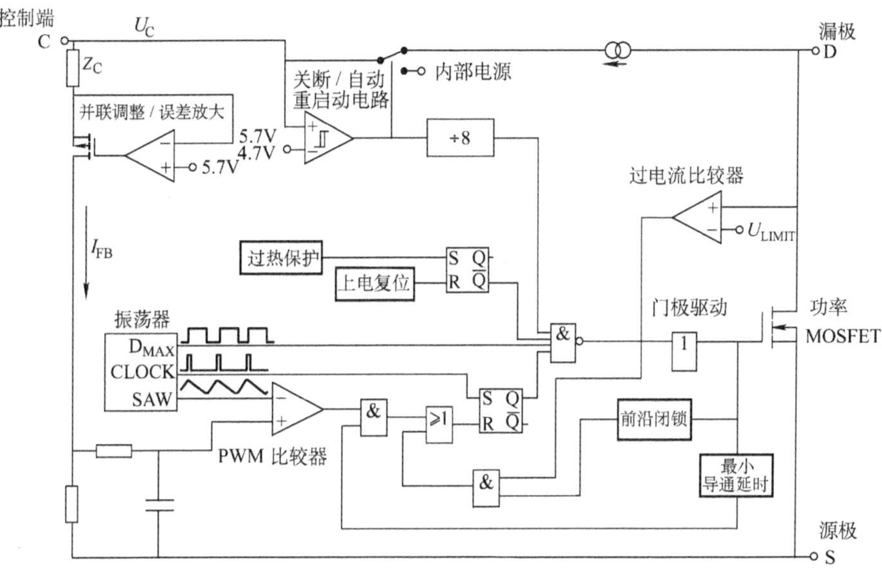

图 5-30　TOPSwitch 的内部电路框图

5.6　基于宽禁带半导体材料的电力电子器件

到目前为止，硅材料一直是电力电子器件所采用的主要半导体材料。随着研究的不断深入，硅器件的各方面性能已随其结构设计和制造工艺的相当完善而接近其由材料特性决定的理论极限（虽然随着器件技术的不断创新这个极限一再被突破)。因此，有越来越多的注意力投向基于宽禁带半导体材料的电力电子器件。

宽禁带半导体材料是指材料的价电子所在能带与自由电子所在能带之间的间隙宽度（称为禁带宽度）在 3.0eV（电子伏特）左右及以上的半导体材料，而硅的禁带宽度为 1.12eV，典型的宽禁带半导体材料主要有碳化硅（SiC）、氮化镓（GaN）等。表 5-3 列出了三种主要功率半导体材料的特性[5]。可以看出，SiC 和 GaN 的带隙 E_g 大约均是 Si 的 3 倍，临界场强是 Si 的约 10 或 15 倍，SiC 的热导率是 Si 的约 2.5 倍，GaN 的热导率与 Si 基本相同。宽禁带半导体材料高得多的临界雪崩击穿电场强度、较高的热导率使基于宽禁带半导体材料的电力电子器件将具有比硅器件高得多的耐受高电压的能力、低得多的通态电阻、更好的导热性能和热稳定性以及更强的耐受高温和射线辐射的能力。

由于宽禁带电力电子器件优异的性能，使其近年来在高性能、高效高功率密度电力电子设备中得到了快速的推广，其发展的主要问题一直在于材料的提炼和制造以及随后的半导体制造工艺的困难使其价格一直居高不下。

下面将对目前得到较多应用的几种宽禁带电力电子器件进行介绍。

表 5-3　半导体材料特性比较

物理量	Si	SiC	GaN
带隙 E_g/eV	1.12	3.26	3.39
临界场强/(MV/cm)	0.23	2.2	3.3
电子迁移率/(cm^2/V·s)	1400	950	1500
相对介电常数	11.8	9.7	9
热导率/(W/cm·K)	1.5	4.9	1.3

5.6.1　碳化硅肖特基二极管

碳化硅肖特基二极管是最早进入应用的宽禁带电力电子器件。传统的基于硅的肖特基二极管具有高开关速度和低通态损耗，而且没有反向恢复过程，但阻断电压较低（最高电压仅 200V），反向漏电流也较大。碳化硅肖特基二极管延续了传统肖特基二极管的优势，阻断电压大幅度提升，反向漏电流也很小，性能全面优于硅快恢复二极管，在高压、高开关频率等要求高性能的场合开始取代硅快恢复二极管。

碳化硅肖特基二极管的主要优点为没有反向恢复过程，关断过程仅存在很小的结电容的反向充电电流，因此在配合开关器件工作过程中，不仅自身不产生关断损耗，而且可以大幅度降低开关器件的开通损耗，提高电路的整体效率，同时对电路的 EMI 也有较好的改善。早期的碳化硅肖特基二极管存在承受浪涌电流能力不足、正向通态压降较高（特别是在结温较高时更为明显）等不足，经过不断改进，上述不足已得到极大改善，已达到了与硅快恢复二极管相似的性能指标。

目前，国外的科锐、英飞凌、罗姆以及国内一些企业已推出耐压为600V（650V）、1200V、1700V等级的碳化硅肖特基二极管商业化产品，实验室产品的耐电压可达10kV以上。

5.6.2 碳化硅场效应晶体管

碳化硅场效应晶体管包括结型场效应晶体管（JFET）和金属氧化物半导体场效应晶体管（MOSFET），目前商品化的主流产品为碳化硅MOSFET。碳化硅MOSFET的结构与传统的硅MOSFET基本相同，由于碳化硅材料优异的特性，使碳化硅MOSFET与传统硅器件相比，具有以下特点：

1）器件电压等级大幅提升，目前商品化的主流产品电压等级为650V、1200V和1700V，而且高电压等级器件的性能尤为突出。

2）器件的品质因数大大提高。业界常用器件的通态电阻与栅极电荷的乘积表征器件的性能，该数值越小，性能越好。碳化硅MOSFET的品质因数仅有同样电压等级传统硅器件的1/2～1/5（与CoolMOS器件相比），意味着其通态电阻更小、开关速度更快。

3）器件内部的体二极管反向恢复性能改善。与传统硅器件相似，碳化硅MOSFET内部也有一个反并联的体二极管，当承受反向漏源极电压时，器件将反向导通。碳化硅MOSFET的体二极管的反向恢复特性虽不如碳化硅肖特基二极管，但比硅器件的体二极管在反向恢复时间、反向恢复电荷等方面有较大的改善，有利于电路性能的提升。但也存在导通压降高的缺点，通态压降约3～4V，在对性能要求较高的场合还需在外部反并联碳化硅肖特基二极管。

4）器件的温度稳定性较好，开关损耗几乎不随结温变化，通态电阻虽随着结温上升而上升，但变化幅度低于硅器件。

5）栅极驱动电压较高。碳化硅MOSFET的栅极开启电压与硅器件相似，但全导通所需驱动电压较高，通常为15～20V。

5.6.3 氮化镓场效应晶体管

GaN器件的基本结构如图5-31所示。GaN晶体顶部生长有一薄层AlGaN，在GaN和AlGaN的界面处会产生二维电子气（2DEG），该二维电子气在漏源极施加电压时可以有效地传导电子，具有很高的电子迁移率和导电性，这是GaN器件能够具有优越性能的基础之一。GaN器件又被称作高电子迁移率晶体管（High Electron Mobility Transistor，HEMT）。GaN器件衬底材料通常有Si、SiC和

GaN。目前功率 GaN 器件多采用 Si 衬底。

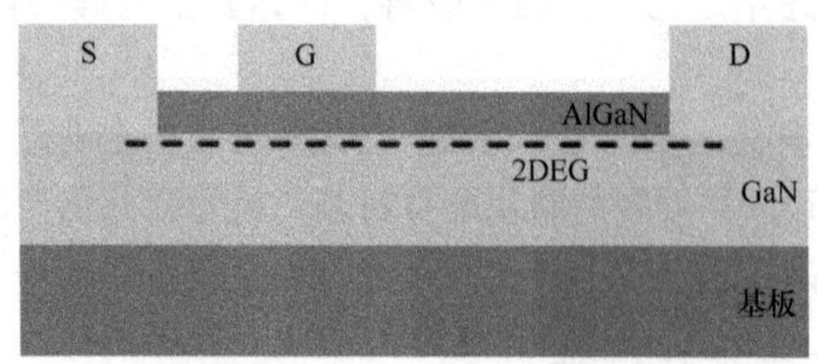

图 5-31　GaN 器件基本结构

根据栅极结构的特点，GaN 器件可以分为耗尽型和增强型。

耗尽型器件在栅源电压为零时器件导通；加负栅源电压时，器件关断。图 5-31所示结构即为耗尽型器件，耗尽型器件为常通型，这会增加驱动电路设计的复杂性。另外在启动过程，必须要先加负驱动电压关闭器件，否则会出现短路的问题。

采用共源共栅结构可以将耗尽型 GaN 器件转化为常断型。共源共栅结构 GaN 器件包含一个低压硅 MOSFET 和一个耗尽型 GaN 器件，其结构见图 5-32。共源共栅结构 GaN 器件用正压驱动硅 MOSFET，硅 MOSFET 导通，GaN 器件的栅源电压接近 0V，GaN 器件导通，此时电流同时流过 GaN 和硅 MOSFET 的沟道；当硅 MOSFET 栅源电压为 0V 时，硅 MOSFET 关断，其漏源极承受正压，GaN 器件的栅源电压降为负值从而关断。这种结构的器件通常采用的一个低压的硅 MOSFET 和一个高压的 GaN 器件。低压硅 MOSFET 的导通电阻比高压 GaN 器件的导通电阻小很多，因而共源共栅结构 GaN 器件的导通电阻并不会比其内部耗尽型 GaN 器件增加太多。共源共栅结构 GaN 器件的优点是易于驱动，驱动电压的安全裕量大。缺点是结构复杂，驱动损耗大。

增强型器件可以采用图 5-33 所示的 p 型栅结构。p 型栅结构方案是利用栅极下方的 p 型（Al）GaN 层抬高沟道处的势垒，从而耗尽沟道中的2DEG 来实现

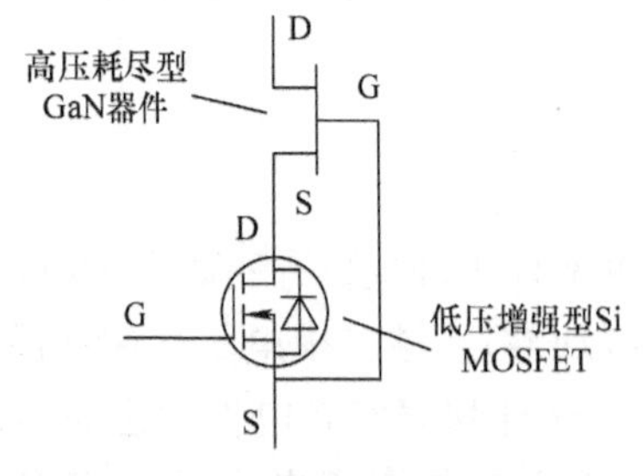

图 5-32　共源共栅结构 GaN 器件

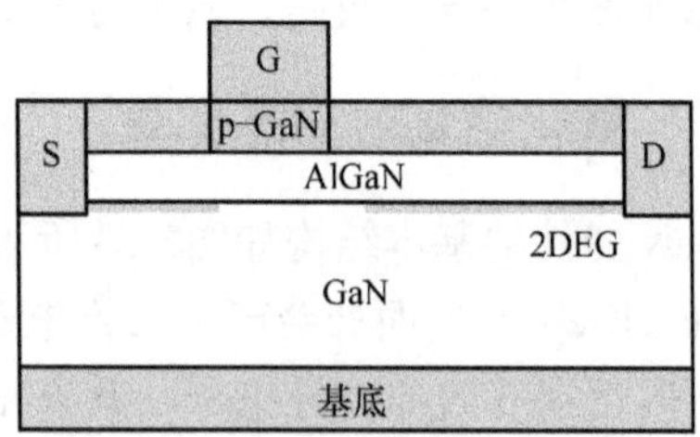

图 5-33　p 型栅结构的 GaN 器件

器件的常断状态。目前商品化的 GaN 产品电压等级从 30～650V，多数为增强型结构。增强型 GaN 器件与传统硅 MOSFET 相比，具有以下特点：

1）器件的品质因数大幅提高。低压 GaN 器件的品质因数仅有同样电压等级传统硅器件的 1/2，高压 GaN 器件可低至硅器件的 1/10 以下（与 CoolMOS 器件相比）。意味着其通态电阻更小、开关速度更快。

2）器件内部无体二极管，因此没有硅器件的反向恢复问题。虽然 GaN 器件无体二极管，但由于栅极和漏极结构的对称性，栅源电压 U_{gs} 或栅漏电压 U_{gd} 高于阈值电压 U_{th} 时，GaN 晶体管均可导通。因此当器件承受的漏源反压数值大于栅源电压加阈值电压时，器件将导通，即器件的反向导通电压与栅源驱动电压相关。当器件关断时施加反向栅源电压情况下，器件会呈现较高的导通压降，相当于一个通态压降较高的二极管，在电路设计时需加以关注。

3）栅极电荷远小于同等规格的硅 MOSFET，驱动损耗小、开关速度快。但栅极电压噪声容限小，容易发生栅极击穿或误触发。

4）GaN 器件的开关速度大大提高，导致对电路的寄生参数更为敏感，目前的产品通常采用了新型的低电感封装，例如 GaN Systems 公司的 GaNPX^{TM} 封装、Transphorm 公司的 PQFN 封装以及 EPC 公司的 LGA 封装等。

GaN 器件开关速度快、开关损耗小，将其应用到高频功率变换器中能够显著提高效率和功率密度，然而在高频应用中也存在着很多的挑战。GaN 器件开关速度快、对电路中的寄生参数较为敏感、寄生振荡和过电压显著、采用了新型的器件封装将器件内部的寄生电感降至很低、外部电路的寄生参数成为主要影响因素。这些问题的存在会降低 GaN 器件在应用中的可靠性。

5.7 小结

在开关电源中，电力电子器件是最为关键的元器件。在开关电源中常用的电力电子器件主要有二极管、电力场效应晶体管（电力 MOSFET）、绝缘栅双极型晶体管（IGBT）等。本章首先对这几种常用器件的基本结构、工作原理及主要参数进行了详细的分析和说明。在此基础上介绍了电力 MOSFET 及 IGBT 的驱动方法及保护电路。最后简要介绍了功率模块及功率集成电路的基本结构、分类及使用方法。

参 考 文 献

[1] 张立，黄两一，等. 电力电子场控器件及应用 [M]. 北京：机械工业出版社，1999.
[2] 李序葆，赵永健. 电力电子器件及其应用 [M]. 北京：机械工业出版社，2000.
[3] 王兆安，刘进军. 电力电子技术 [M]. 5 版. 北京：机械工业出版社，2009.
[4] 沙占友，等. 新型单片开关电源的设计与应用 [M]. 北京：电子工业出版社，2001.

第6章　无源器件

6.1　常用电容器及选型

电容器是各种电子设备中不可缺少的重要组成元件，它被广泛地应用于噪声抑制、尖峰电压吸收、滤波等多种场合。按照所用材料的不同，目前常用的电容类型有：有机膜电容器、云母电容器、纸介电容器、陶瓷电容器及电解电容器等，不同类型的电容具有各自的特点，应针对应用场合的不同对电容的类型及参数进行合理的选择。在开关电源中的主电路及控制电路中均需要使用电容器，其中控制电路与常规的电子线路没有本质差别，电容器的使用和选择方法也基本相同。在主电路中，电容器主要用于电源滤波、开关器件尖峰电压吸收、隔直及功率因数补偿等作用。由于主电路功率大、开关器件开关速度高，因此在电路参数设计和电容器选择上产生了新的问题和要求，本节将主要针对开关电源主电路中常用电容器的特性要求及选择方法进行讨论。

6.1.1　电容器的主要参数

1. 标称容量

电容器的标称容量是标注在器件上的名义电容量，实际的电容量有可能大于或小于标称电容量，允许误差通常为 ±5% ~ ±20%。

2. 额定工作电压

电容器的额定工作电压是指电容器在电路中使用时，在正常工作条件下能连续工作而不被击穿所加在电容器上的最高直流电压或交流电压有效值。表6-1给出了固定式电容器的工作电压系列。

表6-1　固定式电容器的工作电压系列　　（单位：V）

1.6	4	6.3	10	16
25	32*	40	50*	63
100	125*	160	250	300*
400	450*	500	630	1000
1600	2000	2500	3000	4000
5000	6300	8000	10000	15000
20000	25000	30000	35000	40000
45000	50000	60000	80000	100000

注：有“*”者只限电解电容器采用。

3. 允许工作温度

电容器的允许工作环境温度是指不会引起电容器特性指标下降的最高温度与最低温度之间的范围。

与“理想”电容器不同，“实际”电容器还存在许多非理想特性，“实际”电容器的电路模型可用附加的“寄生”元件来表征，其表现形式为电阻元件和电感元件、非线性和介电存储性能。因此，除上述参数外，“实际”电容器还存在许多寄生参数。“实际”电容器模型见图6-1。这些寄生参数将对电容器的特性产生很大影响，在实际应用中了解这些寄生参数，将有助于选择合适类型的电容器。下面将主要讨论等效串联电阻 R_{ESR}、等效串联电感 L_{ESL} 及绝缘电阻 R_L。

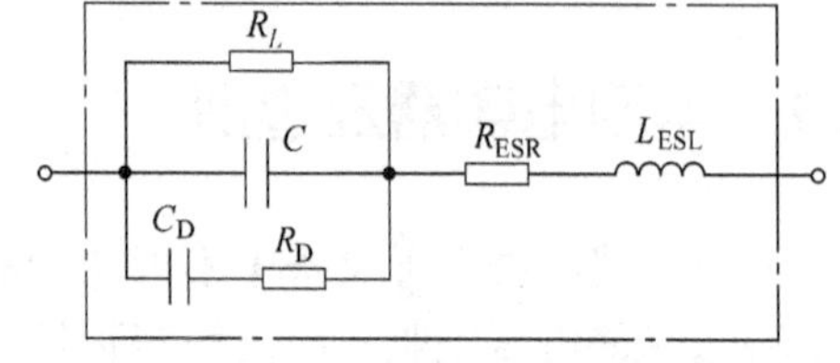

图6-1 “实际”电容器模型

4. 等效串联电阻 R_{ESR}

电容器的等效串联电阻包含了电容器的引脚电阻以及电容器极化损耗、电离损耗的等效电阻相串联构成的。当有交流电流通过电容器，R_{ESR} 使电容器消耗能量，从而产生损耗。

5. 等效串联电感 L_{ESL}

电容器的等效串联电感是由电容器的引脚电感与电容器两个极板的等效电感串联构成的。等效串联电感及等效串联电阻的存在使电容器的阻抗不再与频率成反比，当频率达到一定值时，其阻抗将出现最小值，随后随着频率的升高，电容器将呈现感性，失去应有的作用。电容器阻抗随频率的变化关系见图6-2。

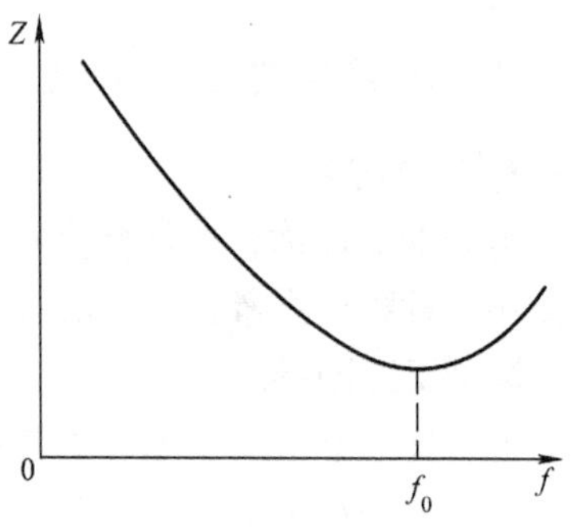

图6-2 电容器阻抗随频率的变化关系

6. 电容器的绝缘电阻和时间常数

当直流电压加于电容器上，电容器会产生漏电流，二者的比值称为电容器的绝缘电阻。一般小容量电容器（小于0.1μF）用绝缘电阻表示，大容量（大于0.1μF）电容器用时间常数表示，其定义为电容器绝缘电阻和其电容量的乘积。由于电解电容器的绝缘性能最差，所以经常直接用漏电流表示其绝缘性能。

7. 电容器的损耗

理想的电容器是不消耗能量的，但由于介质的极化损耗、电离损耗以及金属极板电阻的损耗等，使电容器工作时发热，特别是在高频工作时更为严重。由于绝缘电阻 R_L 产生的损耗相对较小可以忽略，电容器的损耗即为等效串联电阻的功耗。电容器的损耗通常以损耗角的正切来表示，即：$\tan\delta = \omega CR_{ESR}$。在电力电子电路中应用的电容器参数手册通常也会给出等效串联电阻，在实际应用中可以根据电容的纹波电流有效值计算电容器的损耗。

8. 最大纹波电流

由于等效串联电阻的存在，使电容器流过交流电流时产生损耗而发热，从而造成电容器温度升高，影响其寿命。电容器可承受的最大功耗取决于电容器的外形、散热条件以及允许的温升，由此其允许的最大纹波电流也相应确定下来。

6.1.2 电解电容器

电解电容器具有体积小、容量大的特点，在开关电源主电路中主要用于输入整流滤波及输出滤波，它主要有铝电解、钽电解、铌电解电容器 3 种。由于钽电解、铌电解电容器价格高且耐压低，在开关电源中应用的绝大多数为铝电解电容器。

电解电容器是以金属极板上的一层极薄的氧化膜作为介质，金属极片为电容器的正极，负极为固体或液体电解质。由于氧化膜介质具有单向导电性的特点，电解电容器是具有极性的，使用中必须将正极接到电源的正极，负极接到电源的负极，否则将使漏电流迅速增大，使电容器过热而损坏，甚至发生爆炸。

1. 电解电容器的外形

电解电容是在阳极表面生成氧化膜介质后，垫上吸有电解液的电容纸经卷绕轧制而成，其外形多为圆柱形。焊针型的电解电容器有 2 个或 4 个引脚，见图 6-3。四引脚电容器一般两个引脚分别为正、负极，其他两个引脚为空脚，用于固定电容器。大型电解电容器为螺栓型，见图 6-4。在电容器顶部有安全气阀，当电容器过热时，电解液由此处喷出，防止电容器发生爆炸。

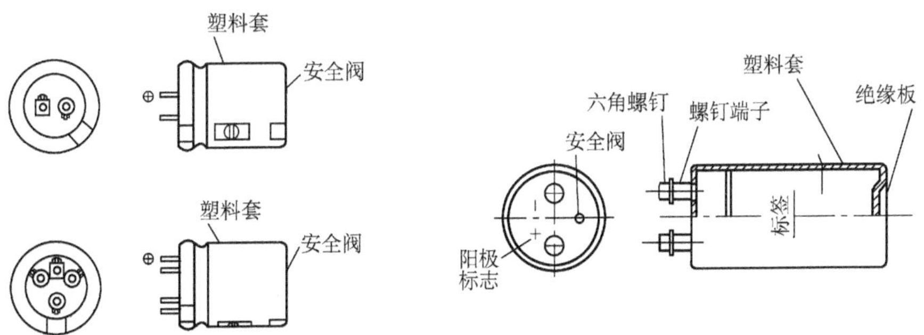

图 6-3　焊针型电容器外形　　　图 6-4　螺栓型电容器外形

2. 电路设计及电容器选用时应注意的问题

（1）频率特性　见图6-2，由于等效串联电阻及等效串联电感的存在，使电容器呈现出非理想特性，一般的电解电容器的高频特性较差，f_0 仅为几十千赫，频率特性较好的高频电容器也仅能达到上百千赫，而且阻抗特性与温度密切相关，图6-5为某电容器阻抗与频率及温度的关系特性。对于频率较高的场合，如开关电源的输出滤波电路（主要纹波频率为几十千赫至上百千赫），在电路设计时需要充分考虑电容器的阻抗及温度特性才能获得满意的滤波效果。

（2）纹波电流　电容器所流过的纹波电流是电容器发热的主要因素。电解电容器所允许的纹波电流值与电容器允许的最高温度、工作温度以及纹波电流频率均有关。电容器的产品手册中会列出在某种条件下所允许的纹波电流值，在其他条件下的允许值可以通过校正系数获得。表6-2为一种电解电容器在不同温度下不同频率纹波电流的校正系数。

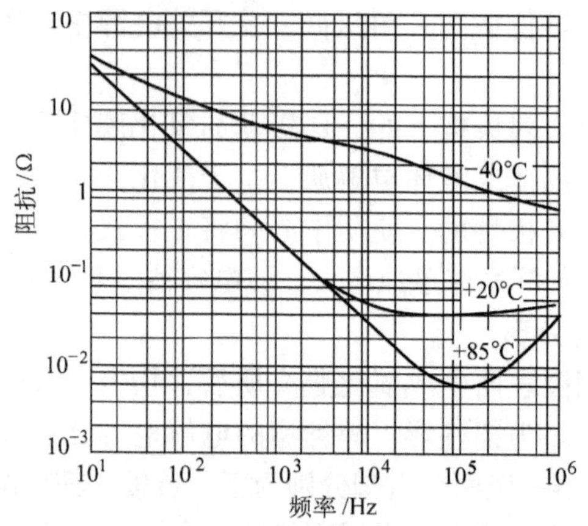

图6-5　电容器阻抗与频率及温度关系特性

表6-2　纹波电流校正系数

温度/°C	40	60	70	85	
校正系数	1.0	0.75	0.62	0.37	
频率/Hz	50/60	120	300	1000	≥100000
校正系数	0.7	1.0	1.1	1.3	1.4

从表6-2中可以看出，电容器允许的纹波电流随着温度的升高而降低，随着频率的上升而增加。流过电容器的纹波电流过大将使其温度上升，根据阿雷尼厄斯10℃法则，温度每升高10℃，电解电容的寿命就将缩短一半。图6-6为某电容器在不同环境温度、纹波电流时寿命曲线。因此在电路设计时不能仅对电路的各项指标（如纹波电压）等进行计算，还必须对电容的纹波电流进行核算，如果超过允许值，就必须选择能承受更大纹波电流的电容器或采用多只电

容器并联使用。由于电容器的损耗主要为等效串联电阻所产生，所以选择具有较小等效串联电阻的电容器也可以减小其发热量、延长其寿命。

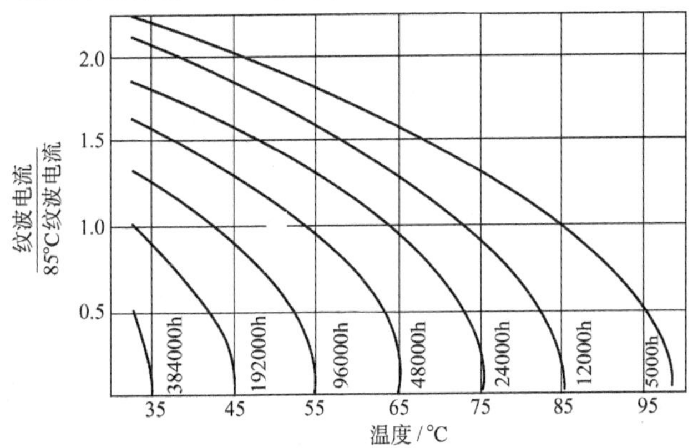

图 6-6　环境温度、纹波电流对电容器寿命的影响

（3）使用电压　由于电解电容是有极性的，在使用中不能对电容器施加反向电压，并应保证电容器所承受的直流电压与交流电压峰值之和不高于电容器额定电压。在将电容器串联使用时，应在电容器两端并联均压电阻。此外，由于电容器的漏电流会引起发热，而电容器的漏电流随着电压的升高而迅速增大，在使用中如果能适当降低工作电压，则可以降低电容器的失效率，延长其寿命。图 6-7 为电解电容器工作温度分别为 45°C、65°C 及 85°C 时电压寿命系数与工作电压的关系。所以在电力电子设备中，一般对电容器都要降压使用，将其长期工作电压选为其额定电压的 85% ~90% 。

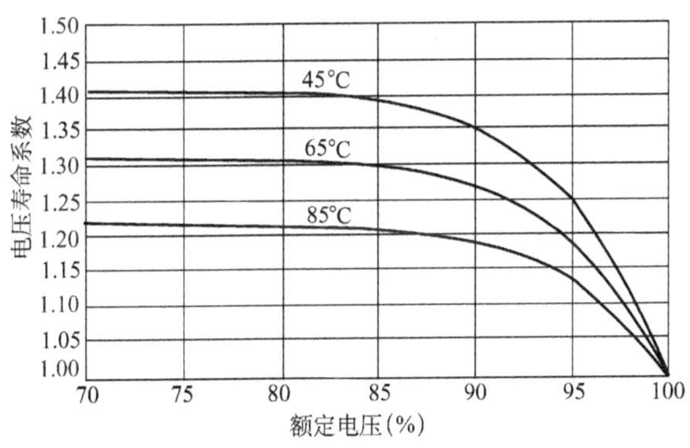

图 6-7　电解电容器电压寿命系数与工作电压的关系

（4）安装及贮存方法　电解电容器在安装时不应承受过大的外部应力，焊接时间也不能过长。在工作时，电容器将会因损耗而发热，在结构布局时应考虑有利于其散热。另外，电容器的安全气阀不得朝下。对于高压大容量的电解电容器，贮存时宜将正负极短接，以稳定其性能。电容器在长期存放后，会出

现漏电流增大，这时应给电容器施加一定时间的额定电压进行电老化，其漏电流将会逐渐减小至正常值。

6.1.3 有机薄膜电容器

有机薄膜电容器适用于电力电子设备中对电容稳定性、损耗、绝缘电阻及脉冲电流容量等要求较高的场合，在开关电源主电路中主要用于谐振电容、开关器件尖峰电压吸收、高频滤波等电路中。根据介质不同，此类电容器又可分为聚酯薄膜、聚乙烯、聚丙烯、塑料薄膜（涤纶）电容等。由于电力电子主电路容量大、du/dt 及脉冲电流幅度高，对电容特性提出了很高的要求。常用的有机薄膜电容器有：聚酯薄膜、金属化聚酯薄膜、聚丙烯、金属化聚丙烯电容器等。

聚酯薄膜电容器一般采用阻燃塑料外壳，或聚酯压敏胶带包裹环氧树脂封装，单向或轴向引出。其外形见图6-8。聚酯薄膜电容器性能稳定、电容量随频率及温度的变化均小于5%、损耗系数通常均小于0.01。聚丙烯电容器性能也十分稳定，外形与聚酯薄膜电容器相似，它具有比聚酯薄膜电容器更低的损耗系数（通常小于0.005），因而更加适合于高频大电流场合，但其体积较大。金属化聚丙烯及聚酯薄膜电容器是在介质上真空蒸发一层金属层作为电极，因此具有体积较小、重量轻、容量大等特点，而且具有自愈性。

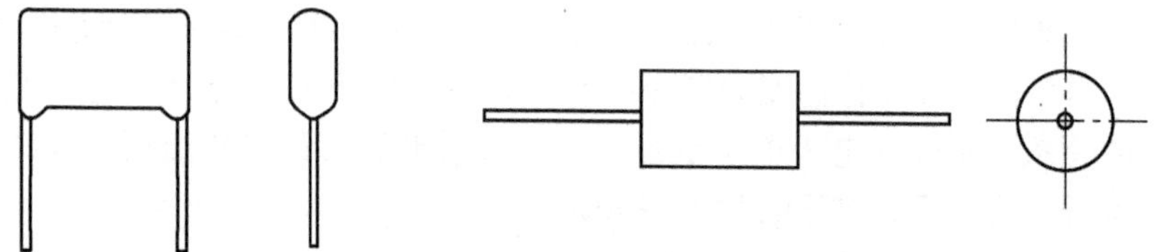

图6-8　聚酯薄膜电容器外形

在尖峰电压吸收等场合，对电容器的等效串联电感 L_{ESL} 提出很高的要求，这时通常采用无感卷绕的有机膜电容，常称无感电容。此类电容通常具有很低的 L_{ESL}（几十 nH）、很低的 R_{ESR}（几 mΩ），并具有很强的 du/dt 承受能力（几百至几千 V/μs）。

6.1.4 瓷介电容器

瓷介电容器是把电容器陶瓷薄片夹在银电极中间，外面用涂料封装而成的。瓷介电容器具有成本低、损耗小、电容量稳定等特点。它在开关电源主电路中主要用于开关器件尖峰电压吸收、高频滤波、共模干扰抑制等电路中。瓷介电容器按工作电压可分为低压瓷介电容器（500V 以下）及高压瓷介电容器（500V 以上）。按照介质损耗情况又可分为Ⅰ型和Ⅱ型。Ⅰ型瓷介电容器的介质损耗比较低（通常小于0.01），电容量对温度、频率等的稳定性都比较高，但容量较小，也常称为高频瓷介电容器，国内产品型号为CC。Ⅱ型瓷介电容器的主要特点为体积小、电容量大，但电容量对温度、频率的稳定性相对较差，介质损耗也较大（通常大于0.01），因此常用在低频电路中，也被称为低频瓷介电容器，国内产品型号为CT。

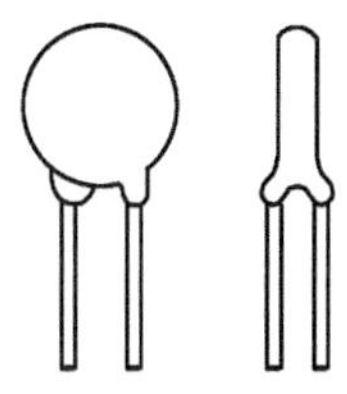

图6-9 瓷介电容器的外形

瓷介电容器的外形见图6-9。由于开关电源主电路要求电容器耐压高、容量大，在主电路中应用的主要为高压Ⅱ型瓷介电容器。由于Ⅱ型瓷介电容器的损耗较大，所以仅适合于功率较小、对损耗要求不高的场合。

6.2 电感及变压器

电感及变压器均属电磁器件，是开关电源中极为重要的元件。它们通常均由线圈及铁心两部分构成。本节将首先介绍常用的各种软磁材料性能及相应的铁心结构，然后介绍电感及变压器的基本知识及设计方法。

6.2.1 常用的软磁材料

磁性材料按矫顽力的大小可分为软磁材料和永磁（硬磁）材料。软磁材料是指矫顽力小，容易磁化的磁性材料。软磁材料是电感及变压器等电磁元件的重要组成部分。本节将对开关电源中常应用的主要软磁材料作一简单介绍和分析。

衡量软磁材料的指标有多项，主要有饱和磁通密度、损耗系数、相对磁导率及温度特性等。其中以饱和磁通密度及损耗系数最为重要。软磁材料的饱和磁通密度主要由材料本身所决定。材料的损耗包括涡流损耗、磁滞损耗和剩余损耗，除了与材料的电阻率、宽度和厚度等材料本身的参数有关外，还随着工作频率f和工作磁通密度B_m（严格来说为交变磁通密度）提高而迅速增大。软磁材料损耗系数通常采用在一定工作频率f和工作磁通密度B_m下，单位重量或体积的损耗来表示。低损耗和高饱和磁通密度始终是软磁材料发展的主要追求。

1. 硅钢

硅钢是使用最早的软磁材料之一，它稳定性好、磁通密度高、成本低，是在工频和中频范围内使用量最大的软磁材料。现在新型的硅钢，其使用范围已经扩展到20kHz以上。

早期所使用的硅钢为热轧硅钢片，从20世纪50年代起，逐渐采用冷轧硅钢片。减少硅钢的厚度可以减少涡流损耗，最早生产的硅钢带材厚度为0.50mm，以后逐渐下降到0.35mm，现在厚度为0.15mm，甚至更薄的硅钢带材也逐渐开始得到应用，表 6-3 列出了各种硅钢的性能。虽然薄的带材具有很低的损耗，但由于工艺复杂、价格很高，目前主要应用的还是厚度为 0.35mm 的硅钢片。从表 6-3 可以看到，这种材料在高频时的损耗较高，因此在开关电源中主要用于输入、输出直流滤波电感及工频电源变压器。采用硅钢带材制成的铁心结构分为叠片式和卷绕式两种。叠片式铁心是将硅钢带材剪切成 CI、EI 或 EE 形，再叠装而成，结构有两柱式、三柱式等，见图 6-10。卷绕式铁心是把硅钢带材剪切成需要的宽度后，卷绕成环形、单框形、双框形等结构，见图 6-11。卷绕式铁心不存在接缝，所以制成的变压器励磁电流较小，但线圈绕制较为复杂。折中的方法是采用 CD 和 XD 形铁心，见图 6-12。这种结构虽然存在气隙，但仍然保持卷绕式铁心的优点，励磁能量和铁心损耗增加不多，线圈绕制也比较容易。因此，CD 形和 XD 形铁心对于必须有气隙的电抗器来说，是一种比较理想的铁心结构。

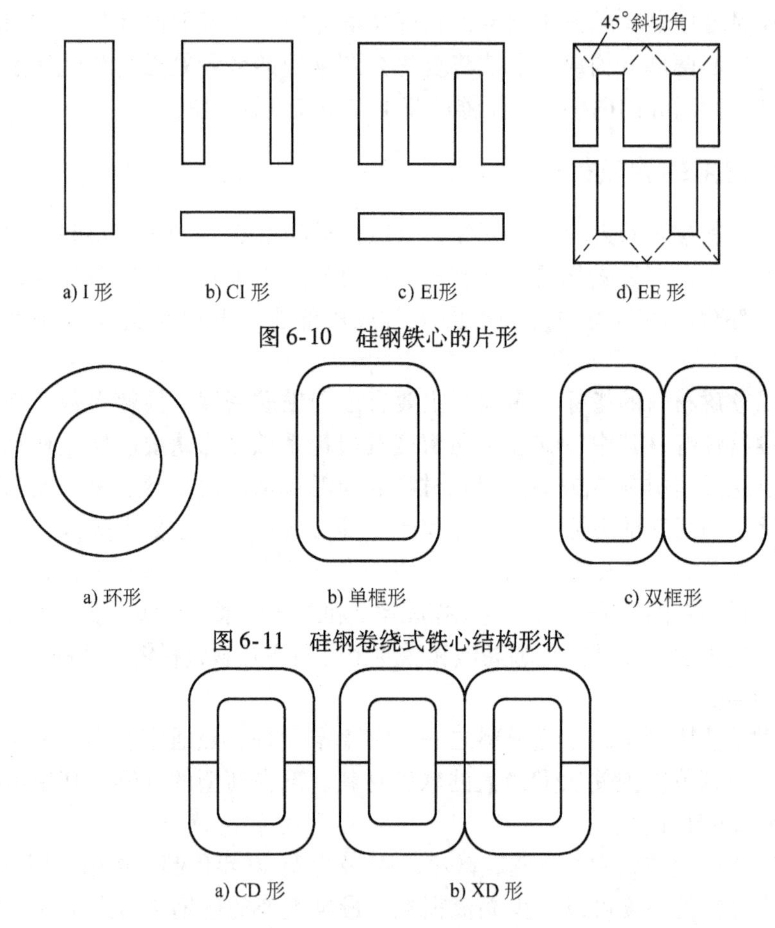

图 6-10　硅钢铁心的片形

图 6-11　硅钢卷绕式铁心结构形状

图 6-12　CD 形和 XD 形铁心结构

表 6-3　各种硅钢的性能[5]

材料	带厚/mm	饱和磁通密度 B_s/T	P_{1T}(50Hz)/(W/kg)	P_{1T}(400Hz)/(W/kg)	$P_{0.2T}$(5kHz)/(W/kg)	$P_{0.1T}$(10kHz)/(W/kg)
6.5%硅钢	0.10	1.29	0.51	5.7	11.3	8.3
	0.20	1.29	0.44	6.8	17.8	15.7
	0.30	1.30	0.49	9.0	23.6	20.8
3%取向硅钢	0.10	1.85	0.72	7.2	19.5	18.0
	0.23	1.92	0.29	7.8	33.0	30.0
	0.35	1.93	0.40	12.3	49.0	47.0
3%无取向硅钢	0.10	1.47	0.82	8.6	16.5	13.3
	0.20	1.51	0.74	10.4	26.0	24.0
	0.35	1.50	0.70	14.4	38.0	33.0

2. 软磁铁氧体

软磁铁氧体从20世纪40年代开始使用，它是一种非金属磁性材料，一般由铁、锰、镁、铜等金属氧化物粉末按一定比例混合压制成形，然后在高温下烧结而成。由于具有电阻率高、涡流损耗小的特点，现已成为在中、高频电磁元件中使用的最主要的软磁材料。从组成上分，铁氧体可分为MnZn铁氧体和NiZn铁氧体。MnZn铁氧体的饱和磁通密度一般为0.5T左右，相对磁导率为1000～3000，适合于工作频率为1MHz以下的场合，其损耗在25kHz、0.2T时约为100～150kW/m^3。NiZn铁氧体电阻率比MnZn铁氧体高，其饱和磁通密度一般为0.3～0.4T，工作频率可达1～300MHz。表6-4为常用的功率铁氧体材料电磁特性及产品牌号。

表 6-4　常用功率铁氧体材料电磁特性及产品牌号

牌号（TDK）			PC30	PC40	PC50
初始磁导率 μ_i			2500	2300	1400
饱和磁通密度（25℃）B_s/mT			510	510	470
磁心损耗/kW/m^3	25kHz 200mT	25℃	130	120	—
		60℃	90	80	—
		100℃	100	70	—
	100kHz 200mT	25℃	700	600	—
		60℃	500	450	—
		100℃	600	410	—
	500kHz 50mT	25℃	—	—	130
		60℃	—	—	80
		100℃	—	—	80

（续）

牌号（TDK）		PC30	PC40	PC50
国内外对应产品牌号	FERROXCUBE		3C90	3F35
	EPCOS	N27	N67，N72	N49
	东磁	DMR30	DMR40	DMR50

由于铁氧体是由金属氧化物粉末混合压制烧结而成，所以其结构形式较多，常用的有EE形、U形、PQ形及环形等，见图6-13。铁氧体的温度特性较差，当温度升至100℃时，饱和磁通密度一般将下降至室温时的70%～80%。另外，由于加工大型铁氧体不容易，而且易破碎，因此使用功率受到限制，又因饱和磁通密度较低，在工频和1kHz以下的中频中，很少使用软磁铁氧体。

3. 非晶及超微晶

非晶是将铁磁性元素（铁、钴、镍或者它们的组合）与其他物质（硅、硼、碳等）混合，在融化状态下经急速冷却后（例如用每秒高达100万℃的冷却速率将铁—硼合金熔体凝固）而形成。磁性非晶合金可以从化学成分上划分成以下几大类：

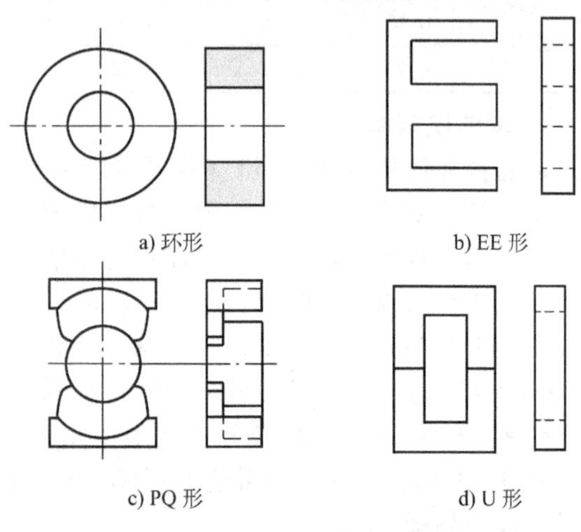

图6-13　铁氧体磁心结构

（1）铁基非晶合金　主要元素是铁、硅、硼、碳、磷等。它们的特点是饱和磁通密度高（可达1.4～1.7T）、损耗低（相当于硅钢片的1/3～1/5）、价格便宜，最适合替代硅钢片用于中低频变压器的铁心（一般在10kHz以下），例如配电变压器、中频变压器、大功率电感、电抗器等。

（2）铁镍基非晶合金　主要由铁、镍、硅、硼、磷等组成，它们的磁性比较弱（饱和磁通密度大约为1T以下），价格较贵，但磁导率比较高，可以代替硅钢片或坡莫合金，用作高要求的中低频变压器铁心，例如漏电开关互感器。

（3）钴基非晶合金　由钴和硅、硼等组成，有时为了获得某些特殊的性能还添加其他元素，由于含钴，它们价格很贵，磁性较弱（饱和磁通密度一般在1T以下），但磁导率极高，工作频率可达200kHz。一般用于要求严格的军工电源中的变压器、电感等，替代坡莫合金和铁氧体。

（4）铁基纳米晶合金（超微晶合金）　它们由铁、硅、硼和少量的铜、钼、铌等组成，其中铜和铌是获得纳米晶结构必不可少的元素。它们首先被制成非晶带材，然后经过适当退火，形成微晶和非晶的混合组织。其饱和磁通密度为1.2～1.4T，其他性能也能够和钴基非晶合金相媲美，但价格低于钴基非晶合金。由于其损耗系数、饱和磁通密度及相对磁导率均优于铁氧体，因此在较低频率范围应用内（10～100kHz）可取代铁氧体。

与传统的金属磁性材料相比，由于非晶合金原子排列无序，没有晶体的各向异性，而且电阻率高，因此具有高的相对磁导率（可达 10^4～10^5）、低的损耗，是优良的软磁材料。但非晶材料也存在一些不足，首先，非晶合金在一定的条件下（主要是在高温下）会发生结构变化——晶化（重新变成晶体），失去原先的优良磁性能。所以，它们的使用温度不能太高。一般来说，非晶合金作为变压器铁心的使用温度不能超过150℃。其次，非晶合金在热处理之后都会变脆，所以非晶合金制造的变压器铁心在热处理之后要装在专用的保护盒中，或者用树脂把铁心封装起来。

目前用非晶合金制造的变压器铁心在形状上受到限制。非晶合金硬度高不易冲压，只能卷绕，所以铁心的形状仅仅限于环形、跑道形、矩形等，在形状上不如硅钢片、铁氧体铁心灵活。当用于制作电感需要加气隙时，通常将带材进行切割形成C形结构。

4. 磁粉心

磁粉心属于一种铁心结构，是一种由几类材料复合而成的复合型铁心。常见的磁粉心有铁镍钼磁粉心、铁镍磁粉心、铁硅铝磁粉心和铁磁粉心。在磁粉心的损耗方面，铁镍钼磁粉心损耗最低，在相同条件下，仅略高于铁氧体，铁磁粉心损耗最高，其他两种居中。某种条件下，铁硅铝磁粉心损耗略低于铁镍磁心，接近铁镍钼磁粉心。但磁粉心价格则相反，铁镍钼磁粉心最贵，铁磁粉心价格最低。上述几种磁粉心的饱和磁通密度通常为0.6～1.2T。

磁粉心由于是将铁磁材料与非导磁材料粉末复合而成，相当于在铁心中加入了气隙，因此具有在较高磁场强度下不饱和的特点，其相对磁导率较低，通常在20～300之间，主要用于制作滤波电感，其结构以环形为主。

6.2.2 电感

1. 电感的主要参数

如果忽略电感的损耗及线圈电阻，理想电感的电压、电流特性如下式所示：

$$u = L\frac{\mathrm{d}i}{\mathrm{d}t} \tag{6-1}$$

其中，电感 L 的定义为线圈产生的磁链 Ψ 与电流的比值，即

$$L = \frac{\Psi}{i} = \frac{N\Phi}{i} \tag{6-2}$$

根据制作电感所采用的铁心结构，电感的主要结构形式有环形、E 形、C 形等。如果铁心材料为硅钢、铁氧体和非晶等高磁导率材料，为保证铁心在较大的电流（即较高的磁场强度）下不饱和，需要在铁心中插入气隙。采用磁粉心为铁心的电感，可以通过适当地选择磁粉心的磁导率防止铁心饱和，不需要再添加气隙。

电感器件的主要参数有：电感量、额定电流（有效值及最大值）及最高工作温度等。

电感的电感值通常指正常工作状态下的数值，一般测量仪器所测得的结果仅为很低磁场强度下的电感量，由于铁心均存在不同程度的饱和情况，因此所测得数值与正常工作状态时的电感值会存在一定的差异。采用加入气隙后的高磁导率材料为铁心时，在铁心磁通密度接近饱和值之前，非线性特性不十分明显，基本上可以认为电感为常数。采用磁粉心为铁心时，尽管其饱和现象不明显，但非线性特性十分显著，其电感量随着工作电流的增加而显著下降。

电感电流的有效值直接关系到线圈的发热量，而电流最大值则主要影响铁心最大工作磁通密度。工作磁通密度过高不仅会使铁心进入饱和区，使电感量急剧下降，而且还将造成过大的铁心损耗。采用加入气隙后的高磁导率材料为铁心时，可近似认为铁心中的磁通密度与电流成正比，此时根据式（6-2）可得式（6-3）。因此，铁心中最大磁通密度 B_{m} 与电流最大值 i_{m} 的关系可以表示为式（6-4），由此可确定电感铁心的最高工作磁通密度。对于采用磁粉心的电感，由于其非线性明显，可以通过产品的特性曲线确定最高工作磁通密度。

$$L=\frac{N\Phi}{i}=\frac{NBA_{\mathrm{e}}}{i} \tag{6-3}$$

式中 B——铁心中的磁通密度；

A_{e}——铁心有效截面积。

$$B_{\mathrm{m}}=\frac{Li_{\mathrm{m}}}{NA_{\mathrm{e}}} \tag{6-4}$$

电感的最高工作温度主要与绕组的绝缘等级以及铁心材料最高工作温度相关。过高的温度将造成绕组绝缘的破坏及铁心饱和磁通密度下降。造成电感发热的根本原因是绕组的铜损及铁心的铁损。工作于高频状态下，导线的集肤效应将导致铜损增大；而铁心损耗近似与交变磁通密度的二次方及频率的 1.3～1.8 次方成正比。因此，工作于高频状态下的电感需要核算其发热量，估算其温升。

2. 电感的计算方法

与电容不同的是绝大多数电感没有系列化的产品，需要定制加工。因此电感设计方法是电源设计人员需要掌握的，下面以采用加入气隙的高磁导率材料为铁心的电感为例说明电感的设计方法。设计电感前需要进行以下准备工作：

1）根据电路需要确定电感的电感量、电感电流的有效值及峰值；

2）根据电感的工作状态确定电感的最大工作磁通密度 B_m。通常如果是直流滤波电感，最高工作磁通密度可接近其饱和磁通密度。如果是交流电感，则应根据铁心在该频率下的损耗情况确定最高工作磁通密度，以防止铁心过热；

3）选择铁心的结构形式（如 E 形、C 形等）及导线的电流密度。

对于有空气隙的铁心电感而言，其磁路由铁心和空气两部分组成，其电感量（H）的计算公式为

$$L = \frac{4\pi \times 10^{-7} N^2 A_e}{(l_{Fe}/\mu_{Fe}) + l_a} \tag{6-5}$$

式中 A_e——铁心的截面积（m^2）；

N——线圈匝数；

l_{Fe}——铁心磁路的长度（m）；

l_a——气隙长度（m）；

μ_{Fe}——铁心的相对磁导率。

$4\pi \times 10^{-7}$ 为真空磁导率 μ_0（H/m）。

通常铁心的相对磁导率 μ_{Fe} 远远大于 1，因此当 l_a 与 l_{Fe} 可比拟时，式（6-5）可近似表示为

$$L \approx \frac{4\pi \times 10^{-7} N^2 A_e}{l_a} \tag{6-6}$$

目前较为简洁常用的电感设计方法为 A_p（$A_p = A_e A_W$）法，即用铁心的截面积 A_e 和窗口截面积 A_W 的乘积来确定该铁心的容量。图 6-14 表示出了 E 形及环形铁心的窗口面积及铁心截面积。由式（6-4）可得

$$A_e = \frac{L i_m}{N B_m} \tag{6-7}$$

窗口截面积 A_W 与匝数 N 的关系可表示为

$$A_W = \frac{NI}{k_c j} \tag{6-8}$$

式中 I——电感电流有效值（A）；

j——导线的电流密度（A/m^2）；

k_c——绕组填充系数，$0 < k_c < 1$。

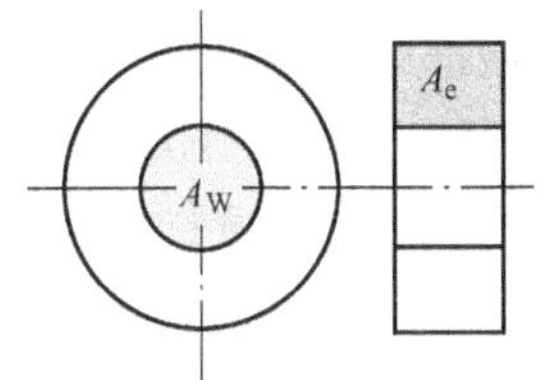

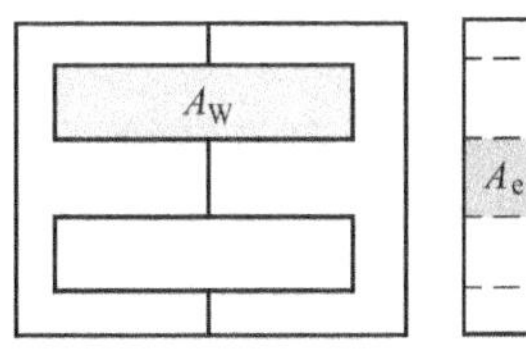

图 6-14　铁心的窗口面积及截面积

由式（6-7）和式（6-8）可得铁心的 A_p 表达式（6-9）。从该式可以看出，当铁心的最高工作磁通密度、导线电流密度及填充系数选定后，铁心的 A_p 值就由电感量及电感电流确定下来。

$$A_p = A_e A_W = \frac{L i_m I}{B_m k_c j} \tag{6-9}$$

由式（6-4）、式（6-6）及式（6-9）可总结电感的设计步骤如下：

1）根据式（6-9）计算电感的 A_p 值，对照铁心产品手册选择 A_p 值大于计算结果的铁心型号，确定 A_e 值。

2）根据式（6-4）确定绕组匝数，即

$$N = \frac{L i_m}{B_m A_e} \tag{6-10}$$

3）根据式（6-6）计算气隙长度，即

$$l_a \approx \frac{4\pi N^2 A_e \times 10^{-7}}{L} \tag{6-11}$$

由于气隙边缘效应的影响，根据式（6-11）计算得到的气隙长度比实际需要的数值略微偏小，在电感制作过程中可适当增加气隙，以获得所需要的电感数值。

在完成上述设计后，通常还需要计算电感损耗并核算其温升。如果最大工作磁通密度或电流密度选择不当，将会使电感温升超标，这样必须更换铁心进行重新计算。由于 A_p 较大的电感散热面积相对较小，其电流密度应适当降低，因此如果将电流密度 j 与 A_p 值联系起来，则可避免计算出现反复，详细方法可参考本章参考文献［1］及其他相关标准。

对于采用磁粉心为铁心的电感，由于铁心非线性特性十分显著，不能采用上述方法进行设计。在磁粉心的产品手册中通常会给出其损耗曲线、相对磁导率 $\mu_0\%$ 与磁场强度（或安匝数）特性曲线、磁感应强度与磁场强度（或安匝数）的关系以及电感系数 A_L 等数据，可以根据这些数据对电感进行设计。其中电感系数 A_L 为该磁粉心初始（即磁场强度很低的条件下）的每匝电感量，图6-15为某公司不同初始相对磁导率磁粉心产品的相对磁导率 $\mu_r\%$ 与磁场强度特性曲线，从图中可以看出，磁粉心的相对磁导率随着磁场强度的增加而显著下降。在设计磁粉心电感前，也应首先确定最高工作磁通密度 B_m、电流峰值 i_m、电感量 L 等参数。在选择最高工作磁通密度 B_m 时，不仅需要考虑磁通密度对铁心损耗的影响，而且还要考虑相对磁导率与磁通密度的关系。与采用加入气隙的高磁导率材料为铁心的电感不同，虽然磁粉心的饱和现象不明显，但选择过高的磁通密度会使磁粉心磁导率大大降低，反而使电感的损耗及体积增大。设计可按照以下步骤进行：

1）初选一种磁粉心，根据 B_m 确定相应的相对磁导率 $\mu_r\%$ 和安匝数（即 Ni_m），进一步可确定线圈匝数 N，通常在选定 B_m 值下的相对磁导率 $\mu_r\%$ 应为30% ~50%。

2）根据选定的导线电流密度计算导线直径，并核算窗口面积，如果绕不下，则应选择尺寸更大或磁导率更高的磁粉心重新进行计算。

3）计算所需磁粉心数量，$n=\dfrac{L}{\mu_r\% \cdot A_L N^2}$。

如果 N 或 n 不为整数，则应进行舍入后进行验算，上述计算结果中，为保证其体积及效率，磁粉心数量一般控制在4个以内，否则就应选择尺寸更大的磁粉心。

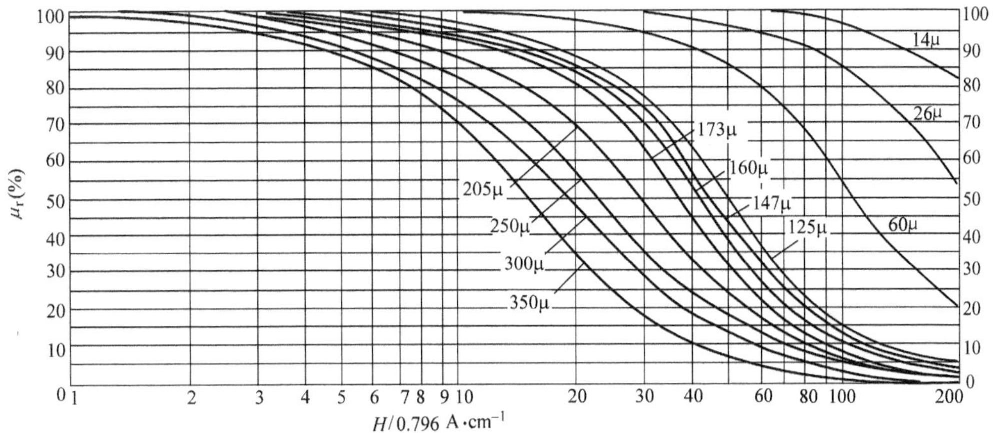

图6-15 相对磁导率（μ_r）与磁场强度（H）特性曲线

6.2.3 变压器

1. 变压器的基本参数

变压器是利用互感实现能量或信号传输的器件。在开关电源主电路中，变压器用于输入输出之间的隔离及电压变换，在控制电路中主要用于检测信号及驱动信号的隔离及变换。开关电源中的变压器的基本原理与常规变压器没有本质差别，也满足电动势平衡方程式（6-12）及磁动势平衡方程式（6-13）。

$$\begin{aligned} u_1 &= R_1 i_1 + N_1 \frac{\mathrm{d}\Phi_m}{\mathrm{d}t} + N_1 \frac{\mathrm{d}\Phi_{1\sigma}}{\mathrm{d}t} \\ u_2 &= R_2 i_2 + N_2 \frac{\mathrm{d}\Phi_m}{\mathrm{d}t} + N_2 \frac{\mathrm{d}\Phi_{2\sigma}}{\mathrm{d}t} \end{aligned} \tag{6-12}$$

$$i_m N_1 = i_1 N_1 + i_2 N_2 \tag{6-13}$$

式中 u_1、u_2——一次、二次电压；

i_1、i_2、i_m——一次、二次电流及励磁电流；

R_1、R_2——一次、二次电阻；

Φ_m、$\Phi_{1\sigma}$、$\Phi_{2\sigma}$——分别为铁心主磁通及一次、二次漏磁通。

由于变压器的漏磁通、绕组电阻及励磁电流均很小，因此式（6-12）、式（6-13）可近似表示为

$$u_1 \approx \frac{N_1}{N_2} u_2 \tag{6-14}$$

$$i_1 N_1 \approx -i_2 N_2 \tag{6-15}$$

由于反激式变换器中的变压器通常采用带气隙铁心，且其输出能量就是依靠变压器励磁电感所存储能量，励磁电流不能忽略，所以式（6-15）不适用于反激式变压器。

变压器的参数主要有：一次和二次额定电压及电流、工作频率、电压比、额定功率、漏感及最高工作温度等。

开关电源用变压器的额定电压不同于一般工频电源变压器，它所承受的电压虽是周期性的，但不是正弦波，所以其额定电压必须与工作波形联系起来考虑。其意义在于一方面决定了对绕组绝缘水平的要求，另一方面与变压器的工作磁通密度、匝数及工作频率密切有关。其关系可由基本的电磁感应原理式（6-16）获得，即

$$u = \frac{\mathrm{d}\Psi}{\mathrm{d}t} = N\frac{\mathrm{d}\Phi}{\mathrm{d}t} = NA_e\frac{\mathrm{d}B}{\mathrm{d}t} \tag{6-16}$$

对上式在电压的正半周（或负半周）积分，可得

$$\int u\mathrm{d}t = NA_e\Delta B \tag{6-17}$$

由式（6-17）可以看出，变压器绕组电压正半周的伏秒积的数值直接影响到一个周期内铁心磁通密度的变化量 ΔB。过大的 ΔB 可能使铁心进入饱和区，并且会产生过大的铁心损耗。

变压器的电压比 k 等于在空载时一次和二次电压之比，在数值上等于一次和二次绕组匝数之比，即

$$k = \frac{u_1}{u_2} = \frac{N_1}{N_2} \tag{6-18}$$

开关电源用变压器的漏感是与漏磁通相应的电感，其数值通常很小，漏感过大会使变压器发热，并产生较大的压降，因此设计中一般是尽量减小漏感。但在一些软开关电路中正是利用变压器漏感来实现开关器件的软开关条件。

2. 变压器的结构及设计方法

在开关电源中的高频变压器铁心主要采用软磁铁氧体、超微晶合金等低损

耗材料。结构形式主要有E形、环形及C（U）形。从变压器绕组数量上看，有双绕组及多绕组变压器，多绕组变压器主要用于多路输出电源。一次（二次）绕组根据外电路形式的不同有单绕组形式及具有中心抽头形式。

与电感类似，开关电源中的高频变压器也通常需要定制加工。在设计变压器前需要进行以下准备工作：

1）根据电路需要确定变压器的工作电压波形、各绕组电压比 k、电流有效值及工作频率，并根据式（6-17）确定绕组电压伏秒积的最大值。

2）根据变压器铁心材料数据及电路结构确定磁通密度的变化量 ΔB。如果变换器为单端电路，铁心磁通的变化曲线见图6-16a，因此 ΔB 应小于铁心材料的饱和磁通密度与剩余磁通密度之差；如果是双端电路，由于磁通可在正负双向变化（见图6-16b），因此 ΔB 应小于铁心材料饱和磁通密度的两倍。除满足上述条件外，还必须核算铁心在该频率下的损耗情况，如果损耗过高，则应适当降低 ΔB，以防止铁心过热。

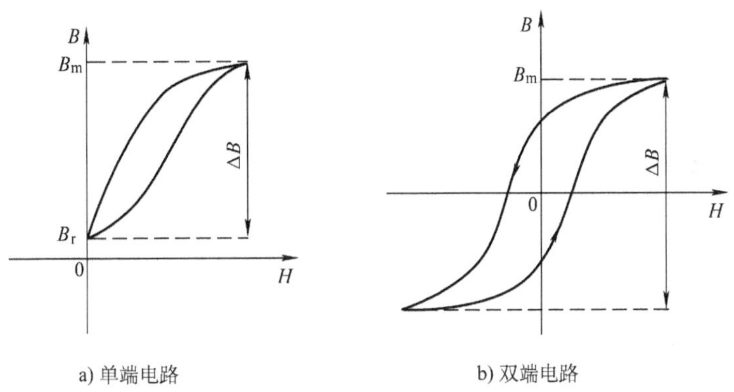

图6-16　变压器的 B-H 曲线

3）选择铁心的结构形式（如E形、C形等）及导线的电流密度。

目前变压器较为简洁常用的设计方法也是 A_p（$A_p = A_e A_W$）法，即用铁心的截面积 A_e 和窗口截面积 A_W 的乘积确定该铁心的容量。由式（6-17）可得

$$A_e = \frac{\int u_1 \mathrm{d}t}{N_1 \Delta B} \tag{6-19}$$

在设计时既可以从一次侧入手，也可从二次侧入手，若从二次侧入手，式（6-19）中的一次侧电压 u_1 和一次侧绕组匝数 N_1 应由二次侧电压 u_2 和二次侧绕组匝数 N_2 代替。

窗口截面积 A_W 与匝数 N 的关系可表示为

$$A_W = \frac{N_1 I_\Sigma}{k_c j} \tag{6-20}$$

式中　j——导线的电流密度（A/m^2）；

k_c——绕组填充系数（$0<k_c<1$）；

I_Σ——窗口内折算到一次侧的总折算电流，其数值与变压器绕组形式相关，若一次和二次绕组均无中心抽头，则 $I_\Sigma=2I_1$，若二次绕组有中心抽头，则 $I_\Sigma=(1+\sqrt{2})I_1$。

由式（6-19）和式（6-20）可得铁心的 A_p 表达式（6-21）。从该式可以看出，当铁心的磁通密度的变化量 ΔB、导线电流密度及填充系数选定后，铁心的 A_p 值就由电压的伏秒积及折算电流确定下来，即

$$A_p = A_e A_W = \frac{I_\Sigma \int u_1 \mathrm{d}t}{\Delta B k_c j} \tag{6-21}$$

对于半桥及全桥变换电路，由变压器电压、电流及功率间的关系，式（6-21）可进一步表示为

$$A_p = A_e A_W = \frac{P_t}{2\Delta B k_c j f} \tag{6-22}$$

式中　f——开关频率；

P_t——变压器一次和二次侧总功率，如果认为变压器的效率为1，当二次侧无中心抽头时，$P_t=2P_o$（变压器输出功率），当二次侧有中心抽头时，$P_t=(1+\sqrt{2})P_o$。

由式（6-17）、式（6-18）及式（6-21）可总结变压器的设计步骤如下：

1）根据式（6-21）或式（6-22）计算变压器的 A_p 值，对照铁心产品手册选择 A_p 值大于计算结果的铁心型号，确定 A_e 值。

2）根据式（6-17）确定一次绕组匝数，即

$$N_1 = \frac{\int u_1 \mathrm{d}t}{\Delta B A_e} \tag{6-23}$$

3）根据式（6-18）计算二次绕组匝数，即

$$N_2 = N_1/k \tag{6-24}$$

若 N_1、N_2 不为整数，则应进行舍入后再进行验算，绕组匝数确定后，再根据导线电流密度、窗口尺寸确定导线直径及绕制方法。与电感类似，上述过程可能会反复几次才能得到满意的结果，如果将绕组电流密度与 A_p 值联系起来对式（6-22）进行修正，则可减少反复次数，具体方法可见本章参考文献［1］和相关标准。

6.3　小结

本章介绍了开关电源中常用的无源元件：电容、电感及变压器，包括分类、

主要参数、基本原理及应用范围等。

对于电容元件，本章介绍了其主要参数、等效电路、元件分类及使用方法。重点介绍了在开关电源主电路中，电容寄生参数对电路性能、滤波效果、元件寿命等的影响。介绍了不同类型电容的特点及应用场合。

对于电感及变压器，首先介绍了常用的各种铁心材料的基本性能及相应的铁心结构。重点介绍了不同铁心材料及应用场合下电感及变压器的设计方法。

参考文献

[1] 张占松，蔡宣三. 开关电源的原理与设计 [M]. 北京：电子工业出版社，1998.
[2] 王兆安，张明勋. 电力电子设备设计应用手册 [M]. 北京：机械工业出版社，2002.
[3] 李宏. 电力电子设备用器件与集成电路应用指南 [M]. 北京：机械工业出版社，2001.
[4] 徐泽玮. 电源用软磁材料 [J]. 电源技术应用，2001，(1).
[5] 徐泽玮. 电源中电磁元件的铁心结构 [J]. 电源技术应用，2001，(7).
[6] 黄永富. APFC 电感采用磁粉心的设计 [J]. 电源技术应用，2000，(7).
[7] 曹永刚，陈永真，乌恩其. 现代电源技术中电容器的正确选用 [J]. 电源技术应用，2000，(7).

第7章　功率电路的设计

本章重点阐述开关电源主电路的设计方法。首先从技术指标的分析入手，然后按照工程设计中习惯的步骤阐述正激、半桥、全桥和反激电路的设计方法，包括变压器、滤波器和开关元器件的设计原则和设计公式。最后对主电路结构设计和热设计进行了探讨。

7.1　开关电源的主要技术指标及分析

开关电源的设计应从深入分析待设计的电源的技术指标开始。开关电源技术指标指出了该电源的实际使用要求，设计工作应以满足技术指标的要求为目的。

本节分析开关电源的各项主要技术指标的含义及其同设计的关系。

7.1.1　输入参数

输入参数包括输入电压、交流或直流、相数、频率、输入电流、功率因数、谐波含量等。

（1）输入电压　国内应用的民用交流电源电压三相为380V，单相为220V；出口到国外的电源需要参照出口国电压标准。目前便携式设备的开关电源流行采用国际通用电压范围，即单相交流85～265V，这一范围覆盖了全球各种民用电源标准所限定的电压，但对电源的设计提出了较高的要求。

输入电压为直流时情况较复杂，从24～600V都有可能。输入电压的指标通常包含额定值和变化范围两方面内容。输入电压范围的下限影响变压器设计时电压比的计算，而上限决定了主电路元件的电压等级。输入电压变化范围过宽使设计中必须留过大裕量而造成浪费，因此变化范围应在满足实际要求的前提下尽量小。

（2）输入频率　我国民用和工业用电的频率为50Hz，航空、航天及船舶用的电源经常采用交流400Hz输入，这时的输入电压通常为单相或三相115V。中频电压整流后的脉动频率远高于工频，因此整流电路所连接的滤波电容可以减小很多。

（3）输入相数　三相输入的情况下，整流后直流电压是单相输入时的约1.7倍，当开关电源的功率小于3～5kW时，可以选单相输入，以降低主电路器件的电压等级，从而可以降低成本；当功率大于5kW时应选三相输入，以避免引起电网三相间的不平衡，同时也可以减小主电路中的电流以降低损耗。

（4）输入电流　输入电流指标通常包含额定输入电流和最大电流两项，是输入开关、接线端子、熔断器和整流桥等元器件的设计依据。

（5）输入功率因数和谐波　目前，对保护电网环境、降低谐波污染的要求越来越迫切，许多国家和地区都已出台相应的标准（IEC61000-3系列），对用电装置的输入谐波电流和功率因数做出较严格的规定，因此开关电源的输入谐波电流和功率因数成为重要指标，也是设计中的一个重点。但降低谐波电流和提高功率因数往往需要付出电路复杂程度增加、成本上升、可靠性下降的代价，因此应根据实际需要和有关标准制定指标。目前，单相有源功率因数校正（PFC）技术已经基本成熟，附加的成本也较低，可以很容易地使输入功率因数达到0.99以上，输入总谐波电流小于5%。三相PFC技术尚不尽人意，如果功率因数要求很高，如高于0.99，则需要采用复杂的6开关PWM整流电路，而且其成本很可能会高于后级DC-DC变换器的成本；如果不能允许成本增加很多，则只能采用单开关三相PFC技术，其功率因数通常只能达到0.95左右，而且具体电路还存在很多问题，或采用无源PFC技术，通常其功率因数只能达到0.9左右。这是制定指标时必须考虑的。关于功率因数校正电路，可以参见第9章。

7.1.2　输出参数

输出参数包括输出功率、输出电压、输出电流、纹波、稳压精度、稳流精度、效率、输出特性等。

（1）输出电压　通常给出额定值和调节范围两项内容。输出电压上限关系到变压器设计中电压比的计算，过高的上限要求会导致过大的设计裕量和额定点特性变差，因此在满足实际要求的前提下，上限应尽量靠近额定点。相比之下，下限的限制较宽松。

（2）输出电流　通常给出额定值和一定条件下的过载倍数，有稳流要求的电源还会指定调节范围。有的电源不允许空载，此时应指定电流下限。

（3）稳压稳流精度　通常以正负误差带的形式给出。影响电源稳压稳流精度的因素很多，主要有输入电压变化、输出负载变化、温度变化及器件老化等。通常精度可以分成3个项目考核：①输入电压调整率；②负载调整率；③时效偏差。同精度密切相关的因素是基准源精度、检测元件精度、控制电路中运算放大器精度等。

（4）电源的输出特性　同应用领域的工艺要求有关，相互之间差别很大。设计中必须根据输出特性的要求来确定主电路和控制电路的形式。很多应用场合都对电源提出了恒压恒流的输出特性要求，见图7-1。具备这种特性的电源在负载电流未达到限流值时工作在恒压状态，随着负载的加重，电流达到限流值，输出电压开始下降，电源处于恒流工作状态。

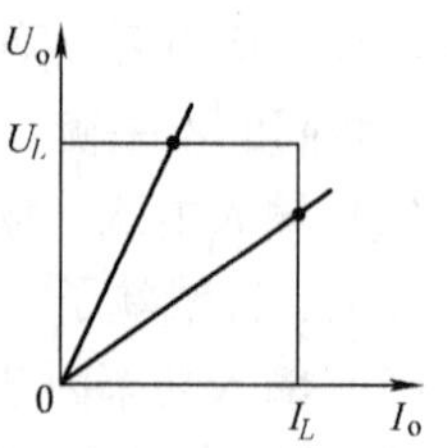

图 7-1　恒压恒流输出特性

（5）纹波　开关电源的输出电压纹波成分较为复杂，典型的电压纹波波形见图 7-2。通常按频带可以分为 3 类：①高频噪声，即图 7-2 中频率远高于开关频率 f_S 的尖刺；②开关频率纹波，指开关频率 f_S 附近的频率成分，即图 7-2 中锯齿状成分；③低频纹波，频率低于 f_S 的成分，即低频波动。见图 7-3。

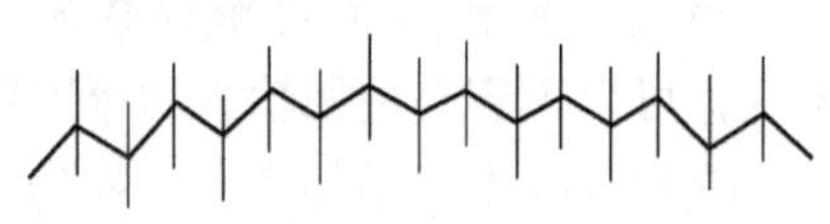

图 7-2　典型的纹波波形

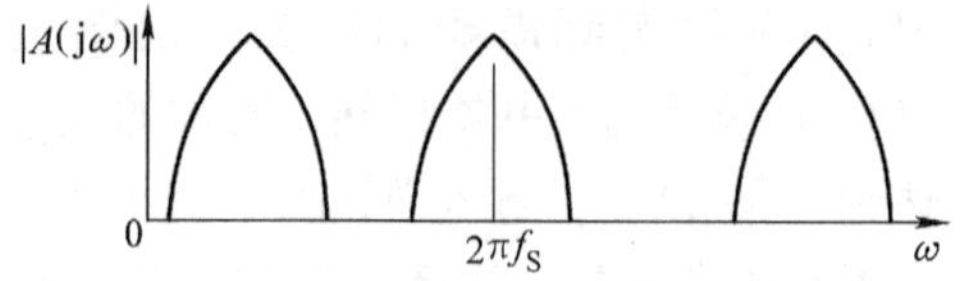

图 7-3　纹波电压的频谱

对纹波有多种量化方法，常用的有：

1）纹波系数：取输出电压中交流成分总有效值与直流成分的比值定义为纹波系数。这是最常用的量化方法，但不能反映幅值很高、有效值却很小的尖峰噪声的含量及其影响。而且由于纹波包含的频率成分从 1Hz 以下直到数十 MHz，频带极宽，用常规仪表很难精确计量其总有效值。

2）峰-峰电压值：该方法计量了纹波电压的峰-峰值，可以反映出幅值很高、有效值却很小的尖峰噪声的含量，但不能反映纹波有效值的大小，不够全面。

3）按 3 种频率成分分别计量幅值：方法最为直观、详细，也容易用示波器直接测量，常用于通信电源技术指标中，但对负载的干扰程度不容易界定。

4）衡重法　该方法强调纹波对工作在 300 ~ 3000Hz 声音频带内设备的影响，用于评价通信电源的性能指标。

（6）效率　是电源的重要指标，它通常定义为

$$\eta = \frac{P_o}{P_{in}} \times 100\% \tag{7-1}$$

式中　P_{in}——输入有功功率；

P_o——输出功率。通常给出在额定输入电压和额定输出电压、额定输出电流条件下的效率。

对于开关电源来说，效率提高就意味着损耗功率的下降，从而降低电源温升，提高可靠性，节能的效果也很明显，所以应尽量提高效率。

但效率的提高也是有限度的，开关电源的各种损耗见表 7-1。

表 7-1 开关电源的各种损耗

损耗种类	内　容
与开关频率密切相关的损耗	开关器件的开关损耗，变压器的铁损，电抗器的铁损，吸收电路的损耗
电路中的通态损耗	开关器件的导通损耗，变压器的铜损，电抗器的铜损，线路损耗
其他	控制电路损耗，冷却系统损耗

需要说明的是，引起损耗的原因是多方面的，因此表中分类的原则并不是绝对的，而是说明了产生损耗的原因倾向性。

在这众多的损耗中，有些损耗如通态损耗是较难大幅度降低的。而有些如开关器件的开关损耗和吸收电路的损耗则可以通过采用软开关技术或无损吸收技术大幅度降低。

一般来说，输出电压较高的电源效率高于输出低电压的电源，这同变压器二次侧整流二极管的通态压降与输出电压的比值相关。通常高输出电压（>100V）的电源效率可达90%～95%。

7.1.3 电磁兼容性能指标

电磁兼容也是近年来倍受关注的问题。电子装置的大量使用，带来了相互干扰的问题，有时可能导致致命后果，如在飞行的飞机机舱内使用无线电话或便携式电脑就有可能干扰机载电子设备造成飞机失事。

电磁兼容性能（Electromagnetic Compatibility，EMC）包含两方面的内容：①电磁敏感性（Electromagnetic Susceptibility，EMS），②电磁干扰（Electromagnetic Interference，EMI），分别指出电子装置抵抗外来干扰的能力和自身产生的干扰强度。通过制定标准，使每个装置能够抵抗的干扰的强度远远大于各自发出的干扰强度，则这些装置在一起工作时，相互干扰导致工作不正常的可能性就比较小，从而实现电磁兼容。

因此标准化对电磁兼容问题来说十分重要。各国有关电磁兼容的标准很多，并且都形成了一定的体系。比较重要的有国际电工委员会（International Electro-Technical Commission，IEC）的电磁兼容标准体系，欧洲联盟标准体系（EN）和美国联邦通信委员会标准（Federal Commission of Communication，FCC）等，我国也制定了相应的国家标准（GB）。这些标准体系中与开关电源产品相关的标准见表7-2。值得注意的是，无线电干扰专委会（International Special Committee On Radio Interference，CISPR）是IEC的一个专门负责制定射频干扰分析、测量和限值标准的分委员会，因此有关射频干扰的很多标准均出自CISPR，在此将其归类为IEC标准。该专委会的缩写CISPR来自法语（Comite' International Special des Perturbations Radio électroniques)。

表 7-2 常用电磁兼容标准对照

产品类别 \ 标准体系		IEC（含 CISPR）	EN	FCC	GB
干扰特性	信息技术设备（Information Technology Equipment，ITE）计算机、打印机、显示器等	CISPR 22	EN55022	FCC 15 B 类	GB 9254
	工业、科研和医疗设备（Industrial，Scientific and Medical equipment，ISM）	CISPR 11	EN55011	FCC 18	GB 4824
	电视机、收音机、音响器材、录像机等	CISPR 13	EN55013	FCC 15 B 类	
	家用电器，手动工具等	CISPR 14	EN55014		GB 4343
抗干扰特性	通用标准	IEC61000-4 系列	EN61000-4 系列		GB/T 17626 系列
	信息技术设备（Information Technology Equipment，ITE）计算机、打印机、显示器等	CISPR 24	EN55024		

从表 7-2 中可以看出，并没有专门针对开关电源的电磁兼容标准，但表中罗列的产品都有可能采用开关电源，因此应该根据具体应用对象确定所采用的标准。而开关电源产品的抗干扰特性一般应用通用标准（IEC61000-4 和 GB/T 17626 系列）。

开关电源是一种能产生较强的宽频带电磁信号的设备，很有可能对其周边设备造成干扰。同时它又是一种较容易受到干扰的设备，多数电子设备在受到干扰时仅表现出性能的劣化，而开关电源则不同，一定形式和强度的干扰甚至有可能造成电源自身的损坏，同时还可能危及负载。因此开关电源的电磁兼容问题更为严重，应引起充分重视。第 10 章将会详细讨论开关电源电路中的电磁干扰模型和抑制方法。

7.1.4 其他指标

体积和重量指标是密切相关的，减小体积通常也意味着重量的下降。而小型化、轻量化正是电源装置的发展趋势，大容量电源也不例外。除合理的结构设计外，减小体积和重量的最有效途径是提高开关频率。采用软开关技术可以有效降低开关损耗，从而提高开关频率。就目前的技术水平来说，小功率电源的开关频率为数百千赫～数兆赫，大功率开关电源一般为 20～100kHz。

环境温度指标同热设计的关系很大，从散热的角度来看，环境温度上限是最恶劣的工况，但如果环境温度下限低于 -40℃，则可能要考虑风扇、电缆及液晶显示器的防冻问题。通常民用电源的环境温度范围在 0 ~40℃，工业用电源为 -10 ~50℃，而军用及航空航天及舰船用则可能达到 -55 ~105℃。

随着海拔高度的升高，大气越来越稀薄，容易击穿形成放电。因此在高海拔（2000m 以上）使用的开关电源，在设计过程中应注意加大绝缘的间距。

7.2 主电路设计

主电路的设计通常在整个电源的设计过程中具有最为重要的地位，一旦完成设计，不宜轻易改变，因此设计时对各方面问题应考虑周全，避免返工，造成时间和经费的浪费。

7.2.1 主电路的选型

开关电源的电路拓扑众多，其中适合小功率电源使用的有正激型、反激和半桥型，适合大功率电源的有正激型、半桥型和全桥型，其中正激电路又可以分为单管正激、双管正激等多种。电路形式的最终确定，需要根据设计任务书和电源的实际应用场合的具体情况来确定。关于各种不同电路的不同应用可以参见第 2 章。

一般来说，小功率电源（1 ~100W）宜采用电路简单成本低的反激电路；电源功率在 100W 以上且工作环境干扰很大、输入电压质量恶劣、输出短路频繁时，则应采用正激电路；对于功率大于 500W，工作条件较好的电源，则采用半桥或全桥电路较为合理；如果对成本要求比较严，可以采用半桥电路；如果功率很大，则应采用全桥电路；推挽电路通常用于输入电压很低功率较大的场合。

7.2.2 硬开关与软开关电路的选择

在主电路中是否采用软开关技术也是一个颇费斟酌的问题。事实上，在众多的软开关电路中，具有实际使用价值的并不多，目前较为成熟的是零电压和零电流准谐振电路、移相全桥电路及零电压、零电流转换电路等。

在设计中，通常需要综合考虑可靠性、成本、效率等多方面因素，甚至还有一些非技术的因素，如出于宣传的目的等（如采用软开关电路在宣传上占优势）。现阶段在一些情况下，采用硬开关电路仍然是很多场合下合理的选择，而对效率、体积和重量的要求非常高时，应根据实际情况，采用相应的软开关电路。随着市场对电源体积和重量越来越苛刻的要求，软开关电路在电源中的应用越来越广泛，因而从发展的角度来看，软开关是未来电源技术的主流。

7.2.3 正激、推挽、半桥和全桥型电路的主电路元器件参数的计算

正激、推挽、半桥和全桥型电路虽然电路结构不同，但工作波形有很多相似之处，特别是整流输出电压波形经过变换可以等效，下面介绍的设计方法适用于正激、推挽、半桥和全桥型电路，反激型电路中变压器的设计方法及输出特性有很大的不同，将在后面介绍。

1. 变压器的设计

变压器是开关电源中的核心元件，许多其他主电路元件的参数设计都依赖于变压器的参数，因此应该首先进行变压器的设计。

高频变压器工作时的电压、电流都不是正弦波，因此其工作状况同工频变压器有较大差别，设计公式也有所不同。需要设计的参数是电压比、铁心的形式和尺寸、各绕组匝数、导体截面积和绕组结构等，所依据的参数是工作电压、工作电流和工作频率等。

（1）电压比 k_T　电压比的计算原则是电路在最大占空比和最低输入电压的条件下，输出电压仍能达到要求的上限，考虑到电路中的压降，输出电压应留有裕量：

$$k_T \leqslant \frac{U_{imin} D_{max}}{U_{omax} + \Delta U} \tag{7-2}$$

式中　k_T——电压比；

U_{imin}——输入直流电压最小值，应选取输入电压下限并注意考虑电压的纹波，对于半桥电路，应取为输入直流电压最小值的一半；

U_{omax}——最高输出电压；

ΔU——电路中的压降，应包含整流二极管压降和电路中的线路压降等；

D_{max}——最大占空比，需要注意的是其定义为二次侧整流输出电压脉冲的占空比，在正激电路中就是开关管导通占空比，而半桥、全桥及推挽电路则为开关导通占空比的 2 倍。

（2）铁心的选取　计算出电压比后，可根据第 6 章介绍的 A_p 法选取合适的铁心：

$$A_p = A_e A_W = \frac{P_t}{2\Delta B k_c\, j f_S} \tag{7-3}$$

式中　A_e——铁心磁路截面积；

A_W——铁心窗口面积；

P_t——变压器一次侧和二次侧的总功率；

f_S——开关频率；

ΔB——铁心材料所允许的最大磁通密度的变化量；

j——变压器绕组导体的电流密度；

k_c——绕组在铁心窗口中的填充系数。以上参数的详细分析和说明见第6章。

根据以上公式计算出铁心应具备的截面—窗口积（A_eA_w）后，可以在生产厂家提供的产品手册中查找合适的铁心，使其形状和尺寸满足要求。

（3）绕组匝数　选定铁心后，便可以计算绕组匝数。由于电压比已知，可以首先计算一次侧或二次侧绕组匝数中任意一个，然后根据电压比推算另一个。通常由于输出电压是稳压的，由下面的分析可知计算二次侧匝数更容易。

$$N=\frac{\int u_{\mathrm{T}}\mathrm{d}t}{A_e\Delta B} \tag{7-4}$$

式中　N——所计算的绕组的匝数；

$\int u_{\mathrm{T}}\mathrm{d}t$——这一绕组承受的最大伏—秒面积，即电压正半周或负半周的面积；

ΔB——铁心材料允许的最大磁通密度变化范围；

A_e——铁心截面积。

为了保证在任何条件下铁心不饱和，设计时应按最大伏—秒面积计算匝数。因为电路中电压的波形都是方波，所以最大伏—秒面积的计算可以简化为电压和脉冲宽度的乘积。由于输出电压通常是稳压的，因此由变压器二次侧计算最大伏—秒面积较为方便。对正激电路：

$$\begin{aligned}S_{V2\max}&=\max\left[\int_0^{T_{\mathrm{on}}}u_{\mathrm{T2}}\mathrm{d}t\right]\\&=\max\left[\int_0^{T_{\mathrm{S}}}U_{\mathrm{o}}\mathrm{d}t\right]\\&=\int_0^{T_{\mathrm{S}}}U_{\mathrm{omax}}\mathrm{d}t\\&=U_{\mathrm{omax}}T_{\mathrm{S}}\end{aligned} \tag{7-5}$$

式中　u_{T2}——二次侧绕组电压幅值；

T_{S}——开关周期。

对半桥、全桥、推挽等电路：

$$\begin{aligned}S_{V2\max}&=\max\left[\int_0^{T_{\mathrm{on}}}u_{\mathrm{T2}}\mathrm{d}t\right]\\&=\max\left[\int_0^{\frac{T_{\mathrm{S}}}{2}}U_{\mathrm{o}}\mathrm{d}t\right]\\&=\int_0^{\frac{T_{\mathrm{S}}}{2}}U_{\mathrm{omax}}\mathrm{d}t\end{aligned}$$

$$= U_{\text{omax}} \frac{T_S}{2} \tag{7-6}$$

因此，二次侧绕组匝数的设计公式简化为

正激电路：
$$N_2 = \frac{U_{\text{omax}} T_S}{\Delta B A_e} \tag{7-7}$$

全桥、半桥、推挽电路：
$$N_2 = \frac{U_{\text{omax}} T_S}{2\Delta B A_e} \tag{7-8}$$

一次侧绕组匝数可由二次侧匝数和电压比计算获得。

（4）绕组导体截面积　根据流过每个绕组的电流值和预先选定的电流密度（j），即可计算出绕组导体截面积：

$$A_c = \frac{I}{j} \tag{7-9}$$

（5）变压器设计的其他问题　包括变压器励磁电感和漏感的估算，以及绕组结构的设计。

可以用变压器的等效电路来说明励磁电感和漏感，见图7-4。

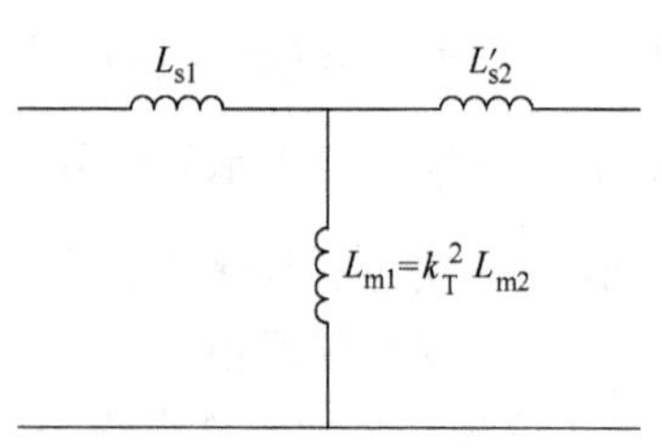

图7-4　变压器的T型等效电路

图中L_{m1}、L_{m2}为励磁电感，L_{s1}为一次侧绕组的漏感，L'_{s2}为二次侧绕组漏感，已经按电压比折算到一次侧。

$$L_{m1} = \frac{\mu_0 \mu_r A_e N_1^2}{l} \tag{7-10}$$

式中　μ_0——真空磁导率；

μ_r——铁心材料相对磁导率；

A_e——铁心截面；

N_1—— 一次绕组匝数；

l——铁心磁路长度。

由于铁磁材料的相对磁导率μ_r很大，因此励磁电感通常也较大。如果铁心未夹紧，磁路中有气隙，则励磁电感会急剧下降，励磁电流成倍增加，导致变压器性能严重劣化。

变压器的漏感来源于某一绕组产生的、并仅同自身耦合的磁链，因此它同一、二次侧绕组互相耦合的紧密程度密切相关，耦合不够紧，则漏感会增加。漏感对电路工作带来的影响主要是负面的，将使变压器损耗及占空比丢失增加等，因此变压器的设计通常应尽量减小漏感。但多数软开关电路、谐振电路将利用变压器的漏感来实现器件的软开关。减小漏感的办法主要是提高一、二次绕组耦合的紧密程度，如采用间隔绕组（即三明治绕法）等。

2. 输出滤波电路的设计

输出滤波电路的作用是滤除二次侧整流电路输出的脉动直流中的交流成分，得到平滑的直流输出。在开关电源中通常采用一级 LC 滤波电路，当要求输出纹波很小时，也采用两级 LC 滤波电路，见图 7-5。

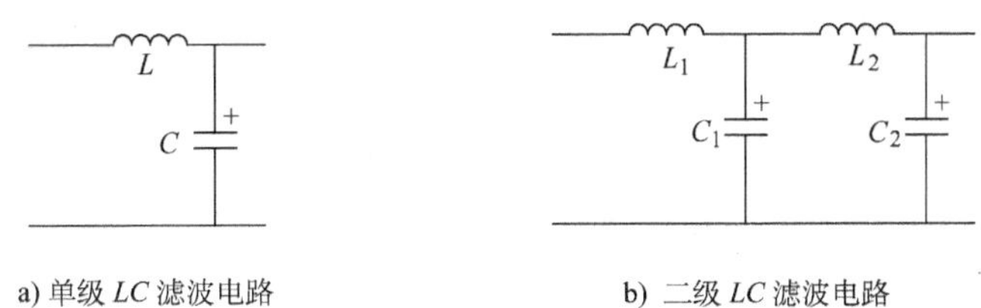

a) 单级 LC 滤波电路　　b) 二级 LC 滤波电路

图 7-5　输出滤波电路

滤波器的设计应首先进行电感的设计，然后再进行电容的设计。

（1）滤波电感的设计　设计滤波电感应根据输出电压、输出电流和开关频率，并应首先选定允许的电感电流最大纹波值，然后按如下公式计算电感值。

正激：
$$L=\frac{U_{\text{inmax}}}{4k_{\text{T}}f_{\text{s}}\Delta\hat{I}}$$

全桥、半桥、推挽：
$$L=\frac{U_{\text{inmax}}}{8k_{\text{T}}f_{\text{s}}\Delta\hat{I}} \tag{7-11}$$

式中　L——滤波电感的值；

U_{inmax}——输入电压最大值；

f_{s}——开关频率；

$\Delta\hat{I}$——允许的电感电流最大纹波峰-峰值。

计算出电感值后，根据电感值和流过电感的电流，按 A_{p} 法选定电感铁心：

$$A_{\text{p}}=A_{\text{e}}A_{\text{W}}=\frac{Li_{\text{m}}I}{B_{\text{m}}k_{\text{c}}j} \tag{7-12}$$

式中　A_{e}——铁心磁路截面积；

A_{W}——铁心窗口面积；

L——电感值；

I——电感电流最大有效值；

i_{m}——电感电流最大峰值；

B_{m}——磁路磁通密度最大值；

j——电感绕组导体的电流密度；

k_{c}——绕组在铁心窗口中的填充系数。

按如下公式计算绕组匝数：

$$N = \frac{Li_{\mathrm{m}}}{B_{\mathrm{m}}A_{\mathrm{e}}} \tag{7-13}$$

按如下公式计算气隙：

$$l = \frac{\mu_0 A_{\mathrm{e}} N^2}{L} \tag{7-14}$$

然后根据电感电流和预先选定的电流密度，可以计算出电感绕组的导体截面。

关于电感设计的公式及方法已在第 6 章详细介绍过，这里就不再详述了。

（2）滤波电容的确定　由于已知电感电流最大纹波值，可以假设电感电流最大纹波有效值为$\frac{\Delta \hat{I}}{2\sqrt{3}}$，其频率成分主要为基波，在该频率下滤波电容的阻抗为

$$Z_C = \sqrt{R_{\mathrm{ESR}}{}^2 + \left(\omega L_{\mathrm{ESL}} - \frac{1}{\omega C}\right)^2}$$

式中　R_{ESR}——滤波电容等效串联电阻；

L_{ESL}——滤波电容等效串联电感；

C——滤波电容值；

ω——纹波电流的基波角频率。

忽略谐波，则根据预先选定的输出电压最大纹波有效值，可以按下式计算出滤波电容的阻抗

$$Z_C \leqslant \frac{2\sqrt{3}\Delta U}{\Delta \hat{I}} \tag{7-15}$$

然后根据电解电容的手册选择合适的电容。

由于开关电源中的输出滤波器处理的功率很大，因此滤波电感的电流容量应留有足够的裕量，以免在输出大电流时饱和，滤波电容须采用高频电解电容以提高滤波效果、减少发热，往往采用多个小电容并联，以降低等效串联电感 L_{ES} 和等效串联电阻 R_{ES}。

3. 开关元件的设计

（1）开关元件的设计原则　变压器和滤波电路设计完毕后，电路中各元件的电压和电流参数已基本确定，就可以开始开关元件的设计了。开关元件的设计应遵循以下两个原则：

1）器件工作时的电压和电流都不应超出其安全工作区（SOA）：IGBT、MOSFET 以及各种二极管，都有相应的安全工作区，这也是其产品手册的重要内容。值得注意的是，开关器件在实际电路中承受的电压和电流都是脉冲，因此脉冲安全工作区是最有指导意义的。

2）工作时的结温不能超过最大结温：由于半导体在较高的温度条件下会变成导体从而失去电压阻断能力，因此器件工作中管芯的结温不能超过允许值，这一上限同管芯材料和工艺有关。对于采用目前普遍使用的硅材料制造的各种高频开关器件如 IGBT、MOSFET 和二极管而言，其结温上限为 125 ~ 175℃。器件工作中都会产生损耗，以热的形式通过器件的壳体散发到环境中，传热过程中结—壳间就会形成温差。

在实际的设计中，应该计算出开关器件工作时的电压和电流峰值，并根据安全工作区（SOA）来初步选择器件的电压和电流容量，然后根据估算的器件发热功率、最高环境温度和热阻等参数来估算工作时的结温，并应留有裕量。

（2）变压器二次侧整流二极管的设计　流过二极管的峰值电流为

$$\hat{I}_{\mathrm{Dmax}} = I_{\mathrm{omax}} + \frac{1}{2}\Delta \hat{I} \tag{7-16}$$

流过二极管的最大平均电流为

$$\bar{I}_{\mathrm{Dmax}} = \frac{1}{2} I_{\mathrm{omax}} \tag{7-17}$$

所选取的二极管允许的峰值电流应大于式（7-16）中的$\hat{I}_{\mathrm{Dmax}}$，平均电流应大于式（7-17）中的$\bar{I}_{\mathrm{Dmax}}$。

根据二极管的平均电流可以估算其通态损耗：

$$P_{\mathrm{Don}} \approx \bar{I}_{\mathrm{Dmax}} U_{\mathrm{D}} \tag{7-18}$$

式中　U_{D}——二极管在流过峰值电流时的通态压降。

二极管的开关损耗可以按下式估算：

$$P_{\mathrm{DS}} = (e_{\mathrm{on}} + e_{\mathrm{off}})\, f_{\mathrm{s}} \tag{7-19}$$

式中，e_{on}和 e_{off}为每次开通和关断耗散的开关能量，主要由于二极管的正向恢复及反向恢复过程造成，其中反向恢复造成的 e_{off}为主要问题；f_{s} 为电路的开关频率。

根据二极管的损耗功率（即发热功率）和器件的结温上限以及环境温度的上限可以计算出允许的散热热阻的上限：

$$R_{\mathrm{thj-c}} + R_{\mathrm{thc-a}} \leqslant \frac{T_{\mathrm{jM}} - T_{\mathrm{aM}}}{P_{\mathrm{Don}} + P_{\mathrm{DS}}} \tag{7-20}$$

式中　$R_{\mathrm{thj-c}}$——二极管的结壳热阻；

$R_{\mathrm{thc-a}}$——散热器的热阻；

T_{jM}——二极管器件允许的最高结温；

T_{aM}——技术要求中环境温度的上限。

二极管的结壳热阻加散热器热阻不能超过由式（7-20）指出的上限，这是选取二极管及其散热器的依据。

（3）开关管的设计　流过开关管的峰值电流为

$$\hat{I}_{\mathrm{Smax}} = \left(I_{\mathrm{Omax}} + \frac{1}{2}\Delta \hat{I}\right) / k_{\mathrm{T}} \tag{7-21}$$

流过开关管的最大平均电流为

$$\bar{I}_{\mathrm{Smax}} = \frac{1}{2} D_{\max} I_{\mathrm{omax}} / k_{\mathrm{T}} \tag{7-22}$$

所选开关管的允许峰值电流应大于式（7-21）中的$\hat{I}_{\mathrm{Smax}}$，平均电流应大于式（7-22）中的$\bar{I}_{\mathrm{Smax}}$。

根据开关管的平均电流可以估算其通态损耗：

$$P_{\mathrm{Son}} \approx \bar{I}_{\mathrm{Smax}} U_{\mathrm{S}} \tag{7-23}$$

式中　U_{S}——开关管在流过峰值电流时的通态压降。

对于 MOSFET 等单极型器件，应采用其通态电阻和流过其电流有效值计算通态损耗。

开关管的开关损耗可以按下式估算：

$$P_{\mathrm{SS}} = (e_{\mathrm{on}} + e_{\mathrm{off}}) f_{\mathrm{s}} \tag{7-24}$$

式中　e_{on}、e_{off}——每次开通和关断耗散的开关能量，其数值可由器件的数据手册获得；

f_{s}——电路的开关频率。

根据开关管的损耗功率（即发热功率）和器件的结温上限以及环境温度的上限可以计算出允许的散热热阻的上限：

$$R_{\mathrm{thj-c}} + R_{\mathrm{thc-a}} \leqslant \frac{T_{\mathrm{jM}} - T_{\mathrm{aM}}}{P_{\mathrm{SOn}} + P_{\mathrm{SS}}} \tag{7-25}$$

式中　$R_{\mathrm{thj-c}}$——开关管的结壳热阻；

$R_{\mathrm{thc-a}}$——散热器的热阻；

T_{jM}——开关器件允许的最高结温；

T_{aM}——技术要求中环境温度的上限。

开关管的结壳热阻加散热器热阻不能超过由式（7-25）指出的上限，是选取开关管及其散热器的依据。

7.2.4　反激型电路的主电路元器件参数的确定

（1）变压器的设计　首先应根据以下公式计算变压器的电压比：

$$k_{\mathrm{T}} \leqslant \frac{U_{\mathrm{smax}} - U_{\mathrm{inmax}}}{U_{\mathrm{o}}} \tag{7-26}$$

式中　U_{inmax}——输入直流电压最大值；

k_{T}——变压器电压比；

U_o——输出电压；

U_{smax}——开关工作时允许承受的最高电压，该电压值应低于所选开关器件的耐压值并留有一定裕量。

当输出电流最大、输入直流电压为最低值时开关的占空比达到最大，假设这时反激电路刚好处于电流连续工作模式，则按式（7-27）可以计算出电路工作时的最大占空比 D_{max}：

$$D_{max}=\frac{k_T U_o}{k_T U_o+U_{inmin}} \tag{7-27}$$

此时变压器一次侧电流峰值$\hat{I}_{1max}$为

$$\hat{I}_{1max}=\frac{2I_o}{k_T\ (1-D_{max})} \tag{7-28}$$

并可以计算出变压器一次侧的电感值 L_1 为

$$L_1=\frac{D_{max}U_{inmin}}{f_s\hat{I}_{1max}}=\frac{D_{max}\ (1-D_{max})\ k_T U_{inmin}}{2f_s I_o} \tag{7-29}$$

计算出 L_1 后，即可根据 A_p 法设计变压器，由于反激式变压器的特殊性，使它可以看作具有两个绕组的电感，其设计方法与电感设计的 A_p 法相似。当 D_{max} 为 0.5 时，变压器的 A_p 值达到最大值，为

$$A_e A_W \geqslant \sqrt{\frac{2}{3}}\frac{L_1\hat{I}_{max}^2}{B_{max}k_c j} \tag{7-30}$$

根据计算得出的磁芯应满足的磁路截面积 A_e 和窗口截面积 A_w 的乘积 A_eA_w，可以在磁芯生产厂家提供的手册中查找合适的磁芯，以确定其磁路截面积 A_e 和窗口截面积 A_w。

再按如下公式计算绕组匝数：

$$N_1=\frac{L_1\hat{I}_{max}}{B_{max}A_e} \tag{7-31}$$

$$N_2=N_1/k_T$$

然后按如下公式计算气隙：

$$l=\frac{\mu_0 A_e N_1^2}{L_1} \tag{7-32}$$

（2）开关器件的设计

变压器设计完毕后，就可以计算开关管的电流，开关的峰值电流为$\hat{I}_{1max}$，

平均值及有效值分别为

$$\bar{I}_{\mathrm{smax}}=\frac{\hat{I}_{1\mathrm{max}}D_{\mathrm{max}}}{2}$$

$$=\frac{D_{\mathrm{max}}I_{\mathrm{o}}}{k_{\mathrm{T}}(1-D_{\mathrm{max}})}$$

$$I_{\mathrm{smax}}=\hat{I}_{1\mathrm{max}}\sqrt{\frac{D_{\mathrm{max}}}{3}}$$

$$=\frac{2I_{\mathrm{o}}}{k_{\mathrm{T}}(1-D_{\mathrm{max}})}\sqrt{\frac{D_{\mathrm{max}}}{3}} \tag{7-33}$$

所选取的开关管允许的峰值电流应大于$\hat{I}_{1\mathrm{max}}$，平均电流应大于式（7-33）中的$\bar{I}_{\mathrm{smax}}$。

根据开关管的平均电流可以估算其通态损耗：

$$P_{\mathrm{Son}}=\bar{I}_{\mathrm{smax}}U_{\mathrm{S}} \tag{7-34}$$

式中　U_{S}——开关管在流过峰值电流时的通态压降。

对于单极型器件，应采用其通态电阻和流过其电流有效值计算通态损耗。

开关管的开关损耗可以按下式估算：

$$P_{\mathrm{SS}}=(e_{\mathrm{on}}+e_{\mathrm{off}})f_{\mathrm{s}} \tag{7-35}$$

式中　e_{on}、e_{off}——每次开通和关断耗散的开关能量；

f_{s}——电路的开关频率。

根据开关管的损耗功率（即发热功率）和器件的结温上限以及环境温度的上限可以计算出允许的散热热组的上限：

$$R_{\mathrm{thj-c}}+R_{\mathrm{thc-a}}\leqslant\frac{T_{\mathrm{jM}}-T_{\mathrm{aM}}}{P_{\mathrm{Son}}+P_{\mathrm{SS}}} \tag{7-36}$$

式中　$R_{\mathrm{thj-c}}$——开关管的结壳热阻；

$R_{\mathrm{thc-a}}$——散热器的热阻；

T_{jM}——开关器件允许的最高结温；

T_{aM}——技术要求中环境温度的上限。

开关管的结壳热阻加散热器热阻不能超过由式（7-36）指出的上限，是选取开关管及其散热器的依据。

反激电路的输出整流二极管按如下方法设计。二极管的峰值电流为$k_{\mathrm{T}}\hat{I}_{1\mathrm{max}}$，平均值为

$$I_{\mathrm{D}}=I_{\mathrm{o}} \tag{7-37}$$

所选取的二极管允许的峰值电流应大于 $k_T\hat{I}_{1max}$，平均电流应大于式（7-37）中的 I_D。

根据二极管的平均电流可以估算其通态损耗：

$$P_{Don}=\bar{I}_{Dmax}U_D \tag{7-38}$$

二极管的开关损耗可以按下式估算：

$$P_{DS}=(e_{on}+e_{off})f_s \tag{7-39}$$

式中 e_{on}、e_{off}——每次开通和关断耗散的开关能量；

f_s——电路的开关频率。

根据二极管的损耗功率即发热功率和器件的结壳热阻和散热器的热阻可得

$$R_{thj-c}+R_{thc-a}\leqslant\frac{T_{jM}-T_{aM}}{P_{SOn}+P_{SS}} \tag{7-40}$$

式中 R_{thj-c}——二极管的结壳热阻；

R_{thc-a}——散热器的热阻；

T_{jM}——开关器件允许的最高结温；

T_{aM}——技术要求中环境温度的上限。

二极管的结壳热阻加散热器热阻不能超过由式（7-40）指出的上限，是选取二极管及其散热器的依据。

7.3 热设计和结构设计

7.3.1 开关元件的热设计

热设计的好坏直接关系到开关器件、电解电容等温度敏感元件的工作温度，因此对电源的可靠性至关重要。

1. 开关器件的传热过程

开关器件的发热量占整机的 50% ~80%，因此是热设计的重点。开关器件工作时，在管芯中产生热量，通过管壳和散热器散发到空气中（水冷方式时是水中），其中包含管芯-管壳、管壳-散热器台面、散热器台面-散热器散热面、散热器散热面-环境等相串联的多个传热过程。从设计的角度，可以简化为管芯-散热器和散热器-环境这两个过程，见图 7-6。

图中，T_J 为结温，即管芯的温度；T_C 为壳温，在此假定与散热器的温度基本一样；T_A 为环境温度，空气冷却时为空气温度，水冷时为水温；P_{th} 为发热功率；R_{thJ-C} 为结-壳热阻；R_{thC-h} 为壳-散热器热阻，R_{thh-A} 为散热器-环境热阻。温差、热阻和发热功率间的关系为

$$T_J - T_A = (R_{thJ-C} + R_{thC-h} + R_{thh-A})P_{th} \tag{7-41}$$

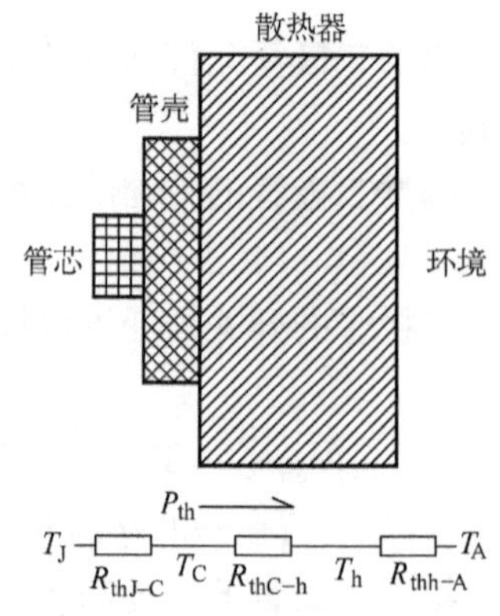

图 7-6 管芯到环境的传热过程

通常开关器件的管芯的极限温度 T_{Jmax} 为 125～150℃，而环境温度 T_A 的范围在设计任务书中通常都有规定，工业用电源一般为 40～55℃。这样就限定了发热功率 P_{th} 流过热阻 $R_{thJ-C}+R_{thC-h}+R_{thh-A}$ 的最大允许温升 $T_{Jmax}-T_{Amax}$。

热设计的目的就是在 P_{th} 和 $T_{Jmax}-T_{Amax}$ 基本确定的条件下，选择合适的热阻 R_{thJ-C}、R_{thC-h} 和 R_{thh-A}，使工作时管芯的温度低于最大允许的结温。

2. 结-壳热阻 R_{thJ-C} 的选择原则

1）电流容量较大的器件通常具有较小的热阻，而且通态压降也低，使得发热功率降低，有利于降低温升，但容量较大的器件成本较高。

2）采用器件并联或电路多重化技术，可以成倍降低热阻，其原理见图 7-7。因为器件并联或电路多重化后，每个器件的热阻虽然没有变化，但热量被分散于多个散热通道中，相当于多个相同的热阻并联，等效热阻值明显下降。但采用这种方法成本也将成倍提高，而且这时必须考虑器件的均流问题。

3. 散热器热阻 R_{thh-A} 的设计原则

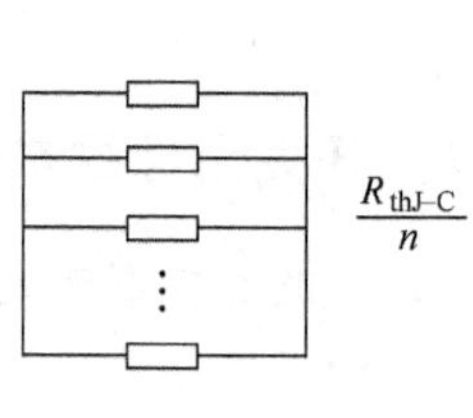

图 7-7 多个器件并联的热阻

1）采用散热面积较大的散热器，可以得到较低的热阻，但增加了体积和重量，而且成本也提高了。

2）采用强制风冷，并提高空气的流速可以达到更好的散热效果，但成本会增加，而且在某种程度上降低了系统的可靠性，并令噪声明显增大。通常在小容量电源中多采用空气自冷，但在功率大于 500W～1kW 的开关电源中，应采用强制风冷。

3）合理的散热结构设计有可能达到事半功倍的效果。

因此，热设计具有明显的折衷性，应该在满足结温不超标的条件下，将性能与成本结合考虑，达到综合最优。

7.3.2 变压器和电抗器的热设计

变压器和电抗器在工作中也会产生损耗，并以热的形式向环境发散，铁心和绕组的温度都会升高。由于铁心材料特性、绕组绝缘材料特性等的限值，变压器和电抗器的温度不能过高，因此必须进行合理的热设计，在保证可靠性、经济性的前提下，使变压器和电抗器在合理的温度下正常工作。表7-3给出了不同绝缘等级的变压器所允许的工作温度上限。

变压器和电抗器的损耗可以分为铁损（铁心中产生的损耗）和铜损（绕组中产生的损耗）两部分。

表7-3 不同绝缘等级的变压器所允许的工作温度

绝缘等级	Y	A	E	B	F	H	C
工作温度上限/℃	95	105	120	130	155	180	180以上

因此

$$p = p_{Fe} + p_{Cu} \tag{7-42}$$

1）铁损又可以分为磁滞损耗和涡流损耗两部分。一般来说，磁滞损耗与工作频率成正比，涡流损耗与工作频率的平方成正比，因此总的铁损可以按照如下经验公式计算：

$$p_{Fe} = \gamma f^{\alpha} B_m^{\beta}$$

式中 p_{Fe}——铁损；

f——工作频率；

B_m——变压器工作时最大磁通密度。

α、β、γ为参数，对于一般的软磁材料，α约为1.8，β为2，而γ和铁心材料有关。

开关电源中变压器和电抗器通常采用铁氧体、非晶或纳米晶材料作为铁心，这些铁心材料的生产厂商通常都会提供在常用工况下其材料的比损耗曲线，即单位重量的损耗功率值，这给设计工作带来很大方便，设计时只需要根据工作频率、最大工作磁通密度等参数，在曲线中查出对应的比损耗值，再乘以所选磁心的重量即可。

2）变压器和电抗器的铜损与绕组的电阻有关，是电流流过绕组导体电阻产生的损耗。由于工作频率较高，高频电流倾向于集中在导体的表面，而中心部分电流密度较低，因此导体对高频交流电流的电阻会大于导体的直流电阻。计算绕组铜损的方法为

$$p_{Cu} = R_{AC} I^2$$

式中 R_{AC}——绕组的交流电阻，值得注意的是，它与流过绕组电流的频率有关，还与绕组的温度有关，一般应按实际工作时的温度计算；

I——流过绕组电流的有效值。

计算出变压器和电抗器的铁损和铜损后，就可以按照式（7-42）得到其总损耗，也就知道了它的发热量，然后可以根据下式计算变压器的温升：

$$\Delta T = \frac{p}{Ah}$$

式中 ΔT——所需要计算的变压器或电抗器的温升；

p——其总损耗功率；

A——变压器或电抗器的表面积，可以根据铁心和绕组的几何尺寸估算；

h——对流换热系数，与对流介质及其流速有关，对于常见的空气介质，自然对流时为 1 ~ 10W/（m^2K），而强制对流时可达 20 ~ 100 W/（m^2K）。

变压器和电抗器可以放置在风道中，以加强散热。但最主要的还是要设法降低其发热量，通过合理的选择铁心材料和设计绕组，可以最大限度地降低其损耗，从而减少发热。

7.3.3 机箱结构的设计

机箱结构的设计需要考虑到机械强度、重量、散热、屏蔽、美观、标准化和装配、调试、维修是否方便等诸多方面的因素。

从强度方面考虑，机箱结构应有结实的框架和较厚的底板以承担变压器、电抗器、散热器等的重量，其他侧面的盖板可以用较薄的板以减轻重量。

从屏蔽角度考虑，机箱各盖板和底板间的搭边应有良好的电接触，机箱的开孔应尽量少，辐射电磁场较强的元件应远离开孔。有时孔的形状也是很重要的。

从调试、维修方便的角度考虑，需要调整的元件和易损的元件应比较容易接触到。

对于放置于机柜或屏中的电源，其机箱尺寸还需满足柜或屏的尺寸标准。

散热问题可能是机箱结构设计时考虑最多的问题，需要考虑的主要问题有发热元件的摆放位置、风道的设置、冷热元件的分离等。就目前的资料来看，有很多可行的方案，各有其优点和不足，很难确定一个最佳的方案。图 7-8 是几种常见的布局方案。

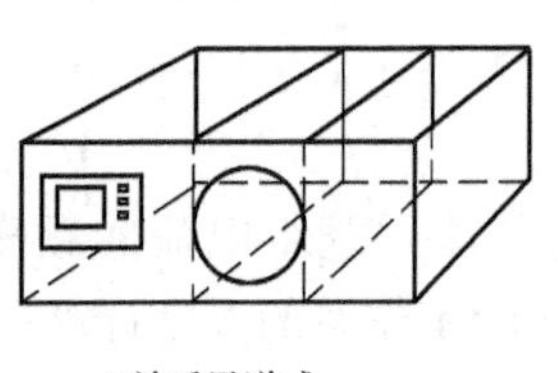

a) 前后风道式

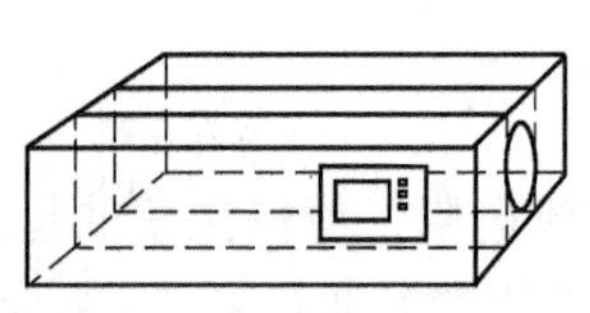

b) 左右风道式

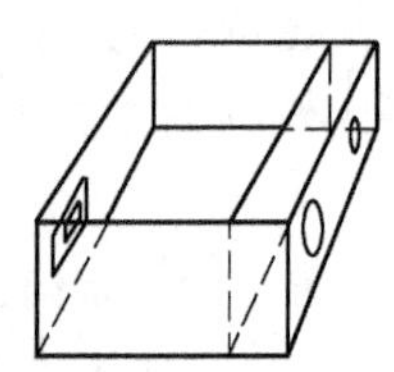

c) 背板散热式

图 7-8 各种机箱的结构形式

7.4 小结

本章介绍了开关电源主电路的设计步骤和设计方法。主电路的设计应首先从分析所要达到的技术指标开始，依照各部分的设计原则，根据基本原理导出的设计公式，并结合实际设计经验进行设计。不同的设计内容有可能存在相互矛盾的可能，所以工程设计中必须根据实际情况进行合理的折中。本章给出了以全桥型电路为代表的正激、全桥、半桥、推挽电路的设计实例和反激电路的设计方法。

参 考 文 献

[1] 张占松，蔡宣三. 开关电源的原理与设计 [M]. 北京：电子工业出版社，1998.
[2] 叶治政，叶靖国. 开关稳压电源 [M]. 北京：高等教育出版社，1989.
[3] 叶慧贞，杨兴洲. 开关稳压电源 [M]. 北京：国防工业出版，1990.
[4] 朱吉甫，俞丽华. 电子变压器 [M]. 成都：电子科技大学出版社，1994.
[5] 杨旭，马静，张新武，等. 电力电子装置强制风冷散热方式的研究 [J]. 电力电子技术，2000，34（4）.
[6] 俞佐平. 传热学 [M]. 北京：人民教育出版社，1979.

第 8 章　控制电路的设计

开关电源的主电路主要处理电能，而控制电路主要处理电信号，属于“弱电”电路，但它控制着主电路中的开关元器件的工作，一旦出现失误，将造成严重后果，使整个电源停止工作或损坏。电源的很多指标，如稳压稳流精度、纹波、输出特性等也都同控制电路相关。因此控制电路的设计质量对电源的性能至关重要，应作为设计工作的重点。同时控制电路功能众多，相对复杂，设计的内容也较复杂，周期较长，甚至可能出现反复，有时一些参数的确定还需要通过实验来得到。

本章首先介绍控制环路参数的设计和计算，然后介绍控制电路的设计和典型的开关电源控制芯片的情况。

8.1　电压模式控制电路的设计

控制电路设计的目标是使开关电源在各种工况下均能稳定工作，并且达到要求的动态性能，因此控制电路设计工作的核心是电压、电流反馈控制系统的设计。本节以第 4 章的内容为基础，介绍电压模式控制系统的设计。

电压模式控制电路的主要内容是电压调节器的结构形式和参数的确定，应按以下步骤进行。

8.1.1　电压调节器的结构形式

开关电源通常都要求较高的输出电压稳压精度，较好的电源应该可以优于 0.5%，这样高的稳态精度采用比例（P）调节器是难以达到的，因此，电压调节器的结构形式都采用比例 - 积分（PI）或比例 - 积分 - 微分（PID）调节器，由于积分环节的存在，理论上讲输出电压的稳态误差为零。实际电路中，由于运算放大器零偏、漂移和基准源与反馈电路的误差等问题，实际稳态误差不会为零，但已可以达到较高的精度。

上述 3 种调节器的电路形式见图 8-1。

图中，u_r 为电压参考信号，是电压给定。u_f 是电压反馈。u_c 是控制量，在电压模式控制中，控制量用来直接控制占空比；在电流模式控制中，电压调节器的控制量作为电流环的给定信号，用来控制输出电流。

这 3 种调节器的传递函数分别为

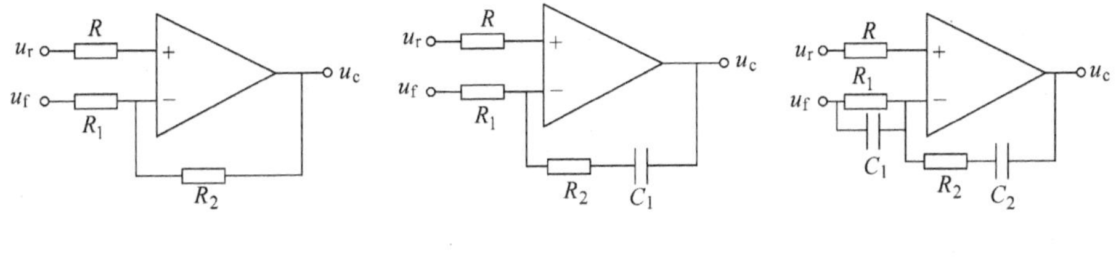

a) 比例 (P) 调节器　　b) 比例–积分 (PI)　　c) 比例–积分–微分 (PID) 调节器

图 8-1　由运算放大器构成的调节器电路

$$\frac{u_c - u_r}{u_r - u_f} = \frac{R_2}{R_1} \tag{8-1}$$

$$\frac{u_c(s) - u_r(s)}{u_r(s) - u_f(s)} = \frac{R_2}{R_1}\frac{\left(s + \dfrac{1}{R_2 C_1}\right)}{s} \tag{8-2}$$

$$\frac{u_c(s) - u_r(s)}{u_r(s) - u_f(s)} = \frac{(R_1 C_1 s + 1)(R_2 C_2 s + 1)}{R_1 C_2 s} \tag{8-3}$$

可以看出，PI 调节器具有 1 个零点，而 PID 调节器具有 2 个零点。采用 PI 调节器，其结构简单，参数整定比较容易，但根据第 4 章中的对比可以知道，这时系统开环幅频增益曲线的过零点只能选在低于输出 LC 滤波器截止频率的范围，因此闭环系统的响应速度较慢。大多数电源对电压环的动态响应速度要求较高，因此通常需要选择 PID 调节器。

8.1.2　电压调节器的参数

如果电压调节器采用 PID 调节器，有 3 个参数需要确定：零点 $1/(R_1C_1)$、$1/(R_2C_2)$和增益，一般应首先确定零点。

根据第 4 章中的分析可知，开关电源电路的传递函数是二阶振荡环节，其共扼极点由 LC 滤波电路参数决定。这一对共扼极点是开关电源电路的主导极点，为了较好地补偿这一对共扼极点造成的相位滞后，电压调节器的 1 个零点 $1/(R_1C_1)$ 应该选取在略高于这一对共扼极点对应的频率附近，即 $1/\sqrt{LC}$，而另一个零点 $1/(R_2C_2)$应该选择在远低于共扼极点的频率处，以提供较多的超前相位，通常可以选在 1/10 共扼极点频率处。这就是确定零点的原则。

零点确定后，可以根据伯德图确定增益，一般的原则是使相位裕量为30°~50°。

【例 8-1】　开关电源的主电源电路及参数见图 8-2a，设计其控制电路的结构和参数。

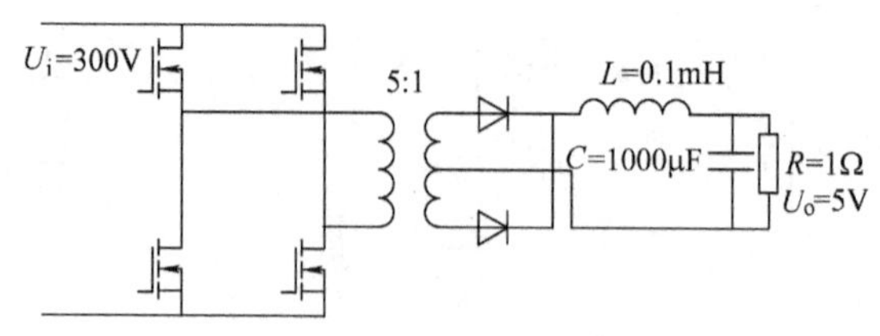

a)【例 8-1】的主电路及参数

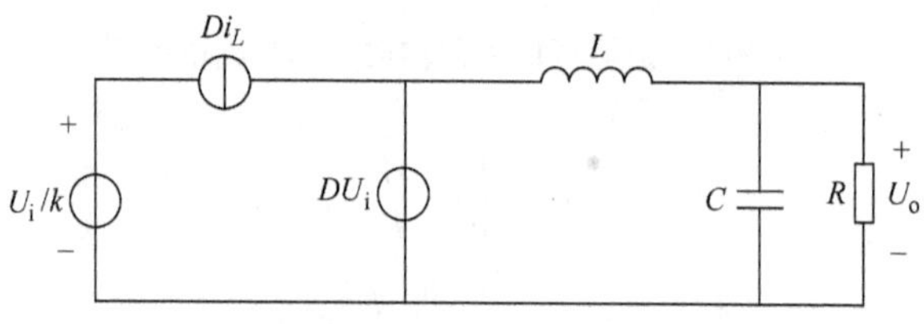

b)【例8-1】主电路的状态平均等效电路

图 8-2 【例 8-1】的开关电源主电路

图 8-2a 所示电路的状态空间平均等效电路见图 8-2b，可以发现，该电路与降压型电路的状态空间平均等效电路结构相同，差别仅在于输入电压包含变压器电压比 k。因此该电路输出电压 u_o 与占空比 d 间的传递函数可以根据式(4-12)得到。

$$\frac{\hat{u}_C(s)}{\hat{d}(s)}=\frac{u_{i0}/k}{LCs^2+sL/R+1}$$

$$=\frac{(300/5)}{0.1\times10^{-3}\times1000\times10^{-6}\times s^2+0.1\times10^{-3}\times s/1+1}$$

$$=\frac{60}{10^{-7}\times s^2+10^{-4}\times s+1}$$

设 PWM 环节中锯齿波的幅值为 1V，频率为 100kHz，则根据式（4-17），PWM 环节的传递函数为

$$\frac{d}{u}=1$$

设电压基准源的电压值为 5V，而额定输出电压值也为 5V，则可选择反馈系数为 1。采用 PID 调节器时，控制系统的结构图见图 8-3。

取 PID 调节器的零点位于滤波环节的谐振角频率处，即 $\tau_1=R_1C_1=\sqrt{LC}$，第 2 个零点位于 LC 滤波器截止频率 1/10 处，即 $\tau_2=R_2C_2=10\sqrt{LC}$，画出该系统的伯德图见图 8-4。

当截止频率达到 10krad/s 时，$K=10$。

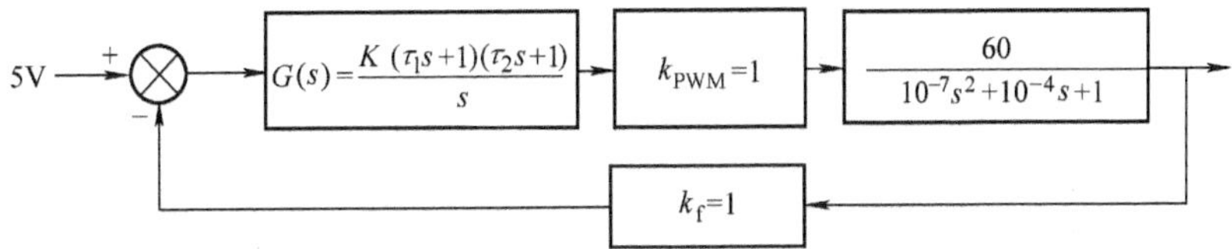

图 8-3 【例 8-1】开关电源的控制系统结构

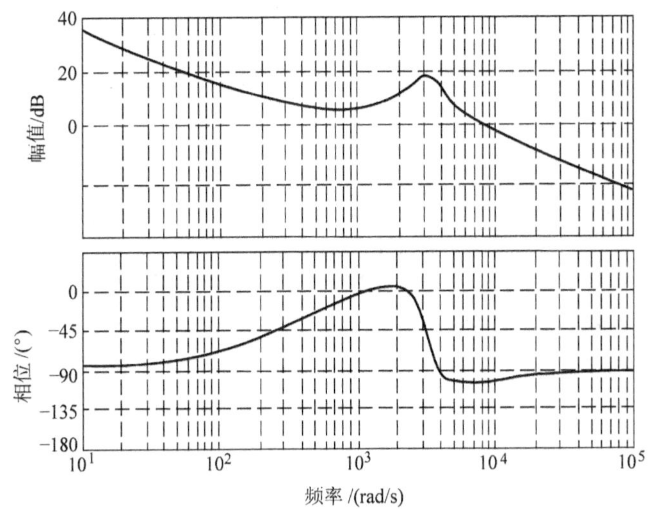

图 8-4 采用 PID 调节器时电压环的开环频率特性

联立以下方程：

$$K=\frac{1}{R_1C_2}=10$$

$$\tau_1=R_1C_1=\frac{1}{3000}$$

$$\tau_2=R_2C_2=\frac{1}{300}$$

以上 3 个方程中有 R_1、C_1、R_2、C_2 等 4 个未知数，因此可以首先取 $C_1=0.1\mu F$，则剩下的变量可以一一解出：$R_1=3333\Omega$，取 $R_1=3k\Omega$，则 $C_2=33\mu F$，$R_2=0.1k\Omega$。

在实际的设计中，考虑到 PID 调节器的增益在高频增大，对噪声有放大的趋势，因此往往额外增加一个高频极点，通常选择其频率为开环截止频率的 5 ~ 10 倍。

8.2 峰值电流模式控制电路的设计

峰值电流模式控制电路的基本结构见图4-16a，实际系统中存在电流控制和电压控制两个反馈控制环，该图中为画出电压环。电流环是内环而电压环是外环，因此，应先设计电流环，再设计电压环。

峰值电流环需要通过设计过程来确定的参数主要是峰值电流比较器补偿斜率的数值，其设计所采用的公式如下，在第4章中已经介绍过。

$$\hat{i}_L(k+1) = -\alpha\,\hat{i}_L(k) \tag{8-4}$$

其中，$\alpha = \dfrac{S_f - S_e}{S_n + S_e}$。

可知当$|\alpha|<1$时闭环系统稳定，因此可得

$$S_f - S_n < 2S_e \tag{8-5}$$

在峰值电流控制电路的设计过程中，需要根据电路参数计算S_n和S_f的变化范围，并选取合适的S_e，使闭环系统稳定。

【例8-2】 所设计的电源的主电路参数见图8-2，设电路工作时最大占空比D_{max}为90%，因为该电路当占空比最大时，S_f最大，而S_n最小，故此时$S_f - S_n$最大，在此条件下计算S_e，即系统稳定。

根据电路中的参数可以计算出，在占空比$D = D_{max} = 0.9$时

$$S_n = \frac{U_i - U_o}{L} = \frac{U_o/D - U_o}{L} = \frac{5\text{V}(1/0.9 - 1)}{0.1\text{mH}} = 5.55 \times 10^3\,\text{A/s}$$

$$S_f = \frac{U_o}{L} = \frac{5\text{V}}{0.1\text{mH}} = 5 \times 10^4\,\text{A/s}$$

因此，取$S_e \geqslant (S_f - S_n)/2$，即$S_e \geqslant 2.22 \times 10^4\,\text{A/s}$即能保持系统稳定，为了保证一定的稳定裕量，可以取1.5倍的临界值，即$S_e = 3.33 \times 10^4\,\text{A/s}$。

在实际的控制电路中，应根据电流反馈系数，计算控制电路中斜率补偿电路的参数。

电流环设计完毕后，得到其闭环传递函数，就可以将电流闭环作为对象，进一步进行电压环的设计，通常电压调节器采用PI结构即可。具体的内容不再描述。

8.3 平均电流模式控制电路的设计

平均电流模式控制电路的结构见图4-17，设计的步骤与峰值电流模式控制电路相同，仍然是从电流环的参数设计开始。所不同的是，平均电流模式控制

电路中，电流环采用 PI 调节器，因此需要确定比例系数和零点两个参数。

调节器比例系数 K_p 的计算原则是保证电流调节器输出信号的上升段（对应电感电流下降段）的斜率比锯齿波斜率小。只要满足这个原则，电流环就会是稳定的。

零点通常选择在较低的频率范围，可以选在开关频率所对应的角频率的 1/10 ~ 1/20 处，以获得在开环截止频率处较充足的相角裕量。

在很多情况下，还可以在 PI 调节器中增加一个位于开关频率附近的极点，用来消除开关过程中产生的噪声对控制电路的干扰。这样的 PI 调节器的结构见图 8-5。

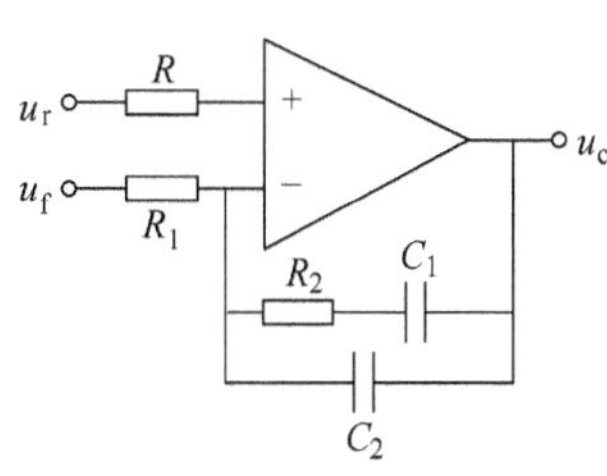

图 8-5　具有滤波功能的 PI 调节器

该 PI 调节器的传递函数为

$$\frac{u_c(s)-u_r(s)}{u_r(s)-u_f(s)}=\frac{(R_2C_1s+1)}{R_1(C_1+C_2)s\left(R_2\dfrac{C_1C_2}{C_1+C_2}s+1\right)}$$

从传递函数可以看出，该 PI 调节器由 1 个积分环节、1 个极点和 1 个零点构成。零点由 R_2 和 C_1决定，这与图 8-1b 中的 PI 调节器相同，而极点由 R_2 与 C_1串 C_2 决定。

【例 8-3】 所设计的电源的主电路参数见图 8-2，设电路工作时最大占空比 D_{max}为 90%，因为该电路当占空比最大时，S_f 最大，为 5×10^4A/s，设电感电流取样电阻为 $R_{iL}=0.1\Omega$，则取样电阻两端的电压信号与电感电流信号成正比，其对应的电感电流下降段斜率为 $R_{iL}S_f$，经过 PI 调节器后，该信号反相，上升段对应电感电流下降段，其斜率为 $K_pR_{iL}S_f$，设锯齿波的幅值 U_{Sp}为 1V，则锯齿波斜率为

$$S_e=\frac{U_{Sp}}{T_S}=\frac{1\text{V}}{10\mu\text{s}}=1\times10^5\text{V/s}$$

根据比例系数的计算原则有 $K_pR_{iL}S_f\leqslant S_e$，即 $K_p\leqslant\dfrac{S_e}{R_{iL}S_f}$，有

$$K_p\leqslant\frac{S_e}{R_{iL}S_f}\leqslant\frac{1\times10^5\text{V/s}}{0.1\Omega\times1\times10^4\text{A/s}}\leqslant100$$

这就是 K_p 的上限，考虑到系统参数的误差和漂移，K_p 应小于该上限，可以取 $K_p=R_2/R_1=50\sim80$。

零点计算的方法是取开关频率所对应的角频率 ω_s的 1/10 ~ 1/20，故首先计算 ω_s：

$$\omega_s=2\pi f_s=2\pi\times100\text{kHz}=6.28\times10^5\text{rad/s}$$

因此可以取 PI 调节器的零点在 ω_s 的 1/20 处，有 $\omega_z = 1/(R_2C_1) = \omega_s/20 = 3.14 \times 10^4 \text{rad/s}$。

而极点选在开关频率处，有

$$\omega_p = \frac{C_1 + C_2}{R_2C_1C_2} = 2\pi f_s = 6.28 \times 10^5 \text{rad/s}$$

取 $R_1 = 1\text{k}\Omega$，则根据以上得出的 K_p、ω_z 和 ω_p 可以计算出：$R_2 = 50\text{k}\Omega$，$C_1 = 630\text{pF}$，$C_2 = 30\text{pF}$。

经过这样的设计，平均电流模式控制系统的电流闭环特性与【例 8-2】中峰值电流模式控制系统电流闭环非常相似，其闭环特性仍然可以等效为一个二阶振荡环节，其共轭极点的频率为开关频率对应角频率 ω_s 的 1/2，因此，可以采用相同的方法设计电压调节器的参数，这里就不再叙述了。

8.4　控制电路结构和主要组成部分的原理

控制电路的结构见图 8-6。本节将会分别介绍各个部分的设计方法。

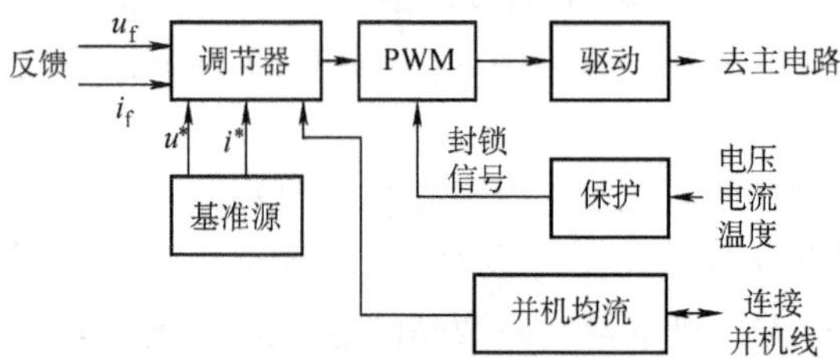

图 8-6　控制电路的结构

1. 驱动电路

驱动电路是控制电路与主电路的接口，同开关电源的可靠性、效率等性能密切相关。驱动电路需要有很高的快速性，能提供一定的驱动功率，并具有较高的抗干扰和隔离噪声能力。

有关驱动电路的结构形式以及电路参数与所驱动器件的关系详见第 5 章。

2. 调节器电路

调节器的作用是将给定量和反馈量进行比较和运算，得到控制量。调节器的核心是运算放大器，多数 PWM 控制器内都含有运算放大器，可以构成调节器，但有时其性能难以满足要求，这时可以选用合适的集成运算放大器构成调节器。

关于调节器电路参数的计算已在 8.1 ~ 8.3 节中详细介绍。

3. 并机均流电路

开关电源经常需要并机组成系统运行，以获得更大的容量和更高的可靠性。并机均流电路的工作原理见 4.7 节。在设计中，可以采用集成均流控制器如 UC3907 等，也可以按照4.7 节中的电路采用运算放大器自行构造均流电路。值得注意的是，均流电路的设计不仅要使各并联开关电源模块在正常工作情况下能够均流运行，而且应考虑当本模块发生故障时，不应显著影响其他模块的工作。

4. 保护电路

为了保证开关电源在正常和非正常使用情况下的可靠性，其控制电路中应包含保护电路。保护电路具备自身保护和负载保护两方面的功能，一旦出现故障立即使开关电路停止工作并以声或光的形式报警，以保证在任何情况下，自身不损坏，并且不损坏负载。

自保护功能有：输入过电压、输入欠电压、系统过热、过电流等。

负载保护功能有：输出过电压、输出欠电压等。

其中输入过电压、输入欠电压、过热保护电路中应采用滞环比较器，以便在故障情况消失后电源可以自动恢复工作。

过电流保护电路应采用锁存器将过电流信号锁存。因为过电流信号出现后，开关元件的驱动信号立即被封锁，过电流信号也会随之消失，如不将过电流信号锁存，开关元件的驱动信号会再次开放，引起频繁的重复过电流，很容易导致开关元器件损坏。但锁存器应附加复位电路，以便在排除故障后重新开始工作，或者采用时间较长的延时复位电路，以降低过电流保护的频度。

输出过电压和欠电压通常由于电源或负载的严重故障引起，也应采用锁存器将故障信号锁存，一旦出现，应立即停机报警，等待人工干预。

典型的过电压保护电路见图 8-7，由 R_1、R_2 构成的分压电路作为输入电压 U_i的检测电路，A 点电压为$\frac{R_1}{R_1+R_2}U_i$，R_3、R_4、R_5和比较器 C_1 构成滞环比较电路，滞环的宽度为$\frac{R_3}{R_4}U_{CC}$。调节电位器 R_5可以改变过电压保护的限值。该电路的工作原理为，当$\frac{R_1}{R_1+R_2}U_i$ 高于 $U_H(1+R_3/R_4)$时，比较

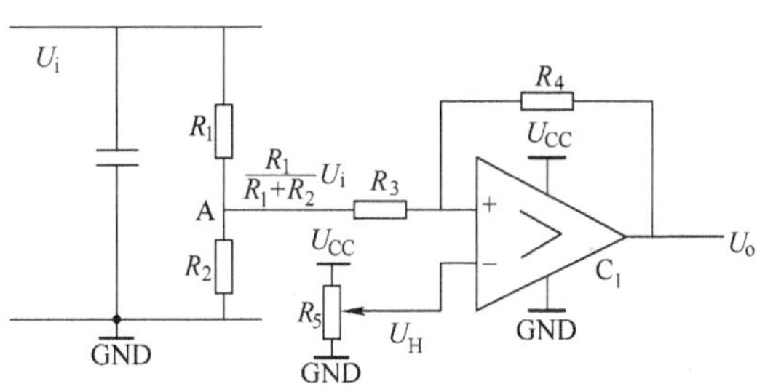

图 8-7　典型的输入过电压保护电路

器翻转，输出电压 U_o 变为电源电压 U_{CC}，而当输入电压回落，$\frac{R_1}{R_1+R_2}U_i$ 低于 $U_H - R_3/R_4(U_{CC-}U_H)$ 时，比较器再次翻转，输出电压 U_o回到零。

典型的过电流保护锁存电路见图 8-8。图中电流互感器的一次侧串入主电路中变压器一次侧支路或开关支路，用以检测电流。电阻 R_1是电流互感器二次侧的电流采样电阻，其电压 $u_{R1}=R_1 i_S/n$，n 为电流互感器二次侧与一次侧的匝比。

当主电路中的电流增大，$u_{R1}=R_1 i_S/n$ 随之增大，当 u_{R1}大于 u_H 时，比较器 C_1的输出由低电平变为高电平，并使 RS 触发器翻转，RS 触发器的输出端 Q 变成高电平，从而封锁 PWM 输出，使主电路中的开关全部关断，主电路各支路电流为零。达到保护的目的。

在出现一次过电流保护后，若要重新启动电路，则必须在 RS 触发器的 R 端施加复位信号，使 RS 触发器的输出状态重新变为低电平，使主电路重新开始工作。

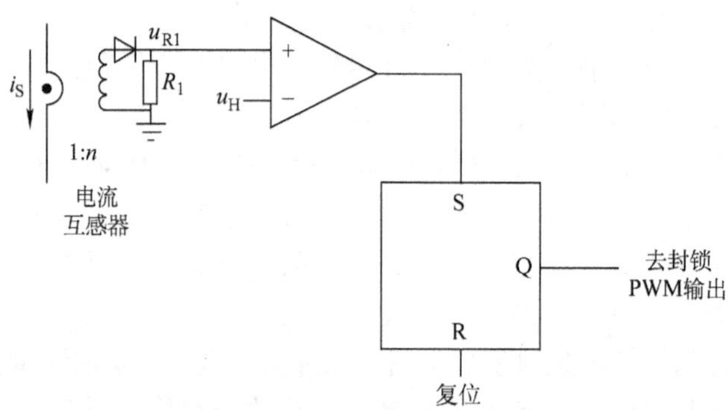

图 8-8　过电流检测及锁存电路

8.5　典型的 PWM 控制电路

PWM 控制电路的作用是将在一定范围内连续变化的控制量模拟信号转换为 PWM 信号，该信号的开关频率固定、占空比跟随输入信号连续变化。常用的集成 PWM 控制器有 SG3525、TL494 和 UC3825、UC3842/3/4/5/6、UC3875/6/7/8/9 等。

这些集成 PWM 控制器可以分为电压模式控制器和电流模式控制器，电流模式控制器又可以分为峰值电流模式、平均电流模式和电荷模式。在上一节中已经对各种控制方法进行了分析，在设计中，需要根据实际情况有针对性地选用 PWM 控制器。

常见的集成 PWM 控制器内部电路的典型结构见图 8-9。

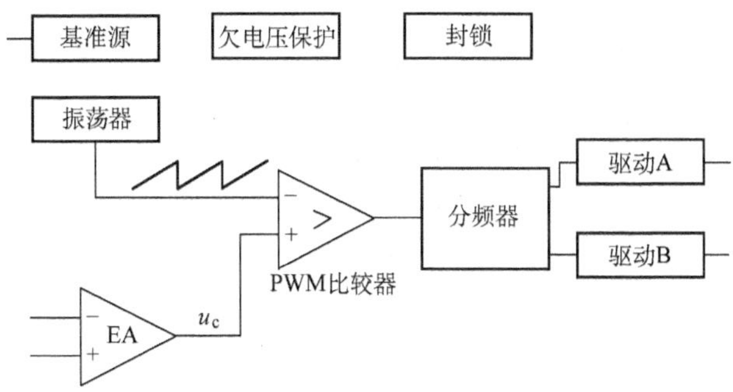

图 8-9　集成 PWM 控制器内部的典型结构示意图

通常集成 PWM 控制器将误差电压放大、振荡器、PWM 比较器、驱动、基准源、保护电路等常用开关电源控制电路集成在同一芯片中形成功能完整的集成电路：

1）基准源用于提供高稳定度的基准电压，作为电路中给定的基准。

2）振荡器产生固定频率的时钟信号，来控制开关频率。

3）误差电压放大器 EA 实际上就是一个运算放大器，用来构成电压或电流调节器。

4）PWM 比较器将调节器输出信号 u_c转换成 PWM 脉冲的占空比，不同的控制模式有着各不相同的转换方式，电压模式控制的集成控制器中，常采用有振荡器产生的锯齿波同 u_c比较的方式，而在峰值电流模式控制中，采用 u_c同电感电流瞬时值相比较。分频器用于将单一的 PWM 脉冲序列分成两路互补对称的 PWM 脉冲序列，用于双端电路的控制。

5）驱动电路的结构通常为图腾柱结构的跟随电路，用来提供足够的驱动功率以便有效地驱动主电路的开关器件。

6）欠电压保护电路对集成控制器的电源实施监控，一旦电源跌落至阈值以下时，就封锁输出驱动脉冲，以避免电源掉电过程中输出混乱的脉冲信号造成开关元器件的损坏。

7）封锁电路由外部信号控制，一旦有外部信号触发，立即封锁输出脉冲信号，给外部保护电路提供了一个可控的封锁信号。

下面分别介绍几种常用的集成 PWM 控制器。

1. SG1525/2525/3525

主要技术参数见表 8-1，内部结构见图 8-10[1]。

SG1525/2525/3525 是美国 Silicon General 公司生产的采用电压模式控制的集成 PWM 控制器，这 3 种不同标号的产品内部结构和功能完全一样，差别仅在于允许的工作环境温度范围。该系列集成电路的编号4位数字中的第1位表示其温度范围，“1”为宽温度范围，适用于航空航天和军事装备；“2”为中等温度范围，可以用于环境温度范围较宽的工业设备、汽车电子设备等；“3”为窄温度范围，适合于一般工业设备和家电等。例如SG1525的工作环境温度为-55～105℃，SG2525为-25～85℃，SG3525为0～70℃。

表8-1 SG3525主要性能指标

项　　目		指　标
最大电源电压	/V	40
驱动输出峰值电流	/mA	500
最高工作频率	/kHz	500
基准源电压	/V	5.1
基准源温度稳定性	/(mV/℃)	0.3
误差放大器开环增益	/dB	75
误差放大器单位增益带宽	/MHz	2
误差放大器输入失调电压	/mV	2
封锁阈值电压	/V	0.4
启动电压	/V	8
待机电流	/mA	14

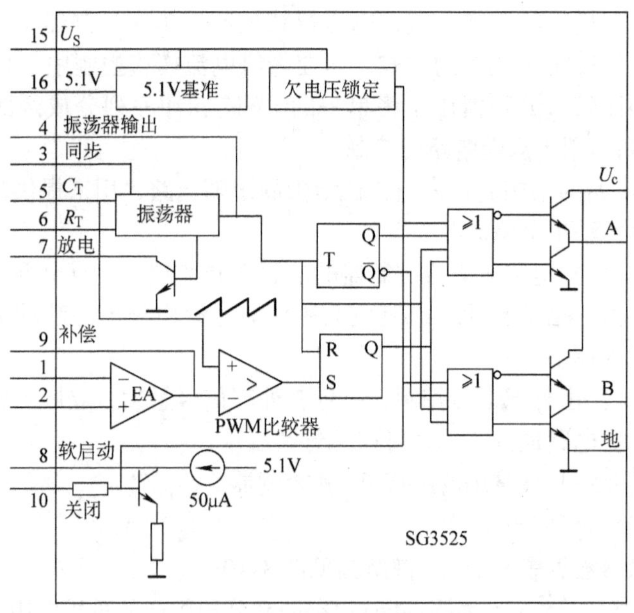

图8-10 SG3525内部结构

下面以 SG3525 为例介绍该系列集成电路各组成部分的简单原理。

1）SG3525 采用精度为 ±1% 的 5.1V 带隙基准源，具有很高的温度稳定性和较低的噪声等级，能提供 1～20mA 的电流，可以作为电路中电压和电流的给定基准。

2）振荡器的振荡频率由外接的电阻 R_T 和电容 C_T 决定，而外接电容同时还决定死区时间的大小。开关频率同 R_T 和电容 C_T 的关系如下：

$$f_t = \frac{1}{(0.7R_T + 3R_D)C_T} \tag{8-6}$$

式中 f_t——时钟频率（kHz）；

R_T——外接电阻的值（kΩ）；

C_T——外接电容的值（μF）；

R_D——6、7 引脚间跨接电阻的值（kΩ）。

3）SG3525 采用电压模式控制方法。从图 8-10 中可以看出，振荡器输出的时钟信号触发 RS 触发器，形成 PWM 信号的上升沿，使主电路的开关开通。误差放大器 EA 的输出信号同振荡器输出的三角波信号相比较，当三角波的瞬时值高于 EA 的输出时，PWM 比较器翻转，触发 RS 触发器翻转，形成 PWM 信号的下降沿，使主电路开关关断。RS 触发器输出的 PWM 信号的占空比为 0～100%，考虑到死区时间的存在，最大占空比通常为 90%～95%。

4）T 触发器作用是分频器，将 RS 触发器的输出分频，得到占空比为 50% 的频率为振荡器频率 1/2 的方波。将 T 触发器输出的这样两路互补的方波同 RS 触发器输出 PWM 信号进行“或”运算，就可以得到两路互补的占空比分别为 0～50% 的 PWM 信号，考虑到死区时间的存在，最大占空比通常为 45%～47.5%。这样的 PWM 信号适合于半桥、全桥和推挽等双端电路的控制。

5）驱动电路结构为图腾柱结构的跟随电路，其输出峰值电流可达 500mA，可以直接驱动主电路的开关器件。

6）欠电压保护电路对集成控制器的电源实施监控。电路初上电时，当电源电压低于启动电压（典型值约为 8V）时，欠电压保护电路封锁 PWM 信号的输出，输出端 A 和 B 引脚为低电平。只有当电源电压大于启动电压后，经过一次软启动过程，SG3525 的内部电路才开始工作，输出端才有 PWM 信号输出。在工作过程中，如果电源电压跌落至保护阈值（典型值为 7V）以下时，输出 PWM 信号被封锁，避免输出混乱的脉冲信号，以保护主电路开关元件。只有当电源电压再次大于启动电压后，再经过一次软启动过程，SG3525 的内部电路才重新开始工作，恢复 PWM 信号输出。

7）封锁电路由 10 引脚的信号控制，一旦有外部信号触发，立即封锁输出脉冲信号，给外部保护电路提供了一个可控的封锁信号。当外部封锁信号撤销后，SG3525 要再经过一次软启动过程才重新开始工作。

图 8-11 所示的是一个控制电路以 SG3525 为核心的推挽型开关电源的原理图，从中可以了解 SG3525 外围电路的典型接法。

振荡器部分的 C_T 和 R_T 端（5、6 引脚）分别对地连接电容和电阻，其取值可以按照式（8-6）计算得到。在 C_T 端和放电端（5、7 引脚）间跨接放电电阻，调整放电电阻的大小可以改变死区，通常其值为数欧姆至数百欧姆。

误差放大器通常用做电压调节器，其外围电路通常接成比例 - 积分 - 微分电路（即 PID 电路），以达到较好的稳定性、稳压精度和动态性能。图 8-11 中电压调节器采用的是 PI 电路。

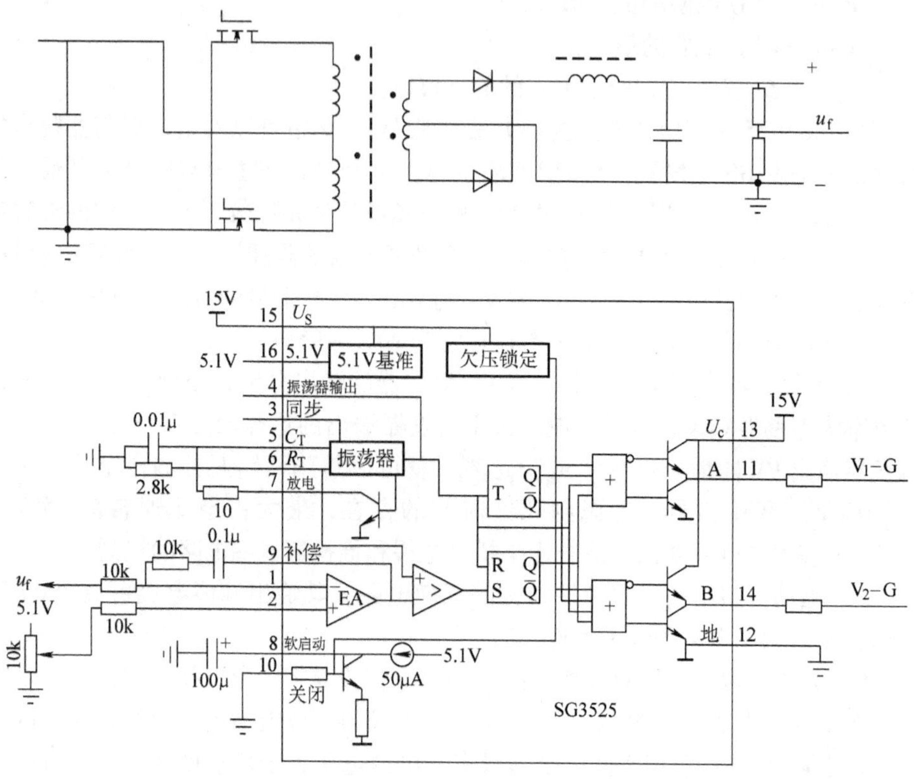

图 8-11　SG3525 的典型应用

2. UC1842/2842/3842[2]

UC1842/2842/3842 是美国 Unitrode 公司（现已经被美国 TI 公司收购）生产的采用峰值电流模式控制的集成 PWM 控制器，专门用于构成正激型和反激型等开关电源的控制电路。

该系列集成电路也采用的 4 位数字编号中第 1 位表示其温度范围。UC1842

的工作环境温度为 -55 ~ 125℃，UC2842 为 -40 ~ 85℃，UC3842 为 0 ~ 70℃。

以 UC3842 为例，该 PWM 控制器的主要性能指标见表 8-2。

表 8-2 UC3842 主要性能指标

项　　目		指　　标
最大电源电压	/V	36
驱动输出峰值电流	/mA	1000
最高工作频率	/kHz	500
基准源电压	/V	5
基准源温度稳定性	/(mV/℃)	0.2
误差放大器开环增益	/dB	90
误差放大器单位增益带宽	/MHz	1
误差放大器输入失调电流	/μA	0.1
电流放大器增益	/倍	3
电流放大器最大输入差分电压	/V	1
启动电压	/V	16
启动电流	/mA	1

UC3842 内部结构见图 8-12。该 PWM 控制器采用峰值电流模式控制，内部包含 5V 基准源，用于电压调节器的误差放大器和峰值电流比较器等，并具有可以提供 1A 峰值电流的驱动电路，以及电源欠压保护电路等。

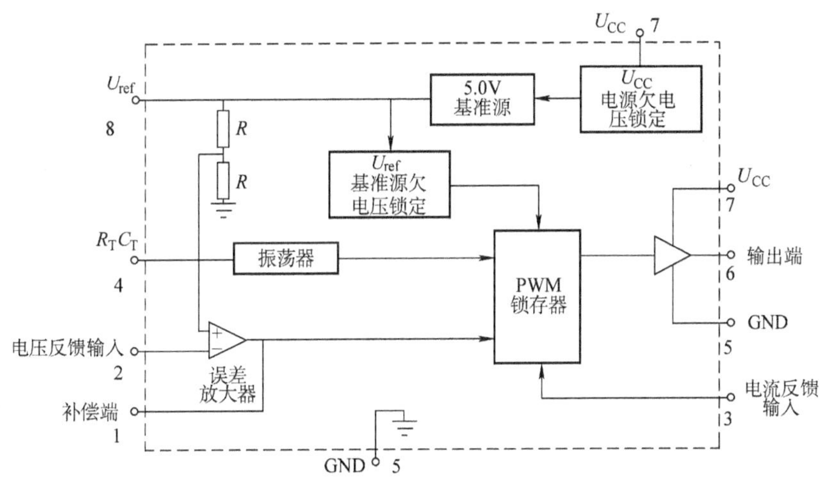

图 8-12　UC3842 的内部结构

振荡器的振荡频率由外接的电阻 R_T 和电容 C_T 决定，而外接电容同时还决定死区时间的大小。死区时间、开关频率同 R_T 和电容 C_T 的关系见式（8-7）和式（8-8）。

$$t_D = 300C_T \tag{8-7}$$

$$f_t = \frac{1.75}{R_T C_T} \tag{8-8}$$

式中 f_t——时钟频率（kHz）；

t_D——死区时间（μs）；

R_T——外接电阻的值（kΩ）；

C_T——外接电容的值（μF）。

设计时可先根据所需的死区时间用式（8-7）计算 C_T 的值，然后再根据式（8-8）计算 R_T。

驱动电路的结构为图腾柱结构的跟随电路，其输出峰值电流可达 1000mA，可以直接驱动主电路的开关器件。

欠电压保护电路对集成控制器的电源实施监控。当电路初上电时，当电源电压低于启动电压（典型值约为 16V）时，欠电压保护电路封锁 PWM 信号的输出，输出端（6 引脚）为低电平。只有当电源电压大于启动电压后，经过一次软启动过程，UC3842 的内部电路才开始工作，输出端才有 PWM 信号输出。在工作过程中，如果电源电压跌落至保护阈值（典型值为 10V）以下时，输出 PWM 信号被封锁，避免输出混乱的脉冲信号，以保护主电路开关元器件。只有当电源电压再次大于启动电压后，再经过一次软启动过程，UC3842 的内部电路才重新开始工作，恢复 PWM 信号输出。

该集成电路封装形式为 DIP8，仅有 8 个引脚，体积很小，所需外围元器件也很少，因此非常适合于作为功率小于 500W 的正激型开关电源和功率小于 100W 的反激型开关电源的控制器。图 8-13 为采用 UC3842 为控制器构成的功率为 30W 的多路输出的反激型开关电源。

3. UC1846/2846/3846

UC1846/2846/3846 是美国 Unitrode 公司（现已经被美国 TI 公司收购）生产的另一种采用峰值电流模式控制的集成 PWM 控制器[3]，用于半桥型、全桥型和推挽型开关电源的控制。与前述 UC3842 一样，这 3 种不同标号的产品内部结构和功能完全一样，差别仅在于允许的工作环境温度范围，UC1846 的工作环境温度为 -55 ~ 125℃，UC2846 为 -40 ~ 85℃，UC3846 为 0 ~ 70℃。下面以 UC3846 为例介绍该集成电路各部分电路的简单原理。主要性能参数见表 8-3，内部结构见图 8-14。

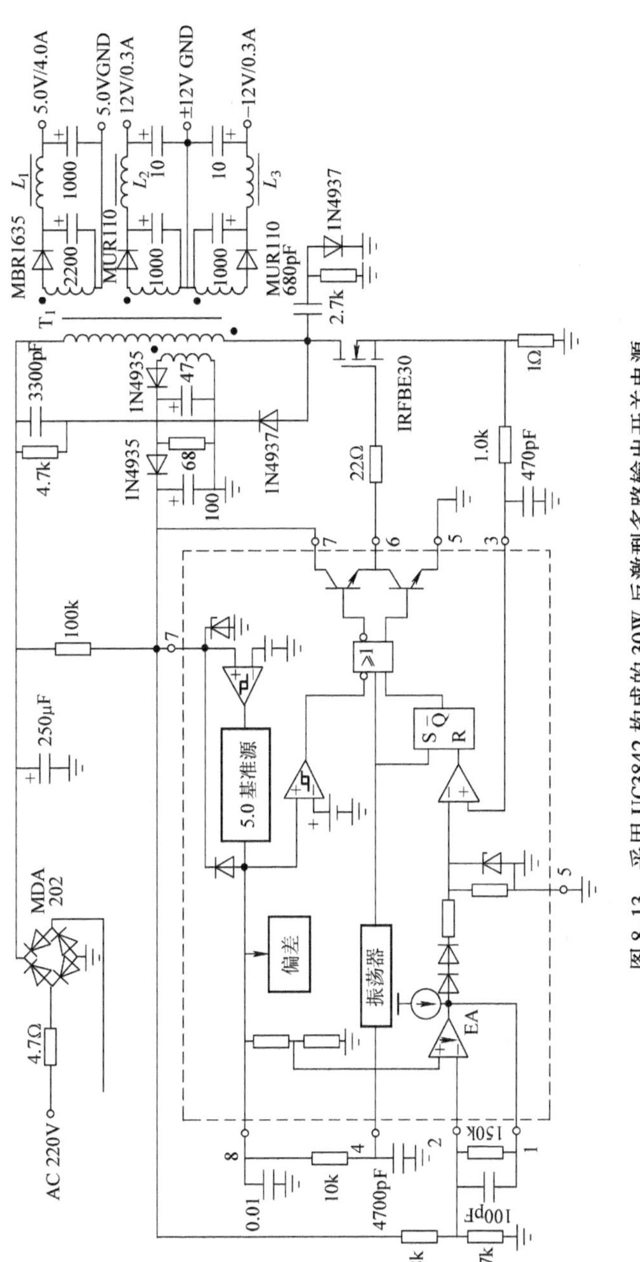

图 8-13 采用 UC3842 构成的 30W 反激型多路输出开关电源

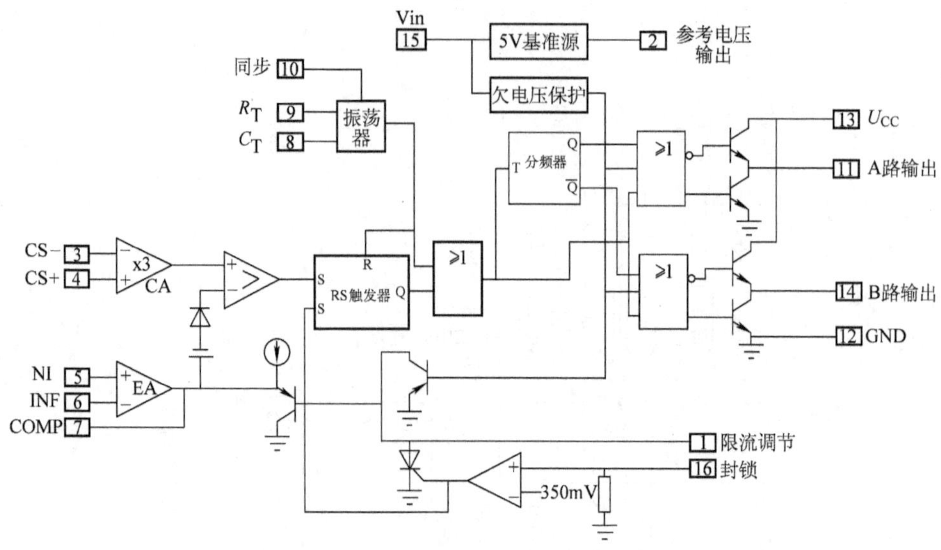

图 8-14　UC3846 的内部结构

表 8-3　UC3846 主要性能指标

项　　目		指　　标
最大电源电压	/V	40
驱动输出峰值电流	/mA	500
最高工作频率	/kHz	500
基准源电压	/V	5
基准源温度稳定性	/(mV/℃)	0.4
误差放大器开环增益	/dB	105
误差放大器单位增益带宽	/MHz	1
误差放大器输入失调电压	/mV	0.5
电流放大器增益	/倍	2.75
电流放大器最大输入差分电压	/ V	1.2
限流偏置电压	/V	0.5
封锁阈值电压	/V	0.35
启动电压	/V	7.7
欠电压保护阈值滞环宽度	/V	0.75
待机电流	/mA	17

UC3846 采用精度为 ±1% 的带隙基准源，具有很高的温度稳定性和较低的

噪声等级，能提供 1~10mA 的电流，可以作为电路中电压和电流的给定基准。

振荡器的振荡频率由外接的电阻 R_T 和电容 C_T 决定，而外接电容同时还决定死区时间的大小。死区时间、开关频率同 R_T 和电容 C_T 的关系见式（8-9）和式（8-10）。

$$t_D = 145C_T \tag{8-9}$$

$$f_t = \frac{2.2}{R_T C_T} \tag{8-10}$$

式中 f_t——时钟频率（kHz）；

t_D——死区时间（μs）；

R_T——外接电阻的值（kΩ）；

C_T——外接电容的值（μF），设计时可先根据所需的死区时间用式（8-9）计算 C_T 的值，然后再根据式（8-10）计算 R_T。

UC3846 采用峰值电流模式控制方法，其原理简单地说是："开关固定时刻开通，电流瞬时值达到电流给定值时开关关断"。从图 8-15 中可以看出，时钟信号触发 RS 触发器，形成 PWM 信号的上升沿，使主电路的开关开通。开关开通后，电路中电感的电流增长，因此电流放大器 CA 的输出也随之增长，当 CA 的输出超过误差电压放大器 EA 的输出时，比较器翻转，触发 RS 触发器翻转，形成 PWM 信号的下降沿，使主电路开关关断。RS 触发器输出的 PWM 信号的占空比为 0~100%，考虑到死区时间的存在，最大占空比通常为 90%~95%。

分频器实际上是一个 T 触发器，将 RS 触发器的输出分频，得到占空比为 50% 的频率为振荡器频率 1/2 的方波。将 T 触发器输出的这样两路互补的方波同 RS 触发器输出 PWM 信号进行"或"运算，就可以得到两路互补的占空比为 0~50% 的 PWM 信号，考虑到死区时间的存在，最大占空比通常为 45%~47.5%。这样的 PWM 信号适合于半桥、全桥和推挽等双端电路的控制。

驱动电路的结构为图腾柱结构的跟随电路，其输出峰值电流可达 500mA，可以直接驱动主电路的开关器件。

欠电压保护电路对集成控制器的电源实施监控。当电路初上电时，当电源电压低于启动电压（典型值约为 7.7V）时，欠电压保护电路封锁 PWM 信号的输出，输出端 A 和 B 引脚为低电平。只有当电源电压大于启动电压后，经过一次软启动过程，UC3846 的内部电路才开始工作，输出端才有 PWM 信号输出。在工作过程中，如果电源电压跌落至保护阈值（典型值为 7V）以下时，输出 PWM 信号被封锁，避免输出混乱的脉冲信号，以保护主电路开关元器件。只有当电源电压再次大于启动电压后，再经过一次软启动过程，UC3846 的内部电路才重新开始工作，恢复 PWM 信号输出。

封锁电路由 16 引脚的信号控制，一旦有外部信号触发，立即封锁输出脉冲

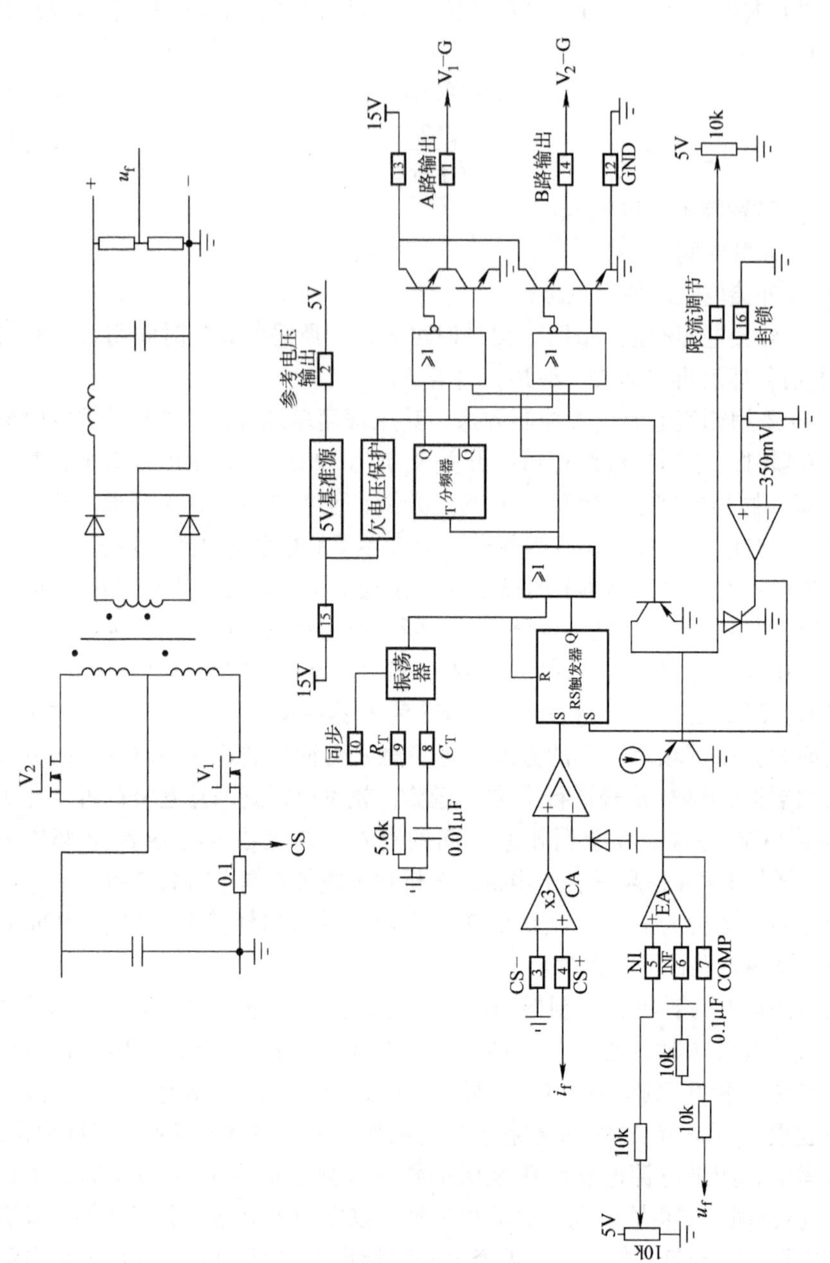

图 8-15 UC3846 的典型应用

信号，给外部保护电路提供了一个可控的封锁信号。当外部封锁信号撤销后，UC3846 也要经过一次软启动过程才重新开始工作。

图 8-15 的是一个控制电路以 UC3846 为核心的推挽型开关电源的原理图，从中可以了解 UC3846 外围电路的典型接法。

振荡器部分的 C_T 和 R_T 端（8、9 引脚）分别对地连接电容和电阻，其取值可以按照式（8-9）和式（8-10）计算得到。

误差放大器通常用做电压调节器，其外围电路通常接成比例 - 积分 - 微分电路（即 PID），以达到较好的稳定性、稳压精度和动态性能。图 8-15 中电压调节器采用的是 PI 电路。

由于 UC3846 采用峰值电流控制，因此需要在电路中引入瞬时电流反馈，在图 8-15 中采用 0.1Ω 电阻作为电流采样，将其电压送入 UC3846 的电流采样端（CS +）形成瞬时电流反馈。在具体的电路中，电流采样电阻应根据电路中实际电流的大小合理取值。

4. UC1875/2875/3875[4]

UC1875/2875/3875 是美国 Unitrode 公司（现已经被美国 TI 公司收购）生产的用于移相全桥型软开关电源控制的集成 PWM 控制器。这 3 种不同标号的产品内部结构和功能完全一样，差别仅在于允许的工作环境温度范围，UC1875 的工作环境温度为 - 55 ~ 125℃，UC2875 为 - 25 ~ 85℃，UC3875 为 0 ~ 70℃。以 UC3875 为例，表 8-4 给出了该 PWM 控制器的主要性能指标。

表 8-4　UC3875 主要性能指标

项　　目		指　　标
最大电源电压	/V	20
驱动输出峰值电流	/mA	3000
最高工作频率	/kHz	2000
基准源电压	/V	5
误差放大器开环增益	/dB	60
误差放大器单位增益带宽	/MHz	11
误差放大器输入失调电流	/μA	0.6
启动电压	/V	10.75
启动电流	/mA	0.15

UC3875 的内部电路结构见图 8-16，工作时各信号间的关系见图 8-17。该集成电路包含振荡器、PWM 比较器、误差放大器、分频器、欠电压锁定电路和封锁电路等，这些电路的原理和功能与 UC3846 中对应部分相似。所不同的是增加了 T 触发器，用以形成 A、B 路控制信号，A 信号与 B 信号互补。T 触发器的输

出和分频器的输出经过异或运算，得到 C、D 路控制信号，C 信号与 D 信号互补。B 信号的相位比 C 信号滞后，滞后的角度 ϕ 由 PWM 比较器控制。A 信号比 D 信号滞后。A、B 路信号对应滞后桥臂上下两开关的控制信号，C、D 路信号对应移相全桥电路中超前桥臂上下两开关的控制信号。为了防止上下开关发生直通，并且给换流时的谐振留出合适的谐振时间，A 与 B 间、C 与 D 间留有死区时间。超前桥臂和滞后桥臂的谐振时间一般是不同的，因此 A、B 间的死区时间和 C、D 间的死区时间可以分别设定。

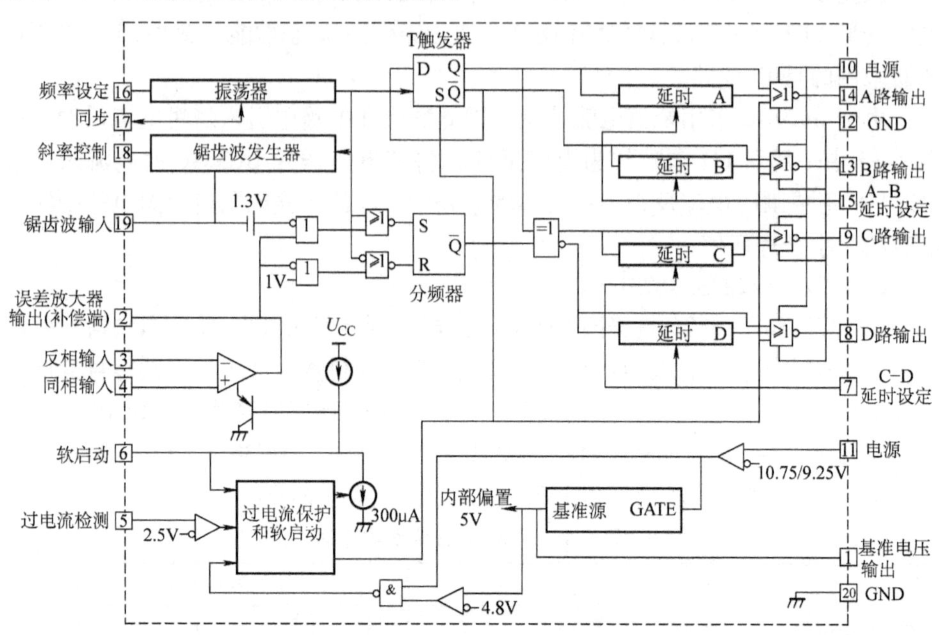

图 8-16　UC3875 的内部电路结构

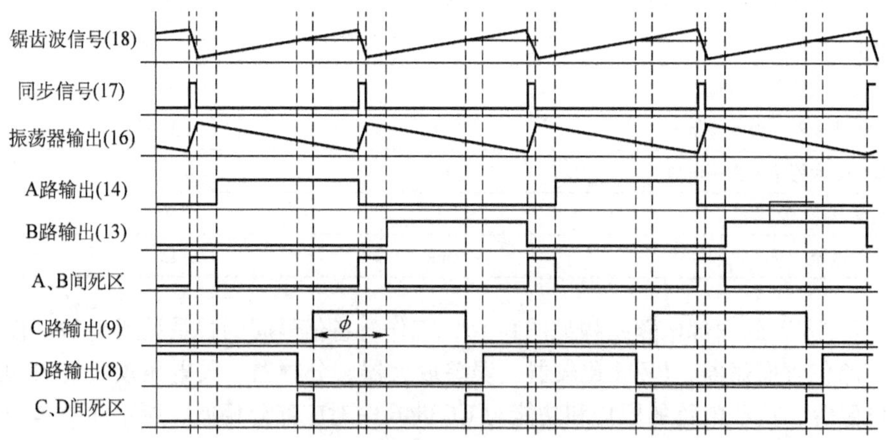

图 8-17　UC3875 工作时典型的波形

该集成电路通过改变外围电路的接法，既可以构成电压模式控制电路，也可以构成峰值电流模式控制电路。

电压模式控制电路的接法为：将斜率控制引脚（18）连接到锯齿波输入引脚（19），误差放大器（EA）的输出信号直接与锯齿波相比较，用以控制移相角 ϕ。EA 的输出电压越高，移相角 ϕ 越接近 0°，EA 的输出电压越低，移相角 ϕ 越接近 180°。

峰值电流模式控制电路的接法为：将电路中的电流反馈连接到锯齿波输入引脚（19），这时 EA 作为电压控制器，EA 的输出就是峰值电流控制环的给定信号，当电流反馈达到 EA 输出值时，超前桥臂换流。

UC3875 构成的典型电压模式控制电路见图 8-18。该电路采用电流互感器构成电流检测，互感器可以串入移相全桥主电路中变压器的一次侧，二极管 VD_9 ~ VD_{12} 构成桥式整流电路，将交流的电流反馈信号整流成为直流脉动信号。A、B、C、D 各路输出引脚直接驱动脉冲变压器，用以驱动全桥电路中的 4 个开关器件，二极管 VD_1 ~ VD_8 用于保护 UC3875，防止脉冲变压器的漏感造成过电压损坏 UC3875。

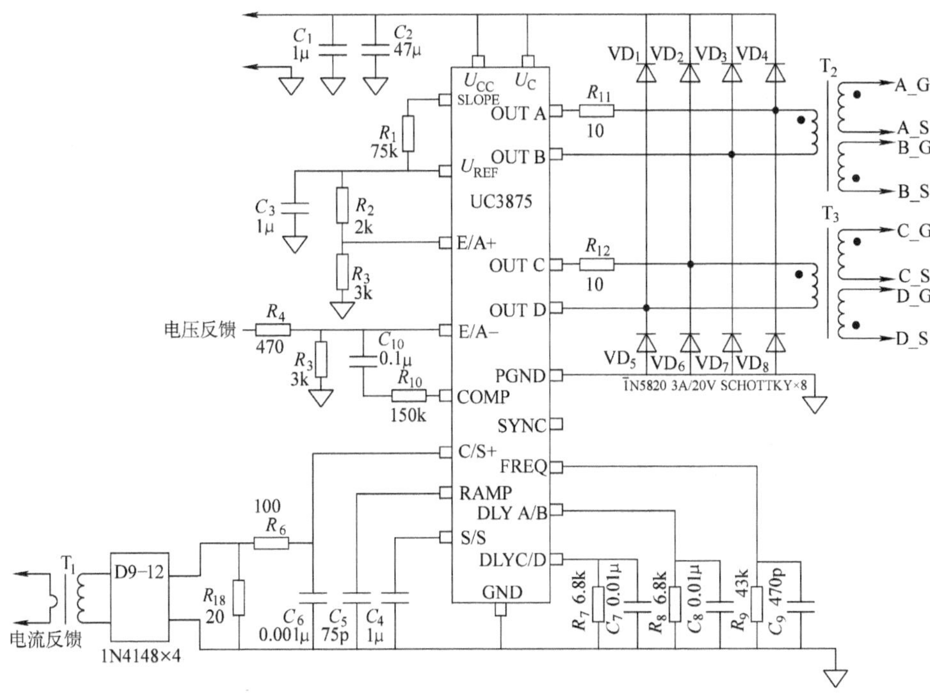

图 8-18 UC3875 构成的电压模式控制电路

8.6 数字 PWM 控制芯片

以上介绍的 PWM 控制芯片均采用模拟运算放大器构成控制器部分，其他部分电路虽然也有大量的逻辑电路，但是仍然被称为“模拟 PWM 控制芯片”。模拟 PWM 控制芯片的控制器结构和参数一旦设计和制造完毕就没法再改变，无法随着被控对象的参数变化而改变，也无法实现复杂的控制算法，灵活性和方便性不足。

8.6.1 数字 PWM 控制器的结构方案

针对这一问题，从 2000 年以后逐渐出现了“数字 PWM 控制芯片”，其控制器由数字扩及电路构成，参数甚至结构都有可能在控制系统调试和运行过程中改变，能够实现较为复杂的高性能控制策略，也可以更好地适应被控对象的参数变化，控制性能有很大的提升。数字 PWM 控制芯片得到了越来越广泛的应用，典型的数字 PWM 控制芯片的结构可以分为以下 3 类：

1. 嵌入式处理器方案

嵌入式处理器中包含有数字 PWM 控制器所需的全部要素，见图 8-19，电压和电流状态通过模数转换器（ADC）变成数字量后，经过 CPU 完成 PID 计算后，通过数字脉冲宽度调制器（DPWM）环节形成 PWM 脉冲信号用于控制开关元器件。

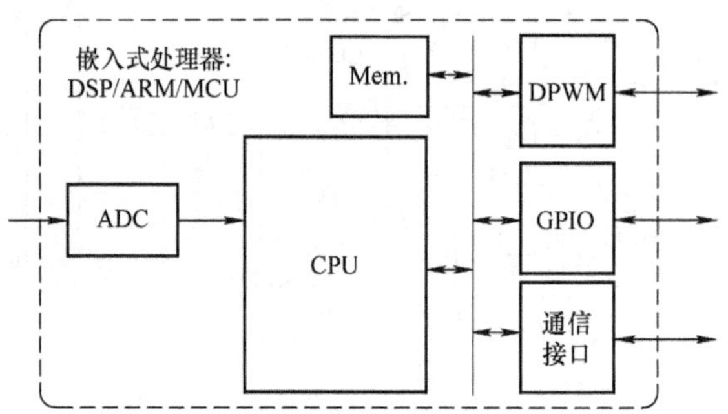

图 8-19　方案 1：基于嵌入式处理器的数字 PWM 控制器

由于数字 PWM 控制器运行时每个开关周期要完成一次 PID 运算，而 CPU 采用的是顺序执行程序的方式完成 PID 算法的计算，所需的时间较长，造成的延时较大，增加了控制环路的相位延迟，对控制的稳定性和快速性影响较大，所以这种方案仅能用于开关频率比较低、对快速性要求不太高的场合。

2. 可编程逻辑器件方案

采用可编程逻辑器件（Programmable Logical Device，PLD）也可以实现数字

PWM 控制器，其结构见图 8-20。

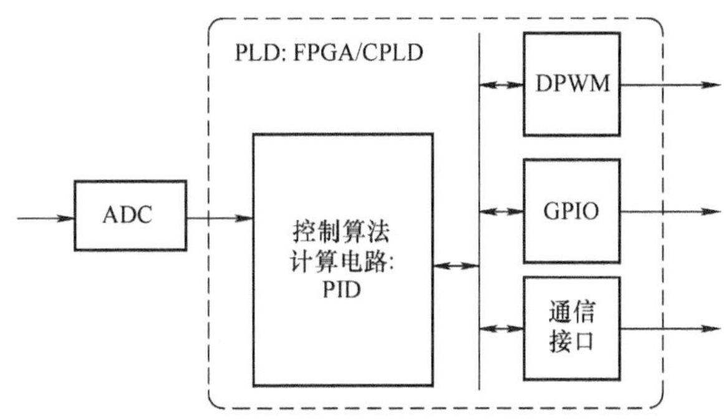

图 8-20　方案 2：基于可编程逻辑器件（PLD）的数字控制器

常用的 PLD 器件有现场可编程门阵列（Field Programmable Gate Array，FPGA）和 CPLD（Complex Programmable Logical Device）等，它们都是可以采用 VerilogHDL、VHDL 等硬件描述语言或者图形化方法进行编程的逻辑电路，而 PID 算法等包含的加、乘等运算均可以用全加器、乘法器等逻辑电路实现，积分可以采用寄存器与累加运算来实现。PLD 器件通常不含有模数转换电路（ADC），因此需要外置，但其他的部分，如数字 PWM 环节、通用 I/O 接口（GPIO）和通信接口等都可以在其中实现。

与嵌入式处理器不同，可编程逻辑器件采用逻辑电路实现 PID 运算，不仅运算速度快，而且多个控制器运算电路可以实现并行计算，总的计算延时大为缩短，可以用于开关频率较高、要求快速控制的场合。

但该方案需要采用 FPGA 等大规模可编程逻辑器件，成本较高，而且电路设计和验证比嵌入式处理器方案的难度大，特别是通信、时序、保护等功能的实现较为复杂。

3. 强化控制器计算电路的嵌入式处理器方案

该方案是前两种方案的融合，见图 8-21，其中影响计算速度的控制算法部分采用逻辑电路来实现，计算延时短，能够实现快速、可靠的控制效果。其他功能部分采用嵌入式处理器来实现，通过编程来实现通信、时序和保护，设计和实现都大大简化。芯片的成本也较低。

8.6.2　典型的数字 PWM 控制器芯片

下面介绍典型的数字 PWM 控制芯片。

1. UCD3138

UCD3138 是美国德州仪器公司（TI）设计生产的数字 PWM 控制器，其内部结构见图 8-22，应用电路见图 8-23。对照上一节的分析，属于第 3 种方案。

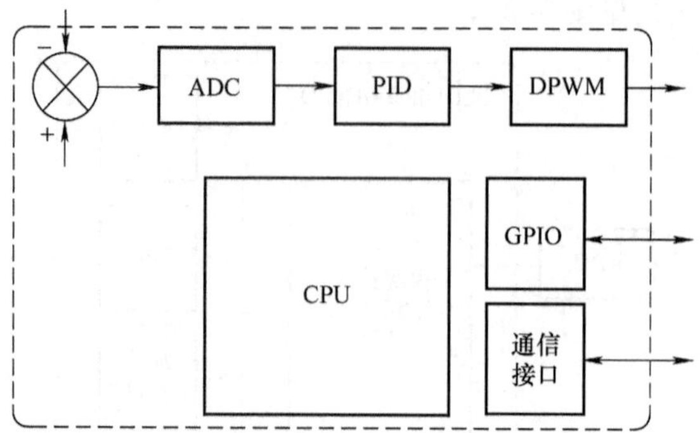

图 8-21　方案 3：强化控制电路的数字 PWM 控制器

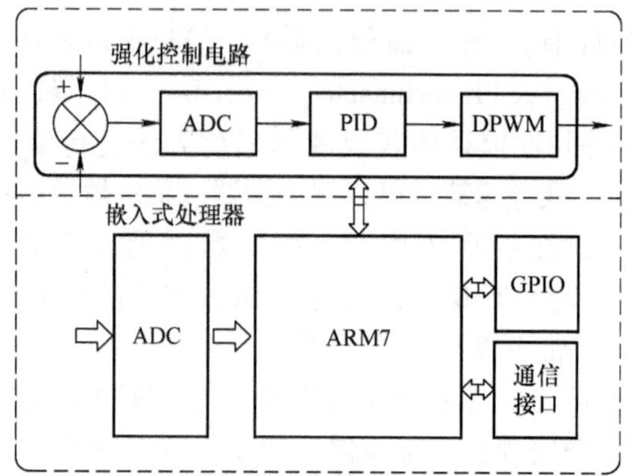

图 8-22　UCD3138 的内部功能框图

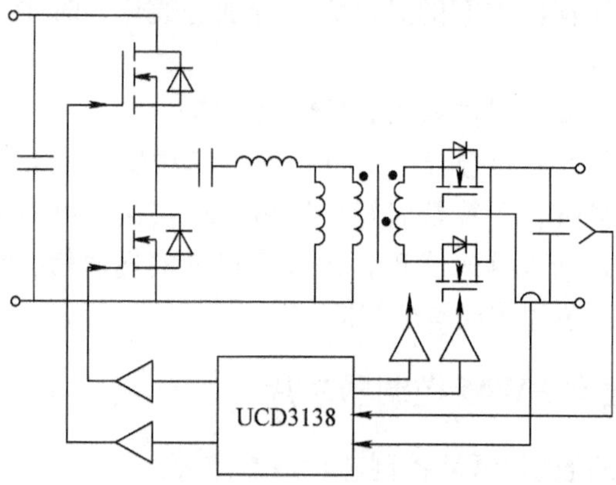

图 8-23　UCD3138 应用电路

2. STNRG328

STNRG328 是意法 ST 公司设计生产的数字 PWM 控制器，其内部结构见图 8-24，对照上一节的分析，属于第 1 种方案。

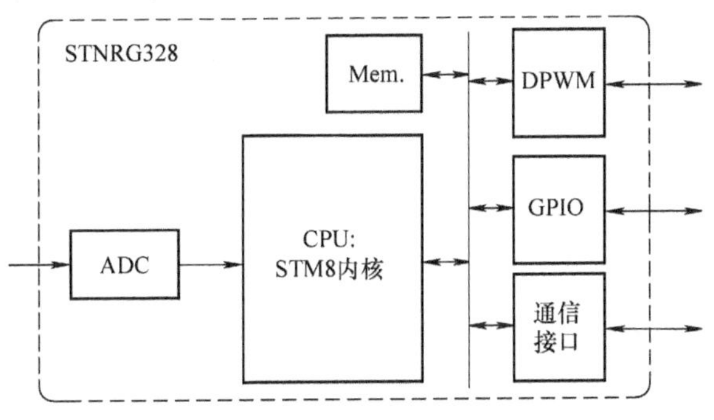

图 8-24　STNRG328 的内部功能框图

3. ISL6398

ISL6398 是美国 Intersil 公司（已被日本 Renesas 公司收购）设计生产的数字 PWM 控制器，其内部结构见图 8-25，对照上一节的分析，属于第 2 种方案。

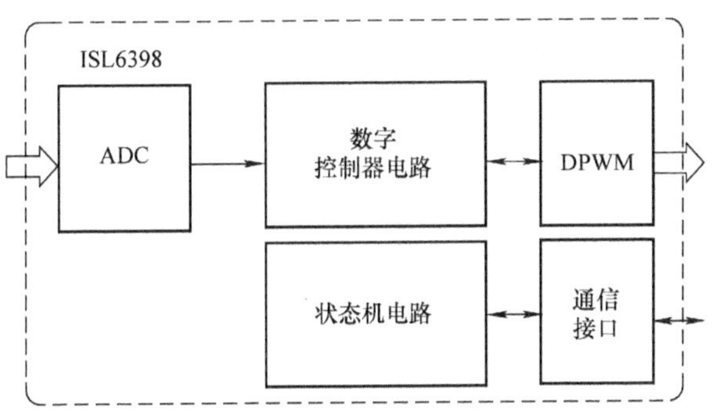

图 8-25　ISL6398 的内部功能框图

8.7　小结

本章阐述了开关电源的控制电路结构和参数的设计方法，介绍了常用的 PWM 控制芯片的资料，并对典型的控制电路设计问题给出了实例。

参 考 文 献

[1] SG3525，SGS – Thomson 公司产品手册.

[2] UC3842, Unitrode 公司产品手册.

[3] UC3846, Unitrode 公司产品手册.

[4] UC3875, Unitrode 公司产品手册.

[5] ROSSETTO L, SPIAZZI G. Design considerations on current - mode and voltage - mode control methods for half - bridge converters [C]. APEC' 97 Conference Proceedings 1997. pp: 983 - 989 vol. 2

[6] MIDDLEBROOK R D. Small - signal modeling of pulse - width modulated switched - mode power converters [C]. Proceedings of the IEEE, 1988, 76 (4): 343 - 354.

[7] TAN F D, MIDDLEBROOK R D. A unified model for current - programmed converters [J]. Power Electronics, IEEE Transactions, 1995, 10 (4): 397 - 408.

[8] TANG W, LEE F C, Ridley R B. Small - signal modeling of average current - mode control [J]. Power Electronics, IEEE Transactions, 1993, 8 (2): 112 - 119.

第 9 章　功率因数校正技术

9.1　谐波和功率因数的定义[1]

以开关电源为代表的各种电力电子装置给我们的工业生产和社会生活带来了极大促进和进步，然而也带来了一些负面的问题，其中主要的问题之一就是对电网产生的谐波和无功的污染。要想正确地认识和分析并解决这一问题，首先需要对功率因数和谐波建立正确的基本概念。

在线性负载及理想情况下，电网中的电压和电流都是正弦信号，即

$$u = U_m \sin\omega_1 t \tag{9-1}$$

$$i = I_m \sin(\omega_1 t + \varphi) \tag{9-2}$$

其中，U_m和I_m分别是电压和电流的幅值，ω_1是电网的角频率，多数国家电网采用 50Hz 体制，则 $\omega_1 = 2\pi \times 50\text{rad/s}$，美日等国家电网采用 60Hz，则 $\omega_1 = 2\pi \times 60\text{rad/s}$。对于中频供电系统，频率为 400Hz，则 $\omega_1 = 2\pi \times 400\text{rad/s}$。$\varphi$ 是电压和电流信号间的相角差。

通常，电网电压的波形是由电网中的电源——发电机决定的，而电网中的电流则由连接于电网的负载决定。某些非线性或具有时变性的负载会从电网吸取非正弦电流，如三相感性整流负载的电流为图 9-1 中 i 的波形，这一波形显然与正弦波有非常大的差别。由于电网中存在线路阻抗，这样的电流在线路阻抗上将产生非正弦的电压降，从而使用电端电压产生畸变也成为非正弦。

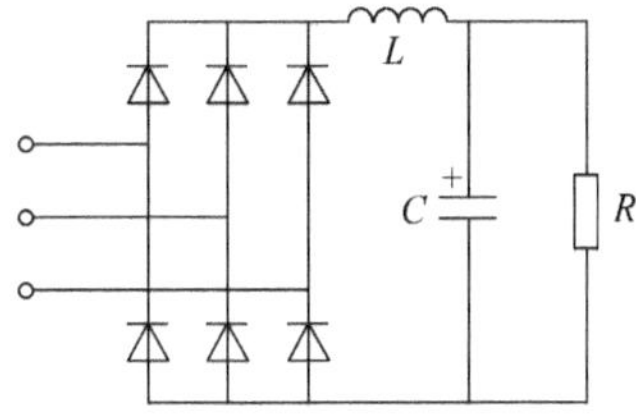

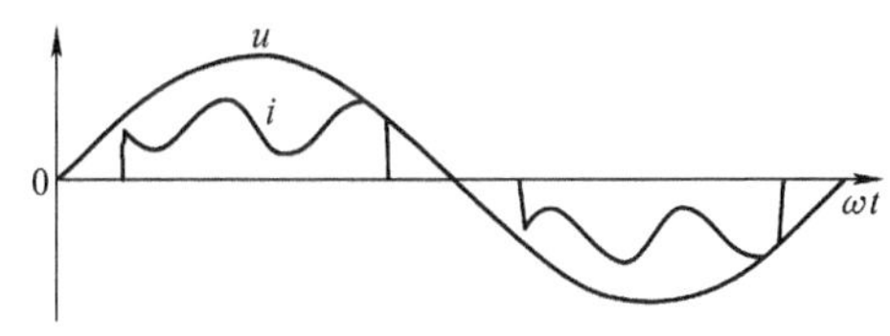

图 9-1　三相感性整流负载的电流

值得注意的是，虽然电流波形是非正弦的，但仍然是与电网电压同频率的周期信号，即满足

$$i(t) = i(t + T_1) \tag{9-3}$$

式中　T_1——电网电压的周期。

因此，可以将 $i(t)$ 分解成傅里叶级数：

$$i(t) = \sum_{n=1}^{\infty} I_{nm}\sin(\omega_n t + \varphi_n) \tag{9-4}$$

其中，$i_1(t) = I_{1m}\sin(\omega_1 t + \varphi_1)$ 被称为基波成分，而其余的部分被称为谐波成分。对于电网电压也可采用同样的定义及分析方法。

当电网电压和电流存在畸变时，电路功率及功率因数的计算与纯正弦状态相比变得较为复杂。在实际中绝大部分情况下，电网电压的畸变较小，忽略电网电压畸变不会产生过大的误差，而可以获得较为简洁的计算公式。当电网电压为正弦而电流非正弦的情况下，负载吸收的有功功率为

$$\begin{aligned} P &= \frac{1}{T_1}\int_0^{T_1} u(t)i(t)\mathrm{d}t \\ &= \frac{1}{T_1}\int_0^{T_1}\left[U_m\sin\omega_1 t \cdot \sum_{n=1}^{\infty} I_{nm}\sin(\omega_n t + \varphi_n)\right]\mathrm{d}t \\ &= \frac{1}{T_1}\int_0^{T_1}\left[\sum_{n=1}^{\infty} U_m\sin\omega_1 t \cdot I_{nm}\sin(\omega_n t + \varphi_n)\right]\mathrm{d}t \\ &= \frac{1}{T_1}\sum_{n=1}^{\infty}\int_0^{T_1}\left[U_m\sin\omega_1 t \cdot I_{nm}\sin(\omega_n t + \varphi_n)\right]\mathrm{d}t \end{aligned}$$

根据正交定理，$\int_0^{T_1}\sin\omega_n\sin\omega_k \mathrm{d}t \begin{cases} = 0 & n \neq k \\ \neq 0 & n = k \end{cases}$，因此

$$\begin{aligned} P &= \frac{1}{T_1}\int_0^{T_1} U_m\sin\omega_1 t \cdot I_{1m}\sin(\omega_1 t + \varphi_1)\mathrm{d}t \\ &= \frac{U_m I_{1m}}{2}\cos\varphi_1 \end{aligned}$$

而视在功率为

$$S = U_R I_R$$

其中，U_R 和 I_R 分别是电网电压和负载电流的有效值，则功率因数 λ 为

$$\lambda = \frac{P}{S} = \frac{(U_m I_{1m}/2)\cos\varphi_1}{U_R I_R}$$

由于电网电压是正弦波，因此 $U_m = \sqrt{2}U_R$，而基波电流的波形也是正弦波，因此 $I_{1m} = \sqrt{2}I_{1R}$，上式可以写成

$$\begin{aligned} \lambda &= \frac{I_{1R}}{I_R}\cos\varphi_1 \\ &= \xi\cos\varphi_1 \end{aligned} \tag{9-5}$$

其中，$\xi = \dfrac{I_{1R}}{I_R}$ 被称为畸变因数，它标志着电流波形偏离正弦的程度，如果电

流波形是正弦波，则 $I_{1R}=I_R$，$\xi=1$；如果电流波形非正弦，则

$$\begin{aligned} I_R &= \sqrt{\sum_{n=1}^{\infty} I_{nR}^2} \\ &= \sqrt{I_{1R}^2 + I_{2R}^2 + I_{3R}^2 + \cdots} \end{aligned}$$

故总是有 $I_{1R}<I_R$，$\xi<1$。

因此，无论电流波形是否为正弦波，总是有 $\xi \leqslant 1$。

式（9-5）中 $\cos\varphi_1$ 被称为位移因数，它标志着基波电流与电压间的相位差，当基波电流与电压同相时 $\cos\varphi_1=1$，而当基波电流超前或滞后电压 90°时 $\cos\varphi_1=0$，故也有 $\cos\varphi_1 \leqslant 1$。

可以发现，当电流不含有谐波成分，也就是 $I_R=I_{1R}$时，该功率因数的定义为 $\lambda=\cos\varphi_1$，与传统的功率因数定义是一样的，因此，式（9-5）可以认为是对传统功率因数定义在电流存在谐波的情况下的推广。

此外，还经常采用谐波含有率 HRI_n（Harmonic Ratio for I_n）、电流谐波总畸变率 THD_i（Total Harmonic distortion）分别衡量某次谐波大小及电流畸变程度。

$$HRI_n = \frac{I_{nR}}{I_{1R}} \times 100\%$$

式中 I_{nR}——第 n 次谐波电流有效值；

I_{1R}——基波电流有效值。

$$THD_i = \frac{I_{hR}}{I_{1R}} \times 100\%$$

式中 I_{hR}——总谐波电流有效值，$I_{hR}=\sqrt{I_R^2-I_{1R}^2}$。

谐波的存在使装置的功率因数不为 1，会给电网带来电能质量问题，从式（9-5）来看，这类负载对电网的“污染”可以分成谐波电流和基波无功两部分，他们共同的危害是：

1）从电网吸取无功电流，导致电网中流动的功率增加，加大了电网的损耗。

2）增加了发电和输变电设备的负担，降低了电网的实际可以传递的有功功率的大小。

但是，由于谐波电流是非正弦的畸变电流，它对电网的危害更大：

1）造成电网电压畸变，影响其他设备正常工作。

2）使变压器、发电机、补偿电容等设备损耗增加，温升加大，甚至烧毁。

3）造成中性线电流显著增加，导致中性线严重发热，甚至引起火灾。

4）引起电网谐振，破坏电网稳定性。

5）造成电网中继电保护装置误动作。

因此，谐波电流对电网的污染问题已经引起越来越多的关注，也有许多相

应的标准出台来限制负载产生的谐波电流，比较重要的标准有国际电工委员会（International Electrotechnical Commission，IEC）制定的 IEC61000 - 3 - 2，IEC61000 -3 -2 -12 等。我国标准化委员会也相应制定了“GB 17625. 1 -2016 电磁兼容限值谐波电流发射限值（设备每相输入电流≤16A）”等标准，这些标准是强制性标准，所有相关设备都必须满足，开关电源根据其不同应用也必须满足相应的标准。

9.2 开关电源的功率因数校正技术

通常，开关电源的输入级采用二极管构成的不可控容性整流电路，见图 9-2。这种电路的优点是结构简单、成本低、可靠性高，但致命的缺点是其输入电流不是正弦波，而是位于电压峰值附近的脉冲，见图 9-3。这种电流波形中含有大量谐波成分，因此该电路的功率因数很低，通常仅能达到 0. 5 ~0. 7，总谐波含量 *THD* 可达 100% ~150% 以上，对电网造成严重的污染。

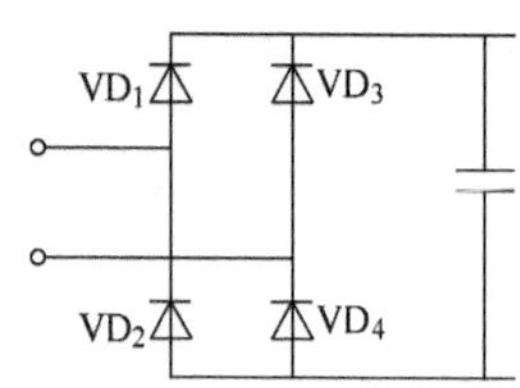

图 9-2　二极管容性整流电路

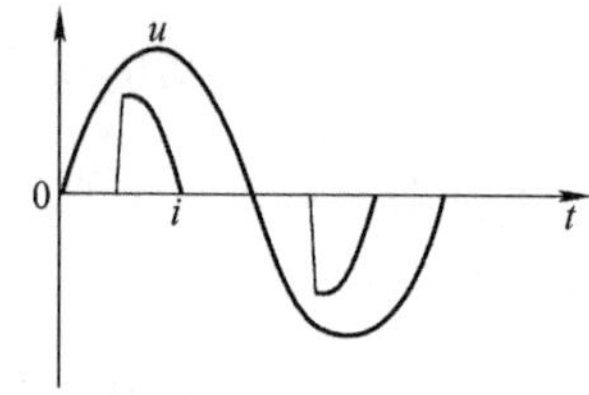

图 9-3　二极管容性整流电路的输入电流

追究产生这一问题的原因，在于二极管整流电路不具有对输入电流的可控性，当电源电压高于电容电压时，二极管导通，电源电压低于电容电压时，二极管不导通，输入电流为零，这样就形成了电源电压峰值附近的电流脉冲。

解决这一问题的办法就是对电流脉冲的幅度进行抑制，使电流波形尽量接近正弦波，这一技术称为功率因数校正，即 PFC（Power Factor Correction）。根据采用的具体方法不同，可以分成无源功率因数校正和有源功率因数校正两种。

无源功率因数校正技术通过在二极管整流电路中增加电感、电容等无源元件和二极管器件，对电路中的电流脉冲进行抑制，以降低电流谐波含量，提高功率因数。图 9-4 为一种典型的无源功率因数校正电路。这类方法的优点是简单、可靠，无需进行控制，而缺点是增加的无源元件一般体积都很大，成本也较高，并且功率因数通常仅能校正至 0. 95 左右，而谐波含量仅能降至 30% 左右，难以满足现行谐波标准的限制。

有源功率因数校正技术采用全控开关器件构成的开关电路对输入电流的波形进行控制，使之成为与电源电压同相的正弦波，总谐波含量可以降低至 5% 以

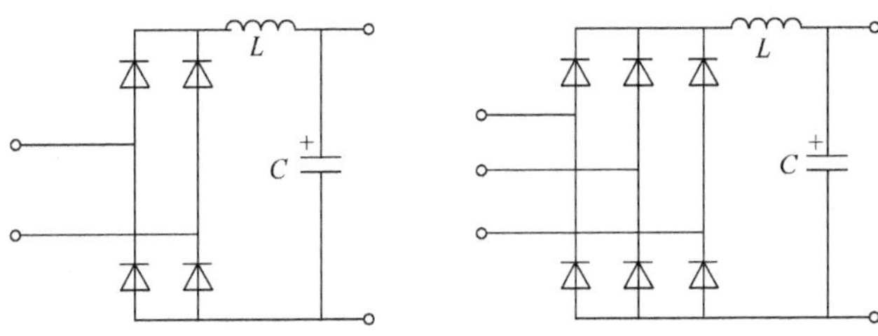

图 9-4　典型的无源功率因数校正电路

下，而功率因数能高达 0.995，从而彻底解决整流电路的谐波污染和功率因数低的问题。然而有源功率因数校正技术也存在一些缺点，如电路和控制较复杂，开关器件的高速开关造成电路中开关损耗较大，效率略低于无源功率因数校正电路等。但是由于采用有源功率因数校正技术可以非常有效地降低谐波含量、提高功率因数，从而满足现行最严格的谐波标准，因此其应用越来越广泛。

值得提到的是，单相有源功率因数校正电路较为成熟，升压型斩波电路是最为常见的一种电路形式。该电路容易实现，可靠性也较高，因此应用非常广泛，基本上已经成为功率在 0.5 ~ 3kW 范围内的单相输入开关电源的标准电路形式。然而三相有源功率因数校正电路结构和控制较复杂，成本也很高，因此目前三相输入的开关电源通常还采用无源功率因数校正技术。针对三相功率因数校正技术的研究还在积极进行。

9.3　单相功率因数校正电路

9.3.1　基本原理

开关电源中常用的单相 PFC 电路见图 9-5，这一电路实际上是二极管整流电

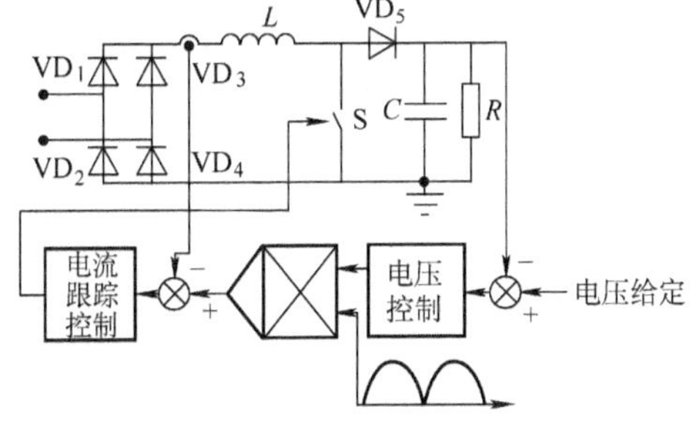

a)电路图

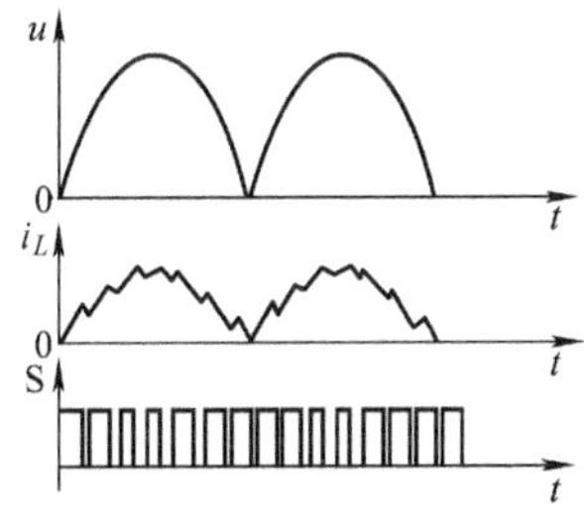

b)主要波形图

图 9-5　典型的单相有源 PFC 电路及主要原理波形

路加上升压斩波电路构成的，斩波电路的原理已在第 2 章中介绍过，此处不再叙述。下面简单介绍该电路实现功率因数校正的原理。

由于采用升压型斩波电路，只要输入电压不高于输出电压，电感 L 的电流就完全受开关 S 的通断控制。S 通时，电感 L 的电流增长，S 断时，电感 L 的电流下降。因此控制 S 的关断占空比按正弦绝对值规律变化，且与输入电压同相，就可以控制电感 L 的电流波形为正弦绝对值，从而使输入电流的波形为正弦波，且与输入电压同相，输入功率因数为 1。

画出升压型有源 PFC 电路的状态平均等效电路见图 9-6。若 L 较小，其两端电压的低频成分可忽略，根据图 9-6 即可求出开关导通占空比的变化规律。

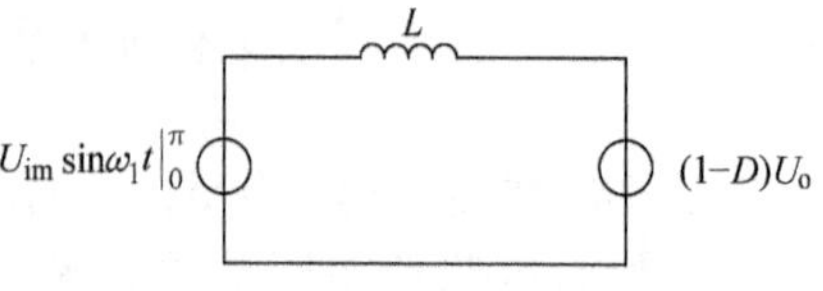

图 9-6　单相有源 PFC 的状态平均等效电路

合适的控制规律 $D(t)$ 由图 9-5a 中的控制电路产生，电流跟踪控制电路使电感电流跟踪电流给定信号，而电流给定信号的波形为正弦绝对值，因此电感电流的波形也是正弦绝对值，从而实现了功率因数校正。电压控制电路根据升压斩波电路的输出电压与电压给定间的误差，调节电感电流的大小，以达到控制输出电压的目的。电压控制电路的输出信号应是平稳的直流信号，用乘法器将该信号同正弦绝对值信号相乘，得到幅值跟随电压控制电路输出变化的正弦绝对值信号，作为电流跟踪环的给定信号。

根据电感电流是否连续，采用升压斩波电路的单相 PFC 电路可以分为三种工作模式：电流连续模式（CCM）、电流断续模式（DCM）和临界导电模式（CRM），图 9-7 为这三种模式的电感电流波形。由电流波形可以看出，电流连续模式的电流波动小，电流峰值也较小，同时工作于电流连续模式的 PFC 电路一般工作于固定开关频率，使电源侧纹波电流容易滤除，因此适合于大功率电路。工作于电流断续模式的 PFC 的电流波动大、电流峰值高，不利于滤波电路设计及开关器件的选取，但在这种模式下，升压电路中二极管不存在反向恢复问题，

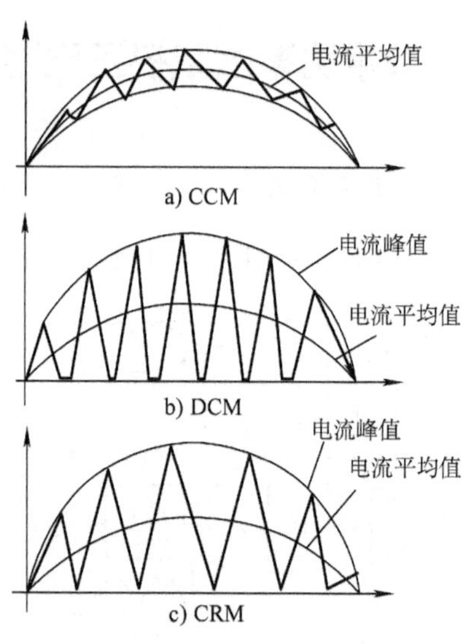

图 9-7　单相有源 PFC 电路不同工作模式的电流波形

在开关频率较高的场合具有显著的优势。在同样输出功率条件下，临界导电模式降低了电感电流的峰值，在一定程度上改善了电流断续模式的缺点，又保持了其无二极管反向恢复的优点，因此得到了较为广泛的应用。同时，临界导电模式还具有控制电路简单的特点，但电路需要采用变频控制，加上电流纹波较大，输入电流纹波的滤除较为困难，因此主要适用于中小功率电路，必要时可以采用多相交错并联方式以提高性能。

在开关电源中采用有源 PFC 电路带来以下好处：

1）输入功率因数提高，输入谐波电流减小，降低了电源对电网的干扰，满足了现行谐波限制标准。

2）由于输入功率因数的提高，在输入相同有功功率的条件下，输入电流有效值明显减小，降低了对线路、开关、连接件等的电流容量要求。

3）由于有升压型斩波电路，电源允许的输入电压范围扩大，通常可以达到 90～270V，能适应世界各国不同的电网电压，极大地提高了电源装置的可靠性和灵活性。

4）由于升压型斩波电路的稳压作用，整流电路输出电压波动显著减小，使后级 DC－DC 变换电路的工作点保持稳定，有利于提高控制精度和效率。

但增加功率因数校正电路增加了电路的复杂性，并会产生一定的功率损耗，这是不利的影响。

在很多需要采用全球通用交流电压标准的应用中，交流输入电压可能在 90～265V的范围内，当输入电压较低（<110V）时，二极管整流桥导通时，电流相继流过两个二极管，产生的损耗较为显著。针对这个问题，研究人员提出多种电路拓扑方案，以期提高单相功率因数校正电路在低输入电压时的效率。

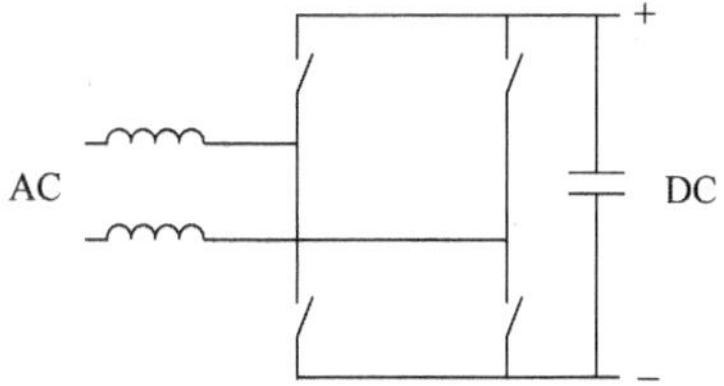

图 9-8　全桥型单相 PWM 整流电路

图 9-8 所示的单相 PWM 整流电路就可以做到这一点，该电路直接采用 MOSFET 等开关器件构成的全桥拓扑，比前面介绍的二极管整流桥＋Boost PFC 电路节省 1 个二极管的通态压降，在输入电压低于 110V 的情况下可以减少通态损耗 1%～2%。但该电路需要的开关器件数量较多、驱动也较为复杂，成本偏高。此外，该电路在工作的时候左右两个桥臂中点对地电位都随开关动作而大幅跳动，给输入侧造成较为显著的共模骚扰，给电磁兼容滤波电路的设计增加了复杂性。通常该电路的输入滤波电感分成相等的两半，分别串联在正负输入端，可以在一定程度上改善其电磁兼容特性。

针对这些问题，有学者提出了双 Boost 型无桥 PFC 电路，见图 9-9a，其中无桥指的是没有二极管整流桥。该电路来源于单相全桥型 PWM 整流电流，考虑到绝大部分整流电路应用时功率为单向流动，将全桥电路中两个高位开关器件换成二极管，这样既可以保持对输入电流的有效控制，又能降低电路成本、简化驱动电路的设计，从而提高电路的可靠性。

该电路在工作时，与交流输入端电压极性为正的一段相连的桥臂处于高频开关动作，来控制该输入端的电流，而与负极性输入端相连的桥臂中开关处于常通状态。正负半周的导通模式分别见图 9-9 中 b 和 c。

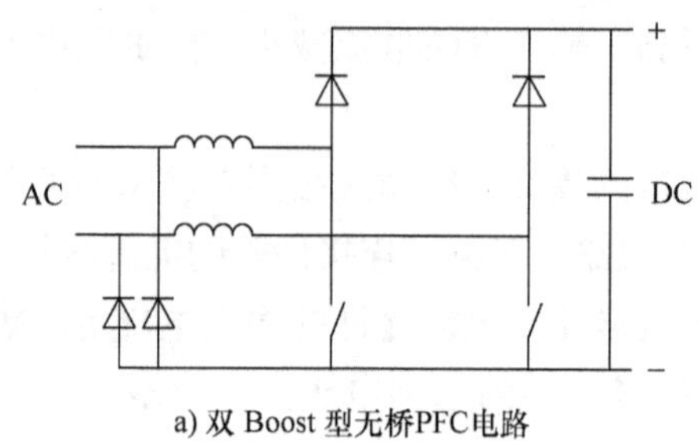

a) 双 Boost 型无桥PFC电路

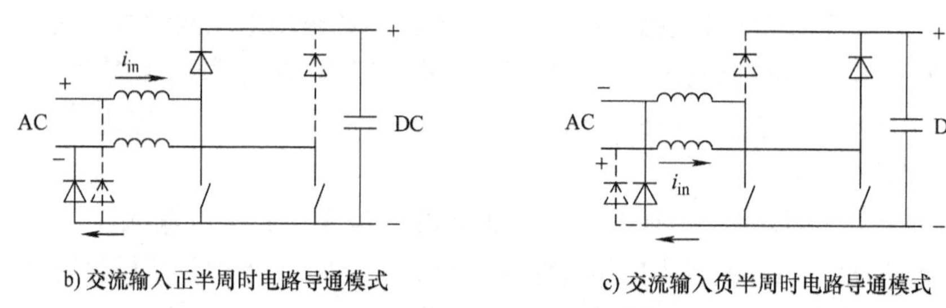

b) 交流输入正半周时电路导通模式

c) 交流输入负半周时电路导通模式

图 9-9　双 Boost 型无桥 PFC 电路

电路中直流负母线与两个交流输入端之间连接的二极管为处于负半周的输入端提供了电流回流通道，当该二极管导通时，交流输入端与直流负母线相通，二者之间的电位相等，电感被短路，因此该电路的输入侧共模骚扰得以大幅度降低，给电磁兼容性能得到很大改善。但由于电感在半周中被短路，因此每个交流输入端各需串联一个电感，两个电感加起来的体积和重量较大，也在一定程度上增加了成本。

后来还有学者提出另一种方案，称图腾柱电路，见图 9-10。该电路中两个开关器件上下串联构成一侧桥臂，而另一侧桥臂采用二极管构成。因该电路中开关或二极管都是上下串联的，顾名图腾柱。与前面介绍的双 Boost 电路

图 9-10　图腾柱无桥 PFC 电路

相比，图腾柱电路中上下两个开关器件通过高频开关动作控制输入侧电感电流，而两个二极管则分别在交流输入的正负半周分别导通，与之相连的交流输入端总是与负母线或正母线相通，因此较好地解决了输入侧共模骚扰的问题，而且仅需在与开关器件桥臂相连的输入端连接一个电感即可，减小了体积、重量，降低了成本。

但与前者相比，图腾柱电路中处于上位的开关器件需要高电位驱动，在一定程度上增加了电路的复杂性、降低了可靠性。

9.3.2 主电路参数计算

单相功率因数校正电路的结构是升压型电路，因此，其电路参数的计算方法是以普通的升压型电路为基础的，但由于电路中的电压和电流不是稳定的直流量，而是按正弦绝对值规律脉动的，因此计算过程略微复杂些[3]。主电路中的主要器件包括开关管、二极管、升压电感及输出电容。下面以电流连续模式PFC 电路为例介绍。

设单相功率因数校正电路的输入电压为正弦，并忽略电流纹波，因此有

$$u_{\mathrm{i}} = U_{\mathrm{im}} \sin(\omega_1 t) \tag{9-6}$$

$$i_{\mathrm{i}} = I_{\mathrm{im}} \sin(\omega_1 t) \tag{9-7}$$

式中 U_{im}、I_{im}——输入电压和电流的幅值；

ω_1——电源电压的角频率。

在主电路计算所涉及的数量关系中，首先是功率平衡的关系，在忽略各种损耗的条件下，电路的输出功率与输入功率应相等，认为功率因数为 1，则有

$$U_{\mathrm{iR}} I_{\mathrm{iR}} = \frac{U_{\mathrm{o}}^2}{R} \tag{9-8}$$

式中 U_{iR}、I_{iR}——输入电压和电流的有效值。

由于输入电压和电流都是正弦量，因此有 $U_{\mathrm{iR}} = \frac{U_{\mathrm{im}}}{\sqrt{2}}$，$I_{\mathrm{iR}} = \frac{I_{\mathrm{im}}}{\sqrt{2}}$。$U_{\mathrm{o}}$是输出电压，$R$ 是负载电阻。

电感电流是输入电流经全波整流后的波形，因此有

$$i_L = |I_{\mathrm{im}} \sin(\omega_1 t)| \tag{9-9}$$

而根据电路的状态空间平均模型，有

$$L \frac{di_L}{\mathrm{d}t} = u_{\mathrm{i}} - D'(t) U_{\mathrm{o}}$$

其中，$D' = 1 - D$，D 是占空比，由于 PFC 电路中 D 和 D'都是时变量，因此用 $D(t)$和 $D'(t)$来表示。根据上式和 i_L、u_{i}的表达式，考虑电源正半周期可得

$$D'(t) = \frac{U_{\mathrm{im}}}{U_{\mathrm{o}}} (\sin\omega_1 t - K\cos\omega_1 t) \tag{9-10}$$

其中，$K=\dfrac{\omega_1 LI_{im}}{U_{im}}$。通常 K 都很小，典型的 PFC 电路中，$K\approx 0.01$，因此可以忽略式中的第 2 项，则有

$$D'(t)=\frac{U_{im}}{U_o}\sin\omega_1 t \tag{9-11}$$

有了 $D'(t)$ 的表达式，就可以很容易地计算出开关和二极管中的电流值。

开关电流的表达式为

$$i_S=\begin{cases} I_{im}\sin\omega_1 t & t\in[kT_S,kT_S+DT_S] \\ 0 & t\in[kT_S+DT_S,(k+1)T_S] \end{cases} \quad k=0,\cdots,N-1 \tag{9-12}$$

其中，$T_S=T_1/N$ 。

开关电流的周期平均值为

$$i_{SA}=Di_L=(1-D')i_L \tag{9-13}$$

开关电流的周期有效值为

$$i_{SR}=\sqrt{D}i_L=\sqrt{1-D'}i_L \tag{9-14}$$

而开关电流在输入电压周期内的有效值为

$$\begin{aligned} I_S &= \sqrt{\frac{2}{T_1}\int_0^{\frac{T_1}{2}} i_S^2\mathrm{d}t} \\ &= \sqrt{\frac{2}{T_1}\sum_{k=0}^{N/2-1}\int_0^{T_s} i_S^2\mathrm{d}t} \\ &= \sqrt{\frac{2}{T_1}\sum_{k=0}^{N/2-1} D(kT_s)I_{im}^2\sin^2\omega_1 t} \end{aligned}$$

令 $T_s\to 0$，则 $N\to\infty$ ，上式变成

$$\begin{aligned} I_S &= \sqrt{\frac{2I_{im}^2}{T_1}\int_0^{\frac{T_1}{2}} D(t)\sin^2\omega_1 t\mathrm{d}t} \\ &= \sqrt{\frac{2I_{im}^2}{T_1}\int_0^{\frac{T_1}{2}}[1-D'(t)]\sin^2\omega_1 t\mathrm{d}t} \\ &= \sqrt{\frac{2I_{im}^2}{T_1}\int_0^{\frac{T_1}{2}}[1-\frac{U_{im}}{U_o}\sin\omega_1 t]\sin^2\omega_1 t\mathrm{d}t} \\ &= I_{im}\sqrt{\frac{1}{2}-\frac{4U_{im}}{3\pi U_o}} \\ &= I_{iR}\sqrt{1-\frac{8\sqrt{2}U_{iR}}{3\pi U_o}} \end{aligned} \tag{9-15}$$

二极管的电流有效值为

$$I_{\mathrm{VD}}=\sqrt{\left(\frac{I_{\mathrm{im}}}{\sqrt{2}}\right)^2-I_{\mathrm{S}}^2}=I_{\mathrm{im}}\sqrt{\frac{4U_{\mathrm{im}}}{3\pi U_{\mathrm{o}}}}=I_{\mathrm{iR}}\sqrt{\frac{8\sqrt{2}U_{\mathrm{iR}}}{3\pi U_{\mathrm{o}}}} \tag{9-16}$$

由式（9-15）、式（9-16）所给出的开关管及二极管的电流有效值，可以看出开关管的电流有效值与输入电流的比例随输入电压的降低而上升，而且当输出功率一定时，输入电流也将随输入电压降低而增大，因此应按照输入电压下限并结合第7章中开关器件的选择方法确定器件型号。

单相PFC电路的控制目标为输入电流为正弦，因此电路的输入功率呈现100Hz波动，这将使直流侧电压必然存在相同频率的电压纹波。图9-11为PFC电路输入电压电流及输入输出功率波形图。直流侧滤波电容必须有足够的容量将电压波动抑制在合理的范围内。设PFC电路的输出功率为恒定数值，由输入输出能量关系可得半个电源周期内电容需要吸收的能量为

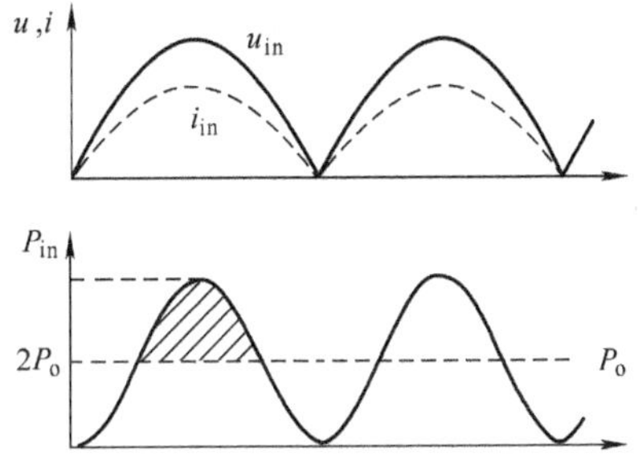

图9-11　单相有源PFC的输入电压、电流及功率波形

$$\Delta E_C=\int_{\frac{\pi}{4}}^{\frac{3\pi}{4}}\frac{(U_{\mathrm{im}}\sin\omega_1 t\cdot I_{\mathrm{im}}\sin\omega_1 t-P_{\mathrm{o}})}{\omega_1}\mathrm{d}\omega_1 t$$

其中，P_{o}为输出平均功率，由于输入输出平均功率相同，有

$$P_{\mathrm{o}}=\frac{U_{\mathrm{im}}I_{\mathrm{im}}}{2}$$

带入上式化简得

$$\begin{aligned}\Delta E_C&=\int_{\frac{\pi}{4}}^{\frac{3\pi}{4}}\frac{(U_{\mathrm{im}}\sin\omega_1 t\cdot I_{\mathrm{im}}\sin\omega_1 t-P_{\mathrm{o}})}{\omega_1}\mathrm{d}\omega_1 t\\&=\frac{P_{\mathrm{o}}T}{2\pi}\end{aligned} \tag{9-17}$$

式中　T——电源电压周期。

设输出电压平均值为U_{o}，则电容容值与电压波动峰-峰值ΔU的关系式为

$$C=\frac{\Delta E_C}{U_{\mathrm{o}}\Delta U} \tag{9-18}$$

在升压电感的设计中，需要对电感电流有效值、电感量与纹波电流、输出功率间的关系进行分析。

电感电流有效值就是输入电流有效值，在输出功率一定的条件下，随着输入电压的下降而上升。在电流连续模式下，电感电流纹波通常较小，因此电感

电流最大有效值可近似表示为

$$I_{\mathrm{i}R\max}=\frac{P}{U_{\mathrm{i}R\min}} \tag{9-19}$$

与直流工作的变换电路不同，PFC 电路的输入电压呈正弦规律变化，因此电感电流纹波在一个电源周期也在变化，由第 7 章的分析可知，当输入电压为输出电压一半时，纹波电流达到最大值。在确定了最大纹波电流峰 - 峰值 $\Delta\hat{I}$ 后，电感量也可以由式（9-20）计算。若输入电压的峰值小于输出电压的一半，则电感量应根据式（9-21）计算。

$$L=\frac{U_{\mathrm{o}}}{4f_{\mathrm{s}}\Delta\hat{I}} \tag{9-20}$$

$$L=\frac{U_{\mathrm{imax}}(U_{\mathrm{o}}-U_{\mathrm{imax}})}{U_{\mathrm{o}}f_{\mathrm{s}}\Delta\hat{I}} \tag{9-21}$$

式中　U_{imax}——输入电压最高时的峰值。

9.3.3　单相功率因数校正的控制电路

实用的单相功率因数校正电路主要采用电流连续模式或临界导电模式，集成电路厂商设计了相应的控制集成芯片。用于电流连续模式 PFC 电路的控制芯片有 UC3854、UC3855 等，用于临界导电模式 PFC 电路的控制芯片有 UC3852、UCC38050 等。

（1）UC3854

UC3854 是美国 TI 公司生产的 PFC 专用控制集成电路，主要用于电流连续模式 PFC 电路的控制，它集成了 PFC 电路控制所需的电压控制、平均电流跟踪控制、乘法器、驱动、保护和基准源等全部电路，使用很方便。其主要特点和技术参数为

电源电压：　18 ~ 35V；

工作频率：　10 ~ 200kHz；

基准源电压：7.5V；

驱动电流：　0.5A（平均值），1.5A（峰值）。

该芯片的内部结构及构成的典型电路见图 9-12。

图中，VA 及其外部元器件构成电压控制电路，正弦绝对值参考信号来自主电路中整流桥输出端，通过 I_{AC} 引脚送入乘法器，乘法器将电压控制器的输出信号（VA Out）与正弦绝对值参考信号（I_{AC}）相乘，作为电流跟踪控制器 CA 的给定。为了提高电压控制的快速性，乘法器还将电流给定信号除以输入电压有效值的二次方，这样当输入电压发生变化时，电流给定随之变化，无需经电压控制器调节，这称为前馈控制。例如，在后级功率保持恒定的条件下，输入电

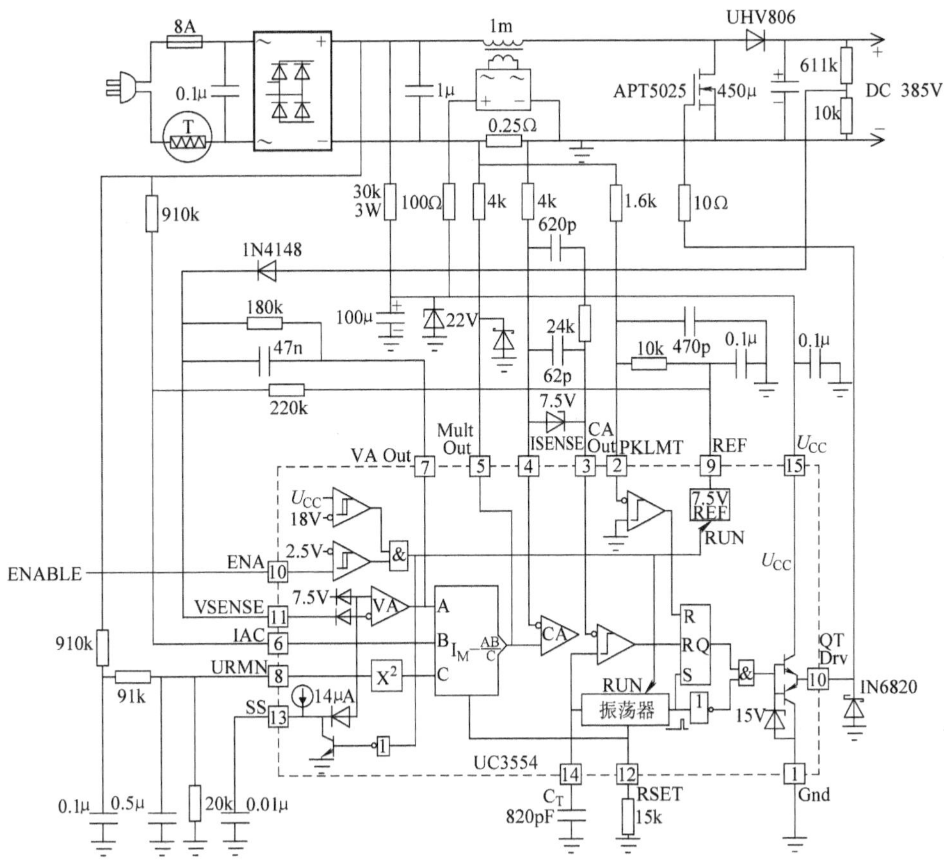

图 9-12　UC3854 内部结构及典型电路

压突然变高，PFC 级的输入电流应相应减小，以保持输入功率同输出功率的平衡。如没有前馈控制，这一调节过程将由调节速度较慢的电压控制器完成，并由于调节过程中暂时的功率不平衡导致输出电压的较大幅度波动，而通过前馈控制，这一调节过程可以在瞬时完成，减小了输出电压的波动。

主电路中的电流采用电阻检测电流，CA 及其外部电路构成 PI 型电流控制器，该控制器输出的控制量经锯齿波比较电路后形成 PWM 信号，由驱动电路输出，驱动主电路中的开关器件。

（2）UCC38050

UCC38050 是美国 TI 公司为中小功率应用设计生产的 PFC 专用控制集成电路，用于临界导电模式 PFC 电路的控制，它集成了 PFC 电路控制所需的电压控制、峰值电流跟踪控制、乘法器、驱动、保护和基准源等全部电路，使用很方便。该芯片的内部结构及构成的典型电路见图 9-13。

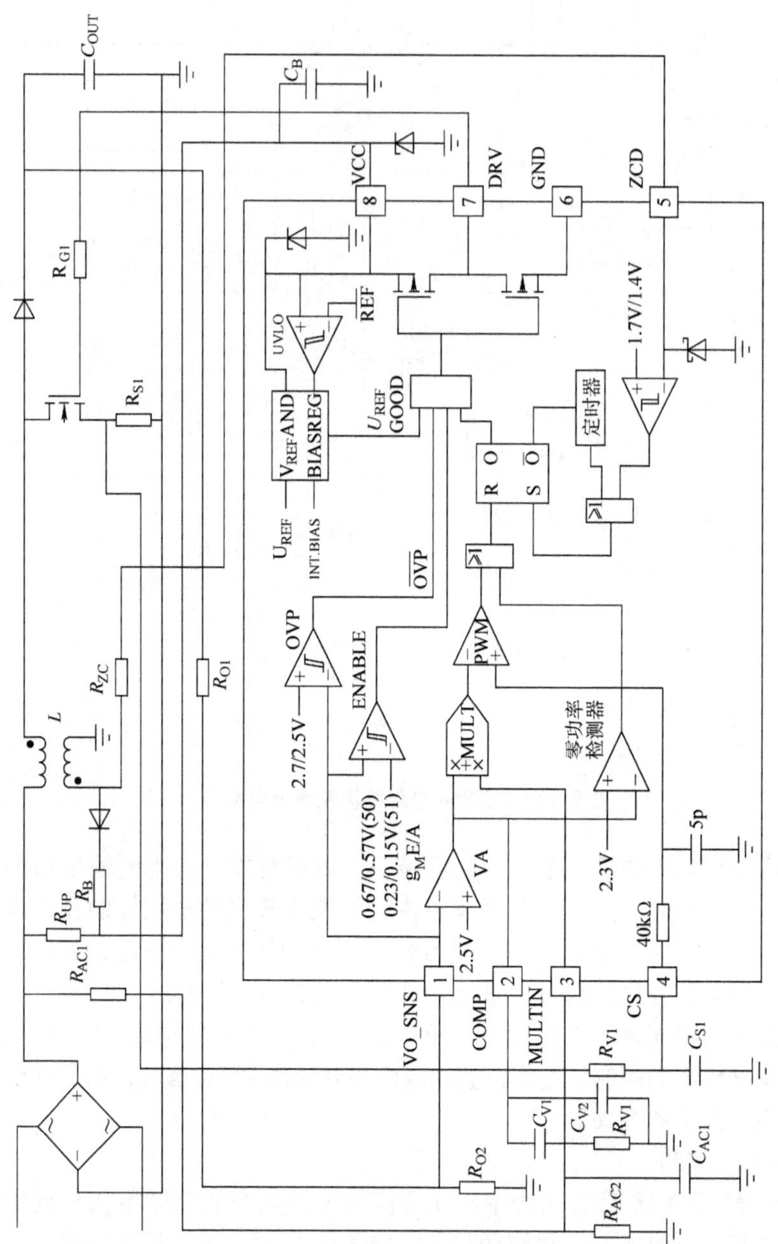

图 9-13 UCC38050 内部结构及典型电路

图中，VA 及其外部元件 C_{V1}、R_{V1} 构成电压调节器，调节器正弦绝对值参考信号来自主电路中整流桥输出端，乘法器将电压控制器的输出信号（VA Out）与正弦绝对值参考信号相乘，作为电感电流峰值给定。当通过采样电阻 R_{S1} 采样获得的电感电流达到给定幅值，RS 触发器翻转使开关关断，电感电流通过二极管向输出提供能量，电流逐渐下降。当电感电流下降至零，二极管关断，电感两端电压消失，电感二次侧绕组连接至 ZCD 引脚，使该引脚电压下降，RS 触发器翻转使开关再次开通。

9.4 三相功率因数校正电路

三相有源 PFC 电路的形式较多，下面简单介绍具有代表性的两种。

1. 单开关三相功率因数校正电路

三相单开关功率因数校正电路见图 9-14。

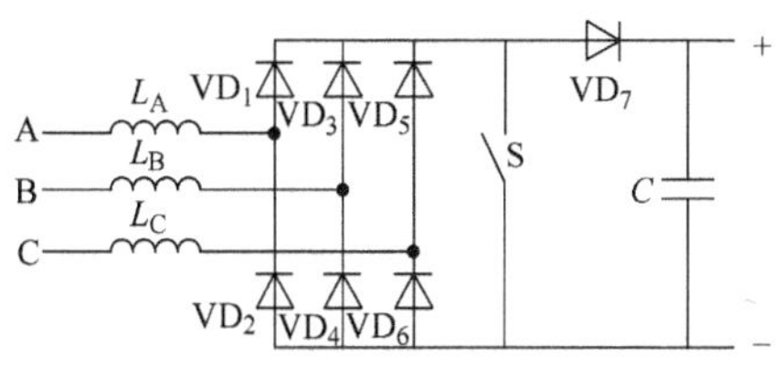

图 9-14　三相单开关 PFC 电路

为保证较好的功率因数改善效果，该电路工作在电流断续模式，连接三相输入的三个电感 $L_A \sim L_C$ 的电流在每个开关周期内都是不连续的，电路中的二极管都应采用快速恢复二极管，电路的输出电压应高于输入线间电压峰值方能正常工作。该电路工作时的原理性波形见图 9-15。

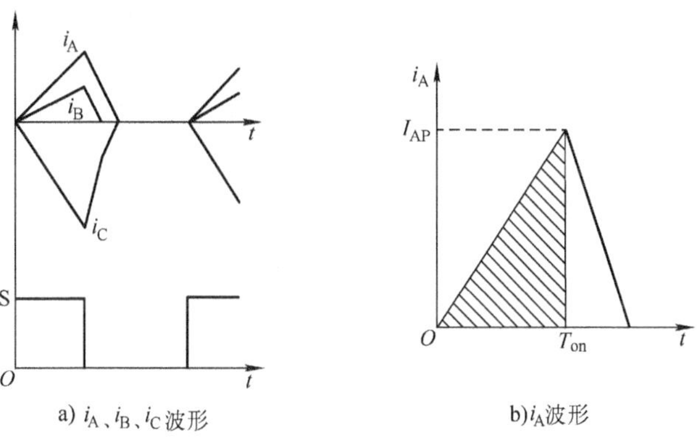

图 9-15　三相单开关 PFC 电路的工作原理

当 S 开通后，连接三相的电感电流值均从零开始线性上升（正向或负向），直到开关 S 关断，S 关断后，三相电感电流通过 VD_7 向负载侧流动，并迅速下降到零。

在每一个开关周期中，电感电流是三角形或接近三角形的电流脉冲，那么在输入电源周期内，线电流的波形是什么样的呢，以 i_A为例，见图 9-15b，当 S 导通期间，即 $t=0\sim T_{on}$，i_A线性上升，当 S 关断时达到峰值 I_{AP}。假设开关频率较高，在一个开关周期内，A 相输入电压 u_A变化很小，变化量可以忽略，则可得到 I_{AP}的表达式如下：

$$I_{AP}=\frac{u_A}{L_A}T_{on} \tag{9-22}$$

而图中阴影部分的面积为

$$S_A=\frac{1}{2}I_{AP}T_{on}=\frac{1}{2}\frac{u_A}{L_A}T_{on}^2 \tag{9-23}$$

假设 S 关断后，电流 i_A下降很快，则图 9-15b 中非阴影部分的面积很小，可以忽略。这样，在这一开关周期内电流 i_A的平均值近似为

$$\bar{i}_A=\frac{S_A}{T}=\frac{1}{2}\frac{u_A}{L_A}\frac{T_{on}^2}{T} \tag{9-24}$$

式中　L_A、T——常数。

如果在输入电源周期内 T_{on}保持不变，则开关周期平均值 $\bar{i}_A$ 的波形跟随输入电源电压 u_A的波形，因此 $\bar{i}_A$ 的波形是正弦波。

在分析中略去了图 9-15b 中非阴影部分的电流，因此实际的 $\bar{i}_A$ 的波形同正弦波相比有些畸变。可以想象，如果输出直流电压很高，则开关 S 关断后电流下降就很快，被略去的电流面积就很小，则 $\bar{i}_A$ 的波形同正弦波的近似程度高，其波形畸变小。因此对于三相 380V 输入的单开关 PFC 电路，其输出电压通常选择为 800V 以上，其输入功率因数可达 0.98 以上，输入电流谐波含量小于 20%，可以满足现行谐波标准的要求。

由于该电路工作于电流断续模式，电路中电流峰值高，开关器件的通态损耗和开关损耗都很大，因此适用于 3 ~ 6kW 的中小功率电源中。

2. 三相 6 开关 PFC 电路

通常又被称为三相 PWM 整流电路或单位功率因数变流电路。该电路的结构见图 9-16。

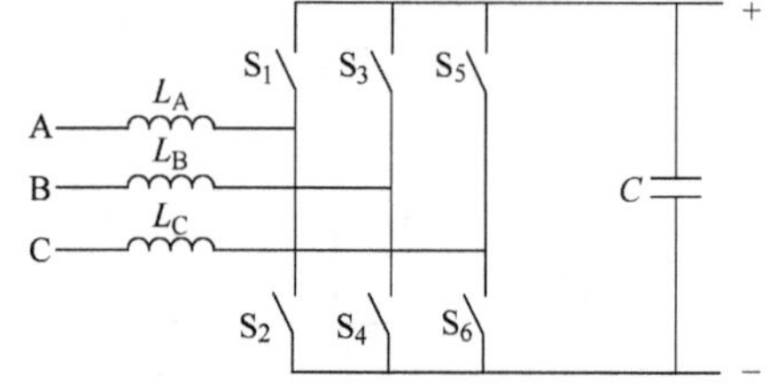

图 9-16　三相 6 开关 PFC 电路

在这一电路中，同相上下两开关的通、断互补，并留有死区。电感 L_A的电流可由开关 S_1、S_2的通断控制，因此通过适当调节 S_1、S_2的占空比，就可以使 A 相电流跟踪 A 相电压。同样，B、C 相的电流也跟踪 B、C 相电压，这样就实现了功率因数校正。

该电路仍属于升压型电路，所以输出电压应高于输入线电压峰值。采用这

一电路，输入电流谐波含量可以降低至5%以下，功率因数可高于0.995。可以满足未来最严格的谐波标准的要求。

这种电路性能优越，但所需开关数较多，且控制复杂，电路成本高，因此适用于容量为5～10kW以上的大功率电源，或对谐波及功率因数要求非常苛刻的电源中。

3. 三相维也纳（Vienna）整流电路

三相维也纳电路是瑞士苏黎世联邦理工学院（ETH）的Johann W. Kolar教授提出的一种三相功率因数校正电路。该电路本质上是一种T型3电平三相PWM整流电路。T型三电平电路的桥臂电路形式见图9-17a，用于整流电路应用时，功率流从交流到直流单向流动，因此可以把垂直方向连接正负母线的两个开关换成二极管，从而简化控制、降低电路成本，这时桥臂的电路形式见图9-17b。

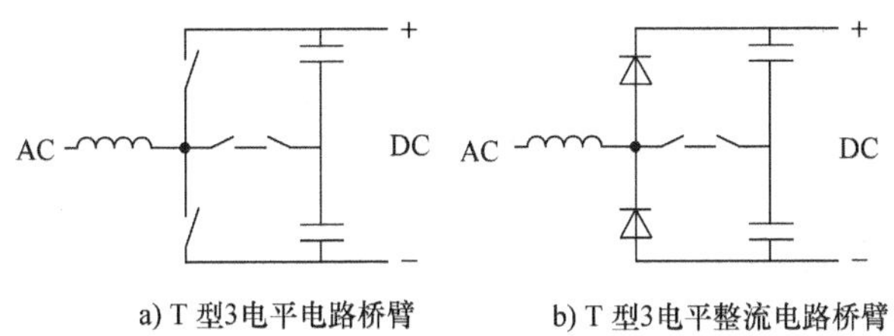

a) T型3电平电路桥臂　　b) T型3电平整流电路桥臂

图9-17　T型3电平电路的桥臂电路形式

实际的三相维也纳电路有多种不同形式，较为常用的是图9-18a，该电路即为3个T型3电平整流电路桥臂构成。

但该电路每相都需要一个双向开关器件，由两个常规的MOSFET或IGBT反向串联构成，三相电路总共需要6只开关器件，这对于成本比较敏感的应用来说数量偏多，因此Kolar教授进一步提出了减少自关断器件数量的维也纳电路，见图9-18b。该电路中采用二极管桥加自关断器件的方式构成双向开关，从而减少了自关断器件的数量，代价是增加了4个二极管，在成本上代价不大，但是电路的通态损耗有所增加。

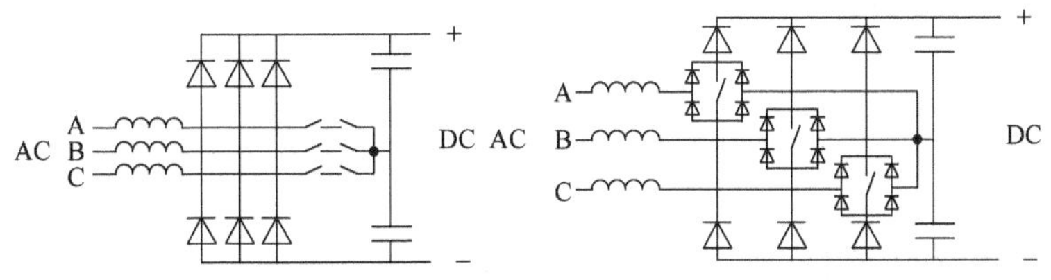

a) 采用正反串联双向开关的方案　　b) 采用二极管桥构成双向开关的方案

图9-18　三相维也纳整流电路

作为一种三电平电路，开关器件的承受的电压仅有母线电压的1/2，可以降低开关损耗。并且可以选择耐压较低的器件，还能在一定程度上降低通态损耗。

由于该电路比常规的3电平三相PWM整流电路的开关数大大减少，成本大幅降低；比常规的2电平三相PWM整流电路的开关损耗和通态损耗显著降低，因此在大功率通信电源、电动车充电电源等需要高功率因数三相整流的场合得到了非常广泛的应用。

9.5 软开关功率因数校正电路

PFC电路虽然解决了输入电流谐波和功率因数的问题，但降低了电源的总效率，这是人们所不希望的。PFC电路的损耗中很大一部分是开关器件的开关损耗，因此出现了采用软开关技术的PFC电路，这些电路成功地降低了开关损耗，提高了PFC电路的效率，有些已经得到广泛应用。下面就简单介绍其中应用最多的ZVT PWM软开关PFC电路和ZCT PWM软开关PFC电路[4-7]。

图9-19 ZVT PWM软开关单相PFC电路

（1）单相ZVT PWM软开关PFC电路　电路的结构见图9-19。

该电路中S_1、L_r、C_r等元器件构成辅助谐振网络，使主开关S工作在零电压开通的条件下，显著减小了开关损耗。采用该技术可以使单相PFC电路的效率由硬开关方式的95%提高到98%，效果是很明显的。关于ZVT PWM电路的原理详见第3章。

（2）三相单开关ZCT PWM软开关PFC电路　电路结构见图9-20。

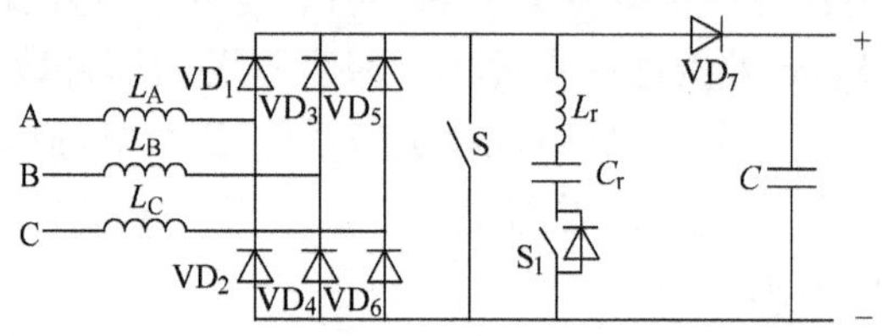

图9-20 三相单开关ZCT PWM软开关PFC电路

该电路中，S_1、L_r、C_r等元器件构成辅助谐振电路，使主开关S在工作在零电流关断的条件下。由于三相单开关PFC电路中主开关元器件关断电流峰值很高，承受的电压也很高，主开关常采用IGBT器件，因此关断损耗通常较大，采用零电流关断技术后，电路效率会明显提高，可达95%~97%以上。

9.6 单级功率因数校正技术

前面所述的基于升压电路的有源功率因数校正技术具有输入电流畸变率低、输出直流电压较低（AC 220V 输入时一般为输出 DC 380V 左右）等特点，若电路工作于电流连续模式，则开关器件的峰值电流较低。与常规的开关电源相比，采用上述结构的含有功率因数校正功能的电源由于增加了一级变换电路，主电路及控制电路结构较为复杂，使电源的成本和体积增加。因此，单级 PFC 技术应运而生。单级 PFC 变换器拓扑是将功率因数校正电路中的开关元器件与后级 DC - DC 变换器中的开关元器件合并和复用，将两部分电路合而为一。因此单级变换器具有以下优点：①开关器件数减少，主电路体积及成本可以降低；②控制电路通常只有一个输出电压控制闭环，简化了控制电路；③有些单级变换器拓扑中部分输入能量可以直接传递到输出侧，不经过两级变换，所以效率可能高于两级变换器。由于上述特点，单级 PFC 变换器在小功率电源中的优势较为明显，因此成为研究的热点之一，产生了多种电路拓扑。

9.6.1 单相单级功率因数校正变换器

与两级变换器方案类似，单级 PFC 变换器拓扑根据输入电源的情况也分为单相变换器及三相变换器。对于单级 PFC 校正装置，主要性能指标包括：效率、元器件数量、元器件的电压电流应力、输入电流畸变率等，这些指标在很大程度上取决于电路的拓扑形式。

单级 PFC 变换器电路拓扑根据不同的标准可以有不同的分类方法：①按开关数量可以分为单开关单级 PFC 变换器和多开关单级 PFC 变换器；②按电路形式可以分为 PFC 部分为升压型、降压型或升降压型电路，DC - DC 变换为正激、反激等形式的变换器；③按两部分的工作方式可以分为 DCM + CCM、DCM + DCM 和 CCM + CCM 三种。

由于升压型电路的峰值电流较小，目前应用的主要方案为单开关升压型 PFC 电路，DC - DC 部分为单管正激或反激电路，只有一个输出电压控制闭环。两种基本的单开关升压型单级 PFC 变换电路见图 9-21。其基本工作原理为：开关在一个开关周期中按照一定的占空比导通，开关导通时，输入电源通过开关给升压电路中的电感 L_1 储能，同时中间直流电容 C_1 通过开关给反激变压器储能，在开关关断期间，输入电源与 L_1 一起给 C_1 充电，反激变压器同时向二次侧电路释放能量。开关的占空比由输出电压调节器决定。在输入电压及负载一定的情况下，中间直流侧电容电压在工作过程基本保持不变，开关的占空比也基本保持不变。输入功率中的 100Hz 波动由中间直流电容进行平滑滤波。

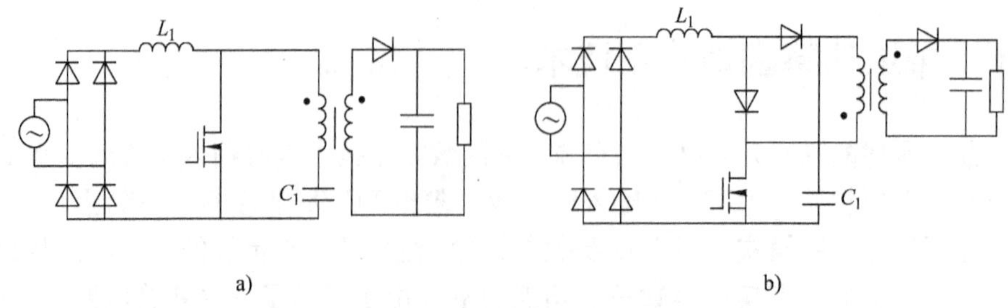

图 9-21　典型的升压型单级 PFC AC－DC 变换器

由于只有一个输出电压控制环，中间直流电容电压及输入电流不直接受控制，所以变换器的工作方式必须保证输入电流波形自动跟随电源电压波形以获得较高的功率因数，而且直流侧电压保持在合理的范围内。PFC 及 DC－DC 部分在不同工作方式下，变换器的工作特点如下[8]：

1. DCM＋CCM 方式

如果 DC－DC 部分工作在 CCM 方式，占空比将不随负载变化。当负载变轻时，输出功率减小，但是由于 DC－DC 部分工作在 CCM 方式，因此占空比不会立刻变化，这样输入功率仍然保持重载时的情况，这样在输入和输出之间就存在功率不平衡问题。不平衡的这部分功率必须储存在电容上，从而造成了直流母线上电压的升高，占空比随之减小。也就是说，输入功率也随之减小。这个动态的过程一直到输入功率等于输出功率才会停止，这样达到了新的功率平衡。工作于这种方式下，轻载时通用输入电源（85～240V）的直流侧电压会高达到1000V。可以采用变频控制来降低直流电压，当负载变小时可以增大开关频率来达到变频控制的效果。但为了降低直流电压必须有很宽的开关频率变化范围，造成电感和滤波器等电路元件设计十分困难。

2. DCM＋DCM 方式

如果两部分都工作在 DCM 方式，根据 DC－DC 变换器的输出电压特性，当负载变小时，占空比必须减小。随着占空比的减小，输入功率也会相应地减小。因此，不存在输入功率和输出功率的不平衡问题。从上面分析可以得到两部分都工作在 DCM 方式时，负载变小不会使直流电压过高。但是两部分均工作于 DCM 方式使开关峰值电流增大，存在较高的导通损耗，会降低系统的效率，而且增加了滤波器的体积。

3. CCM＋CCM 方式

如果两部分都工作在 CCM 方式，由变换器的特性可知输入功率和输出功率会自动达到平衡状态。当负载变小时，占空比基本保持不变。输入功率的大小会随着负载的大小变化。轻载时不会造成很高的直流电压。但是如果没有输入电流控制闭环，输入电流波形很难跟随电源电压成为正弦。

单级 PFC 变换器现阶段存在的问题有：开关管上电压应力过大，电容上的电压过高，输入电流畸变较大（通常 THD 在 30% ~70%），而且开关峰值电流较大，整个装置的效率比较低等。如上所述，为保证直流侧电压不随负载变化而波动，图 9-21 所示的两种基本升压型单级 PFC 变换器中的 PFC 及 DC - DC 变换部分一般均工作于 DCM 方式，直流侧的工作电压若不采取特殊措施通常会超过 400V（输入为 220V 时）。为降低对电容耐压要求及开关管的电压应力，可采用的方案主要有：直流侧电压反馈方案及输入电感耦合方案。

（1）直流侧电压反馈方案　直流侧电压反馈方案是当开关闭合时，在输入回路串联与直流侧电压成比例的电压源以减小输入电感上的电压，从而减小电感从输入端吸收的能量，来达到降低直流电压的目的。

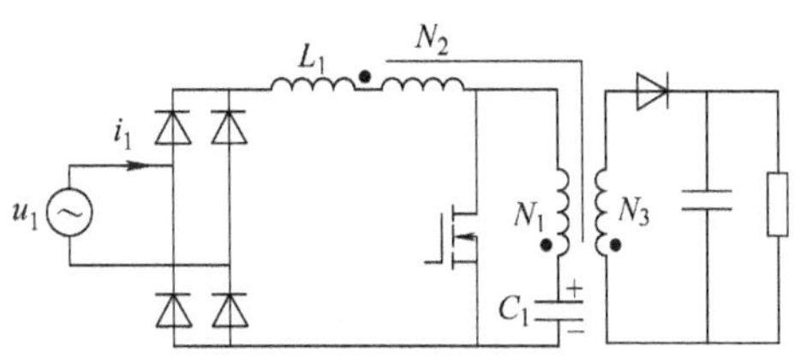

图 9-22　含有直流电压反馈的单开关单级 AC - DC 变换器

图 9-22 是一个采用直流电压反馈的单级单开关 AC - DC 变换器[8]。这个变换器在图 9-21a 所示电路中增加了一个反馈绕组 N_2。当开关导通时，绕组 N_1 的电压为电容 C_1 两端电压，因此反馈绕组 N_2 将产生极性与输入相反的电压反馈。由于电感上的充电电压等于输入电压减去反馈电压，因此，输入电感吸收的能量也将会减少。由此可见，轻载时这个反馈有助于减小直流侧的电压应力。另一个优点是，反馈绕组可以减小开关的电流应力，而且把一部分输入功率不通过中间储能电容而直接提供给负载。所以，这种 PFC 变换器可以达到比较高的效率。图 9-23 为该电路的工作波形。

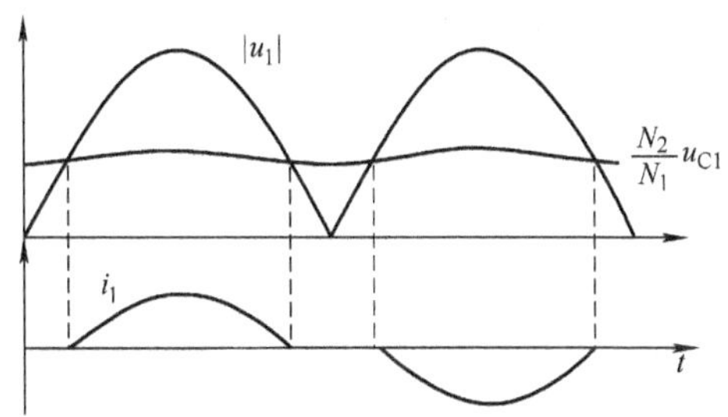

图 9-23　含有直流电压反馈的单开关单级 AC - DC 变换器工作波形

从图 9-23 可以看出，在线电压在过零点附近没有输入电流，这是因为反馈电压高于输入电压，所以电流畸变率有所增加，反馈电压越高，畸变率越高。如果 $N_2 = N_1$，这个电路将没有功率因数校正功能。这个变换器将变成一个普通的 AC - DC 变换器。而且，主开关只流过 DC - DC 变换器的电流，因此有最小的电流应力。如果 $N_2 = 0$，这个变换器将演变为图 9-21a 的变换器，可以达到较低的输入电流畸变率和较高的功率因数，但在轻载时将承受很高的电压应力。所以，这种方案是考虑了输入电流畸变率、直流侧电压应力、开关的电流应力等问题后的折中方案。

此外，还有多种形式的直流电压反馈方案，电路拓扑见图 9-24。

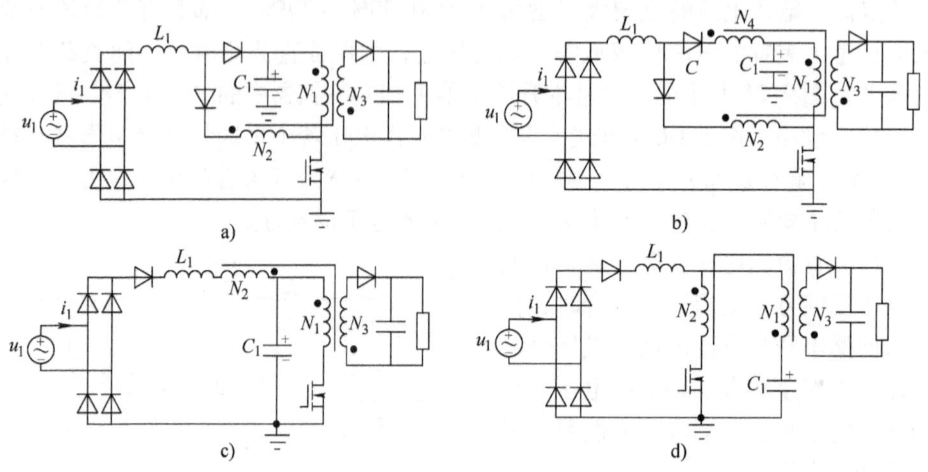

图 9-24　几种采用直流侧电压反馈的单级 PFC 拓扑

（2）输入电感耦合方案　采用输入电感耦合方案的典型电路为图 9-25 所示的双反激变换器[9]。变换器包含两个反激电路：第一个 PFC 反激电路包含变压器 T_1、二极管 VD_1、输出滤波电容 C_o和功率 MOSFET 开关管 S；第二个 DC－DC 变换器反激电路由变压器 T_2、中间直流侧电容 C_1、二极管 D_2、输出滤波电容 C_o和功率 MOSFET 开关 S 组成。

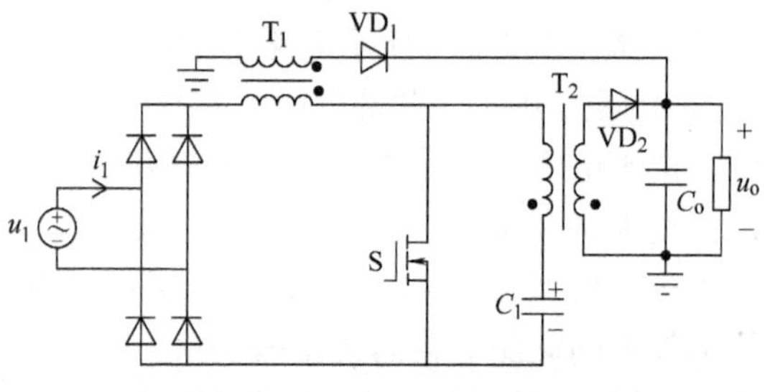

图 9-25　双反激 PFC 变换器

PFC 环节的第一个反激变变换器工作在 DCM 方式可以获得比较高的功率因数。DC－DC 变换器可工作在 CCM 方式，不但减小了电流应力而且达到了较好的电压调节效果。对于通用电压输入的应用场合，这个电路拓扑可以把中间级的母线电压限制在 DC 400V，而且可以达到较高的功率因数和效率。

第二个反激电路的工作情况和普通的 DC－DC 反激电路相似。PFC 反激电路中的变压器 T_1有两个放电回路。当输入电压较低时，在开关管关断期间，T_1上的能量将通过二极管 VD_1 向负载释放，这种方式类似于典型的反激变换器，称为 flyback 方式。当输入电压比较高时，在开关管关断期间 VD_1不导通，这时 T_1就像一个升压电感，通过 T_2的一次绕组把它上面的磁能释放给中间电容，这种工作方式称为升压方式。

通过给 PFC 电感增加一个放电回路，使该电路有以下优点：

1）限制了中间直流侧的最高电压。只有当输入电压较高，T_2工作在升压方式时，输入电压才给中间电容充电。中间电容的电压越高，充电功率越小。所以中间直流侧最高电压被限制在 $U_{1m}+n_1U_o-n_2U_o$（n_1和 n_2分别为变压器 T_1、T_2的电压比）。合适的选择变压器的电压比 n_1和 n_2，可以使中间直流侧的最大电压稍微高于输入电压的峰值，从而达到较低的电压应力和较高的功率因数。对于通用输入的场合，中间直流侧的最大电压可以控制在 400V 左右，在电路中可以采用一个 450V 的电容。因为直流侧最大电压得到限制，所以 DC - DC 变换器单元工作在 CCM 方式时电流应力较小，而且对于单级 PFC 变换器轻载时不存在电压应力过高的问题。

2）部分负载功率可直接传递至输出。在 flyback 方式，所有的输入功率直接通过 T_1传给负载。在升压方式，一部分输入功率直接通过 T_2传给负载，一部分输入功率先储存在中间电容里，然后再通过 DC - DC 单元释放给负载。所以通过开关传输的总的功率比一般的单级 PFC 变换器少。这样可以减小功率器件的电流应力，而且可以提高整个装置的效率。

9.6.2 三相单级功率因数校正变换器

实现三相单级 PFC 变换器的一种方法是采用三组单级 PFC 变换器[10]。这类电路的特点是：每个变换器均采用单相单级 PFC 变换器的方案，可实现模块化。但是这种方法也有不少缺点：整个主电路和控制电路都比较复杂（半导体功率器件和滤波元件数量多、每个变换器都得有单独的控制电路），也就意味着实现难度比较高。

研究三相单级 PFC 电路的另一思路与单级 PFC 电路相似，即设法将三相两级变换器中的 PFC 电路与 DC - DC 电路中的开关元器件合并。在两级变换器中的 PFC 电路的主要形式有：单开关升压型电路、六开关升压型电路、六开关降压型电路及六开关升降压型电路等。与之相对应，目前主要的三相单级 PFC 电路可划分为以下三类：升压型、降压型、升降压型。

1. 升压型变换器

升压型电路通常是将单开关 PFC 电路中的开关管由 DC - DC 部分的开关来替代，实现 PFC 原理基本相同。其结构通常由三相输入电感、二极管整流桥、直流滤波电容及 DC - DC 变换器构成。这种类型电路的开关数目一般为 4 ~ 6，开关较少是其优点，但它也存在以下不足：

1）输入电流处于 DCM 状态，电流峰值较大，EMI 较严重。

2）直流侧电压较高。为获得较低的输入电流畸变率，直流侧电压通常要达到输入相电压峰值的 2.5 ~ 3 倍以上。

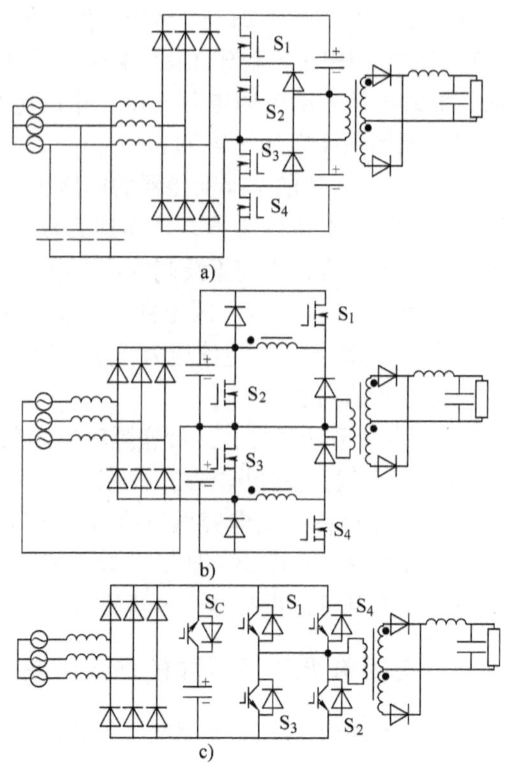

图 9-26 常用的升压型单级 PFC 变换器结构

图 9-26 为几种典型的升压型单级 PFC 变换器结构。

图 9-26a[14]是采用三电平逆变电路结构，该结构降低了开关所承受的电压，当 S_1 与 S_2 或 S_3 与 S_4 导通时输入电感储能，使输入电流峰值正比与电源电压。图 9-26b[16]采用了两个双管正激电路，当 S_2 或 S_3 导通时分别实现电源正、负半周电流波形的校正。图 9-26c[15]采用 DC－DC 变换电路中桥臂直通实现单开关 PFC 电路中开关管的作用。通过 S_C 与 S_1 ~ S_4 的配合控制可实现所有开关及二极管的均为零电压开通。以上电路均可采用分时复用结构以改善输入电流的纹波。

2. 降压型单级 PFC 变换器

降压型单级 PFC 变换器输入整流桥通常由全控型开关器件组成，因此电路所用开关器件较多，通常大于 6。输入电流一般也是断续的，因此通常在电源侧还需设置 *LC* 滤波器，也可分时复用结构可改善输入电流的纹波。但其直流侧电压较低，而且可以限制启动电流和直流短路电流。图 9-27a 是提出较早的基于矩阵式变换器的降压型变换器[11]，其构成整流桥的开关均为双向开关，见图 9-27b。

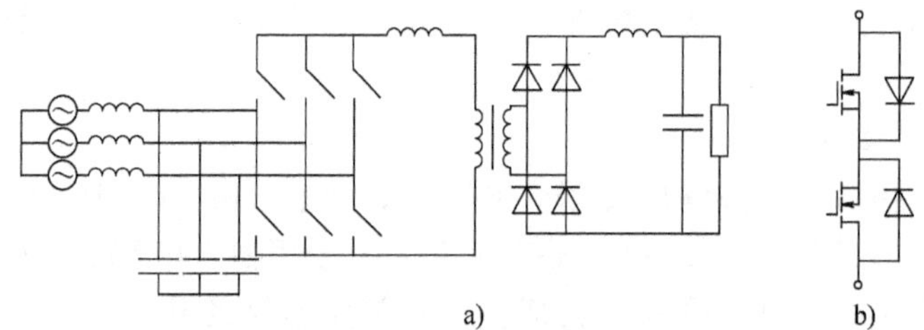

图 9-27 降压型单级 PFC 变换器结构

3. 升降压型单级 PFC 变换器

升降压型单级 PFC 变换器输入整流桥通常也由全控型开关器件组成，因此电路所用开关器件较多，通常大于等于6。根据电路原型的不同，输入电流连续情况也不一样。电路原型为升降压电路的，输入电流一般是断续的，通常在电源侧还需设置 *LC* 滤波器。电路原型为 Cuk 电路的，输入电流可为连续。与降压型变换器类似，其直流侧电压可以较低，而且可以限制启动电流和直流短路电流。图 9-28 是两种常用的升降压型单级 PFC 变换器结构。[12,13]

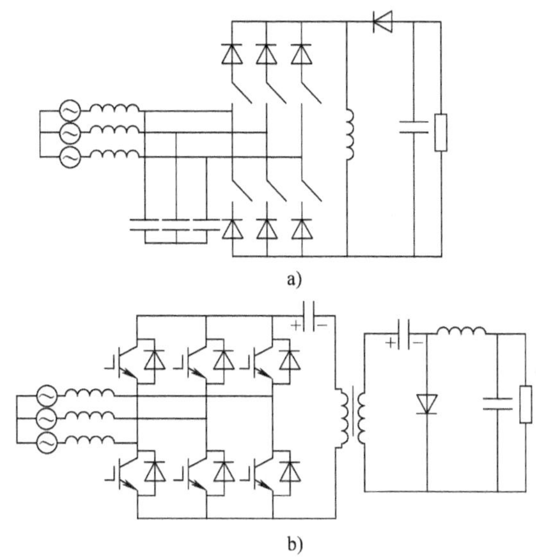

图 9-28　两种常用的升降压型单级 PFC 变换器结构

图 9-28a 电路的原型为升降压电路，所以输入电流是断续的，若需要隔离型变换器可以将电路中直流侧电感更换为反激电源变压器。图 9-28b 的原型为 Cuk 电路，输入电流连续，开关数量居中，是一种较好的电路方案。

由以上分析，我们可以得到单级 PFC 电路的特点：

1）单级 PFC 电路减少了主电路的开关器件数量，使主电路体积及成本降低。同时控制电路通常只有一个输出电压控制闭环，简化了控制电路。

2）单级 PFC 变换器减少了元器件的数量，但是，单级 PFC 变换器元器件的额定值都比较高，所以单级 PFC 变换器仅在小功率时整个装置的成本和体积才具有优势，对于大功率场合，两级 PFC 变换器比较适合。

3）单级 PFC 变换器的输入电流畸变率明显高于两级变换器，特别是仅采用输出电压控制闭环的升压型变换器。

9.7　小结

本章首先阐述了电流含有谐波情况下的功率因数定义，然后分析了产生开关电源输入电流谐波和功率因数问题的原因；综述了开关电源的常用功率因数校正方法并专门介绍了单相升压型功率因数校正电路、三相功率因数校正电路；对于常用功率因数校正电路的软开关技术和用于小功率电源的单级功率因数校正电路也进行了详细介绍。

参 考 文 献

[1] 王兆安，杨君，刘进军．谐波抑制与无功补偿［M］．北京：机械工业出版社，1998.

[2] CHEN BAOJING，A Zero – Voltage – Transition PFC Circuit Based on IC UC3855［C］. proceddings of IPEC' 98，1988.

[3] 刘健，杨旭，王兆安，严百平．单位功率因数单相开关变换器的输出电压纹波［J］．电力电子技术，1999，33（4）：1 – 4.

[4] JEONG C Y，CHO J G. Single Stage Power Factor Correction Using a New Zero – Voltage – Transition Isolated Full Bridge PWM Boost Converter［C］. proceddings of IPEC' 98，1998.

[5] MUKUL RASTOGI，NED MOHAN. Three – Phase Sinusoidal Current Rectifier with Zero – Current Switching［J］. IEEE Transaction on Power electronics，1995，10（6）：718 – 724.

[6] 谢勇．软开关高功率因数整流器［J］．电力电子技术，1998（2）：13 – 18.

[7] 姚为正，杨旭，王兆安．零电压转换单相 PFC 整流电路的实验研究［J］．电力电子技术，1998（1）.

[8] QIAN JINRONG，ZHAO QUN，LEE F C. Single – stage single – switch power – factor – correction AC/DC converters with DC – bus voltage feedback for universal line applications［J］. IEEE Trans. on Power Electronics，1998，13（6）.

[9] QIU WEIHONG，WU WENKAI，LUO SHIGUO，et al. A bi – flyback PFC converter with low intermediate bus voltage and tight output voltage regulation for universal input applications［C］. Proceedings of APEC 2002，2002.

[10] AYYANAR R，MOHAN NED，SUN JIAN. Single – Stage Three – phase Power – Factor – Correction Circuit Using Three Isolated Single – Phase SEPIC Converters operating in CCM［C］. Proceedings of PESC 2000，2000.

[11] VLATKO VLATKOVIC，DUSAN BOROJEVIC，FRED C LEE. A Zero – Voltage Switched，Three – Phase Isolated PWM Buck Rectifier［J］. IEEE Trans. On Power Electronics，1995，10（2）.

[12] V FERNÃO PIRES，J FERNANDO SILVA. Three – Phase Single – Stage Step – Up/Down Current Rectifiers With Sliding Mode PWM Current Controller and Low Sensitivity Voltage Regulator［C］. Proceedings of IAS 2001，2001.

[13] CHING – TSAI PAN，JENN – JONG SHIEH. A Single – Stage Three – Phase Boost – Buck AC/DC Converter Based on Generalized Zero – Space Vectors［J］. IEEE Trans on Power Electronics 1999，14（5）.

[14] PETER M BARBOSA，FRANCISICO CANALES，JOSE M. BURDIO，et al. A three – Level I-

solated Power Factor Correction Circuit with Zero Voltage Switching [C]. Proceedings of PESC 2000, 2000.

[15] YURI V PANOV, FRED C LEE, JUNG G CHO. A new Three - Phase AC - DC Zero - Voltage - Switching Isolated Converter Operating in DCM [C]. Proceedings of IAS 1995, 1995.

[16] FRANCISCO CANALES, PETER BARBOSA, CARLOS AGUILAR, et al. A Quasi - Integrated AC/DC Three - Phase Dual - Bridge Converter [C]. Proceedings of PESC 2001, 2001.

第 10 章　开关电源的电磁兼容问题

10.1　电磁兼容的基本概念

根据国家标准 GB/T 4365—2003《电工术语　电磁兼容》中给出的定义，电磁兼容性（EMC）指设备或系统在其电磁环境中能正常工作且不对该环境中任何事物构成不能承受的电磁骚扰的能力。

解读这一定义，可以发现一个设备的电磁兼容性包括两个方面，一是能够在电磁环境中正常工作，因此自身需要具备足够的抵抗环境中电磁骚扰的能力，这被称为该设备的敏感度（Susceptibility）；另一方面是该设备产生的电磁骚扰不能太强，以免对同一环境中其他设备造成干扰，这被称为该设备的电磁发射（Emission）。综合以上两个方面，一个具有良好的电磁兼容性的设备应该有足够低的电磁敏感度和足够低的发射强度。

因此，电磁兼容的标准体系中，有些标准规定了在一定的测试条件之下，各种电气、电子设备所应该能够承受电磁骚扰的强度，从而限定了它们的电磁敏感度，另一些标准还规定了各种电气、电子设备允许发射的电磁骚扰信号的强度。

在这里需要提到的两个词汇是“电磁骚扰”和“电磁干扰”，从标准中可以知道，电磁骚扰指的是“可能引起装置、设备或系统性能降低或者对有生命或无生命物质产生损害作用的电磁现象”，而电磁干扰是指“电磁骚扰引起的设备、传输通道或系统性能的下降”。因此，电磁骚扰指的是引起干扰的电磁信号本身，而电磁干扰指的是结果。

形成电磁干扰需要 3 个要素，缺一不可，见图 10-1。

电磁兼容设计也就是从这 3 个方面入手，或者是降低骚扰源的强度，或者是降低被干扰对象的敏感度，还可以阻断传播途径来消除干扰现象。

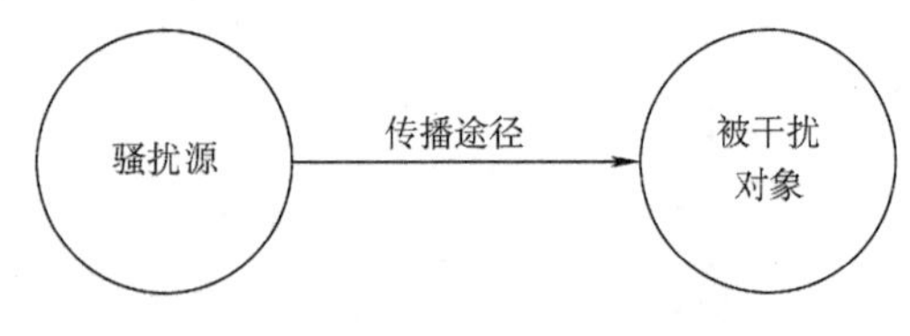

图 10-1　形成电磁干扰的 3 个要素

电气、电子装置的电磁兼容设计主要在提高抗干扰能力（降低电磁敏感度）和减少电磁发射两方面的内容，但程度是不同的，有些设备产生的干扰较强，但不太容易因外来干扰而影响正常工作，有些却几乎不产生干扰，但特别容易受到干扰而出现异常。开关电源这种设备总的来说属于前者，因此开关电源的 EMC 设计中，最为重要的工作是采取多种手段和措施降低其发射强度，使其满足相关标准的限值要求。

从另一个方面来说，在较强的外界干扰条件下，开关电源的控制、保护和驱动电路也有可能出现偏离正常工作点、误动作甚至出现异常损坏的可能，因此抗干扰性能也是在设计中需要考虑的问题。

本章将首先介绍开关电源的 EMI 模型，并以此为基础给出 EMI 滤波器的设计方法，最后用少量篇幅介绍抗干扰设计。

10.2 开关电路的 EMI 模型

开关电路在工作的过程中，电路中的电压和电流快速变化，引起两方面的结果，一是部分变化的电流传导到电源输入端和负载端，对连接在电网上的其他设备或者负载形成干扰，这称为传导干扰；另一方面是在空间产生交变电磁场，通过空间耦合和传播对于临近的设备构成干扰，这称为辐射干扰。

传导干扰的抑制主要从电路方面下手来解决，比如增加 EMI 滤波器，而辐射干扰则更多的是通过屏蔽的方法来抑制。由于两者传播的机理不同、抑制的方法也不同，因此通常都分开来讨论。

本节主要介绍传导 EMI 模型，在最后会定性介绍辐射干扰的产生和传播途径，并简单介绍抑制的方法。

在 EMI 标准中，采用特定的电路来测量一个被测设备（Device Under Test-DUT）产生的传导干扰，其电路见图 10-2[1]。

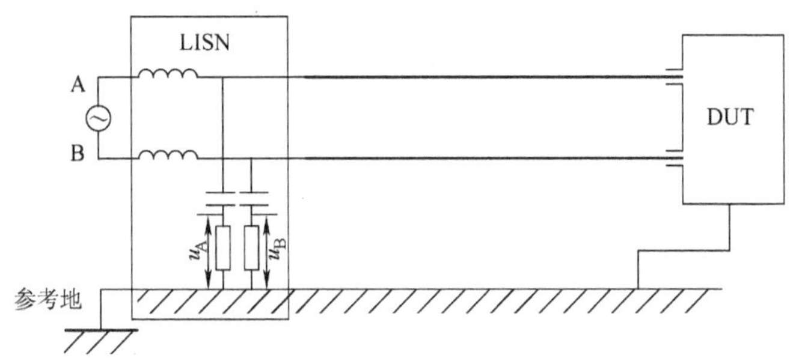

图 10-2　传导 EMI 的测试电路

特别需要指出的是，图 10-2 中画出了参考地，这在分析传导 EMI 的过程中是非常重要的。

图中左侧由电感、电容和 50Ω 电阻构成的电路称为人工电源网络（Line Impedance Stabilization Network，LISN），采用 LISN 的目的是确定测试时被测设备

(DUT) 的输入电源侧的阻抗。实际的电网阻抗是千差万别的，不可能针对每一种情况都进行测试，因此选择这一特定的网络阻抗作为标准，在这一标准的电网阻抗条件下进行测试。

而标准规定了每一根输入导体上的传导干扰电流流经 LISN，在 50Ω 电阻上产生的最高电压限制值，该限值以 150kHz ~ 30MHz 频段的频谱形式给出，一个典型的传导 EMI 标准的限值见表 10-1[2]。图 10-3 中给出了 2 条限值曲线，上面的一条是接收机采用准峰值检波电路时的限值，下面一条是采用平均值检波电路时的限值。一般来说，符合标准的电磁兼容接收机同时具备这两种检波电路，可以通过设置在两种检波方式间切换。

表 10-1　GB9254—2016 标准中 B 级设备传导干扰限值

频率范围/MHz	准峰值极限/dBμV	
	准峰值	平均值
0.15 ~ 0.50	66 ~ 56	56 ~ 46
0.50 ~ 5	56	46
5 ~ 30	60	50

注：在 0.15 ~ 0.50MHz 频率范围内，极限值随频率的对数线性减少。

虽然标准规定的是 u_A 和 u_B 的限值，但通过对传导干扰产生机理的分析发现，u_A 和 u_B 并不是完全无关的两个量，二者之间的差值 $(u_A - u_B)$ 与干扰源的某些特征有关，而二者的平均值 $(u_A + u_B)/2$ 与干扰源的另一些特征有关，因此将 $u_A - u_B$ 称为差模成分，而将 $(u_A + u_B)/2$ 称为共模成分。差模成分和共模成分产生的机理有所不同，抑制的措施也有所不同，具有相对的独立性，因此传导 EMI 的建模以及抑制电路的设计都是针对差模和共模成分分别进行的。

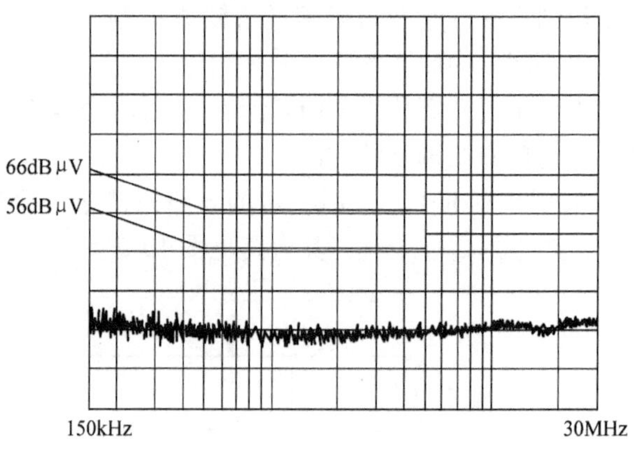

图 10-3　传导 EMI 标准的限值

传导 EMI 标准中限定的干扰信号频率范围是 150kHz ~ 30MHz，而在这个频段内，电路产生的电磁波的波长最短也达到 10m，远远大于通常开关电路的尺寸，因此电路中的各个导体仍然可以看成是等势体，下面的建模过程都是以这个假设为基础的。

以图 10-4a 中的 Buck 电路为例，画出电源侧和负载侧电路后见图 10-4b。

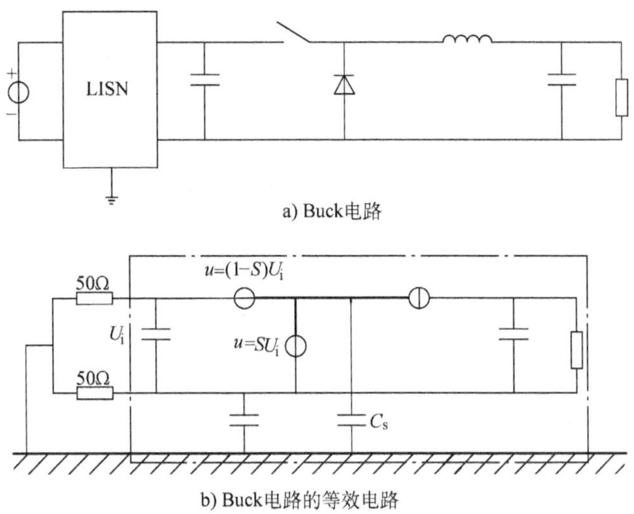

图 10-4　Buck 电路的等效电路

图中 C_s 是电路中各个导体与参考地之间的分布电容，电容值很小，通常仅有 1 ~ 100pF，但却是传导 EMI 模型的重要参数，不能忽略。

在建立传导 EMI 的模型过程中，需要在以下几个假设条件之下对电路进行简化：

1）电路中的各个导体是等势体。

传导 EMI 标准中限定的干扰信号频率范围是 150kHz ~ 30MHz，而在这个频段内，电路产生的电磁波的波长最短也达到 10m，远远大于通常开关电路的尺寸，因此电路中的各个导体仍然可以看成是等势体，下面的建模过程都是以这个假设为基础的。

2）电路中的较大的电容可以视为短路。传导 EMI 标准中限定的干扰信号频率范围是 150kHz ~ 30MHz。例如，当频率为 150kHz 时，1μF 的电容阻抗仅有约 1Ω，远远小于电路中其他元件的阻抗，甚至小于很多寄生参数的阻抗，因此大于 1μF 的电容均视为短路。当然实际的电容元件存在等效寄生电阻和等效寄生电感，因此不能完全视为短路，但其等效电路中电容部分的阻抗仍可忽略。

3）较大的电感元件可以视为开路。同样的道理，在传导 EMI 标准中限定的频段中，电感元件呈现较大的阻抗，当频率为 150kHz 时，1mH 的电感其阻抗约为 1kΩ，远远大于其他元件的阻抗，因此可以视为开路。当然实际的电感元件存在等效并联电容，不能视为开路，但等效电路中的电感部分仍然可以近似按开路处理。

在这样的假设下，将电路中的开关和二极管用电压源来等效，其电压与被替换的开关或二极管的电压相等。

标准规定的 EMI 测试频段不包含直流，替换以后，利用电子电路分析中常用的交流等效的方法，画出开关电路的交流等效电路，见图 10-5。

建立差模传导干扰模型时，忽略流过 C_S 的电流，则电路见图 10-6。

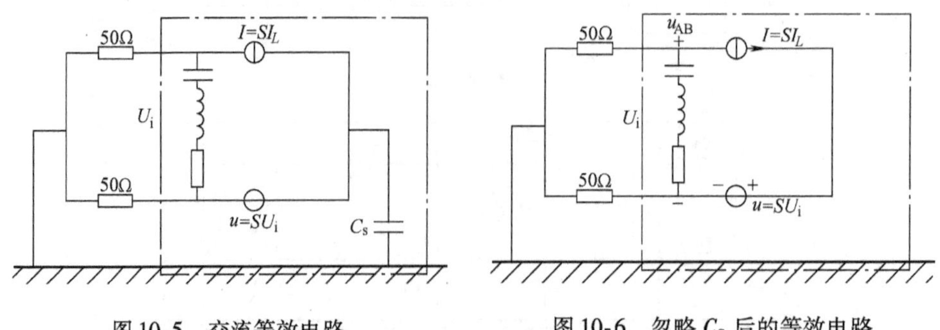

图 10-5　交流等效电路　　　图 10-6　忽略 C_S 后的等效电路

其中电流源与电压源串联，该支路电流由电流源决定，电压源可以去掉，则等效电路见图 10-7。

这时电路与参考地间已不构成回路，因此接地的导线可以去掉，最后得到的差模等效电路见图 10-8。

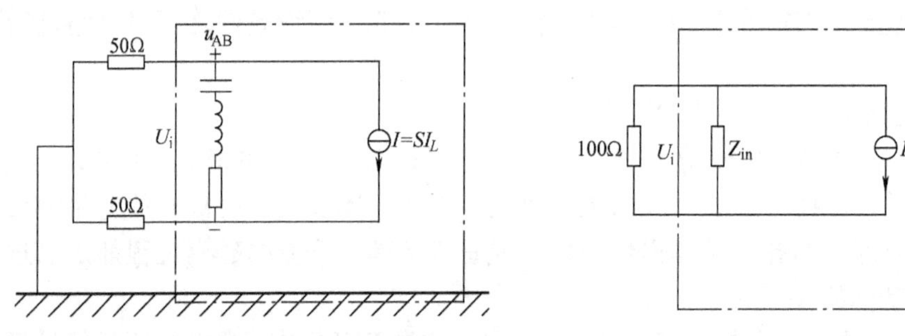

图 10-7　略去电压源后的等效电路　　　图 10-8　差模传导干扰等效电路

这就是开关电路的差模等效电路。框中的电路与电路理论中的 1 端口网络的诺顿等效电路相同，根据电路理论，该电路还可以转化为戴维南等效电路，见图 10-9。

重新回到图 10-5，建立共模等效电路时，近似认为输入滤波电容阻抗为 0，则见图 10-10。

这时电流源和电压源是并联的，二者并联后的电压由电压源决定，电流源可以去掉，此时电路见图 10-11。

此时 LISN 中的 2 个电阻也是相并联的，简化后的等效电路见图 10-12。

最后画成戴维南等效电路的形式见图 10-13。

这就是共模干扰的等效电路。

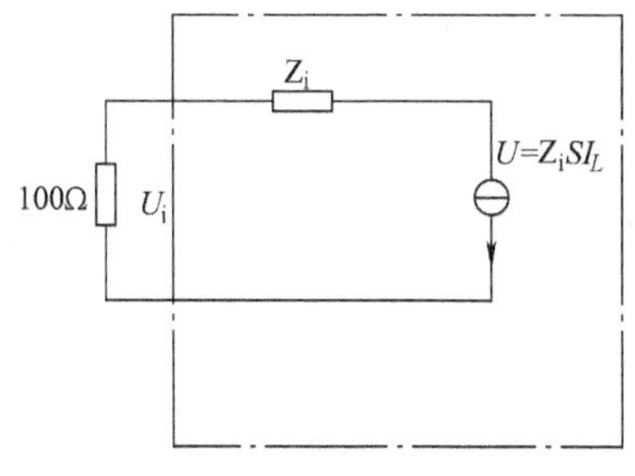

图 10-9 差模传导干扰的戴维南等效电路

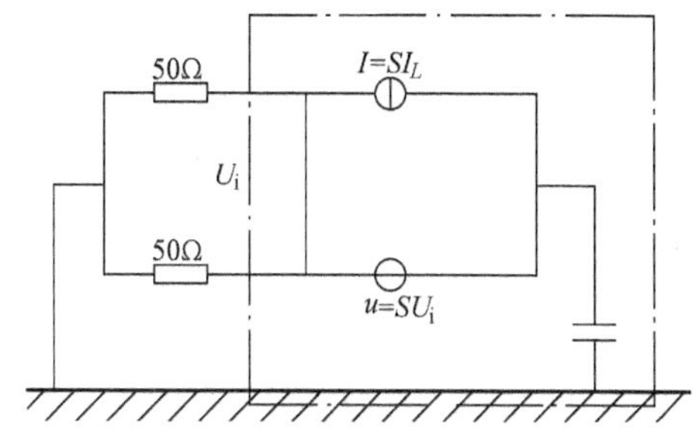

图 10-10 共模传导干扰等效电路

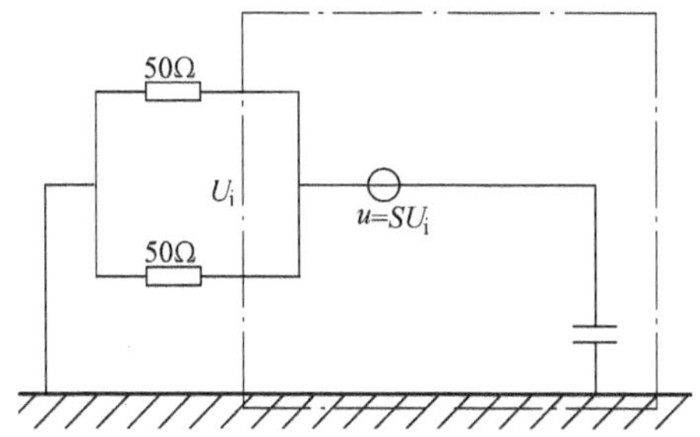

图 10-11 简化的共模传导干扰等效电路

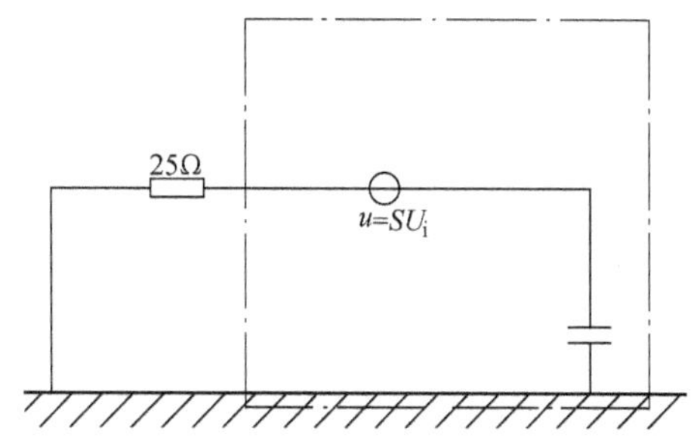

图 10-12 进一步简化的等效电路

从以上的建模过程可以看出，一个开关电路产生的流入电源侧的干扰电流可以分成差模和共模两种成分，而开关电路可以分别建立差模和共模等效电路，这两种等效电路都可以最终简化为戴维南等效电路的形式，差模和共模分量可以根据各自的等效电路和电路参数计算出来。这就得到了开关电路的传导干扰模型。

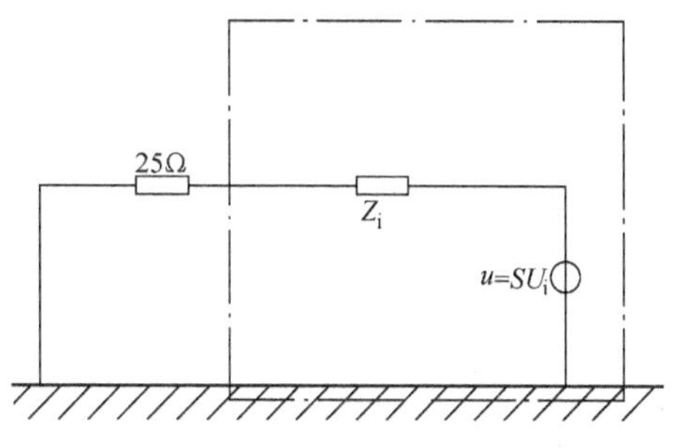

图 10-13 共模传导干扰的共模等效电路

需要指出的是，这样得到的模型是高度理想化的，忽略了很多电路中的寄生参数，因此并不十分精确，但对于理论研究来说，这一模型揭示了传导干扰产生的机理和传播的过程，对于工程设计来说，这一简单的模型也提供了较好的参考，下面的内容中将介绍工程设计中将如何以该模型为基础，得到足够精确的工程设计的方法。

将差模和共模等效电路放在一起来比较，可以发现以下 3 个差异：

1）差模电路中噪声源电压的表达式为 Z_iSI_L，因此与开关电路的输入电流和输入电容串联阻抗有关；而共模电路中噪声源电压为 SU_i，是开关两端的电压。

2）差模电路输入阻抗为输入电容的串联阻抗，而共模电路的输入阻抗主要是电路中的寄生电容。串联阻抗较小，是低阻抗，而寄生电容很小，阻抗较大，是高阻抗。

3）在差模电路中，LISN 呈现为 100Ω 电阻，而在共模电路中，LISN 呈现 25Ω 电阻。

10.3　EMI 滤波器的设计

有了传导 EMI 的模型后，进行 EMI 滤波器的设计就不太困难了。

针对图 10-5 和图 10-13 的电路，要抑制噪声源产生的干扰电流在 LISN 电阻上产生的电压，可以在噪声源和 LISN 之间插入低通滤波器，见图 10-14。

滤波器的主要形式是 *LC* 无源滤波器，可以采用 2 阶、3 阶或更高的阶数来提高滤波的效果。

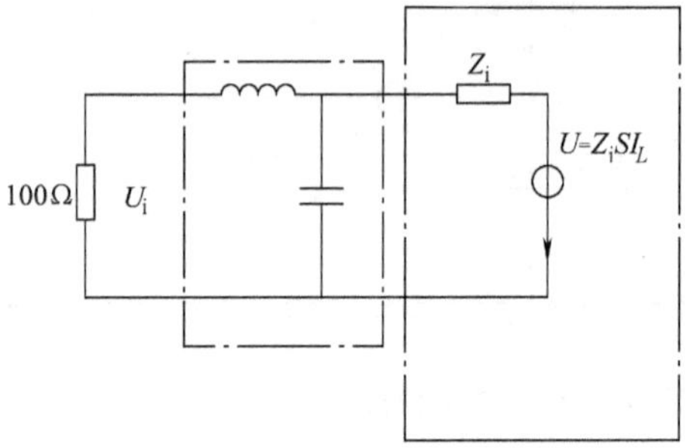

图 10-14　传导干扰滤波器

但实际的滤波器结构并非这样简单，图 10-5 和图 10-13 的等效电路是经过多次化简得到的，忽略了电路中频率低于 150kHz 的电压和电流成分，但在实际的滤波器设计中则必须考虑，比如，等效电路中的 2 阶差模滤波器在和对应的实际电路中的情况分别见图 10-15a、b。电感串联在差模电流传导的回路之中，而电容是跨接在输入 A、B 导体间的，因此差模滤波器中的电容经常被称为 X 电容或者 C_x。

实际的滤波器中除了流过差模传导干扰电流外，还流过输入直流电流，而且这一电流值远远大于差模传导干扰电流，因此滤波器的设计中，特别是设计滤波器的电感时，必须考虑电感中会流过这一电流，电感的磁路设计是按照流过该直流电流条件下的工作点来进行的。

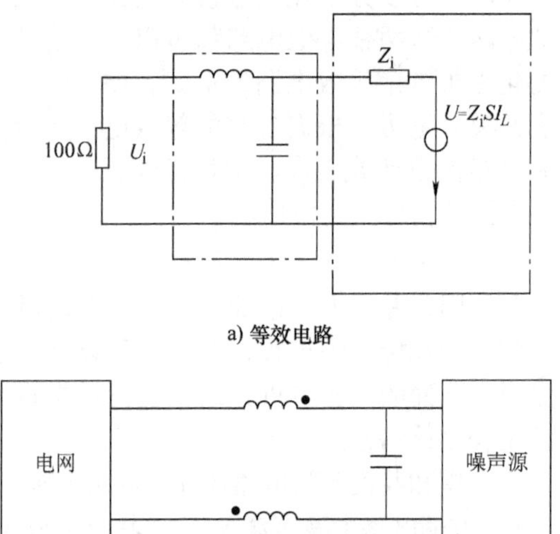

a) 等效电路

b) 实际电路

图 10-15　差模传导干扰滤波器

共模滤波器的情况更为复杂些，等效电路中的 2 阶共模滤波器在和对应的实际电路中的情况分别见图 10-16a、b。

由于不能在参考地中插入电感，因此共模滤波器的电感只能在输入电源线上插入，在共模等效电路模型的建立过程中可以看到，在共模电流的回路中，两根电源线是等效并联在仪器上的，因此插入滤波器时，需要在每一根电源线上都插入一个电感，考虑到实际电路中两根电源线上流过的直流电流正好大小相等、方向相反，因此可以将两个电感设计成相互耦合的，这样两根线上的直流电流产生的磁势正好抵消，这样的设计方法可以大大减小电感铁心的体积，因此被普遍使用，这样的相互耦合的电感被称为共模电感。在共模滤波器中，电容是连接在电源线和参考地之间的，每根电源线接一个电容，两个电容构成 Y 形，因此被称为 Y 电容。

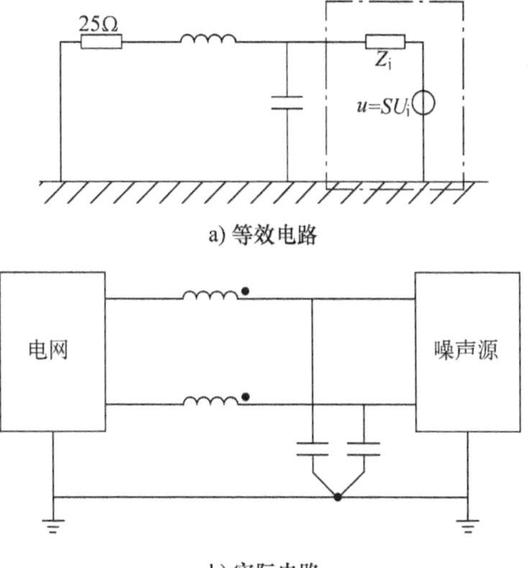

图 10-16　共模传导干扰滤波器

知道了传导 EMI 滤波器的结构，下一个问题就是如何设计滤波器的参数，这就需要获得差模和共模等效电路中噪声源和内阻的值。前文已经说过，通过电路的等效变换得到的参数是不够准确的，因此有的学者提出利用实际测量的方法来确定噪声源的参数，具体的方法如下：

1）利用 LISN 测量不加任何滤波器的条件下测量噪声源的差模和共模噪声电平。

2）在噪声源和 LISN 之间分别插入差模和共模电感，再测量差模和共模电平。

3）比较两次测得的电平，根据插入的阻抗、电平的衰减就可以算出噪声源等效电路中的电压和内阻。

这一方法是由 D. Y. Chen 教授提出的，具体的内容可以参见参考文献［4］。

下面介绍如何根据等效电路来设计滤波器参数。

在上述等效电路参数测量过程中，由第 1 步测得了不加任何滤波器的条件下测量噪声源的差模和共模噪声电平，首先将这两个噪声电平的频谱与标准中的限值相比较，看是否超出标准，超出多少。正常的情况下，未加任何抑制措施的电路产生的电平会超标 60 ~ 100dB，而通常噪声频谱中超标最严重的频点是接近 150kHz、频率最低的第 1 个频率成分，而常用的滤波器在低频段（5MHz 以下）呈现低通特性，也就是频率越高的成分衰减越大，因此设计滤波器主要需要考虑的是在频率最低的第 1 个频率成分处提供足够的衰减，使其低于限值，而其他的频率成分通常自然也就低于限值了。

根据以上的设计过程，针对一个实际的开关电路设计的传导 EMI 滤波器见图 10-17，其中包括 1 级差模滤波器和 1 级共模滤波器，差模和共模滤波器的结构均为 *C-L-C* 构成的 π 形 3 阶滤波器。

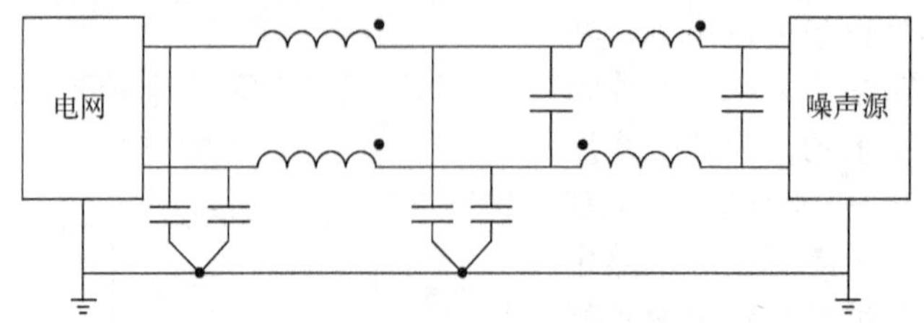

图 10-17　实际的传导 EMI 滤波器电路

从理论上分析，这样的低通滤波器理应能够在提供足够的低频衰减的同时，对高频信号有更为显著的衰减，但实际的测量却表明，在 5 ~ 10MHz 以上的频段，这些低通滤波器的衰减能力并没有按照理论预言的持续增加，反倒是有所减小，进一步的研究表明[5]，这种现象是由于滤波器中电容、电感元件的寄生参数和分布参数引起的，确切地说是电容的等效串联电感（ESL）、电感的等效并联电容（EPC）和电容支路、电感支路间的耦合电感。这些寄生参数与电容、电感值相比都非常小，其影响在低频段微不足道，但在较高的频段却越来越显著。

针对这一问题，需要在设计过程中采取如下措施：

1）采用质量较好的、寄生参数较小的滤波器电容和电感。

2）在电路中人为引入小的耦合电感，消除寄生参数的影响，这一方法由参考文献［5］提出，现在已经开始应用。

以上较多介绍的是抑制电路产生的传导干扰的方法，下面定性地讨论一下辐射干扰的产生和抑制措施。

在电磁兼容标准中，辐射干扰的测定是利用接收天线，在离被测设备（DUT）3m 或 10m 远处测得的辐射场强，频率范围为 30 ~ 1000MHz，其限值见表 10-2[2]。

根据电磁场理论，开关电路工作过程中，变化的电压和电流必然产生向外辐射的电磁波，但电路几何尺寸却在很大程度上影响着辐射场的强度，比如较大的交变电流回路和较长的、电位快速变化的导体都会像天线一样辐射较强的电磁波。

因此在电路的结构设计时，首先需要注意的是尽量减小交变电流流过的回路面积、减小电位快速变化的导体的尺寸。

另一个抑制辐射电磁场的有效手段是屏蔽，因此大多数开关电源都采用了完整的外壳，有些采用塑料外壳的，在塑料外壳内部贴一层铜箔或铝箔，也能起到屏蔽作用。有些电源没有壳体，是开放式的，这些电源只能和其他电子电路装在一起，共用同一个屏蔽壳体。

表 10-2　GB9254—2016 标准中 B 级设备辐射干扰限值

频率范围/MHz	准峰值极限/dB（μV/m）
30～230	30
230～1000	37

采用屏蔽设计的时候，需要将屏蔽体接地，这个地经常被称为“屏蔽地”，也就是前面讲传导 EMI 建模时的参考地。多个电子设备相互连接的时候，它们的屏蔽地要接在一起。在一些系统中，屏蔽地和防止漏电伤害的“保护地”联结在一起。

以上介绍的传导和辐射干扰二者并不是完全独立的，而是相互有影响的，比如传导干扰电流流过输入电源线，会在空间产生辐射，从而导致辐射干扰超标，这时仅仅考虑屏蔽是不能解决问题的，需要增大 EMI 滤波器来减小电源线上的干扰电流，从而降低辐射干扰的强度。另一方面，如果开关电路中某些部分辐射的电磁场比较强，除了会导致辐射干扰超标之外，辐射出来的信号还有可能耦合传导干扰滤波器中，增大传导干扰。这些都是在设计中需要注意的。

10.4　抗干扰实验及抗干扰设计

抗干扰性能的测试在相关标准中称为敏感度（EMS）测量，与 EMI 实验相似，EMS 也分为传导和辐射两个方面，其中传导敏感度测量方法是在电网与被测电源之间通过隔离变压器或者信号注入网络注入干扰信号，见图 10-18；而辐射敏感度测量的方法是利用线圈或者天线给被测电源施加电磁场，见图 10-19。

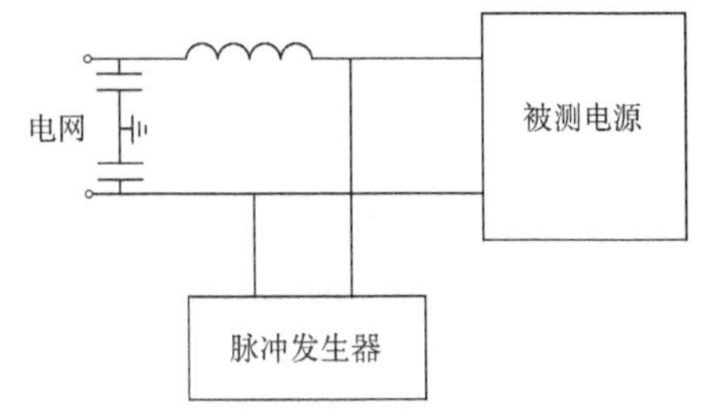

图 10-18　传导敏感度测量方法示意图

在传导敏感度测量中，施加的干扰信号有许多种，除频率不同之外，干扰信号的波形也有不同，有的是连续的正弦信号，也有脉冲信号。典型的快速瞬变敏感度测试信号见图 10-20。

该脉冲按标准所规定的频率重复，构成脉冲群，而脉冲群以标准规定的频度重复施加，最后构成的信号见图 10-21，是按照周期重复的间歇脉冲群。

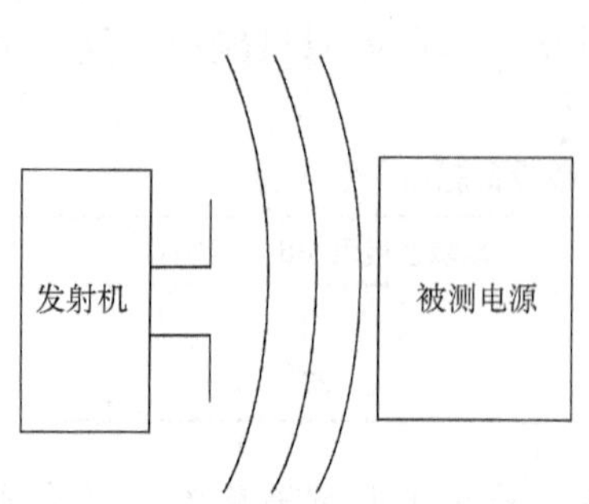

图 10-19　辐射敏感度测量方法示意图

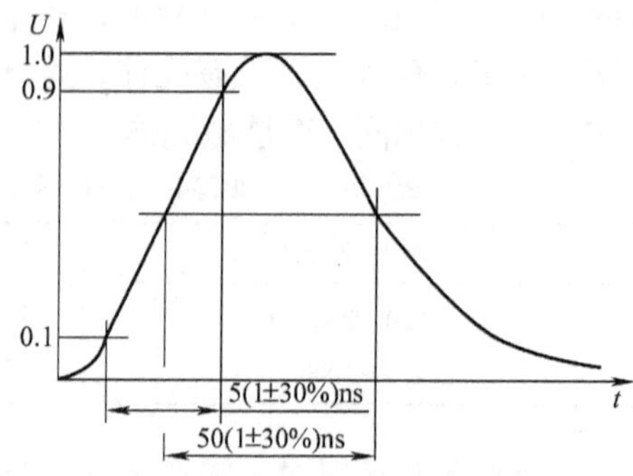

图 10-20　典型的快速瞬变敏感度测试信号

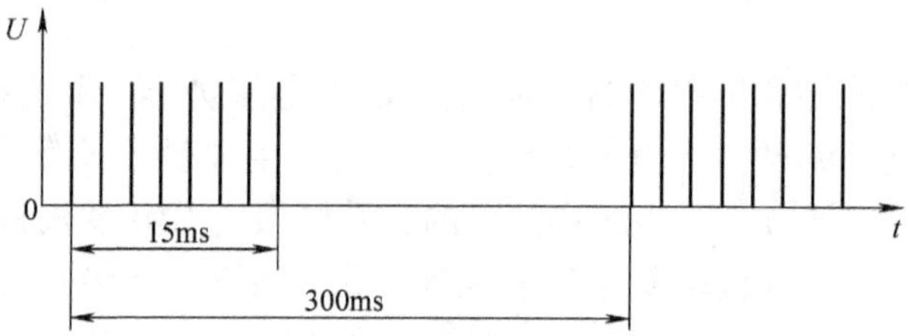

图 10-21　按照周期重复的间歇脉冲群

测试的过程是通过对被测电源施加传导或者辐射干扰，逐步增加干扰的强度，直到被测电源出现性能下降、失灵或者参数偏离超出指标要求的允许值。此时记录下来的干扰强度即为被测电源的敏感度。对于不同的应用类型，相关标准还会具体规定必须达到的敏感度，也就是指至少在随规定的干扰强度下，不应出现性能下降或停止工作，甚至损坏的情况。

开关电源中各部分对于干扰的敏感程度是不同的，一般来说，功率电路不易收到外来干扰的影响，而控制电路、保护电路中的信号相对功率电路来说比较微弱，更容易受到干扰，特别是运算放大器、比较器等电路，在电路参数设计和 PCB 电路布线等方面应该充分注意。驱动电路有的时候也会收到干扰而导致工作异常，也应引起注意。

在电源的进线端增加差模和共模滤波器也能够有效地降低开关电源的敏感度。特别需要指出的是，由于控制、保护和驱动电路比较容易受到干扰，因此有的时候需要在给这些电路供电的辅助电源进线端额外增加差模和共模滤波器，从而更有针对性地提高抗干扰性能。

10.5 小结

本章简单介绍了开关电源的电磁兼容基本概念，重点阐述了开关电路差模和共模传导噪声产生的原因，并建立了数学模型。根据差模和共模传导噪声的模型可以设计传导干扰滤波器。对于开关电源的抗干扰试验也做了简单的介绍。

参考文献

[1] GB/T 4365—2016 电磁兼容术语.

[2] GB/T 6113—2016 无线电骚扰和抗扰度测量设备和测量方法规范.

[3] GB9254—2016 信息技术设备的无线电干扰极限值和测量方法.

[4] ZHANG DONGBING, CHEN DAN Y, MARK J NAVE, et al. Measurement of noise source impedance of off-line converters [J]. IEEE Transactions on power Electronics, 2000, 15 (5).

[5] WANG SHUO, FRED C LEE. Cancellation of Capacitor Parameters for Noise Reduction Application [J]. IEEE Trans. on Power Electronics, 2006, 21 (4): 1125-1132.

第 11 章　开关电源设计实例

本章详细介绍 4 个典型的开关电源的设计实例，并通过这 4 个实例来阐明开关电源的设计方法和过程。

第 1 个例子是 90W 反激型电路，反激型电路结构简单、成本低，是应用最为普遍的隔离型电路，广泛用于各种家用电器、仪器、计算机设备、办公设备中，完成交流电网电压到低压直流电压的隔离变换。

第 2 个例子是同步 Buck 型电路，该电路广泛用于各种电子电路中用于给 DSP、嵌入式处理器等超大规模集成电路（VSLI）供电，是最为广泛应用的非隔离型电路。

第 3 个例子是 3kW 通信用开关电源，该电路为单相输入，采用电流连续模式有源 PFC 电路及移相全桥软开关电路，是单相输入的大功率开关电源的一种典型电路结构。

第 4 个例子是 6kW 电力操作电源，该电路采用三相交流输入，经整流、无源 PFC 电路及移相全桥型 DC-DC 变换电路获得直流输出，是三相输入的大功率开关电源的典型拓扑。

11.1　90W 反激型电源适配器设计

11.1.1　技术指标

输入电压：AC 85 ~ 265V；

输入功率因数：>0.99；

输出电压：20V；

输出电流：4.5A。

11.1.2　输入 PFC 电路的设计

功率较小的电源输入级 PFC 电路有 2 种可能的方案：一种是 CCM 模式，另一种是 CRM 模式，本节选择 CRM 模式为例。

CRM PFC 电路的工作原理在第 9 章中已经介绍过，下面首先进行电感的计算。

1. 电感的计算

设电感值为 L，输入电压瞬时值为 u_i，有效值为 U_i，输出电压为 U_{bus}，输入电流有效值为 I_i，在 CRM 模式下，电感电流的波形为锯齿波，包络线为正弦波，峰值电流包络线 i_p 与输入电流有效值 I_i 的关系为

$$i_p(t)=2\sqrt{2}I_i\sin\omega t \tag{11-1}$$

根据图 11-1，电感电流峰值与输入电压之间的关系为

$$i_p=\frac{u_i}{L}t_{on} \tag{11-2}$$

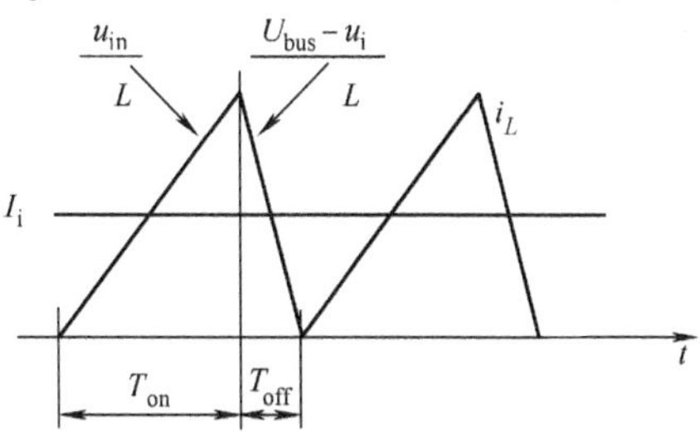

图 11-1　CRM PFC 电路的电感电流波形

因此，可以导出开关导通时间 t_{on}和关断时间 t_{off}：

$$t_{on}=\frac{Li_p}{u_i} \tag{11-3}$$

$$t_{off}=\frac{Li_p}{U_{bus}-u_i} \tag{11-4}$$

从而计算出开关周期 T：

$$\begin{aligned} T &= t_{on}+t_{off} \\ &= Li_p\left(\frac{1}{u_i}+\frac{1}{U_{bus}-u_i}\right) \\ &= Li_p\frac{U_{bus}}{u_i(U_{bus}-u_i)} \end{aligned} \tag{11-5}$$

利用开关周期 T 就可以得到开关频率 f。由于每个开关周期的 T 都不同，因此开关频率是变化的，利用仿真软件计算出开关频率 f 随输入功率 P_i 及电压 u_i 变化的曲线见图 11-2 和图 11-3。

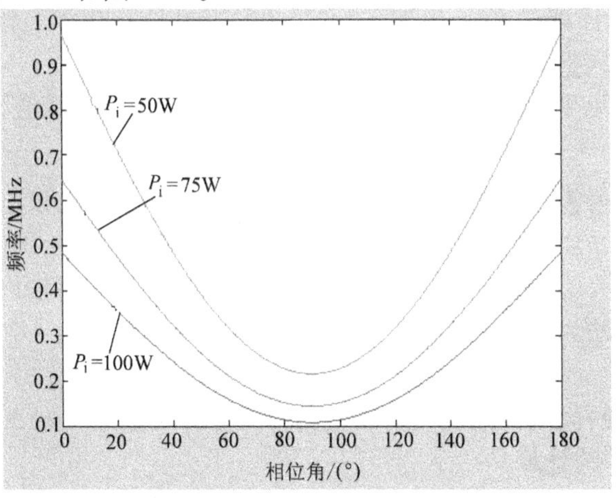

图 11-2　不同输入功率、不同相位角时的开关频率

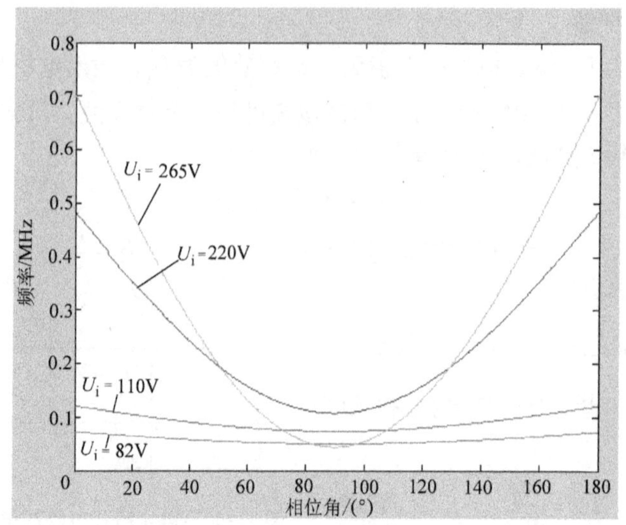

图 11-3　不同输入电压、不同相位角时的开关频率

从图 11-2 和图 11-3 中可以看出，CRM 电路的开关频率 f 与电感值 L、输入电压 u_i、输入电流 i_L 和输出电压 U_{bus} 有关。从曲线中看，每个电源周期中，输入电流过零点附近开关频率升高，而在电流峰值处最低。但总的来说，电感越小，开关频率会越高，因此设计电感需要首先选定电路工作过程中的最高开关频率。

最高开关频率选择的原则是：

1）尽可能选用高的开关频率，以减小电感的体积。

2）限制开关损耗，以避免效率受到显著的影响。

本例中选择最高开关频率为 500kHz，这样在输入电压为 220V 以下时，均能够满足这一要求，而在输入电压高于 220V 时，可以在控制电路中采取限制开关频率的措施。此时电感值为 0.5mH。

2. 整流桥的计算

首先计算输入整流桥的电压和电流。

输入整流桥承受的最高电压是输入电压为 265V 时，其峰值为

$$U_{ipeak} = \sqrt{2} \times 265\text{V} = 375\text{V} \tag{11-6}$$

考虑到整流桥需要承受较高的输入浪涌电压，可以选取该电压的 1.5 ~ 2 倍以上的电压等级，实际可以选取 600 ~ 800V 电压的整流桥。

输入整流桥承受的最大电流出现在输入电压最低时，估算输出功率为 90W 时，效率为 90%，则输入功率为 100W，当输入电压为 85V 时，输入电流有效值为

$$I_{imax} = 100\text{W}/85\text{V} = 1.2\text{A} \tag{11-7}$$

考虑到启动瞬间的浪涌电流，取整流桥的电流容量为 3 ~ 5A 即可。

3. MOSFET 的计算

MOSFET 承受的最高电压为 PFC 电路的输出电压，也就是直流母线电压

U_{bus}，本例中为400V，考虑到500V耐压的MOSFET品种规格齐全，而且在性能和成本方面都有优势，因此MOSFET的电压等级选500V。

根据图11-1可以计算出MOSFET在一个开关周期内的电流的有效值，如下：

$$\begin{aligned} i_{s(rms)} &= \sqrt{\frac{1}{t_{on}+t_{off}}\int_0^{T_{on}}\left(\frac{i_p}{t_{on}}t\right)^2 dt} \\ &= \sqrt{\frac{1}{t_{on}+t_{off}}\left(\frac{i_p}{t_{on}}\right)^2 \frac{1}{3}t_{on}^3} \\ &= \sqrt{\frac{D}{3}}i_p \end{aligned} \tag{11-8}$$

占空比D是随着输入电压U_i变化的，则有

$$\begin{aligned} D &= \frac{t_{on}}{t_{on}+t_{off}} \\ &= \frac{U_{bus}-u_i}{U_{bus}} \\ &= 1-\frac{\sqrt{2}U_i}{U_{bus}}\sin\omega t \end{aligned} \tag{11-9}$$

因此，MOSFET每个开关周期的电流有效值随着输入电压U_i的变化而变化，即

$$\begin{aligned} I_{s(rms)} &= \sqrt{\frac{1}{3}\left(1-\frac{\sqrt{2}U_i}{U_{bus}}\sin\omega t\right)}\cdot\sqrt{2}I_i\sin\omega t \\ &= \sqrt{\frac{2}{3}-\frac{2\sqrt{2}U_i}{3U_{bus}}\sin\omega t}\cdot I_i\sin\omega t \end{aligned} \tag{11-10}$$

利用仿真软件计算出MOSFET每个开关周期电流有效值见图11-4。

从图11-4中可以看出，电流最大时不超过0.8A。此时根据图中可以近似计算出在整个电源周期中开关电流的有效值为

$$\frac{2}{\pi}\times 0.8\text{A}=0.51\text{A}$$

考虑到TO-220封装形式的小型MOSFET自冷方式时典型的热阻为62.5K/W，而环境温度上限为40°C。结温的上限可以取80°C，因此允许的温升为40°C，根据热阻反过来计算出允许的耗散功率约为0.64W，如果近似认为开关损耗与通态损耗相等，则根据电流有效值推算出MOSFET的通态电阻不大于1.2Ω，考虑到实际运行温度条件下，MOSFET的通态电阻R_{dson}比标称值会增加，根据数据手册中提供的曲线（见图11-5），80°C时约为1.4倍，则选择的MOSFET标称电阻约为0.86Ω，据此可以选择型号为IRF840的器件，其耐压为500V，通态电阻约为0.85Ω。

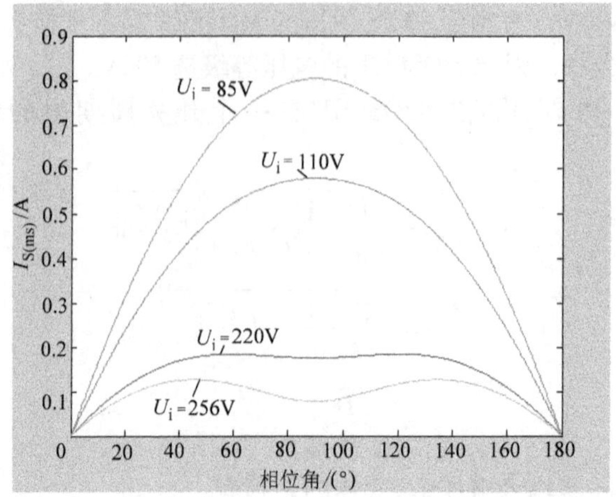

图 11-4　MOSFET 的每个开关周期电流有效值

4. 二极管的计算

根据图 11-1，二极管电流平均值也就是 t_{off}时间段的电流在整个开关周期内的平均值，即

$$I_D = \frac{1}{2} i_p (1 - D) = \sqrt{2} I_i \sin\omega t \left(\frac{\sqrt{2} U_i}{U_{bus}} \sin\omega t \right) = \frac{2U_i}{U_{bus}} I_i \sin^2 \omega t \quad (11\text{-}11)$$

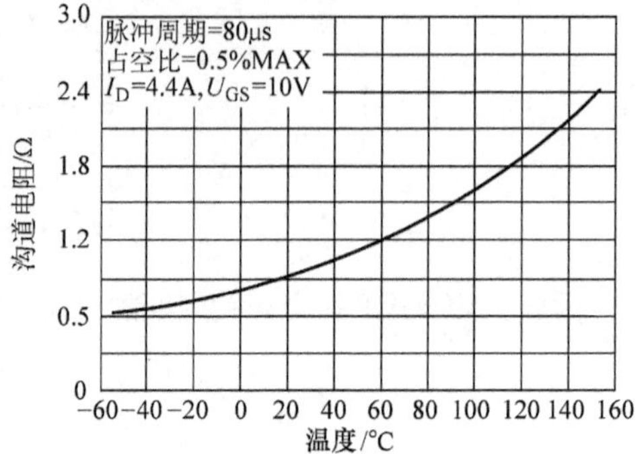

图 11-5　MOSFET 沟道电阻随结温的变化

画出二极管电流的平均值见图 11-6。

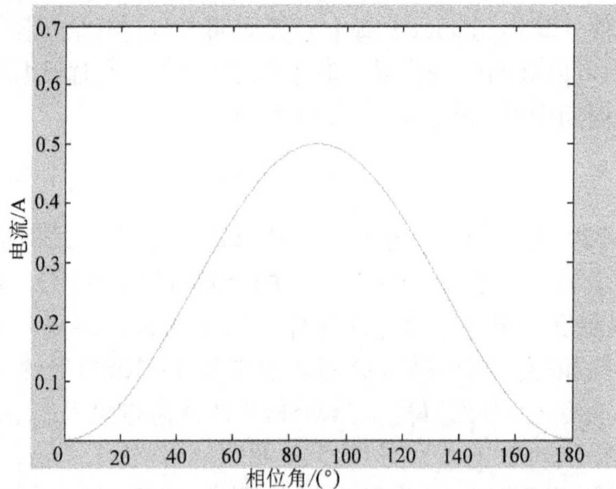

图 11-6　不同相位角时 PFC 二极管电流的开关周期平均值

值得注意的是，二极管电流的平均值不随输入电压变化。

根据图 11-6 中给出的二极管电流峰值约为 0.5A，而快恢复二极管的通态压降约为 1V，TO-220 封装器件所能承受的耗散功率约为 0.65W，根据厂家提供的数据手册，可以选择 IXYS 公司 TO-220 封装、耐压为 600V 的快恢复二极管中电流最小的型号 DSEI8-06A，其标称的正向电流为 8A。

11.1.3 反激型电路的设计

首先需要设计的是母线电容。

1. 母线电容的计算

母线电容计算的原则有 3 个：

1）应有足够大的电容量，以保证较小的母线电压纹波。

2）如果有输入电压跌落时，输出电压保持时间的要求，则可能需要进一步加大电容的电容量。

3）电容能够承受的纹波电流。

在本例中，根据二极管电流值可以计算出流过母线电解电容的电流，进而计算出电容电压的纹波。

$$u_C = \frac{1}{C}\int_0^{\pi}\left(i_D - \frac{i_o}{n}\right)dt \tag{11-12}$$

选取母线电容为 47μF 时，按式（11-12）计算出电压纹波的幅度约为 1.3V。

如果考虑到输入电压跌落而输出电压保持时间为 20ms 的要求，则需要母线电压从 400V 跌至 300V 的时间控制在 20ms 以上，这段时间之内母线电容需要向负载提供能量，假设输出功率为 90W，考虑到后级电路的损耗，母线电容提供的功率为 95W，则 20ms 内提供的能量为 95W × 0.02s = 1.9J，而要能够提供 1.9J 的能量，需要的电容量为

$$E = \frac{1}{2}C(U_1^2 - U_2^2)$$

$$\begin{aligned} C &= \frac{2E}{U_1^2 - U_2^2} \\ &= \frac{2 \times 1.9\text{J}}{(400\text{V})^2 - (300\text{V})^2} \\ &= 54\mu\text{F} \end{aligned} \tag{11-13}$$

据此可以初步选择电容量为 68μF 的电解电容。

根据图 11-7 可以估算出电容电流纹波的幅度约为 0.25A，而手册中给出的电容器在 100Hz 附近的电流容量为 0.59A，故选该电容是可以的。

2. 变压器的计算

首先需要计算的是变压器的电压比，取 MOSFET 的耐压为 800V，考虑到关断时存在过电压，因此实际使用到 600V，而输出电压为 20V，由此计算得到

$$k_T = \frac{U_{s(max)} - U_{i(max)}}{U_o} = \frac{600-400}{20}\text{匝} = 10\text{ 匝} \quad (11\text{-}14)$$

$$D_{max} = \frac{k_T U_o}{k_T U_o + U_{i(min)}} = \frac{10\times 20V}{10\times 20V + 300V} = 0.4 \quad (11\text{-}15)$$

为了能够使电路中的电流峰值尽可能小，让输入电压最低、输出电流最大时，电流刚刚连续，因此有

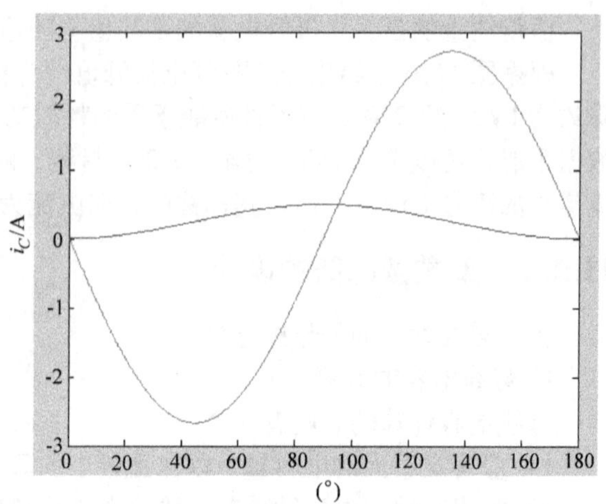

图 11-7　电容电流的波形

$$\hat{I}_{1max} = \frac{2I_o}{k_T(1-D_{max})} = \frac{2\times 4.5A}{10(1-0.4)} = 1.5A \quad (11\text{-}16)$$

$$L_1 = \frac{D_{max}U_{i(min)}}{f_s\hat{I}_{1max}} = \frac{0.4\times 300V}{100\times 10^3 Hz\times 1.5A} = 8\times 10^{-4}H = 800\mu H \quad (11\text{-}17)$$

根据 AP 法计算所需要的磁心尺寸为

$$A_eA_w = 2\sqrt{\frac{D_{max}}{3}}\frac{L_1\hat{I}^2_{max}}{B_{max}k_cj} = 2\sqrt{\frac{0.4}{3}}\frac{8\times 10^{-4}\times 1.5^2}{0.1\times 0.5\times 3\times 10^6}m^4 = 9.8\times 10^{-9}m^4 = 0.98cm^4 \quad (11\text{-}18)$$

根据手册，需要选择 RM10 型的磁心。该磁心的心柱截面积 $A_e = 146mm^2$，$A_w = 75mm^2$。一旦确定磁心的型号，就可以计算出一次匝数和二次匝数：

$$N_1 = \frac{L_1 \hat{I}_{\max}}{B_{\max} A_e} = \frac{0.8 \times 10^{-3} \times 1.5}{0.1 \times 146 \times 10^{-6}}\text{匝} \approx 80\text{ 匝} \tag{11-19}$$

一次绕组取 80 匝，二次绕组取 8 匝。

根据所选的电流密度，计算出二次绕组导线的直径为

$$A_2 = \frac{\pi d_2^2}{4} = \frac{I_{2\text{rms}}}{k_d} \tag{11-20}$$

$$d_2 = \sqrt{\frac{4I_{2\text{rms}}}{\pi k_d}} = \sqrt{\frac{4 \times 6.7}{\pi \times 3 \times 10^6}}\text{m} = 0.00169\text{m} = 1.69\text{mm} \tag{11-21}$$

$$I_{1\text{rms}} = \sqrt{\frac{T_{\text{on}}}{3T}}\frac{I_p}{10} = \sqrt{\frac{3 \times 10^{-6}}{3 \times 10^{-5}}} \times 1.5\text{A} = 0.47\text{A} \tag{11-22}$$

一次绕组的导体直径近似为

$$d_1 = \sqrt{\frac{4I_{1\text{rms}}}{\pi k_d}} = \sqrt{\frac{4 \times 0.47}{\pi \times 3 \times 10^6}}\text{m} = 0.00045\text{m} = 0.45\text{mm} \tag{11-23}$$

可以选用铜芯直径为 0.45mm 的单股漆包线绕制一次线圈，而用同样的 14 股漆包线并联绞合后绕制二次线圈，或者直接采用多股线产品绕制。

3. MOSFET 的计算

由于 MOSFET 的电流与变压器一次电流值相等，正常工作时一次电流有效值为

$$I_{1\text{rms}} = \sqrt{\frac{T_{\text{on}}}{3T}}\frac{I_p}{10} = \sqrt{\frac{3 \times 10^{-6}}{3 \times 10^{-5}}} \times 1.5\text{A} = 0.47\text{A} \tag{11-24}$$

考虑到 TO-220 封装形式的小型 MOSFET 自冷方式时典型的热阻为 62.5K/W，而环境温度上限为 40°C。结温的上限可以取 80°C，因此允许温升为 40°C，根据热阻计算出允许的耗散功率约为 0.64W，如果近似认为开关损耗与通态损耗相等，则根据电流有效值推算出 MOSFET 的通态电阻不大于 1.2Ω，考虑到实际运行温度条件下，MOSFET 的通态电阻 R_{dson} 比标称值会增加，根据数据手册中提供的数据，80°C 时约为 1.4 倍，则选择的 MOSFET 标称电阻约为 0.86Ω，据此可以选择英飞凌公司 SPP08N80C3 型器件，其耐压为 800V，通态电阻约为 0.65Ω。

4. 二极管的计算

二次侧二极管承受的电压为

$$\begin{aligned} U_d &= U_o + \frac{U_{bus}}{n} \\ &= \left(20 + \frac{400}{10}\right)\text{V} \\ &= 60\text{V} \end{aligned} \tag{11-25}$$

而电流平均值为输出电流：4.5A，故可以选择耐压为 80 ~ 100V，电流容量为 10 ~ 16A 的肖特基二极管。

以上是 90W 电源适配器的功率电路设计和计算，PFC 级的控制芯片可以采用 UC3852 等临界导电模式的 PFC 控制器，而反激型电路可以采用 UC3842，这两种集成电路在前面的章节中已经介绍过，这里就不再多叙述了。

11.2 同步 Buck 型电路的设计

11.2.1 技术指标

输入电压：12V；

输出电压：3.3V；

输出电流：10A；

开关频率：300kHz。

11.2.2 电感的设计

根据输入电压和输出电压可以计算出电路的占空比为

$$D = \frac{U_o}{U_i}$$

$$=\frac{3.3\text{V}}{12\text{V}} \tag{11-26}$$
$$=0.275$$

根据第6章给出的电感设计的公式，取电流纹波峰峰值为额定输出电流的40%，则

$$\begin{aligned} L &= \frac{U_o\ (1-D)\ T}{\Delta I_L} \\ &= \left[\frac{3.3\times\ (1-0.275)\ \times 3.33\times 10^{-6}}{0.4\times 10}\right]\text{H} \\ &= 2\times 10^{-6}\text{H} \end{aligned} \tag{11-27}$$

根据以上计算，可以选择MLC1555-202ML型表面贴装电感，电感值为2μH，电流为15A。

11.2.3 MOSFET的计算

首先计算上管的电流有效值：

$$\begin{aligned} I_{\text{toprms}} &= \sqrt{D}I_o \\ &= (\sqrt{0.275}\times 10)\ \text{A} \\ &= 5.2\text{A} \end{aligned} \tag{11-28}$$

$$\begin{aligned} I_{\text{bottomrms}} &= \sqrt{1-D}I_o \\ &= (\sqrt{1-0.275}\times 10)\ \text{A} \\ &= 8.5\text{A} \end{aligned} \tag{11-29}$$

选用英飞凌公司SuperSO8封装的MOSFET，其热阻为50K/W，因此允许温升为50K时，允许耗散功率约为1W。根据通态电流有效值，可以选择上管$R_{\text{dson}}=12\text{m}\Omega$，下管$R_{\text{dson}}=8\text{m}\Omega$。

考虑到开关过程中会出现过电压，MOSFET的耐压选30V，这也是低压MOSFET的主流电压等级。

最后选定的型号为：上管：BSC120N03LS，12mΩ，30V；下管：BSC080N03-LS，8mΩ，30V。

11.2.4 控制芯片的选择

目前很多IC生产厂商都有同步Buck型电路的集成控制芯片产品，这些产品大致分为3类：

1）集成控制器，不含驱动电路等其他部分。这类产品可以自由选配外部驱动电路，比较灵活，在大电流输出的多相电路中应用较多。

2）控制器＋驱动电路，这类电路结构简单，而且可以用于不同的功率等级，常用于电流较大的单相电路。

3）控制器＋驱动电路＋功率电路，有的产品集成了上下两个 MOSFET，有的产品甚至将电感也集成在内部。这样的产品体积小，使用方便，用于对功率密度有较高要求、电流不太大的场合。

本实例选择第 2 类芯片，以 TI 公司的 TPS51113 型同步 Buck 型控制器，其内部结构见图 11-8，以该芯片构成的电路见图 11-9。

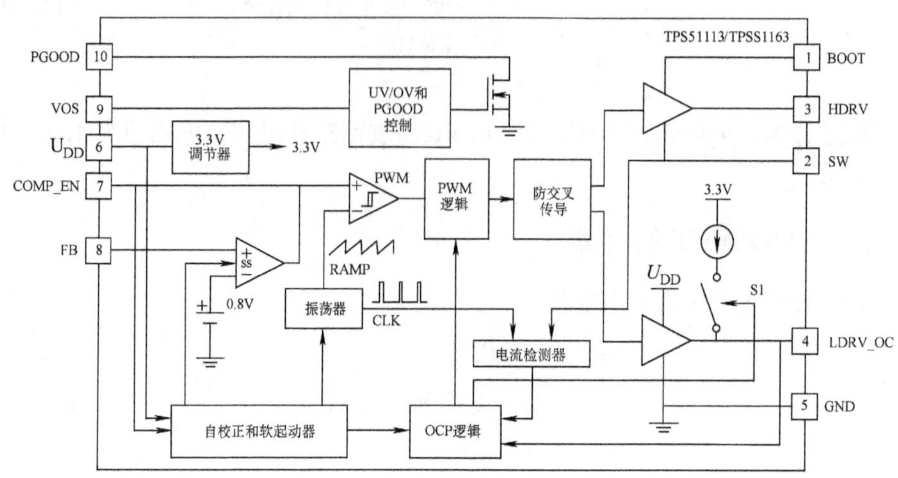

图 11-8　TPS51113 集成控制器内部结构

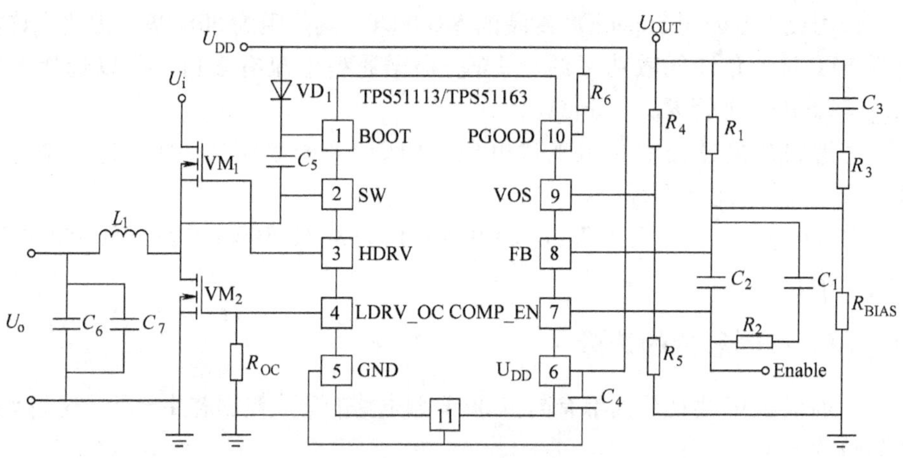

图 11-9　TPS51113 集成控制器构成的同步 Buck 型电路

11.3 3kW 通信用开关电源设计

11.3.1 技术要求

1）输入电压：交流单相220(1±15%)V，50Hz。

2）输出电压：额定直流48V，电压调节范围为42~58V。

3）输出电流：最大50A。

4）输入功率因数：>0.99。

5）工作温度：0~40℃。

11.3.2 主电路设计

1. 主电路的选型

该电源最大输出功率为50A×58V=2900W，属于功率较大的开关电源，且输入功率因数要求很高，因此应选取电流连续模式PFC拓扑，后级DC-DC电路采用移相全桥零电压软开关拓扑，由于输出整流电路电压较低，采用全波整流电路，主电路结构见图11-10。下面分别对两部分主电路进行分析和设计。

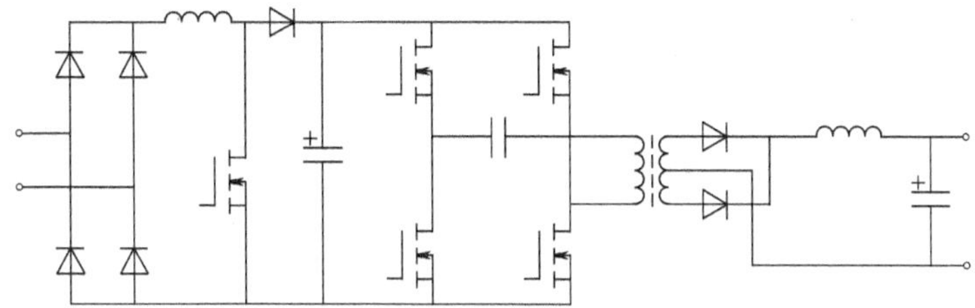

图11-10 3kW通信用开关电源主电路结构

2. PFC主电路设计

为保证装置具有较高的功率密度，PFC及DC-DC部分均应工作于较高的开关频率。但过高的开关频率又会导致器件开关损耗上升，因此需要权衡各项性能指标间的关系。本例中选择PFC部分器件开关频率为100kHz。

（1）直流母线电压选择　根据设计目标，输入电压的最高峰值电压为

$$U_m=(1+15\%)\times\sqrt{2}\times220\text{V}=358\text{V} \tag{11-30}$$

考虑在电网输入电压最高时，升压斩波开关管占空比为最小占空比，即10%，则直流母线电压为

$$U_d=\frac{U_m}{1-d_{min}}=\frac{358\text{V}}{1-10\%}=398\text{V} \tag{11-31}$$

取母线电压为400V。

（2）输入整流桥选择　输入电流在最大负载且输入电压最低时达到最大值，同时设电源效率为92%（PFC 变换器及 DC-DC 变换器的效率分别为96%）

$$I_{p(rms)}=\frac{P_{omax}}{(1-15\%)\ U_i\eta}=\frac{2900\text{W}}{(1-15\%)\ \times 220\text{V}\times 92\%}=16.9\text{A}\quad(11\text{-}32)$$

由电网电压峰值 U_m 及最大电流有效值 $I_{p(rms)}$ 选择 Fairchild Semiconductor（飞兆半导体）公司的整流桥 GBPC35-06（600V，35A）。为计算整流二极管的损耗，将二极管等效为理想电源 U_{TO} 及电阻 r_T 串联模型，见图 11-11。由产品数据手册可得该器件等效参数（见图 11-11）。

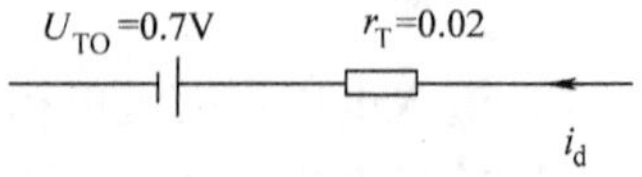

U_{TO}=0.7V　r_T=0.02　i_d

图 11-11　GBPC35-06 整流桥中二极管等效电路及参数

由等效电路可计算整流桥总功率损耗为

$$\begin{aligned}P_{loss}&=2\times\ (U_{TO}I_{pAV}+r_T I^2_{p(rms)})\\&=2\times[0.7\text{V}\times 0.9\times 16.9\text{A}+0.02\Omega\times(16.9\text{A})^2]\\&=32.7\text{W}\end{aligned}\quad(11\text{-}33)$$

考虑一定裕量，取最高结温 T_{jmax} 为 125℃，由器件结壳热阻、最高结温可得最高允许壳温，并由此可以进行散热器设计。

$$T_{Cmax}=T_{jmax}-P_{loss}R_{thjC}=\ (125-32.7\times 1.5)℃=76℃\qquad(11\text{-}34)$$

（3）升压电感设计　取最大电流纹波峰峰值为电源电流峰值的20%，则有

$$\Delta\hat{I}=20\%\ \times\sqrt{2}I_{p(rms)}=20\%\ \times\sqrt{2}\times 16.9\text{A}=4.78\text{A}\qquad(11\text{-}35)$$

由于输入电压峰值高于直流母线电压的一半，应采用式（9-20）计算电感数值，得

$$L=\frac{U_o}{4f_s\Delta\hat{I}}=\frac{400}{4\times 100\text{k}\times 4.78}\text{H}=209\mu\text{H}\qquad(11\text{-}36)$$

取升压电感为 220μH。

取最高磁通密度为 0.35T，填充系数为 0.5，导线电流密度为 4A/mm²，根据 AP 法按式（6-9）选择磁芯：

$$A_p=\frac{Li_m I}{B_m k_c j}=\frac{220\times 10^{-6}\times(1+10\%)\ \times\sqrt{2}\times 16.9\times 16.9}{0.35\times 0.5\times 4\times 10^6}\text{m}^4=1.4\times 10^{-7}\text{m}^4=14\text{cm}^4$$

选择铁氧体磁心，型号为 E55/28/25-3C92，$A_e=420\text{mm}^2$。

电感匝数为

$$N=\frac{Li_m}{B_m A_e}=\frac{220\times 10^{-6}\times(1+10\%)\ \times\sqrt{2}\times 16.9}{0.35\times 4.2\times 10^{-4}}\text{匝}=39.3\ \text{匝}\qquad(11\text{-}37)$$

取 40 匝。

气隙长度为

$$l_a\approx\frac{4\pi N^2 A_e\times 10^{-7}}{L}\text{mm}=3.8\text{mm}\qquad(11\text{-}38)$$

考虑到在磁心的中心柱及边柱同时增加气隙，每个气隙长度约为上式的一半。

（4）输出滤波电容设计　设输出电压波动峰 - 峰值为 10V，由式（9-17）及式（9-18）得输出滤波电容为

$$C=\frac{P_{o}T}{2\pi U_{o}\Delta U}=\frac{2900\text{W}\times(1+4\%)\times 20\text{ms}}{2\pi\times 400\text{V}\times 10\text{V}}=2400\mu\text{F} \tag{11-39}$$

考虑直流电压为 400V，选择 5 只日立 HP32W471MCA（450V，470μF）电容并联构成。为保证电容发热在允许范围，需核算电容的纹波电流有效值。其中 100Hz 纹波电流近似为

$$I_{100}\approx\frac{\Delta P_{Cm}}{\sqrt{2}U_{o}}=\frac{2900\text{W}\times(1+4\%)}{\sqrt{2}\times 400\text{V}}=5.34\text{A} \tag{11-40}$$

式中　ΔP_{Cm}——电容充放电功率的峰值，数值与输出平均功率相同。

电容中 100kHz 及以上成分的纹波电流为

$$I_{100\text{k}}=\sqrt{I_{\text{D}}^{2}-I_{o}^{2}-I_{100}^{2}}=\sqrt{12.7^{2}-\left[\frac{2900(1+4\%)}{400}\right]^{2}-5.34^{2}}\text{A}=8.71\text{A} \tag{11-41}$$

式中　I_{D}——升压二极管的电流有效值，按式（9-16）计算；

I_{o}——输出电流。

根据电容手册中纹波电流的折算系数，可得等效 100Hz 纹波电流有效值为

$$I_{Ce}=\sqrt{I_{100}^{2}+\left(\frac{I_{100\text{k}}}{1.4}\right)^{2}}=\sqrt{5.34^{2}+\left(\frac{8.71}{1.4}\right)^{2}}\text{A}=8.2\text{A} \tag{11-42}$$

查数据手册可知，该电容的 120Hz 纹波电流承受能力为每只 2.88A，满足要求。实际中，电容还要承受后级 DC-DC 电路产生的纹波电流，完成设计后还需进行校验。

（5）二极管设计　由于开关频率达到 100kHz，为降低二极管反向恢复造成的损耗，采用 SiC 二极管，初选英飞凌公司的 IDT16S60C（16A，600V），由数据手册可得主要参数为 $U_{\text{TO}}=0.75\text{V}$，$r_{\text{T}}=0.07\Omega$@150℃，$R_{\text{thjc}}=1.1\text{K/W}$。

根据式（9-16）及最大输出功率分别可得二极管的电流有效值及平均值分别为

$$I_{\text{D}}=12.7\text{A}$$

$$I_{\text{Dav}}=I_{\text{O}}=7.54\text{A}$$

由图 11-11 的等效电路可计算二极管功率通态损耗为

$$P_{\text{loss}}=U_{\text{TO}}I_{\text{Dav}}+r_{\text{T}}I_{\text{D}}^{2}=0.75\text{V}\times 7.54\text{A}+0.07\Omega\times(12.7\text{A})^{2}=16.9\text{W} \tag{11-43}$$

SiC 器件的开关损耗较小，予以忽略，上式近似为二极管的总功率损耗。该器件的最高工作结温可达 175℃，考虑一定裕量，取最高结温 T_{jmax} 为 150℃，取二极管与散热器间绝缘垫热阻为 2K/W，由器件结壳热阻、最高结温可得最高允许散热器温度，并由此可以进行散热器设计。

$$T_{\text{hmax}} = T_{\text{jmax}} - P_{\text{loss}}(R_{\text{thj}C} + R_{\text{thCh}}) = [150 - 19.2 \times (1.1 + 2)]℃ = 97℃ \tag{11-44}$$

（6）MOSFET 设计　该电路为硬开关，为降低开关管损耗，采用 CoolMOS 器件。初选英飞凌公司的 SPW47N60C3（47A，600V），由数据手册可得主要参数为：$R_{\text{dson}} = 0.14\Omega$@125℃，$R_{\text{thj}C} = 0.3\text{K/W}$。在 380V 电压条件下，并与 SiC 二极管配合使用时，单次开通损耗（μJ）及关断损耗（μJ）与电流的近似关系为 $E_{\text{on}} = 2I_{\text{D}}$，$E_{\text{off}} = 5I_{\text{D}}$。

根据式（9-15）可得 MOSFET 的电流有效值为

$$I_{\text{S}} = 11.2\text{A}$$

因此 MOSFET 的总损耗为

$$\begin{aligned} P_{\text{loss}} &= \frac{U_{\text{O}}}{380}(E_{\text{on}} + E_{\text{off}})I_{\text{sav}}f + R_{\text{DSon}}I_{\text{S}}^2 \\ &= \left[\frac{400}{380} \times (5 \times 10^{-6} + 2 \times 10^{-6}) \times (0.9 \times 16.9) \times 100\text{k} + 0.14 \times 11.2^2\right]\text{W} \\ &= 28.7\text{W} \end{aligned} \tag{11-45}$$

考虑一定裕量，取最高结温 T_{jmax} 为 125℃，取 MOSFET 与散热器间绝缘垫热阻为 2K/W，由器件结壳热阻、最高结温可得最高允许散热器温度，并由此可以进行散热器设计。

$$T_{\text{hmax}} = T_{\text{jmax}} - P_{\text{loss}}(R_{\text{thj}C} + R_{\text{th}Ch}) = [125 - 28.7 \times (0.3 + 2)]℃ = 59℃ \tag{11-46}$$

由以上计算结果可以看出，电力电子器件中以 MOSFET 要求的散热器温度最低，其散热压力也最大，必要时可采用两管并联的方法进行改善。

3. DC-DC 主电路设计

（1）变压器的设计　变压器电压比的计算按照式（7-2）。本例中，$U_{\text{i(min)}}$ 取输入电压下限，并减去该电压波动量的一半，取 395V。$D_{\max}$ 同控制电路及占空比丢失有关，此处选为 0.9。$U_{\text{o(max)}}$ 选为最高输出电压 58V，ΔU 选 1V。将以上数据代入式（7-2），可得

$$k_{\text{T}} \leqslant 6$$

按式（7-3）计算铁心截面积和窗口面积之积，由于变压器输出采用全波整流结构，因此 P_{t} 取 $2900\text{W} \times (1 + \sqrt{2}) = 7000\text{W}$，开关频率 f 取 100kHz，铁心材料选为铁氧体，其 ΔB 取 0.2T，导体电流密度 j 选取 4A/mm^2，即 $4 \times 10^6\text{A/m}^2$，窗口填充系数 k_{c} 选取 0.5。将这些数据代入式（7-3），得

$$A_{\text{e}}A_{\text{w}} \geqslant 8.75 \times 10^{-8}\text{m}^4 = 8.75\text{cm}^4$$

选择铁氧体磁心，型号为 E42/21/15—3C94，两副并用，按照铁氧体铁心生产厂家提供的手册，其铁心截面积为 $3.56 \times 10^{-4}\text{m}^2$，窗口面积为 $2.52 \times 10^{-4}\text{m}^2$，铁心、窗口面积之积为 $8.97 \times 10^{-8}\text{m}^4$，可以满足要求。

选定铁心后，便可以根据式（7-8）计算绕组匝数。

$$N_2 = \frac{U_{\text{omax}} T_s}{2\Delta B A_e} = \frac{58 \times 10}{2 \times 0.2 \times 3.56 \times 10^{-4}}\text{匝} = 4\ \text{匝} \tag{11-47}$$

一次绕组匝数可由二次侧匝数和电压比推算。

$$N_1 = 24\ \text{匝} \tag{11-48}$$

根据式（7-9），可得二次绕组的导体截面积为

$$\begin{aligned} A_{C2} &= 8.75 \times 10^{-6}\text{m}^2 \\ &= 8.75\text{mm}^2 \end{aligned} \tag{11-49}$$

同理可以算出一次绕组导体的截面积为

$$A_{C1} = 2.08\text{mm}^2 \tag{11-50}$$

（2）输出滤波电路的设计　首先进行电感的设计，按式（7-11）计算电感值，其中 PFC 电路输出电压最大值 $U_{\text{i(max)}}$ 取 410V，开关频率 f_S 为 100kHz，允许的电感电流最大纹波峰峰值 $\Delta\hat{I}$ 取最大输出电流的 20%，即 10A，计算得

$$L = \frac{U_{\text{i(max)}}}{8k_T f_S \Delta\hat{I}} = 9\mu\text{H} \tag{11-51}$$

计算出电感值后，根据电感值和流过电感的电流，按式（7-12）选定电感铁心，其中电感值 L 取 9μH；电感电流最大有效值 I 取最大输出电流 50A；电感电流最大峰值 i_m 取最大输出电流加上电感电流最大纹波峰峰值 $\Delta\hat{I}$ 的一半，即 55A；磁路磁通密度最大值 B_m 取 0.3T；电感绕组导体的电流密度 j 取 4A/mm²；绕组在铁心窗口中的填充系数 k_c 取 0.5。计算得铁心磁路截面积与窗口面积的乘积 $A_e A_W$ 应大于

$$A_p = A_e A_W = \frac{L i_m I}{B_m k_c j} = 4.1 \times 10^{-8}\text{m}^4 = 4.1\text{cm}^4 \tag{11-52}$$

选择铁氧体磁心，型号为 E42/21/15—3C92，按照铁氧体铁心生产厂家提供的手册，其铁心截面积为 $1.78 \times 10^{-4}\text{m}^2$，窗口面积为 $2.52 \times 10^{-4}\text{m}^2$，铁心、窗口面积之积为 $4.49 \times 10^{-8}\text{m}^4$，可以满足要求。

再按式（7-13）计算绕组匝数：

$$N = \frac{L i_m}{B_m A_e} = 9\ \text{匝} \tag{11-53}$$

按式（7-14）计算气隙，其中 μ_0 为真空磁导率，其数值为 $4\pi \times 10^{-7}$H/m。

$$l = \frac{\mu_0 A_e N^2}{L} = 2 \times 10^{-3}\text{m} = 2\text{mm} \tag{11-54}$$

注意到铁心由两半对合而成，气隙长度 l 应为 2 倍的铁心间距，因此铁心间距应取 1mm。

然后根据电感电流和预先选定的电流密度，可以计算出电感绕组的导体截面积为

$$A_{cL}=12.5\text{mm}^2 \tag{11-55}$$

在滤波电容设计中，由于已知电感电流最大纹波值，可以假设电感电流最大纹波有效值为 $\Delta\hat{I}/2\sqrt{3}=2.9\text{A}$，而输出电压最大纹波有效值取为输出电压下限值的0.5%，即 $\Delta U=42\text{V}\times0.5\%=0.21\text{V}$，可以按式（7-15）计算出滤波电容的阻抗为

$$x_C\leqslant0.073\Omega \tag{11-56}$$

考虑输出最高电压为58V，选择日立 HP31K102MRX（80V，1000μF）电容器，其最大等效串联电阻为0.285Ω，串联等效电感约为15nH，最大纹波电流为0.88A（120Hz）。采用4只并联，阻抗特性及纹波电流均满足要求。

（3）开关器件的设计　变压器二次侧整流二极管承受的反向电压最大值为一次直流电压最大值除以变压器电压比的2倍，为137V，考虑到二极管关断时产生的电压尖峰，因此选取二极管的耐压为200V。

流过二极管的峰值电流按式（7-16）设计为

$$\hat{I}_{\text{Dmax}}=55\text{A} \tag{11-57}$$

流过二极管的最大平均电流按式（7-17）设计为

$$\bar{I}_{\text{Dmax}}=25\text{A} \tag{11-58}$$

所选取的二极管允许的峰值电流应大于55A，平均电流应大于25A。初选IXYS公司的DSEI60-02A（200V，60A）二极管。该器件在50A电流时的通态压降为1V，$R_{\text{thj}C}=0.75\text{K/W}$。根据二极管的平均电流，可以按式（7-18）估算其通态损耗为

$$P_{\text{Don}}=25\text{W} \tag{11-59}$$

考虑一定裕量，取最高结温 T_{jmax} 为125℃，取二极管与散热器间绝缘垫热阻为2K/W，由器件结壳热阻、最高结温可得最高允许散热器温度，并由此可以进行散热器设计。

$$T_{\text{hmax}}=T_{\text{jmax}}-P_{\text{Don}}\times(R_{\text{thj}C}+R_{\text{th}Ch})=[125-25\times(0.75+2)]℃=56℃ \tag{11-60}$$

MOSFET的设计中，其耐压为PFC电路输出电压400V，考虑到关断时的过电压，开关管的耐压取600V，流过开关管的峰值电流按式（7-21）计算为

$$\hat{I}_{\text{Smax}}=9.2\text{A} \tag{11-61}$$

由于采用移相全桥控制方式，流过开关管的最大电流有效值近似为

$$I_{\text{Smax}}=\frac{\hat{I}_{\text{Smax}}}{\sqrt{2}}=6.5\text{A} \tag{11-62}$$

初选英飞凌公司的 SPW47N60C3（47A，600V）MOSFET，由数据手册可得主要参数：$R_{Dson}=0.14\Omega @ 125℃$，$R_{thjC}=0.3K/W$，则开关管的通态损耗：

$$P_{Son}=I_{Smax}^{2}R_{DSon}=5.9W \tag{11-63}$$

开关管的开关损耗可以按通态损耗的 1.5 ~ 2.5 估算，由于工作在软开关状态，取其下限。

由于工作在零电压开通状态，关断损耗为开关损耗的主要分量，即得

$$\begin{aligned} P_{SS} &= \frac{U_{O}}{380}E_{off}I_{Smax}f \\ &= \left(\frac{400}{380}\times 5\times 10^{-6}\times 9.2\times 100\times 10^{3}\right)W \\ &= 4.8W \end{aligned} \tag{11-64}$$

考虑一定裕量，取最高结温 T_{jmax} 为 125℃，取 MOSFET 与散热器间绝缘垫热阻为 2K/W，由器件结壳热阻、最高结温可得最高允许散热器温度，并由此可以进行散热器设计。

$$T_{hmax}=T_{jmax}-(P_{Son}+P_{SS})(R_{thjC}+R_{thCh})=[125-10.7\times(0.3+2)]℃=100℃ \tag{11-65}$$

DC-DC 电路软开关条件的设计可以按照第 3 章介绍的步骤进行设计，在改善移相全桥电路的软开关性能也有许多新的拓扑，可参见参考文献［7，8］，这里就不再叙述了。

11.3.3 控制电路的结构

电源的控制电路分为两部分：PFC 控制电路及 DC-DC 控制电路。PFC 级的控制芯片可以采用 UC3854 等电流连续模式的 PFC 控制器，这种集成电路的原理及典型应用电路在前面的章节中已经介绍过，在本系统中并没有太大的变化，这里就不再多叙述了。

DC-DC 的电路，由于该电源输出应具有稳压、稳流两种工作状态，因此可以采用以输出电压控制为外环、输出滤波电感电流控制为内环的双闭环控制系统结构。图 11-12 是一种系统控制电路结构。其中 PWM 控制部分可采用 UC3875、UCC3895 等移相全桥控制芯片，芯片的原理已在第 8 章中进行了介绍。

控制电路中，输出滤波电感电流内环起两方面作用：一方面在稳流状态下控制输出电流跟随给定；另一方面可以改造内环控制特性，使系统性能进一步提高。电流内环可以采用平均电流模式或峰值电流模式控制。电压外环在稳压状态下控制输出电压跟随给定，给定与输出电压比较后经电压调节器运算产生电流给定信号。电压调节器运算所产生的电流给定信号与设定的输出电流给定信号经比较后，较小者输出至电流环成为真正的电流给定信号，实现系统限压限流控制要求。

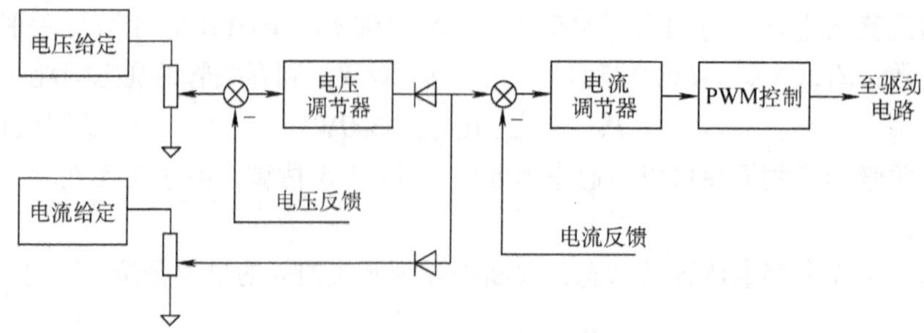

图 11-12　DC-DC 部分控制电路结构

通信电源中还有其他辅助控制要求，这里就不再多叙述了。

11.4　6kW 电力操作电源设计

11.4.1　技术要求

1）输入电压：交流三相 380(1 ±10%）V，50Hz。

2）输出电压：额定直流 220V，调节范围 180～280V。

3）输出电流：最大 20A。

4）输入功率因数：>0.92。

5）工作温度：0～40℃。

11.4.2　主电路设计

1. 主电路的选型

该电源最大输出功率约为 6kW，属于大功率开关电源。输入为三相电源，考虑到三相有源功率因数电路较为复杂，因此采用无源功率因数校正电路；后级的 DC-DC 电路由于电压高、功率大，采用基于 IGBT 器件的移相全桥零电压零电流电路，输出整流电路由于输出电压较高，因此采用桥式整流电路。主电路结构见图 11-13。下面分别对各部分主电路分别进行分析和设计。

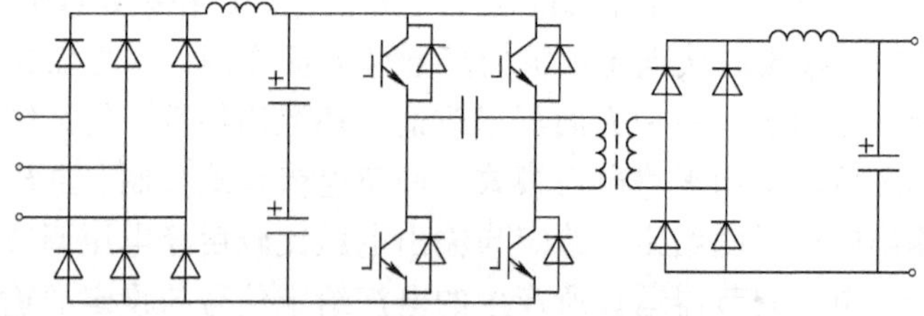

图 11-13　6kW 电力操作电源主电路结构

2. 输入整流电路设计

为保证装置具有较高的功率因数，输入整流电路采用三相二极管整流桥 $+LC$无源功率因数校正电路。

（1）输入整流桥选择　输入电流 I_{pRMS}及直流侧电流 I_d 在最大负载且输入电压最低时达到最大值，同时设电源效率 η 为 92%，功率因数 λ 为 0.92：

$$I_{pRMS}=\frac{P_{omax}}{\sqrt{3}(1-10\%)U_{in}\eta\lambda}=\frac{5600\text{W}}{\sqrt{3}(1-10\%)\times380\text{V}\times92\%\times0.92}=11.2\text{A} \tag{11-66}$$

$$I_d=\frac{P_{omax}}{1.35(1-10\%)U_{in}\eta}=\frac{5600\text{W}}{1.35(1-10\%)\times380\text{V}\times92\%}=13.2\text{A} \tag{11-67}$$

由电网电压及最大电流有效值 I_{pRMS}选择 IXYS 公司的整流桥 VUO25-12NO8（1200V，25A）。依据图 11-11 所示等效模型，由数据手册可得该器件等效参数：$U_{TO}=0.85\text{V}$，$r_T=12\text{m}\Omega$。器件结壳热阻为 1.55K/W。

由等效电路可计算整流桥总功率损耗为

$$P_{loss}=6\times\left(U_{TO}\cdot\frac{I_d}{3}+r_T\cdot\frac{I_{pRMS}^2}{2}\right)=6\times\left(0.85\times\frac{13.2}{3}+0.012\times\frac{11.2^2}{2}\right)\text{W}=27\text{W} \tag{11-68}$$

考虑一定裕量，取最高结温 T_{jmax}为 125℃，由器件结壳热阻、最高结温可得最高允许壳温，并由此可以进行散热器设计。

$$T_{Cmax}=T_{jmax}-P_{loss}R_{thjC}=(125-27\times1.55)℃=83℃ \tag{11-69}$$

（2）LC 滤波电路设计　为保证输入功率因数达到 0.92，采用计算机仿真及参考文献［9］可得滤波器参数及相应参数如下：

$$\begin{aligned}&L=5\text{mH}\\&I_{LRMS}=13.7\text{A}\\&I_{Lp}=17\text{A}\\&C=2000\mu\text{F}\\&I_C=3.6\text{A}\end{aligned} \tag{11-70}$$

由电感电流有效值、峰值及电感量可以进行电感的设计；电容采用 400V，2200μF 螺栓型电解电容两串两并。纹波电流校验方法与 11.3 节相同，在此不再叙述。

3. DC-DC 电路设计

（1）变压器的设计　变压器电压比的计算按照式（7-2）。本例中，U_{imin}取输入电压下限时的整流电压，并减去该电压波动量的一半，即 450V。D_{max}同控制电路有关，此处选为 0.9。U_{omax}选为最高输出电压 280V，ΔU 选 2V。将以上数据代入式（7-2），可得

$$k_T\leqslant1.4 \tag{11-71}$$

按式（7-3）计算铁心截面—窗口面积之积，其中由于输出侧采用桥式整流电路，P_T 为输出功率的 2 倍，即 11.2kW，开关频率 f_s 取 20kHz，铁心材料选为铁氧体，其 ΔB 取 0.35T，导体电流密度 j 选取 4A/mm²，即 4×10^6A/m²，窗口填充系数 k_c 选取 0.5。将这些数据代入式（7-3），得

$$A_eA_w \geqslant 4\times10^{-7}\text{m}^4 = 40\text{cm}^4 \tag{11-72}$$

选择 Ferroxcube 磁心，型号为 E80/38/20—3C94，按照生产厂家提供的手册，其铁心截面积为 3.92×10^{-4}m²，窗口面积为 11.2×10^{-4}m²，铁心、窗口面积之积为 43.9×10^{-8}m⁴，可以满足要求。

选定铁心后，便可以根据式（7-8）计算绕组匝数。

$$N_2 = \frac{U_{\text{omax}}T_s}{2\Delta BA_e} = \frac{280\times50}{2\times0.35\times3.92\times10^{-4}}\text{匝} = 51\text{ 匝} \tag{11-73}$$

一次绕组匝数可由二次侧匝数和电压比推算。

$$N_1 = 72\text{ 匝} \tag{11-74}$$

根据式（7-9）可得二次侧绕组的导体截面积：

$$A_{C2} = 5\text{mm}^2 \tag{11-75}$$

根据电压比可以算出一次侧绕组导体的截面积：

$$A_{C1} = 3.5\text{mm}^2 \tag{11-76}$$

（2）输出滤波电路的设计　首先进行电感的设计。按式（7-11）计算电感值，其中输入电压最大值 U_{imax} 取 590V，开关频率 f 为 20kHz，允许的电感电流最大纹波峰峰值 $\Delta\hat{I}$ 取最大输出电流的 20%，即 4A，计算得

$$L = \frac{U_{\text{imax}}}{8k_Tf_s\Delta\hat{I}} = 0.66\text{mH} \tag{11-77}$$

计算出电感值后，根据电感值和流过电感的电流，按式（7-12）选定电感铁心，其中，电感值 L 取 0.66mH；电感电流最大有效值 $I_{\max}$ 取最大输出电流 20A；电感电流最大峰值 i_m 取最大输出电流加上电感电流最大纹波峰峰值 $\Delta\hat{I}$ 的一半即 22A；磁路磁通密度最大值 B_m 取 0.3T；电感绕组导体的电流密度 j 取 5A/mm²；绕组在铁心窗口中的填充系数 k_c 取 0.5。计算得铁心磁路截面与窗口面积的乘积 A_eA_W 大于

$$A_p = A_eA_W = \frac{Li_mI}{B_mk_cj} = 3.87\times10^{-7}\text{m}^4 = 38.7\text{cm}^4 \tag{11-78}$$

选择 Ferroxcube 磁心，型号为 E80/38/20—3C94，按照铁氧体磁心生产厂家提供的手册，其铁心截面积为 $3.92\times10^{-4}\mathrm{m}^2$，窗口面积为 $11.2\times10^{-4}\mathrm{m}^2$，铁心、窗口面积之积为 $43.9\times10^{-8}\mathrm{m}^4$，可以满足要求。

再按式（7-13）计算绕组匝数：

$$N=\frac{Li_{\mathrm{m}}}{B_{\mathrm{m}}A_{\mathrm{e}}}=123\text{ 匝}\tag{11-79}$$

按式（7-14）计算气隙，其中 μ_0 为真空磁导率，其数值为 $4\pi\times10^{-7}\mathrm{H/m}$。

$$l=\frac{\mu_0A_{\mathrm{e}}N^2}{L}=11\times10^{-3}\mathrm{m}=11\mathrm{mm}\tag{11-80}$$

注意到铁心由两半对合而成，气隙长度 l 应为 2 倍的铁心间距，因此铁心间距应取 5.5mm。

然后根据电感电流和预先选定的电流密度，可以计算出电感绕组的导体截面积。

$$A_{cL}=4\mathrm{mm}^2\tag{11-81}$$

滤波电容可根据输出电压纹波确定。由于已知电感电流最大纹波值，可以设电感电流最大纹波有效值为 $\frac{\Delta\hat{I}}{2\sqrt{3}}=1.15\mathrm{A}$，而输出电压最大纹波有效值取为输出电压下限值的 0.5%，即 $\Delta U=180\mathrm{V}\times0.5\%=0.9\mathrm{V}$，可以按式（7-15）计算出滤波电容的阻抗：

$$x_C\leqslant0.78\Omega\tag{11-82}$$

考虑输出最高电压为 280V，选择日立 HP32G471MRA（400V，470μF），其最大等效串联电阻为 0.23Ω，串联等效电感约为 7nH，最大纹波电流为 2.76A（120Hz）。采用 1 只即可满足阻抗特性及纹波电流要求。

（3）开关器件的设计　变压器二次侧整流二极管承受的反向电压最大值为整流电压最大值除以变压器电压比，取 422V，考虑到二极管关断时产生的电压尖峰，因此选取二极管的耐压为 600V。

流过二极管的峰值电流按式（7-16）设计

$$\hat{I}_{\mathrm{Dmax}}=22\mathrm{A}\tag{11-83}$$

流过二极管的最大平均电流按式（7-17）设计：

$$\bar{I}_{\mathrm{Dmax}}=10\mathrm{A}\tag{11-84}$$

所选取的二极管允许的峰值电流应大于 22A，平均电流应大于 10A。初选 IXYS 公司的 DSEP30-06A（600V，30A）。该器件在 20A 电流时的通态压降为

1.25V，$R_{thjc}=0.9K/W$。根据二极管的平均电流可以按式（7-18）估算其通态损耗：

$$P_{Don}=12.5W \tag{11-85}$$

高耐压的快恢复二极管在反向恢复过程中所产生损耗较高，不能忽略，根据经验在本例中取开关损耗为 $P_{DS}=10W$。

考虑一定裕量，取最高结温 T_{jmax} 为125℃，取二极管与散热器间绝缘垫热阻为2℃/W，由器件结壳热阻、最高结温可得最高允许散热器温度，并由此可以进行散热器设计。

$$T_{hmax}=T_{jmax}-(P_{Don}+P_{DS})(R_{thjC}+R_{thCh})=[125-22.5\times(0.9+2)]℃=60℃ \tag{11-86}$$

IGBT的设计中，其耐压为输入电压整流后的峰值为590V，考虑到关断时的过电压以及输入电压的浪涌，开关管的耐压取1200V。流过IGBT的峰值电流按式（7-21）计算：

$$\hat{I}_{Smax}=15.7A \tag{11-87}$$

由于采用移相全桥控制方式，流过IGBT（含反并联的二极管）的最大平均电流约为峰值电流的一半：

$$\bar{I}_{Smax}=7.9A \tag{11-88}$$

初选SEMIKRON的SKM50GB12T4（1200V，50A），根据产品数据手册，在结温150℃，集电极电流20A时，通态压降为1.3V，每次开通及关断损耗均为2mJ，每只器件的热阻 $R_{thjc}=0.53K/W$。

由于IGBT导通期间，电流基本恒定，其通态损耗可按平均电流及通态压降的乘积计算每只开关管的通态损耗为

$$P_{Son}=\bar{I}_{Smax}U_{CEsat}=(7.9\times1.3)W=10.3W \tag{11-89}$$

由于电路采用零电压零电流方案，超前桥臂器件为零电压开通，仅有关断损耗，滞后器件为零电流关断，仅有开通损耗。可以按照器件的单次开关损耗分别进行计算。本例所选器件的开通损耗及关断损耗相同，因此各器件的开关损耗相同：

$$P_{SS}=fE_{on}=(20\times10^{3}\cdot2\times10^{-3})W=40W \tag{11-90}$$

考虑一定裕量，取最高结温 T_{jmax} 为125℃，由器件结壳热阻、最高结温可得最高允许散热器温度，并由此可以进行散热器设计。

$$T_{hmax}=T_{jmax}-(P_{Son}+P_{SS})R_{thjC}=(125-50.3\times0.53)℃=98.5℃ \tag{11-91}$$

在本例中与变压器一次侧串联的电容一方面起隔直作用，另一方面使滞后桥臂开关近似达到零电流关断的目标，其数值的选取与所使用的变压器漏感相关，设计方法为在最大占空比、最大输出电流状态，电容电压应能使变压器一次电流下降至零。式（11-92）为在电容峰值电压与输出电流的关系。式（11-93）为在最大占空比条件下，超前桥臂关断至滞后桥臂关断时，电流下降为零的关系式。式中 L_s 为变压器漏感，T_s 为开关周期。将式（11-92）、式（11-93）联立就可获得电容的计算式（11-94）。

$$u_C\approx\frac{1}{2C}\frac{I_o}{k_T}\frac{T_s}{2} \tag{11-92}$$

$$u_C\approx\frac{L_s}{(1-D_{max})T_s/2}\frac{I_o}{k_T} \tag{11-93}$$

$$C=\frac{(1-D_{max})T_s^2}{8L_s}=\frac{(1-0.9)(50\times10^{-6})^2}{8\times(5\times10^{-6})}\mu F=6.25\mu F \tag{11-94}$$

这种方法较为简单地实现滞后桥臂器件的零电流关断，但不能保证在不同输入电压、输出电压条件下均恰好实现零电流关断，实际中为保证续流期间，变压器一次侧电流不至下降反向，电容数值应适当加大。

至此，主电路参数设计完毕。控制电路采用移相全桥控制方案，其结构与上节介绍的通信电源类似，在此不再介绍。

11.5 小结

本章通过 4 个典型的开关电源的设计实例介绍了开关电源的设计方法和过程。这 4 个设计实例涵盖了从小功率到大功率领域多种应用领域中的典型应用。主电路的设计应首先从分析所要达到的技术指标开始，确定主电路拓扑结构，根据由基本原理出发导出的设计公式，并结合实际设计经验进行设计。不同的设计内容有可能存在相互矛盾的可能，所以工程设计中经常需要根据实际情况进行合理的折中。本章所给出的设计结果并非是唯一的结果，实际中读者应根据情况进行调整。

参考文献

[1] 威世半导体 . IRF840 数据手册 .

[2] 英飞凌公司 . SPP08N80C3 数据手册 .

[3] IXYS 公司 . DSEI8-06A 数据手册 .

［4］英飞凌公司 . BSC120N03LS 数据手册 .

［5］英飞凌公司 . BSC080N03LS 数据手册 .

［6］Ti 公司 . TPS51113 型同步 Buck 控制器数据手册 .

［7］HUA GUICHAO，FRED C LEE，MILAN M JOVANOVIC. An improved full-bridge zero-voltage- switched PWM converter using a saturable inductor ［J］. IEEE Trans. on Power Electronics，1993，8（4）.

［8］RUAN XINBO，LIU FUXIN. An improved ZVS PWM full-bridge converter with clamping diodes ［C］. Proceeding of 35th Annual IEEE Power Electronics Specialists Conference，2004.

［9］裴云庆，姜桂宾，王兆安 . LC 滤波的三相桥式整流电路网侧谐波分析［J］. 电力电子技术，2003（3）.